現存する日本海軍局地戦闘機

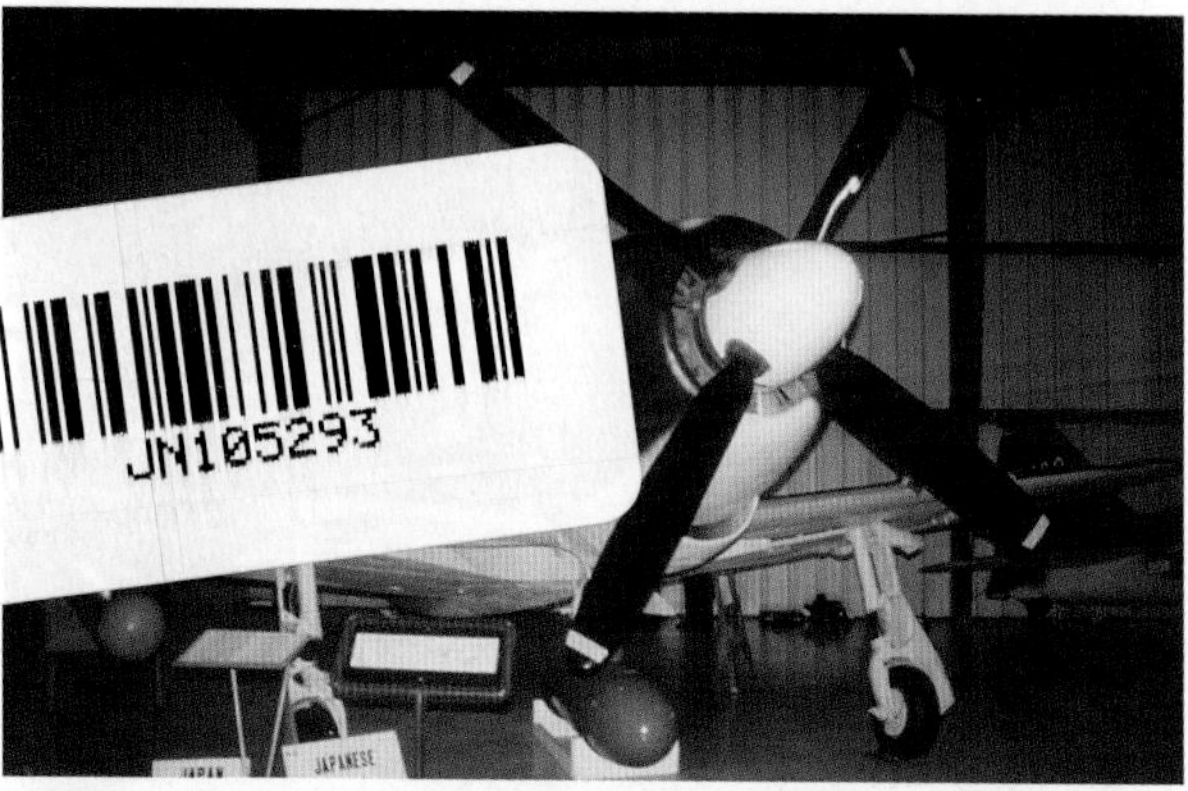

雷電

▲▼アメリカはカリフォルニア州の、チノ空港に隣接する私設航空博物館『プレーンズ・オブ・フェイム』が保有する、雷電二一型、製造番号3014。戦後、日本から同国に戦利品として輸送されたうちの１機だが、その製造番号からして、二一型のごく初期の生産機である。操縦室内部の痛みがひどく、オリジナル度はあまり高くないが、現存する唯一の雷電として貴重な存在。

紫電改

太平洋戦争末期、日本海軍が保有し得た最良の戦闘機だった紫電改については、米軍側も強い関心を示し、戦後、調査・研究用として4機を本国に輸送した。同様に米国に送られた日本機の大半が、用済み後にスクラップ処分されるなどして消え去ったなかで、紫電改はその“貫禄”がモノをいったのか、3機が現存し、しかも、それぞれ1990年代に念入りな再復元が施されて、良好な状態を維持していることが素晴らしい。このページ2枚は、現在、アメリカ国立航空宇宙博物館（NASM）の新館に保管・展示されている機体（製造番号5341）で、再復元を担当した、民間のチャンプリン・ファイター・ミュージアムにおける、作業完了時のもの。修復不能だった胴体外鈑のシワを除けば、ほぼ完璧な復元といえる。次ページ上は、アメリカ空軍博物館が保管している機体。この写真は再復元前の状態で、現在は復元作業が終わっている。次ページ下は、我が国に現存する唯一の紫電改で、四国は愛媛県愛南町の「紫電改展示館」内に、海中から引き揚げたままの機体に、塗装だけ施した状態で展示中。プロペラは、不時着水時の衝撃で彎曲してしまっており、腐蝕による外鈑の痛みなどもかなりひどい状況である。

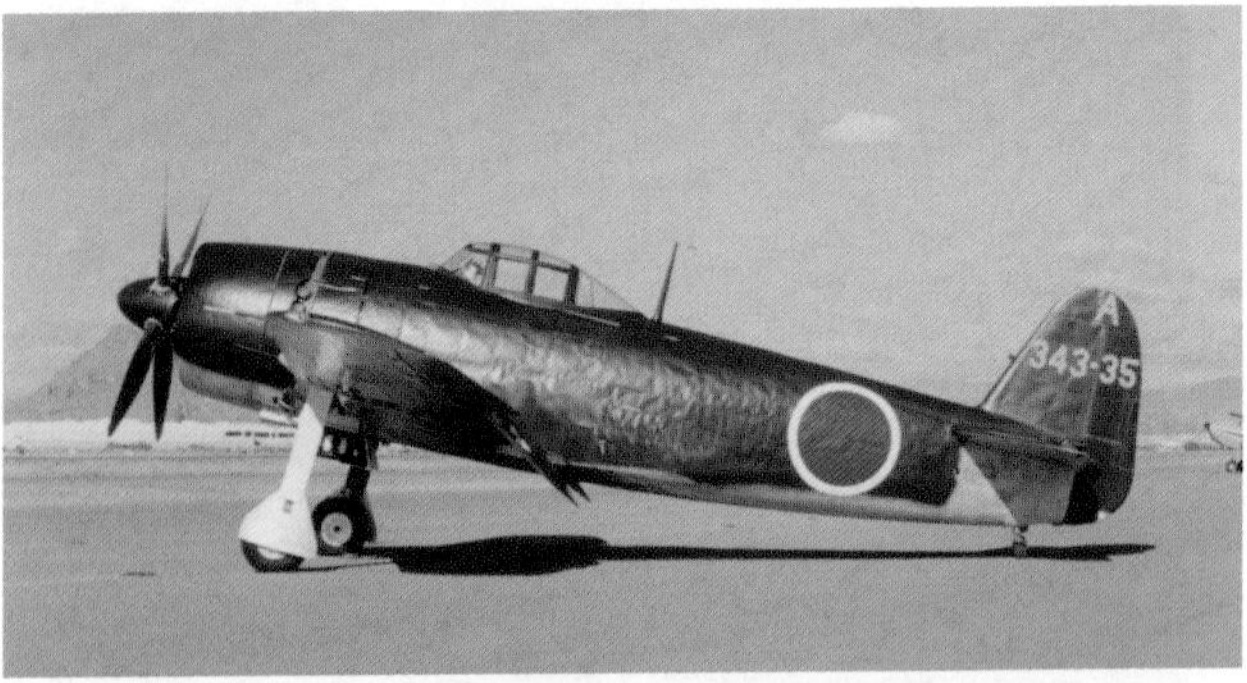

photo courtesy by Robert C. Mikesh

秋水

ドイツのMe163のコピーとはいえ、日本が無尾翼形態のロケット戦闘機を開発していたことは、戦後すぐに進駐してきたアメリカ軍航空関係者にとっては大きな衝撃で、最重要の"差し押さえ"対象となった。敗戦当時、三菱で４機、日・飛で１機が完成していたとされるが、敗戦を嘆いて破壊されたりして、接収できたのは３機だった。これらは、すべて本国に輸送されたのだが、調査が済んだあとは意外に冷淡に扱われ、２機は廃棄処分、１機だけが民間に払い下げられ、現在は、雷電と同じ『プレーンズ・オブ・フェイム』に保存・展示されている。製造番号は三菱403で、海軍向けの２号機、通算では、３号機になる。状態はまずまずだが、離陸用ドリーはなく、フレーム架台の上に載せられて展示してあり、エンジンは取り外し、傍の床面に置いてある。黄色塗装は試作機を示す。

震電

たった1機しか完成しなかった震電だが、幸いにも原形を損なわずに米軍に接収され、外観を修復したうえで米本国に送られた。しかし、『ハ四三・四二』発動機が不調でテスト飛行は出来ず、調査終了後は分解された状態で、NASMの倉庫に保管されたままになっている。このページは、筆者が1987年に同倉庫内で撮影したカット。前翼、降着装置、発動機、プロペラ、側翼などが取り外されており、プラモデルのパーツのような状態で、全体像を把握するのも難しいが、その片鱗はうかがえると思う。右上は操縦室左側、右は発動機覆部左側で、右手前は外されて主翼上に置かれた同後端部。下2枚は、左主翼を前上方から見たところで、前縁の味方機識別帯の黄色、日の丸、燃料タンク注入口蓋の赤色、迷彩色の緑黒色が当時のまま残っている。

日本海軍局地戦闘機カラー・ファイル

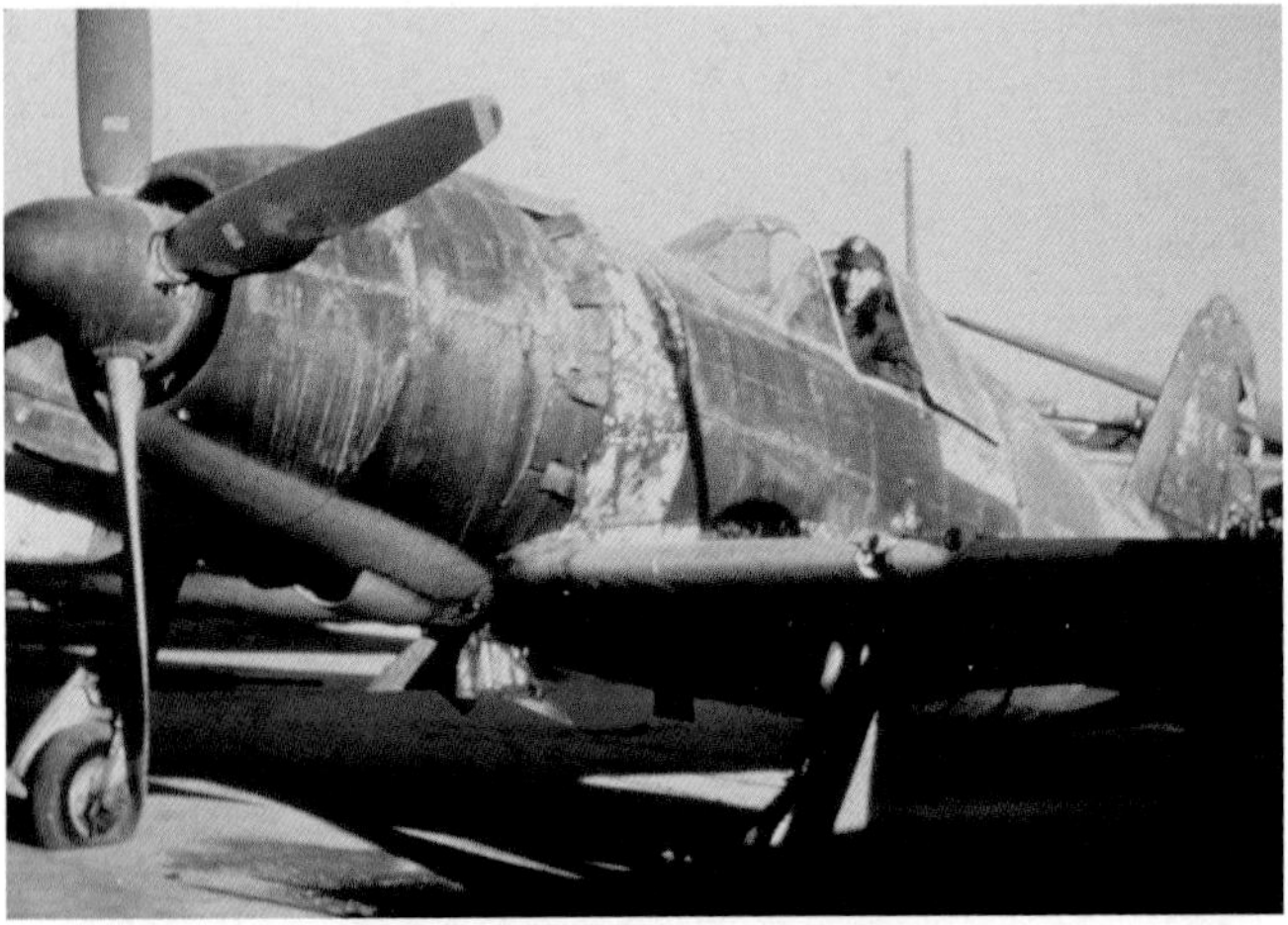

▲太平洋戦争期に、日本陸、海軍機を日本側が撮影したカラー写真は存在せず、現在、我々が目にする当時の日本陸、海軍機のカラー写真は、ほとんどが米軍側の撮影によるものだ。もっとも、当時のこととて、米軍といえどもカラー・フィルムは貴重品で、その数も決して多くはない。上は、その数少ない日本機カラー写真の１枚で、戦後、中国大陸・上海近郊の龍華基地に進駐してきた米軍に撮影された、もと中支海軍航空隊所属の雷電三三型。上面の緑黒色、下面の灰色、プロペラのこげ茶、日の丸の赤、味方機識別帯の黄色なども、はっきりとわかる、資料的に貴重な一葉。
photo Courtesy by James F. Lansdale

三菱 局地戦闘機『雷電』二一型〔J2M3〕
第三〇二海軍航空隊　昭和20年　厚木基地

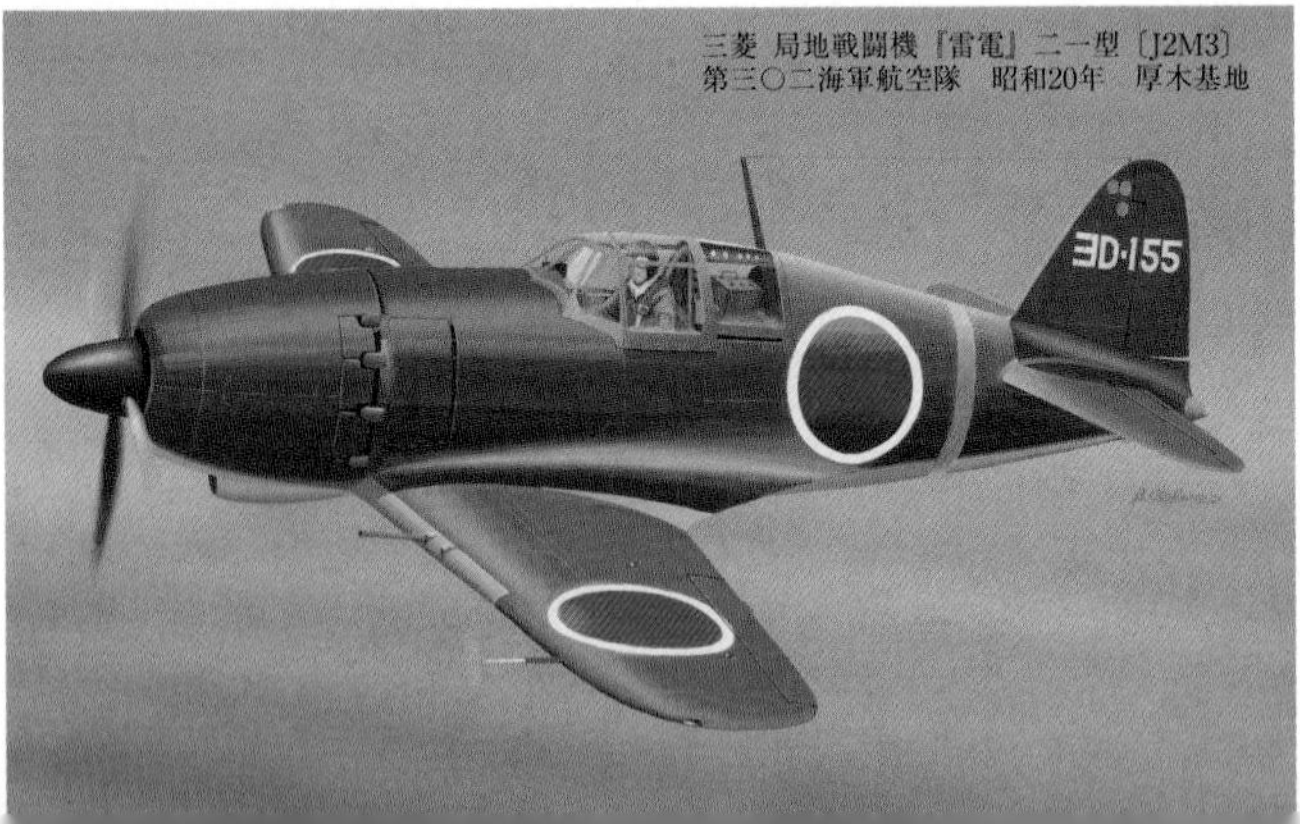

中島 十八試局地戦闘機『天雷』〔J5N1〕
試作6号機　昭和20年

川西 局地戦闘機『紫電』二一甲型"紫電改"
〔N1K2-Ja〕 第三四三海軍航空隊（2代・剣）
戦闘第四〇七飛行隊　昭和20年4月　鹿屋基地

三菱 試作局地戦闘機『試製秋水』〔J8M1〕
量産機の飛行想像画

九州 十八試局地戦闘機『試製震電』〔J7W1〕
試作1号機 昭和20年8月 蓆田飛行場

NF文庫
ノンフィクション

海軍局地戦闘機

野原 茂

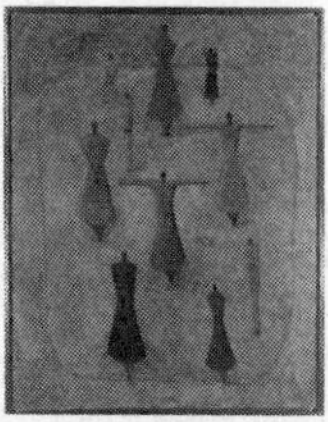

潮書房光人新社

序文

輸送機、練習機の類を別にすれば、海軍航空隊実用機の中心は、もちろん航空母艦搭載の艦上機、艦船、および基地部隊の水上機、飛行艇である。

日本海軍航空隊も、昭和ひと桁時代まで、そのような機種揃えで発展してきたのだが、軍縮条約による主力艦艇保有量の制限をきっかけに、まず、洋上艦隊決戦時の補助戦力として、他国海軍には例のない双発陸上攻撃機が誕生、さらに、昭和12年7月の日中戦争（当時の日本側呼称は〝支那事変〟）勃発を機に、局地戦闘機、双発複座戦闘機などの新機種も次々に計画され、本来の活動舞台である海とは、直接に関わりのない、陸上基地で運用する機体が増えていった。

その新しい機種のひとつ、局地戦闘機という名称は、日本海軍独特の言いまわしでピンとこないが、要するに防空戦闘機のことである。海軍にとって最重要な軍港、それに付属する諸施設などがある特定区域（すなわち局地）を、敵機の空襲から守るための戦闘機という意味だ。

もちろん、航空母艦搭載の戦闘機、すなわち艦上戦闘機も陸上基地で運用できなくはない。実際に、日中戦争においても、当時の主力艦上戦闘機、九六式艦戦が、中国大陸内の海軍基地に進出して、防空任務にも就いた。

しかし、艦上戦闘機の性格からして防空任務は荷が重く、中華民国空軍のソビエト製高速爆撃機SB-2の奇襲により、漢口基地が大きな損害をうけたことを契機に、専用防空戦闘機の必要性が認識され、昭和14年、最初の機体として、三菱に十四試局地戦闘機が試作発注されたのである。

局地戦闘機に求められるのは、何よりもまず、来襲敵機に素早く接近できる上昇力と高速、そして大型爆撃機に対しても、一撃で致命傷を与えられる、強大な火力（射撃兵装）である。わかり易く例えるならば、艦上戦闘機を市販の乗用車とするなら、局地戦闘機はさしずめレース・カーといったところか。

となれば、必然的に局戦の発動機は、入手し得る限りの大馬力が望ましいということになり、十四試局戦も、無理を承知の上で、大型双発機用の空冷『火星』を選択した。

結果的には、この『火星』発動機の選択が、設計主務者堀越技師をして、異端ともいえる紡錘形胴体の採用に走らせ、視界不良の問題に振り回され、実用化遅延のひとつの元凶になった。

もちろん、それだけではなく、プロペラの問題も絡んだ機体振動、零戦の特性を基準にした海軍側審査部の錯誤なども、十四試局戦にとっては小さからぬ弊害となったのだが……。

十四試局戦の開発が意外に難航したのをうけて、海軍は、川西航空機が提案してきた、十五試水上戦闘機（のちの『強風』）を母胎にした、一号局地戦闘機（のちの『紫電』）の開発を承認する。

しかし、それまで陸上機設計に経験がなかった川西にとって、一号局戦の開発は重荷となり、短期間で1号機を完成させるという条件は満たしたが、出来上がった機体はきわめて不満足なもので、加うるに、搭載した『誉』発動機の不調、故障頻発もあって、海軍が期待した、雷電（十四試局戦）の代役にはなれそうもなかった。

太平洋戦争が始まり、局地戦闘機の重要性が高まると、海軍は、昭和17年度に三菱十七試局地戦闘機『閃電』、18年度に中島十八試局地戦闘機『天雷』、九州十八試局地戦闘機『震電』、19年度に三菱試作局地戦闘機『秋水』という具合に、矢継ぎ早の開発を発注した。

メーカーも意欲的で、閃電は双胴推進式形態、震電は前翼（エンテ）型形態、秋水はロケットエンジン搭載の無尾翼形態という具合に、世界でも例が少ない斬新、かつ奇抜な設計を採って、革新の高性能を狙った。

だが、当時の日本の国力、技術力では、これらの局戦を太平洋戦争中に実用化するのはとても不可能で、閃電は途中で開発中止、天雷は試作6号機まで製作したが、性能不足により不採用、震電、秋水は1号機が初飛行したところで戦争が終わってしまい、未知数のまま消え去った。

問題解決の見通しが立たない雷電の生産を、大幅に縮小決定したあと、皮肉にもB－29の空襲が始まり、ともかく、現時点で同機を迎撃できる海軍唯一の戦闘機ということで、再び増産を命じたものの、結局、敗戦までに600機余しかつくれず、真の意味で主力防空戦闘機となり得ないまま終わったというのが実情。

〝欠陥商品〟と知りつつ、零戦の後継機不在を理由に、1000機の紫電を調達した海軍だが、局戦としての実績はほとんど残していない。海軍は、紫電の改良版『紫電改』に最後の望みを託し、昭和20年度に大量生産を計画したが、本機もまた400機余の少数生産で終わってしまう。

顧みれば、日本海軍が、太平洋戦争で大いに活躍するであろうと予測した局地戦闘機は、結局、思惑どおりに量産、配備、運用された機体が無いまま終わってしまったことになる。これを、局戦という機種がそれだけ難しい機体だったのか、それとも、日本の航空技術、国力の不足と捉えるかは議論の分かれるところだが、いずれにせよ、太平洋戦争中の海軍戦闘機開発が、局戦を中心に推移したことは間違いなく、その意味で海軍航空の重要な一面史であることは確かであり、それらを網羅した本書も、相応の出版意義があると信じている。

野原　茂

海軍局地戦闘機——目次

序文　3

第一章　『雷電』

第一節　雷電の開発と各型変遷、戦歴

第二節　雷電の機体構造

海軍局地戦闘機

第一章　三菱　局地戦闘機『雷電《らいでん》』

第一節　雷電の開発と各型変遷、戦歴

暗中模索の開発

新しい局地戦闘機の試作は、九六式艦戦、零戦（当時はまだ制式兵器採用前なので、正確には十二試艦戦）と相次いで優秀機を生んだ、三菱重工（株）に1社単独で発注された。

試作内示が出たのは昭和14年9月のことで、試作名称は十四試局地戦闘機〔J2M1〕であったが、海軍側の都合で正式な計画要求書の発布は遅れ、翌15年4月になってからだった。

序文にも記したように、局地戦闘機に求められるのは、まず何をさておいても来襲敵機に素早く接近できる高速、上昇性能、つぎに一撃で大きなダメージをあたえられる強力な武装である。艦戦に求められた運動性能、航続力、離着（艦）陸性能は、局戦の場合は優先度は低かった。このあたりは、以下に示した海軍の計画要求書の概要をみれば理解できよう。

1. 目的
敵攻撃機の阻止撃破を主とし、敵掩護戦闘機との空戦に有利なること。

2. 寸度

制限なし。

3．性能

最高速度：高度6000mにて325ノット（601・9㎞／h）以上。

上昇力：高度6000mまで5分30秒以内。

航続力：正規状態において最高速時0・7時間（全力空戦25分＋巡航1時間に相当）。ただし、固定燃料タンク容量は最高速時1・0時間分の所要量。

降着速度：70ノット（129㎞／h）以下。

離陸距離：無風状態にて300m以内。ただし過荷重状態にて。性能要求順位は速度、上昇力、運動性、航続力とする。

4．兵装

射撃：七粍七機銃×2、および二十粍機銃×2。

爆撃：30瓩爆弾2個、ただし過荷重状態。

5．艤装

無線電話機：九六式空一号無線送受話器。

防弾：操縦者後方に8粍厚防弾鋼板。

酸素装置、計器、その他は十二試艦戦と同様。

計画要求書を受けとった三菱は、当時、十二試艦戦（のちの零戦）の実用化を直前にひか

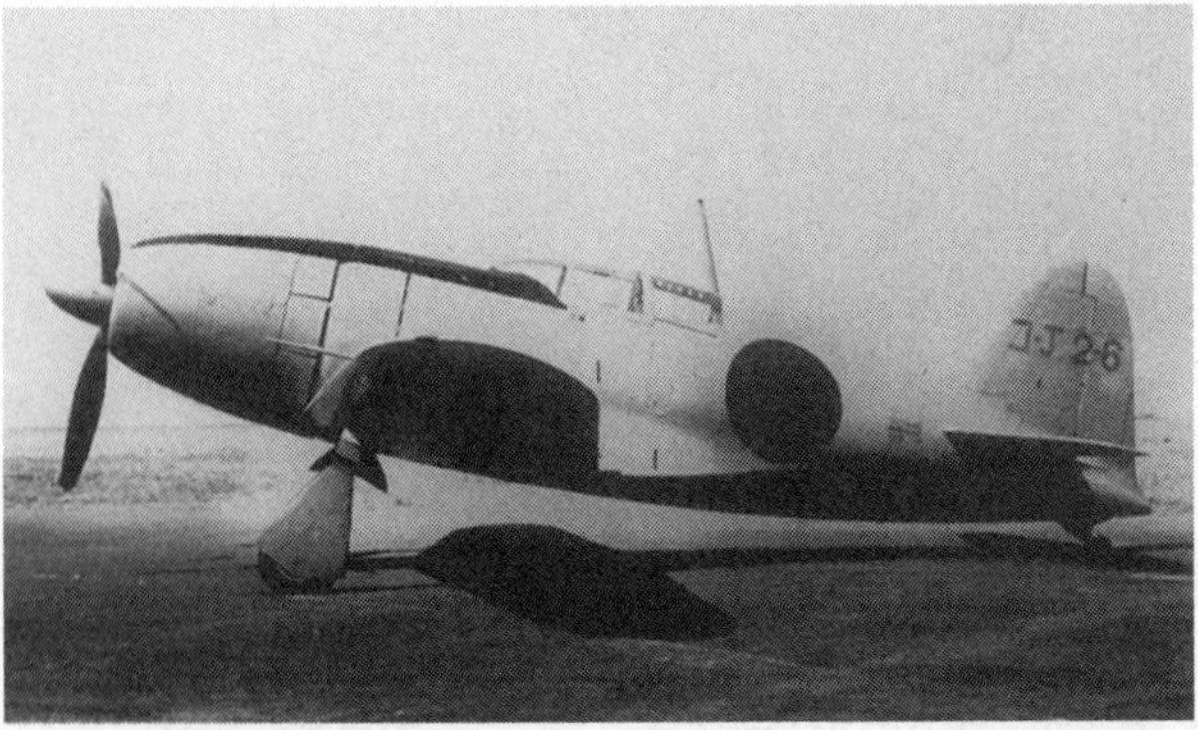

▲昭和17年７月23日に完成した、J2M1十四試局戦の試作第６号機、製造番号三菱第706号。同年２月に完成し、３月に初飛行した１号機も、本機とほとんど同じである。『火星』一三型発動機を内包する機首は、後のJ2M2以降に比べて細く長く、大きな３枚のカウルフラップ、集合排気管、背が低い曲面ガラスの前部風防、住友/VDM３翅プロペラなどが目立つ特徴。正面写真をみればわかるように、強制冷却ファンはJ2M2以降に比べて羽根数が多く、直結式のため回転速度はプロペラと同じ。武装は装備していない。全面灰色塗装で、機首上面の反射除けは黒、尾翼記号はオレンジ色で、航空技術廠に領収されたことを示す。“６”は製造番号の末尾。

えて、その作業に忙殺されていた、堀越二郎技師を主務者とする同機の設計陣に、この十四試局戦の試作を担当させることにした。

機体の性格と、その要求された性能を実現するには、とにかく大馬力の発動機が不可欠とされたが、当時の日本には、理想とされた液冷式で、それに該当するものは見当たらず、堀越技師が選択できたのは、事実上、自社製の空冷式十三試へ号改（のちの『火星』）しかなかった。

戦闘機にかぎったことではなく、航空機の性能は、その搭載発動機によっておおよそ決まってしまう。十四試局戦が、十三試へ号改を搭載するしかなかったということは、この時点で本機の性能も決まったといえよう。

十三試へ号改は、複列14気筒で離昇出力は1430hp、高度6100mにて1260hpを出した。当時、アメリカではすでに出力2000hpのP&WR-2800の実用化が目前という状況にあり、彼我の技術力の差が明白であったが、とにかく、十三試へ号改が、当時の日本における最高出力の発動機だったのだ。

堀越技師自身、十四試局戦の設計そのものは、十二試艦戦のときのように、あらゆる性能項目の、高水準での達成を要求されたわけではなく、優先するべき項目が絞られていたため、それほど難しいとは思わなかった。

ただ、問題は十三試へ号改が、主に双発機以上の大型機用発動機として設計されていたため、直径が1340㎜と比較的大きく、速度性能第一義の本機にとって、胴体の空気抵抗を

J2M1 十四試局地戦闘機

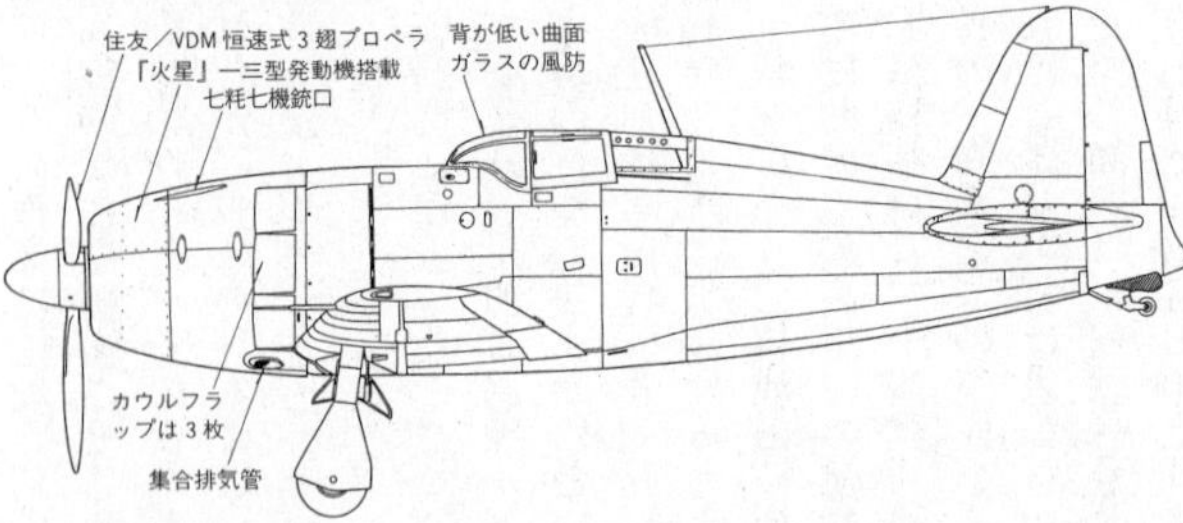

いかにして低くおさえるかがポイントだった。

前述した、アメリカのR-2800の直径は1320㎜、ドイツのBMW801（1700hp）は同1290㎜で、それぞれが単発戦闘機にも搭載されており、十三試へ号改が、とくに戦闘機用として大直径すぎるということではなかったし、発動機自体の重量にいたっては、十三試へ号改はR-2800の1000kg、BMW801の1340kgに比較してはるかに軽い760kgであり、重量面からは戦闘機用として、その直径の大きさを充分に補う利点があった。

しかし、欧米の大パワー発動機搭載戦闘機に対して、空力的な洗練を徹底しなければ、性能面で優位に立てないという宿命を負っていた日本にとって、発動機の直径がわずかでも大きいことは、想像以上に設計者に精神的負担を強いていた。

この点こそ、堀越技師をして十四試局戦に、後述するような異例の太い紡錘形胴体を採らせた原因であり、ひいては十四試局戦の将来をも左右したキー・ポイントだったのである。

当時、日本の航空技術界では、速度が600km/hを超えると、空冷発動機搭載機のナセル前面に衝撃波が発生し、空気抵抗が急激に増すので、ナセル先端はできるだけ細く絞り、胴体断面の最も太い部分を操縦室付近にもってきて、全体を滑らかな紡錘形にするのが良いという理論が支持されていた。

十三試へ号改の直径が大きいことを念頭においていた堀越技師は、十四試局戦の胴体を、前記理論に沿ったものにすることを決心し、設計作業を進めた。

戦後になって、このような紡錘形胴体は、従来の一般的形態に比較して空力面の効果はほとんど無いことが判明したのだが、アメリカのNACA（現在のNASAの前身）のごとき空気力学、航空技術全般をカバーする本格的な公的研究機関がなかった日本では、こうした問題に的確な示唆を与えるのは不可能だったから、堀越技師の判断は責められない。

カウリング（ナセル）の先端を細く絞るということは、発動機取付位置を通常より後方に下げることになり、プロペラ軸は必然的に長くなる。細く絞ったカウリング前面の開口部面積も小さくなるので、

▲昭和18年末～19年初めごろ、横須賀基地におけるJ2M1十四試局戦のいずれか。１号機をはじめ、17年中に完成したJ2M1は、当初、全面灰色塗装であったが、写真をみると試作機塗色の黄色（オレンジ）に塗り直されているようだ。すでにJ2M3の量産に入っている時期であり、風防が同型と同じものに改修されている。尾翼記号の“ヨC”は第三〇一海軍航空隊を示しているものと思われ（同じ横須賀鎮守府隷下の三〇二空は“ヨD”を適用）、訓練用機として配属されていたのだろう。左奥にも別のJ2M1がみえる。

▲これも前掲写真と同じときに撮影された、J2M2の試作機の１機。やはり全面黄色の試作機塗装を施している。火星二三甲型発動機に換装された機首まわり、および４翅プロペラが、J2M1に比較してかなり違ったイメージを与えている。主翼に九九式二十粍二号機銃を装備しているが、のちの生産型と異なり上方への取付迎角はほとんどない（０度〜＋１°）。本機も三〇一空所属と思われ、尾翼記号/機番号は一部しか見えないが、“ヨC-104”かもしれない。

発動機冷却用空気の流入量もそれだけ少なくなった。それをカバーするために、プロペラの直後に強制冷却ファンが取り付けられた。

操縦室風防もなるべく低く、上方への突出度を少なくし、全体を曲面として胴体後部上面に滑らかにつながる、いわゆるファーストバック式にしたが、これは後に視界の改善のため、全面的に再設計されてしまう。

運動性能は二義的な要求だったので、主翼はなるべく小さくして面積20㎡とした。零戦二一型の22・44㎡に比べると、そんなに小さいという値ではないが、機体重量が30％以上も重く、異例に太い胴体をもっていることを考えれば、かなり小さい主翼だった。零戦は2本の主桁を有したが本機は1本で、後方のそれは補助桁の役割しかもたないのが大きな違いだった。

運動性能は二義的とはいえ、この小さい主翼では旋回性能、離着陸性能が極端に悪くなってしまうので、それを補うため、ファウラー式フラップを採用し、空中戦の際にも使用できるようにした。

このファウラー式フラップと、主脚、尾脚の出し入れ操作を電動式としたことも、海軍戦闘機としては初の試みだった。

武装も強力であることが望まれたが、海軍の要求は七粍七機銃×2、二十粍機銃×2で、零戦と全く変わらなかった。日中戦争で敵対した各国製機を基準に判断したためだが、これは後にアメリカ機相手には不足であることが判明し、二十粍機銃×4に強化される。

零戦の事故対策、同機の中島飛行機への転換生産指導など、他の作業にも相当の人手をさかねばならず、三菱設計陣の能力が限界に達している状況下で、十四試局戦の開発は遅れ気味であったが、昭和15年12月には第1回、翌16年1月には第2回の木型審査まで進んだ。

木型審査（モックアップ審査とも言う）とは、機体の製作図面が完成したのち、実機の製作に入る前に、発動機、プロペラなどは実物を載せ、機体のほとんどを木材、合板で原寸大におおまかに形づくり、操縦室内レイアウトや視界、各部操作、整備取扱いなどの適否を海軍側が審査するもので、100を下らない要改修箇所を指摘されるのが普通だった。

序文にも記したように、じつはこの木型審査の段階で、海軍側は視界に関して全くクレームをつけなかった。はっきり言えば審査官が見落としていたことが、のちに十四試局戦の成否に重大な影をおとすことになったのである。

海軍側の審査主任は、航空技術廠飛行実験部の戦闘機主務者、小福田租大尉だったが、同大尉は戦後の回想記の中で、このときに、視界に関してはっきりした見解を示せなかったことの責任を、痛感していると記している。

ともかく、木型審査はパスしたので、試作機の製作がスタートし、途中、堀越技師が病に倒れ、高橋己治郎技師が主務者を肩替りするというアクシデントもあったが、1号機は太平洋戦争勃発から2ヵ月後の昭和17年2月に完成した。15年4月の正式計画要求提示から1年10ヵ月後のことだった。

最初に十四試局戦の計画案が内示された昭和14年9月から数えれば、2年4ヵ月後ということになり、零戦の時と比べると確かに長期を要したといえる。

実用化までの遠い道のり

三菱の名古屋航空機製作所で完成した十四試局戦の試作1号機は、安全を期して、広いスペースをもつ茨城県の霞ヶ浦海軍基地で初飛行させるために分解・輸送され、3月20日、三菱のテスト・パイロット志摩勝三操縦士が搭乗して、無事に初飛行した。

その後、三菱工場に近い三重県の鈴鹿基地に空輸された1号機は、社内テスト飛行に続き、6月からは海軍側搭乗員による官試乗を受けた。結果は視界不良、住友／VDMプロペラの不具合などが指摘され、搭載した『火星』一三型発動機（十三試へ号改の制式採用後の名称）の出力不足もあって、最大速度がわずか312kt（578㎞／h）にとどまるなど、飛行性能は要求値に遠くおよばないことが明らかになった。

J2M2 雷電一一型 初期生産機

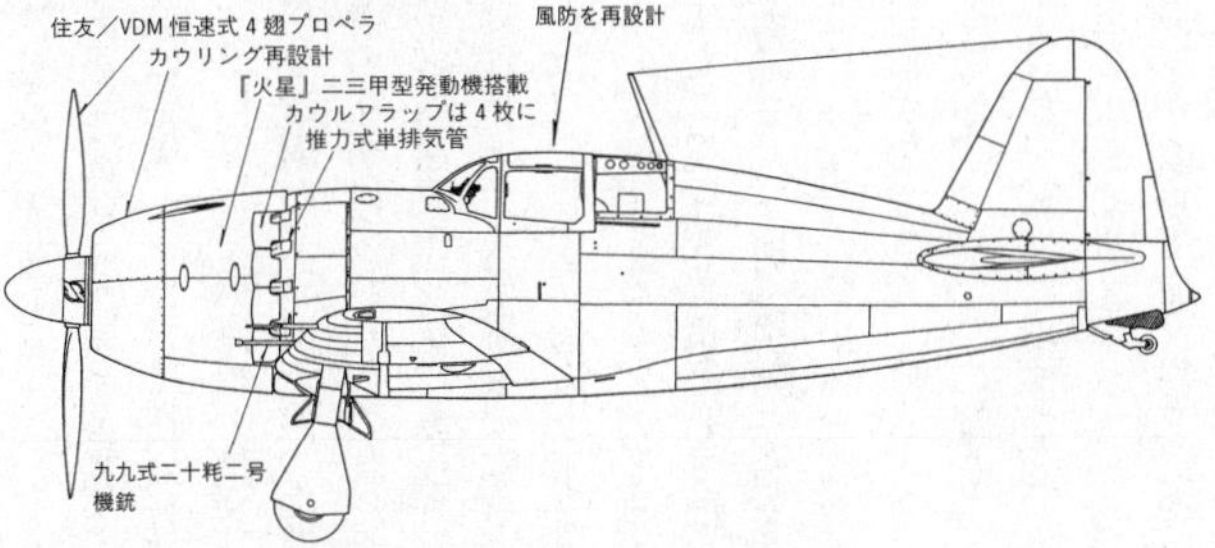

J2M2 雷電一一型 後期生産機

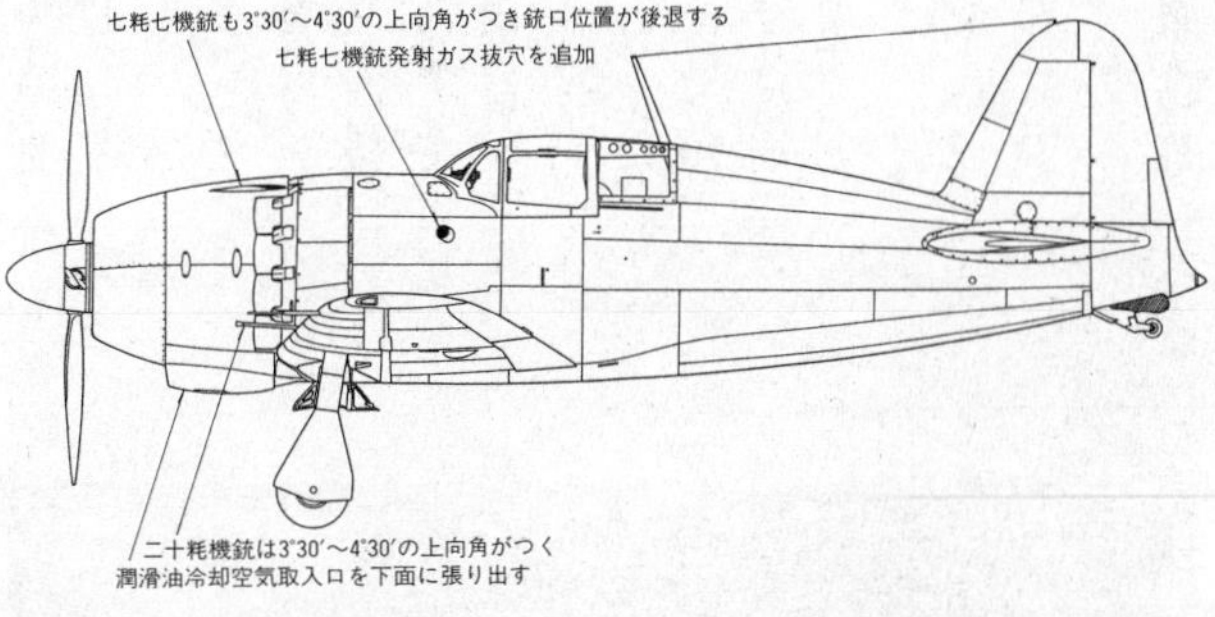

そのため、Ｊ２Ｍ１は9月までに8機造られただけで打ち切られ、発動機を水メタノール液噴射装置を併用して、離昇出力１８２０hpに向上させた『火星』二三甲型に換装することになり、記号も〔Ｊ２Ｍ２〕に変わった。

すでに、Ｊ２Ｍ１の１号機が完成する２ヵ月前の16年12月、海軍は三菱に対して、『火星』二三甲型を搭載する十四試局地戦闘機改（Ｊ２Ｍ２）の開発を命じていたので、大きなブランクを生じることなく、その1号機（J2M1の第4号機を改造した）は17年10月初めに完成し、13日に初飛行した。

J2M2は、発動機の換装にともない、プロペラは同じVDMだが、油圧式可変ピッチ機構の4翅に変わり、強制冷却ファンを直結式から増速式に変更、カウリングを改修して、排気管を推力式単排気に変更、胴体内燃料タンクは二分して、前方を水メタノール液タンクとして使用するなどの改良が施されていた。

また、視界改善策としては、座席位置を70mm前進させ、前部風防左右を平面ガラス構成に改め、なおかつ全体の高さを50mm増すなどの処置が施された。

その他、フラップの幅を500mm増し、最大下げ角を50度に増すなど、機体細部にもかなりの改良が加えられている。

海軍が改めてJ2M2に要求した最大速度

▲昭和18年末～19年にかけての冬、積雪状態の飛行場からテスト飛行に出発するJ2M2一一型。尾翼記号の“コ-J2-2？”が示すように、空技廠飛行実験部の領収機で、操縦者は本機の木型審査にも立ち会った小福田租少佐である。機体は緑黒色/灰色の実戦機塗装を施しているが、主翼武装は未装備（おそらく機首上部の七粍七機銃も同様）で、射撃照準器も取り付けておらず、いかにもテスト機然としている。風防前方に棒状の突起（用途不明）が付いており、主翼、垂直尾翼前縁が白っぽく塗ってあることに注目。

は、高度6000mにて340kt（629・6km／h）、同高度までの上昇時間5分10秒以内であったが、性能テストでは322kt（596・3km／h）、5分38秒にとどまった。それでも、十四試局戦の当初の要求値にはほぼ達していたことから、海軍はJ2M2を最初の生産型として制式兵器採用する方針で、三菱に量産発注した。ところが、実用テストのしょっぱなから、J2M2は大きくつまずいてしまう。というのも、それまでに経験したことのない激しい振動を発生したのである。

J2M1ではほとんど問題にならなかった振動が、J2M2になって突然ひどくなったのは、発動機が変わったためであった。

火星二三甲型は、同一三型に比較して一気に390hpもパワーアップしていたため、クランク・シャフトと前、後列シリンダーを連結するマスターロッド、延長軸、プロペラがそれに対応できず、共振して激しい振動を発生させたのである。

アメリカでも、2000hp級以上の高出力発動機が、同じ振動に悩まされたが、前、後列マスターロッドを対向位置から隣り合わせに配置し、あわせてクランク・シャフト両端に平衡重錘を追加、発動機取付架、プロペラの改良などをもってすでにクリアしていた。

三菱の発動機部門の山室宗忠技師以下は、海軍航空技術廠の協力も得て、この振動問題に全力で取り組んだが、思うような成果が出ないまま、無為に時間だけが過ぎていった。

結局、発動機取付架防振ゴムの改良、減速比を0・54から0・5に変更し、最後にはプロペラ効率の低下をしのんで、ブレードの厚みを増し、剛性を高めるという、いわば小手先

▲昭和19年なかばごろ、神奈川県の厚木基地に並んだ第三〇二海軍航空隊の雷電。右から2機が一一型で、機首下面に潤滑油冷却空気取入口を張り出し、各機銃に3° 30′～4° 30′の上向き取付角をつけた後期生産機である。七粍七機銃発射口は、上向き取付角がついたために従来の位置より後退し、カウルフラップの上方あたりにきている。そして、理由はよくわからないが、前部風防下方にその発射ガス抜き口と思われる穴が追加されていることに注目。胴体下面に増槽を懸吊しているのが珍しい。この増槽は、初期の標準タイプで容量は250ℓ。右から3機目以降は二一型。

▲昭和19年夏、神奈川県の厚木基地で訓練に励む、第三〇二海軍航空隊のJ2M2一一型“ヨD-1171”号機。わずか131機しか造られなかったJ2M2の、実施部隊における写真はきわめて少なく、本写真も貴重な1枚。主翼の九九式二十粍二号固定機銃三型には3° 30′～4° 30′の上向角がつけられており、機首上部七粍七機銃の発射口がカウルフラップ上方位置に後退している。

の処置でいくらか改善させたという程度に終わった。

なお、昭和19年に入って、撃墜した米軍機のP&W R-2800エンジンを分解して調査した結果、前、後列マスターロッドの間の角度が360度の5／18位置に隣り合っていること、クランク・シャフト両端に、同回転数の2倍で逆回転する平衡重錘が取り付けてあることが判明した。しかし、内部の設計変更は、生産ラインを長期にわたって停止しなければならず、改造は見送られ、新型MK9A発動機（のちに『烈風』に搭載された2000hp級）に関しても、改造図面は作られたものの、結局は実施するまでに至らなかった。

▲J2M4三二型をはじめ、紫電/紫電改などの各種新型機の実用テストを担当した、海軍航空技術廠飛行実験部乙部員の山本重久大尉（右から2人目）。山本大尉は、雷電の操縦感覚は軽快で良かったと回想する。写真は昭和20年春ごろの撮影で、このころは横須賀海軍航空隊飛行審査部に改編（19年7月10日付）されていた。

こうして、三菱がJ2M2の振動対策に振り回されている間に、1年近くが経過してしまい、局地戦闘機『雷電』一一型の名称でようやく月産10機を超える本格的量産に入ったのは、昭和18年9月であった。この間、6月には、尾脚オレオと昇降舵軸管との間隔不適切と、整備上のミスにより、海軍側審査主任の帆足工少佐が、墜落事故により殉職するという痛ましい犠牲も出した。

J2M3 二一型後期 六面図

左側面図

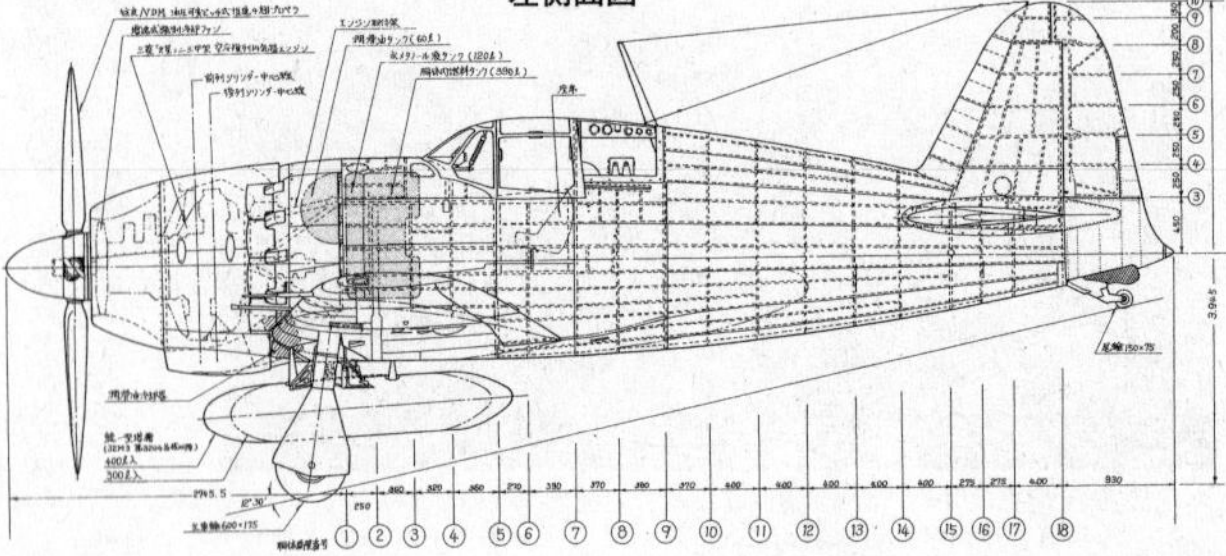

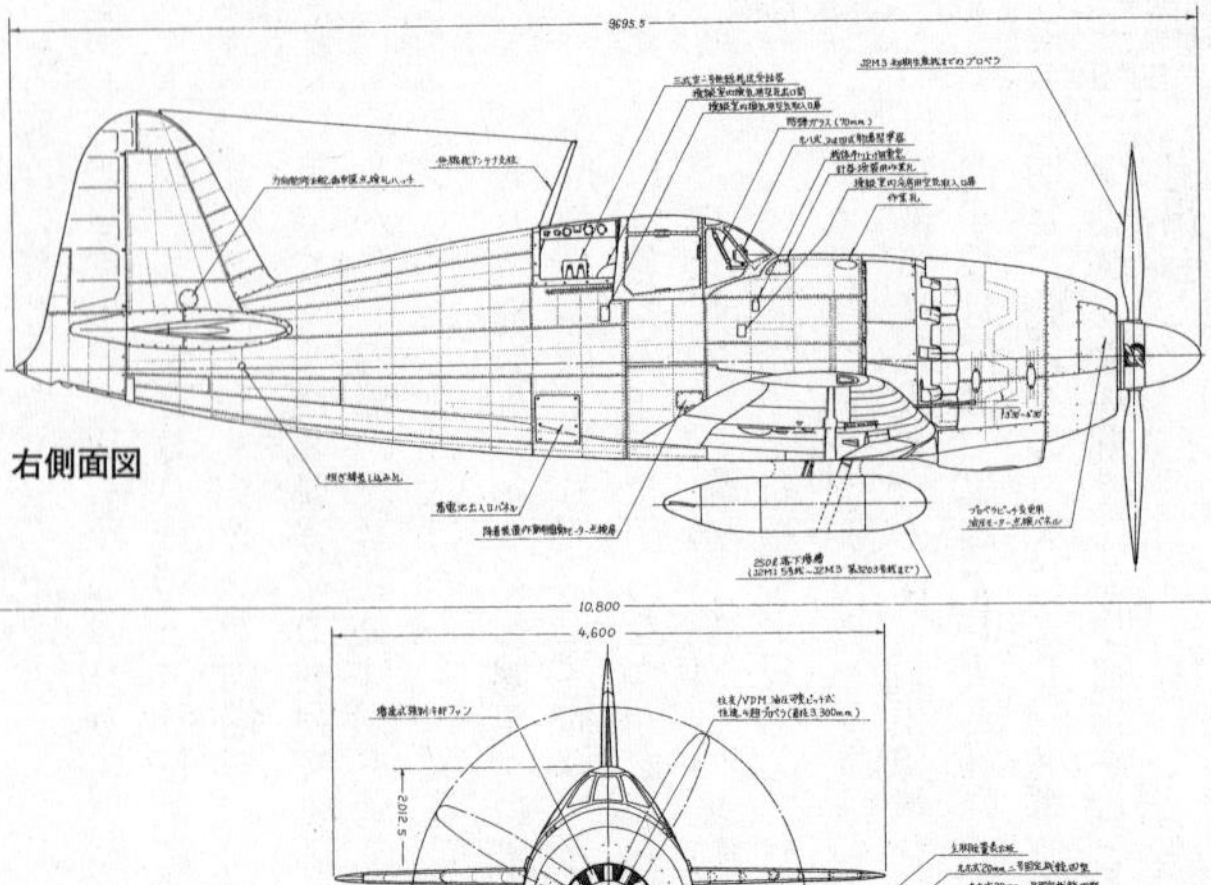

右側面図

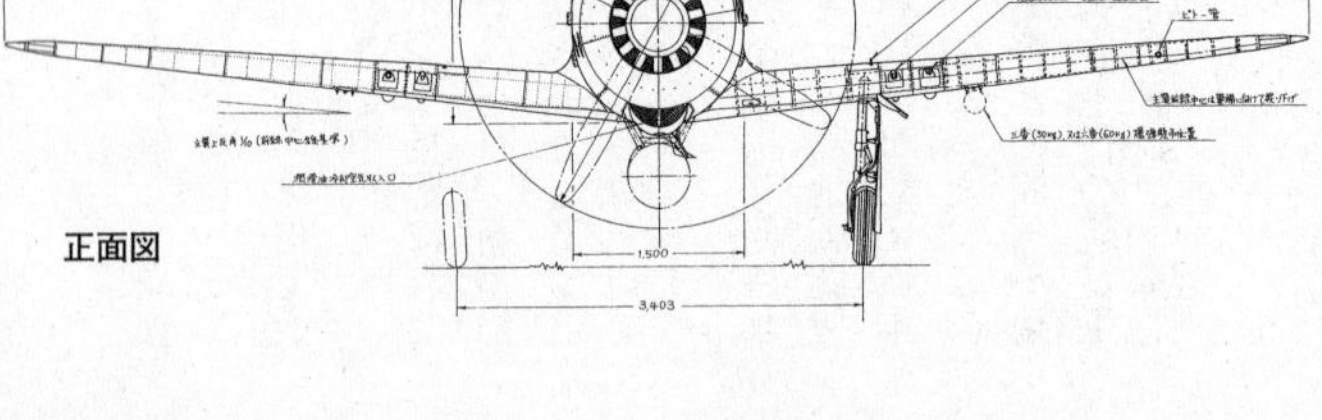

正面図

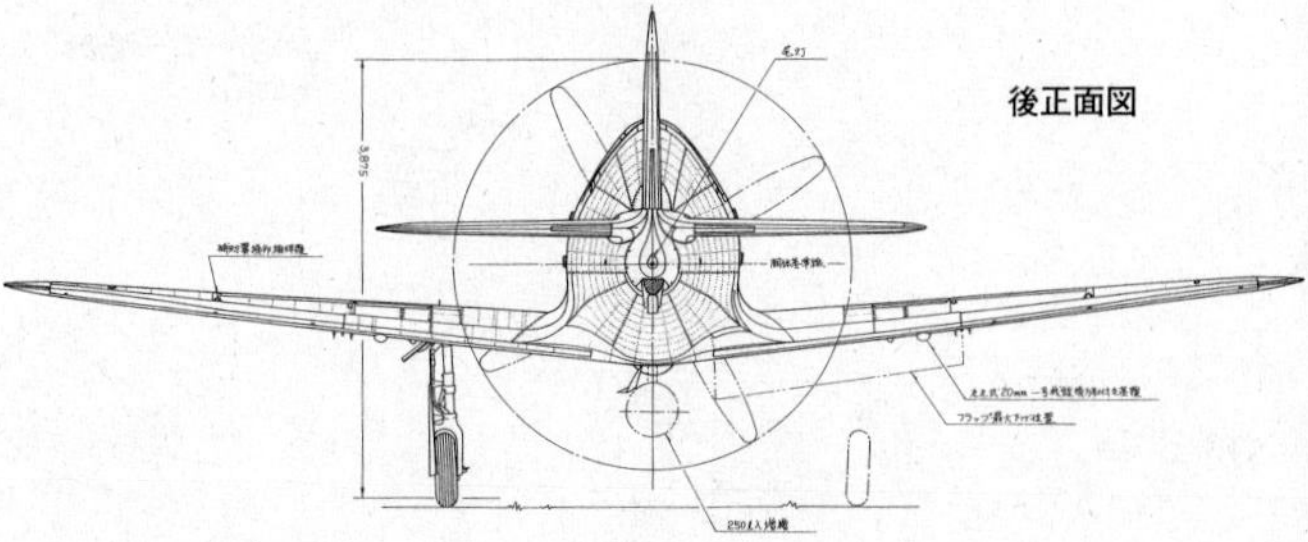

後正面図

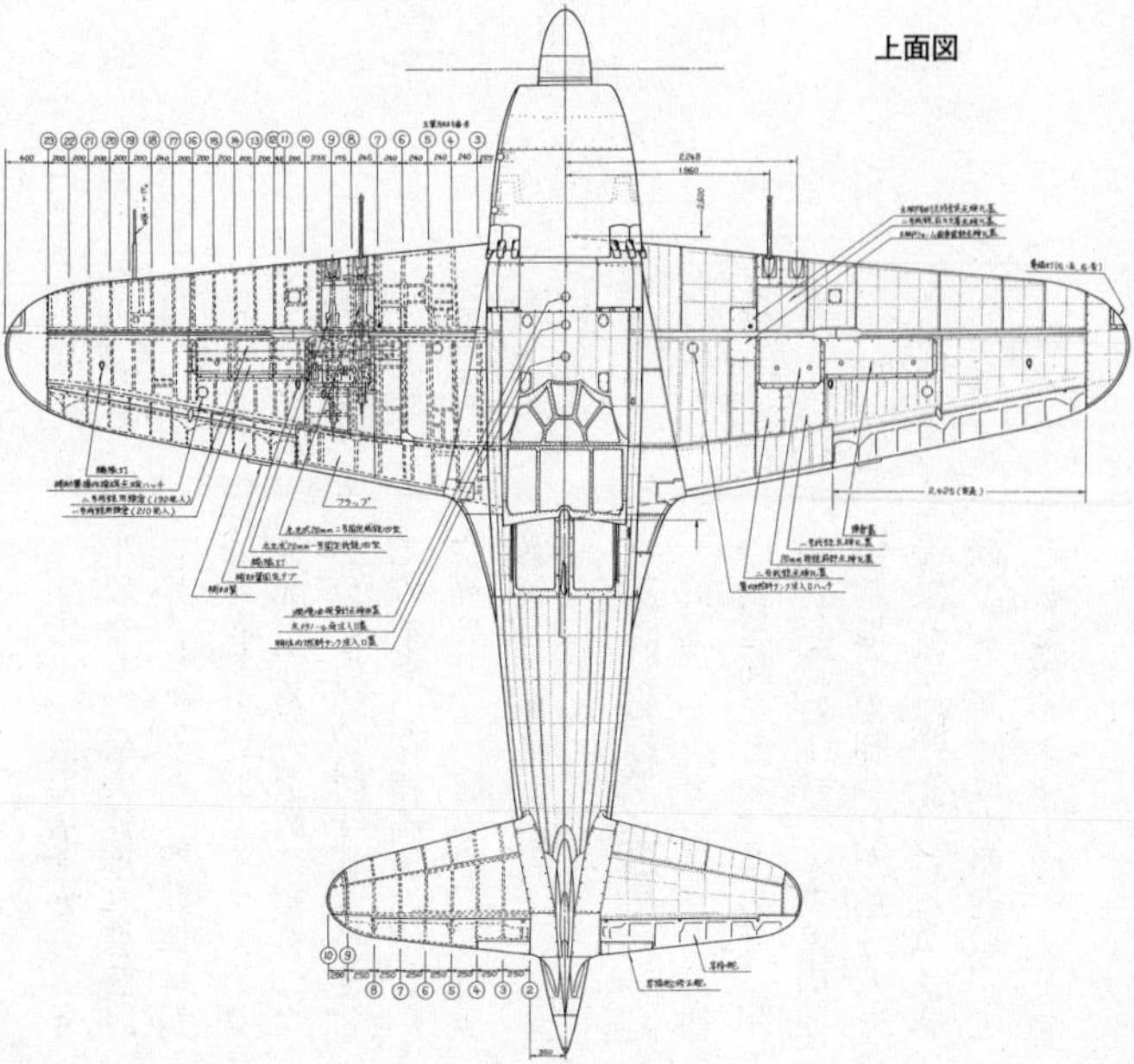

上面図

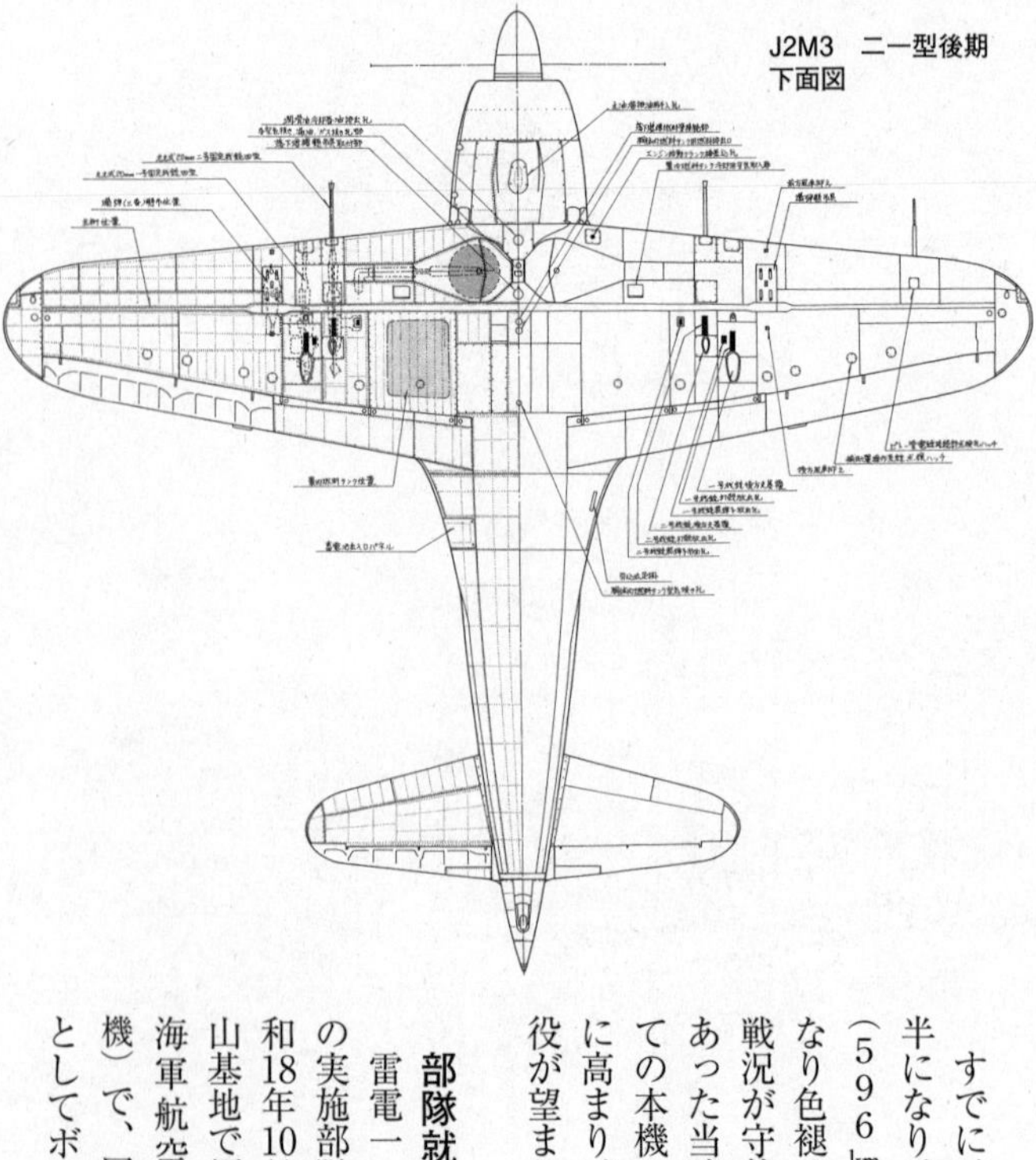

J2M3　二一型後期
下面図

すでに、設計着手から3年半になり、最大速度322kt（596km／h）の性能はかなり色褪せた感じもあったが、戦況が守勢一辺倒に傾きつつあった当時、防空戦闘機としての本機の存在価値はにわかに高まり、一日も早い部隊就役が望まれた。

部隊就役後の苦難

雷電一一型を装備する最初の実施部隊となったのは、昭和18年10月1日、千葉県の館山基地で編制された第三八一海軍航空隊（装備定数は48機）で、同隊は南西戦域、主としてボルネオ（現：カリマンタン）島バリクパパンの油田地帯の防空にあたる予定だった。

のちに愛知県の豊橋基地に移り、本格的な訓練に入ったが、雷電の供給はいっこうに進まず、19年2月になっても10機しか保有していない状況だった。

この間、1月5日には射撃訓練中の一一型第30号機が、発動機取付耳金、およびカウリングの強度不足から空中分解し、操縦者が殉職するという事故を起こし、その対策などで生産はさらに遅れた。

結局、機材の不安と供給の遅れから、三八一空は零戦に機種変更して、19年2～3月にかけてボルネオ島方面に進出していった。

三八一空のつぎに雷電を装備したのは、18年11月5日、神奈川県の横須賀基地で編制された第三〇一海軍航空隊（翌19年3月以降の戦闘六〇一の装備定数は48機）である。

三八一空同様、当初は雷電の供給が遅れていたが、19年3月以降ようやく配備が進み、5月1日現在、隷下の戦闘第六〇一飛行隊は40機（ほかに零戦47機を保有する三〇六飛行隊が付属）を保有するまでになった。

編制当初、三〇一空は戦況逼迫していたラバウル方面に派遣される予定だったが、雷電の供給の遅れなどから間に合わず、19年5月に入って、内南洋トラック島、ついで6月に入ってマリアナ諸島に進出するよう命令変更された。

しかし、館山基地に集結した六〇一飛行隊の雷電は、連日の悪天候に妨げられて中継地の硫黄島への進出が出来ず、長距離洋上飛行に対する機材の不安もあったことから、結局は三八一空と同様、零戦に機種改変されてしまった。

本土防空戦に参加

三八一、三〇一空が相次いで零戦に機種改変されてしまい、実施部隊における雷電の評価はさっぱり上がらなかった。これは機体自体の問題もさることながら、搭乗員の技倆レベルが日毎に低下して、零戦とまったく異質の操縦特性の本機を、乗りこなせない者が大半を占めたこともその理由。

18年9月時点で、航空本部は19年度に3695機という膨大な量の雷電を生産する計画だったが、前記したような不評もあって、海軍の本機に対する期待は薄れ、19年に入るとわずか月産30機程度にまで規模が縮小されてしまった。

雷電の代わりに、紫電／紫電改を重点生産する方針に切り替えたわけで、そのままいけば、本機は遠からず生産打ち切りになるのは必至だった。

ところが、皮肉なことに19年6月15／16日夜を皮切りに開始された、米陸軍航空軍の超重爆B-29による日本本土空襲のおかげで、雷電はふたたび息を吹き返す。

1万mの高空を侵入してくるB-29に対し、零戦ではまったく歯が立たず、さりとて期待された紫電／紫電改も、『誉』発動機の不調でカタログどおりの性能が出ず、速度は雷電より遅く、上昇力に至っては高度6000mまで7分50秒（紫電改は7分22秒）もかかってしまい、雷電のほうがはるかに有効だった。

海軍戦闘機として、ともかくB-29に対抗できる機体は、雷電しかないという現実に、海軍航空本部がうけた衝撃の大きさは察して余りある。なにせ、当の雷電は本命から外れ、たった月産30機程度の規模でしか生産していないのだから……。

装備実施部隊も、事実上、厚木基地の第三〇二海軍航空隊（19年3月1日に編制）が唯一といってよく、西日本の実施部隊にはまったく配備されていなかった。

あわてた海軍は、三菱に対してふたたび雷電の増産を命じるとともに、8月1日、呉鎮守府隷下に第三三二海軍航空隊、同10日、佐世保鎮守府隷下に第三五二海軍航空隊を発足させ、雷電を配備してそれぞれの地区の防空にあたらせることにした。

この間、三菱の生産ラインは、19年2月からJ2M2の機首武装を廃止して、主翼内に二十粍機銃4挺（J2M2の途中から各機銃は3°30′～4°30′の上向角をつけて取り付けるようにしていた）を収め、胴体燃料タンクをゴム被覆防弾タンクとしたJ2M3、局地戦闘機『雷電』二一型（試作機は18年10月に完成していた）に変わっており、さらに主翼の二十粍機銃を4挺とも九九式二号四型にしたJ2M3a、局地戦闘機『雷電』二一甲型が、20年2月から生産に入る予定にしていた。

本土防空の最有力機として、ふたたび海軍の期待が高まった雷電が、はじめて宿敵B-29と空戦を交えたのは、昭和19年10月25日の九州・大村地区に対する空襲だった。この日は、三五二空の雷電8機をふくむ同隊、および大村空の零戦など計71機が、59機のB-29を迎撃して撃墜1機、撃破16機の戦果を報じた。これが、雷電にとっての本土防空戦における初陣だった。

三五二空の雷電は、その後も11月11日（29機来襲）、21日（同61機）12月19日（同17機）のB-29の大村地区空襲に際しても、それぞれ11機（他に大村空の零戦など65機）、16機（同58機）、11機（同38機）で迎撃し、とくに21日には撃墜9機と大健闘した。全部が本機の戦果ではないが、その多くを占めたことは確実だった。

帝都防空戦

中国大陸奥地から58BWのB-29が北九州地区への爆撃を行なっている間、米陸軍航空軍は、占領したマリアナ諸島から日本本土爆撃に参加する部隊の進出準備を進め、昭和19年10月、2番目のB-29部隊、73BWがサイパン島に展開した。そして、11月24日、111機のB-29が東京西郊の中島飛行機武蔵野工場を爆撃、いよいよ日本の中枢部に目標を定めてきた。

関東周辺の防空を専任とする海軍航空部隊は、厚木の三〇二空である。同隊は、事実上、雷電を装備して

▲昭和19年7月、台湾の台南基地に展開する台南海軍航空隊に配属するため、同隊の青木義博中尉の操縦により沖縄〜台湾間の洋上を空輸中のJ2M3二一型。容量250ℓの初期型増槽を付けた状態を確認できる、数少ない写真でもある。このとき、3機空輸されるはずだったが、中継地での事故などにより台南に到着したのは写真の機体だけだった。

▲当初、『試製雷電改』と呼ばれていた、J2M3二一型。写真の“コ-J2-34”号機は、空技廠飛行実験部に領収された1機で、胴体後部左側の“記号”欄には“試製雷電改、三菱第3034号機”とステンシルされている。零戦の場合、A6M3三二型以降は、4桁（千の位はダミーの数字）の通し番号を製造番号とするようになっており、雷電もこれと同じシステムを採り、J2M3二一型は3001からはじまり、写真の機体はその第34号機にあたる。記録用に大型カメラで撮影された写真で、その鮮明度は素晴しく、ディテール把握には恰好の資料。上向角のついた二十粍機銃、空戦フラップを兼ねるファウラー式フラップなどに注目。

▲三〇二、三三二空とともに、西日本防空を担う局戦部隊として編制された、佐世保鎮守府隷下の三五二空所属のJ2M3二一型。操縦室横の大きな稲妻マーク（黄）が示すように、本機は、雷電隊隊長の青木義博中尉乗機。独特の部隊符号記入法を採った、尾翼の機番号も黄色。

実戦態勢を整えた最初の実施部隊といってよく、19年11月1日現在で2個分隊40機を保有（ほかに零戦、月光など約100機も保有）していた。

もっとも、うち30機は何らかの理由で整備中のため、可動機は10機しかなく、このあたりも雷電の不評たる所以《ゆえん》だろう。

11月24日の空襲には、のべ48機を繰り出して迎撃したが、初空戦で要領がつかめず、戦果はなかった。しかし、その後、毎次の迎撃戦に出動をかさねるうちに、対B-29攻撃要領をつかみ、12月3日には、のべ24機が、他機種のべ50機とともに、86機のB-29を迎えうち、撃墜9機を報じるなど健闘した。

以降、B-29が夜間爆撃に転じる20年3月までに、三〇二空の雷電隊は迎撃戦力の中心として毎時の空襲に出撃し、少しずつ戦果を記録したが、機数不足やB-29に対しての性能不足、搭乗員の技倆未熟などもあって、大きな戦果を収めるまでには至らなかった。

改良、性能向上型の動向

一転して重要生産機種となった雷電は、J2M3以降もつぎつぎと改良、性能向上型が開発されていったが、いったん規模縮小されてしまった生産ラインを元に戻すのは、きわめて困難だった。

▲三〇二空のJ2M3二一型を背にした、市村吾郎中尉。本機は初期生産機のうちの1機で、VDMプロペラのハブ付近のスピナー切り欠きが少なく、ブレードとハブの段差もない。市村中尉の回想では、雷電はエンジンの焼き付きが多く、旋回戦闘はほとんど不可能、あこがれていたような性能ではなかったとしている。

三菱では、名古屋工場を零戦だけの生産ラインとし、雷電は新設の三重県・鈴鹿工場に移して、19年9月以降、完成機が出はじめていたが、月産数は微々たる数だった。

海軍は、こうした三菱の現状を考慮し、神奈川県の厚木基地に近い高座工廠に対して雷電の生産を命じ、民間会社の日本建鉄がこれに協力した。高座工廠は、19年8月から完成機を送り出しはじめたが、8月中は1機のみで9月2機、10月3機、11月4機と月産数はいっこうに上昇せず、敗戦までに月平均12機、合計128機をつくるのが精一杯だった。

生産が思うようにはかどらない状況ではあったが、三菱の設計陣は、雷電の改良、性能向上型の開発を鋭意続行し、19年なかば以降、以下に示した各型が試作、もしくは少数生産された。

●J2M4 雷電三二型

昭和19年に入り、B-29の高々度性能が予測されるにともない、排気タービン過給器を備える型として本型が計画された。当初は『試製雷電改』と呼ばれていた。

設計は海軍航空技術廠と三菱の2本立てで行なわれ、前者は改造範囲を限定した応急的なもの、後者はやや本格的な改造を加えたものとして進められた。

試作機が完成したのは空技廠のほうが先で、19年なかばごろに性能テストがはじまった。試作機の改造ベースになったのはJ2M3、および後述するJ2M6で、発動機後方の右側に排気タービン過給器を備えていた。

しかし、テストの結果は散々で、もともと排気タービン過給器そのものを造る技術がともなっていないから、実用性が低いうえに、作動させると機体全体に異常な振動を発し、その割に高々度における効果もさっぱりないということで、早々に見限られた。なお、のちに九

▲昭和19年末、鹿児島県の鹿児島基地に翼を休める、元山海軍航空隊（２代目）所属のJ2M3二一型“ケ-1105”号機の正面写真。ハブの段差が、スピナー切り欠きの外に露出するタイプのVDMプロペラを付けている。正面写真でみると、太い機首を先端にかけて強く絞り込んだようすがよくわかる。

州・大村の第二一空廠でも排気タービン過給器付きの改造機が少数造られた。

いっぽう三菱は、19年8月に試作機を完成させた。三菱機は、Ｊ２Ｍ３を改造しており、発動機取付架を２００㎜前方に延ばして排気タービン過給器収納の専用スペースをとり、カウリングの前縁部に潤滑油冷却器、および同タンクを配置するなどの改修が加えられている点が、空技廠機との違いだった。

飛行テストの結果、排気タービン過給機の作動は不安定で、高度９２００ｍにおける最大速度も５８０㎞／ｈにとどまり、結局はたいしたメリットがないと判定され、実用化は見送られた。

なお、Ｊ２Ｍ４の発動機そのものは、Ｊ２Ｍ３の火星二三甲型と変わらなかったが、排気タービン過給器を併用するということから、火星二三乙型と呼称されていた。

また、三菱製J2M4は操縦室後方の胴体上部に、前上方に角度をつけた二十粍機銃2挺、いわゆる〝斜め銃〟を装備して、B-29を下方から攻撃できるように計画されていたが、試作機は未装備だったようだ。

●J2M5 雷電三三型

高々度性能向上をはかるため、J2M6三一型の発動機を火星二六甲型に換装した型。火星二六甲型は、離昇出力は同二三甲型などと同じく1820hpのままであったが、過給器を大きくして全開高度を高め、高度7200mにおける第二速状態で1310hpを維持できた。

発動機換装のほか、機首下面の潤滑油冷却器をさらに内側に埋め込ん

▲昭和20年春ごろ、神奈川県の厚木基地エプロンに並んだ、第三〇二海軍航空隊のJ2M3二一型群。雷電装備部隊のなかで、最も強力な戦力を保有し、かつ防空戦での戦果が多かったのが三〇二空で、この写真からもそれがうかがえる。20年3月1日現在の可動機数は24機だった。左列の先頭機、2機目は胴体後部に黄帯1本を記入した小隊長、もしくは中隊長乗機。最後方（手前）の1機と中央列の4機目の垂直安定板には黄桜のスコア・マークが記入されており、B-29相手に戦果を記録した機体だろう。

で空気取入口の突出度を減らし、空気抵抗の減少をはかっている。

昭和19年5月に完成した試作機をテストしたところ、高度6585mにおいて最大速度332kt（614・8km／h）を出すことがわかり、海軍はただちに雷電の生産を本型に集中するよう命じた。

しかし、前述したように三菱の生産ラインが縮小されてしまったうえに、B-29による空襲、アルミ合金材料の枯渇などの悪条件がかさなり、生産機が完成しはじめたのは20年6月のことで、敗戦までにわずか42機しか造られなかった。それでも、J2M5は三〇二空をはじめ、中国大陸の中支空などにも配備されていたことが、写真で確認できる。

●J2M5a 雷電三三甲型

J2M6a三一甲型をベースに、J2M5三三型と同様の改修を施した型で、昭和20年に入って順次本型の生産に切り替える予定だったが、敗戦までに完成機を造り出せないまま終わった。

●J2M6 雷電三一型

J2M3二一型が部隊就役してからも、視界不良問題がなおくすぶりつづけていたため、二度目の改善策として、風防の高さをさらに50mm、幅を80mm増し、風防前方の胴体上部両側を削り落として視界をいくらか広くした改造機が、19年6月に造られた。

当然ながら、空気抵抗も増えたので速度性能は低下（最大速度は318・5kt――589・8km／h）したが、効果ありと判定され、生産ラインに導入された。はっきりした生産数はわからないが、ごく少数にとどまったと思われる。

●J2M6a 雷電三一甲型

J2M3a二一甲型に、J2M6三一型と同じ改修を施し、さらに主桁の補強と主脚改造もあわせて実施されていたが、敗戦までに生産機は完成しなかった。

●J2M7 雷電二三型

J2M3雷電二一型の発動機を、火星二六甲型に換装した型。試作機が造

▲昭和20年2月ごろ、厚木基地の指揮所前に整列した三〇二空第一飛行隊隊員と、彼らの後方に待機するJ2M3二一型。すでに首都防空戦は始まっており、後方に並んだ2機（手前は"ヨD-1198"号、向こうは"ヨD-155"号）の垂直安定板上部には、B-29撃墜、又は撃破を示すスコア・マーク（黄の八重桜、もしくはひと重桜）が描かれている。ヨD-155号機は、胴体後部に白フチ付き赤の帯を記入しており、小隊長、または中隊長乗機と思われる。

J2M4 三二型（空技廠製の J2M6改造機）

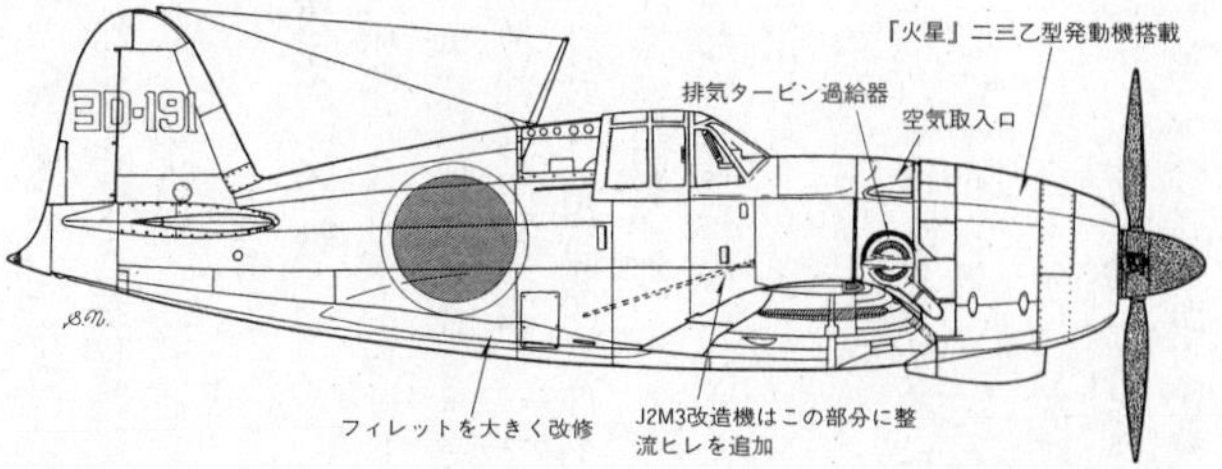

J2M4 三二型（三菱製の J2M3改造機）

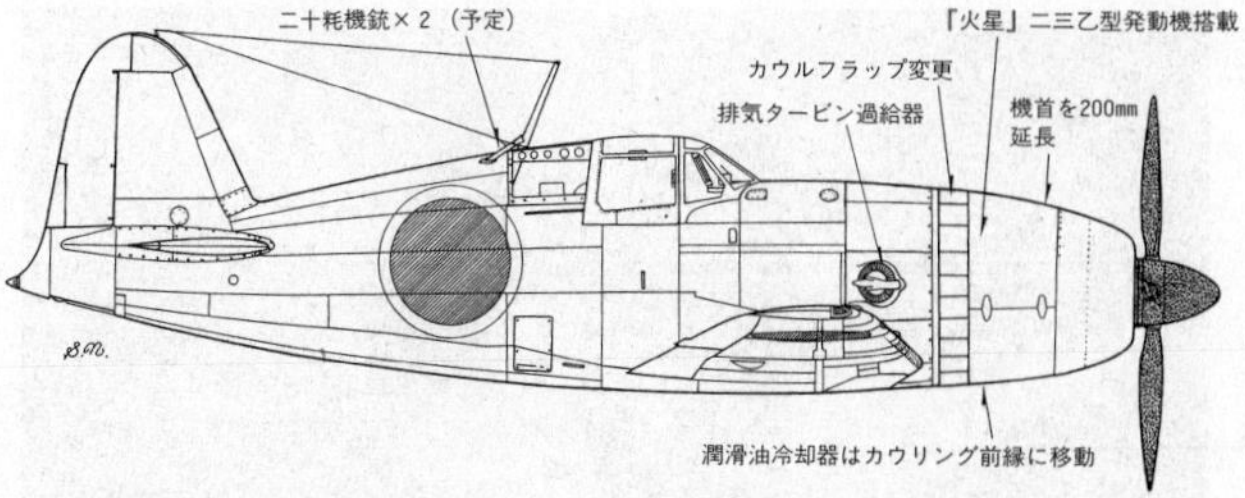

られたのみで、敗戦までに生産機は完成しなかった。

●J2M7a 雷電二三甲型

Ｊ２Ｍ３ａ雷電二一甲型の発動機を火星二六甲型に換装した型。試作機が造られたのみで、敗戦までに生産機は完成しなかった。

以上が、Ｊ２Ｍ３以降に試作、および生産された雷電各型である。なお、海軍の公式書類上の記録では、Ｊ２Ｍ２一一型、Ｊ２Ｍ３二一型、Ｊ２Ｍ６三一型のいずれもが、兵器として制式採用された年月は、昭和19年10月となっており、実用機として量産発注され、部隊配備された時期とは一致していない。

最後の防空戦

昭和20年3月末からはじまった、太平洋戦争最後の大きな戦い、沖縄攻防戦に際し、マリアナ諸島のB-29群は、日本側の特攻機の出撃基地となった、九州南部の各飛行場に対する爆撃を強化した。

そのため三〇二、三三二、三五二空の雷電隊を一時的に統合して九州南部の防空にあてるため、4月23日～26日にかけて鹿児島県の鹿屋基地に集結させた。内訳は、三〇二空から19機、三

▲敗戦後の昭和20年９月23日、長崎県の大村基地格納庫内に収められたまま、進駐してきた米海兵隊兵士に臨検される、もと第三五二海軍航空隊のJ2M4三二型。同基地に隣接する、第二一海軍航空廠でJ2M3を改造して造られた少数のうちの１機である。手前左側兵士の陰になってわかりにくいが、外されたカバーの右奥に排気タービン過給器の一部が見え、その下方の排気ガスを導くダクトもわかる。装備要領は空技廠機と同じだが、カウルフラップの切り欠き具合など細かい部分に若干の違いがある。

▲空技廠製機よりも、やや本格的な改造を施してつくられた、三菱製のJ2M4三二型試作機のうちの1機。排気タービン過給器付近を中心に据えて撮影された写真で、その装備要領がよくわかる。発動機取付架を前方に20cm延長して収容スペースを確保したことで、排気タービン過給器周囲がスッキリしており、細分化されたカウルフラップの処理などにも余裕がある。機首下面の潤滑油冷却器がカウリング前縁部に移動したため、突起物がないスムースなラインになっている。

三二空から17機、三五二空から7機の計43機。

これら集成雷電部隊は、『龍《たつ》巻《まき》部隊』と通称され、4月27日以降、B-29迎撃戦に出動し、同日1機、28日2機、29日3機とわずかずつではあるが戦果を報じた。

しかし、29日の戦闘では、燃料補給中のところをB-29に爆撃されて7機が炎上、2機が大破する損害を受け、可動機数は一気に15機にまで減少してしまった。

5月に入ってからも、少ない機数をもって毎時の迎撃戦に出動していたが、戦果はほとんどあがらなくなり、12日に至って戦力がいちじるしく低下したのと、B-29の爆撃目標が九州以外の各地に変更されたこともあり、各隊残存機、および搭乗員は原隊に復帰した。

この間、日本本土上空の昼間防空戦には大きな変化が生じていた。それまで、B-29は単独で日本上空に進入していたので、性能不足はともかく、まがりなりにも日本陸海軍戦闘機にとって迎撃のチャンスはあった。

しかし、20年4月7日以降、硫黄島に展開し終えたP-51マスタング部隊が、B-29を護衛して日本上空に姿を現わしはじめたのである。名にしおう第二次大戦最優秀戦闘機が、B-29の周囲をガードするようになっては、日本陸海軍戦闘機にとって、もはやB-29編隊に接近することさえ難しくなった。迎撃どころか、逆にP-51によって返り討ちにあう公算が高くなったのである。

三〇二空の雷電隊は、それでも果敢に迎撃戦に挑んだが、やはり戦果はあがらず、損害のみが目

▲中国大陸の上海近郊に位置する龍華基地で敗戦を迎え、中国軍/米軍の命令による処分を待つ、もと中支海軍航空隊所属のJ2M5三三型。高さ、幅ともに増して大きくなった風防と、機首下面内部へ埋め込まれて、その空気取入口の張り出しが小さくなった潤滑油冷却器の、J2M5の特徴がみてとれる。昭和20年に入って生産され、しかもたった43機しか造られなかったJ2M5の写真はほんの少ししか残っておらず、本写真はその意味でも貴重な1枚。画面左奥に零戦五二型、右奥に同二一型が写っている。

▲敗戦後の昭和20年10月～11月、米軍の命令により調査・テスト対象機として米本国に輸送されるため、神奈川県の横須賀・追浜基地に空輸されてきた、J2M5三三型三十粍機銃装備機。本機は、もと第三三二海軍航空隊所属機と思われるが、すでに尾翼記号は消され、国籍標識も米軍のそれに塗り直されており、確認の術がない。主翼前縁から突き出た太いカバー筒の中に三十粍機銃が収めてある。この三十粍機銃は、十七試三十粍固定機銃の試作名称で昭和17年に開発着手され、20年５月に『五式三十粍機銃』の制式名称で採用された新型であった。三〇二空などで少数の雷電が本銃を取り付けたが、実戦で威力を示すまでには至らなかった。このアングルからだと、視界向上のため風防前方の削ぎ落とされた胴体上部がよくわかる。

▲昭和19年秋、三菱の鈴鹿工場で完成したのち、厚木基地の三〇二空に空輸中のJ2M6三一型。右奥には富士山が写っており、静岡県上空あたりを飛行中と思われる。画面の汚れが惜しまれるが、J2M6の飛行中の写真は他にほとんどなく貴重。高さ、幅とも増して大きくなった風防が把握できる。J2M6は、記号でみるとJ2M5三三型よりあとだが、発動機はJ2M3のまま風防のみ改修しただけなので、生産に入ったのは本型のほうが早く、部隊就役も同様だった。

J2M5 三三型 上面図

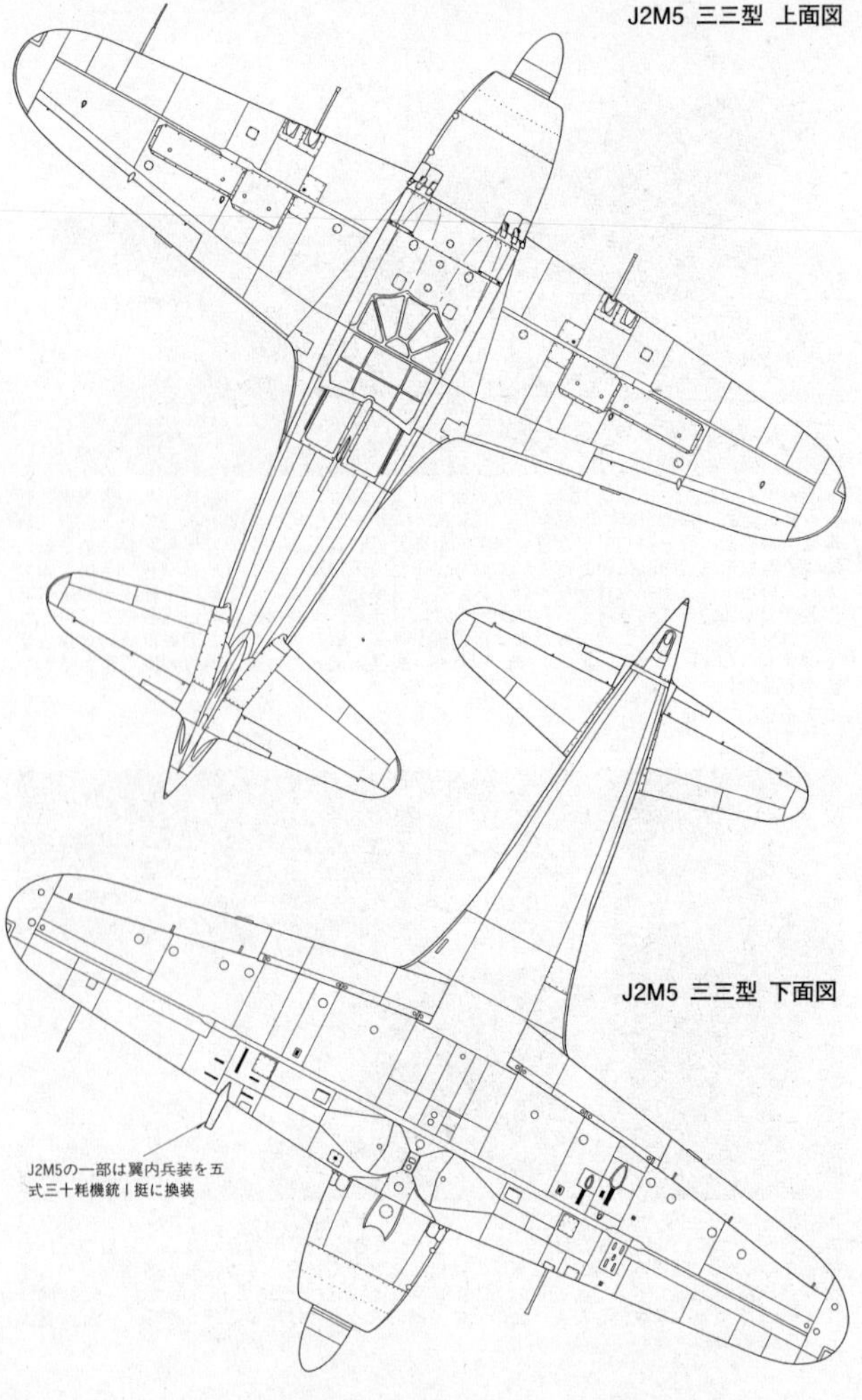
J2M5の一部は翼内兵装を五式三十粍機銃1挺に換装

J2M5 三三型 下面図

J2M5 三三型 右側面図

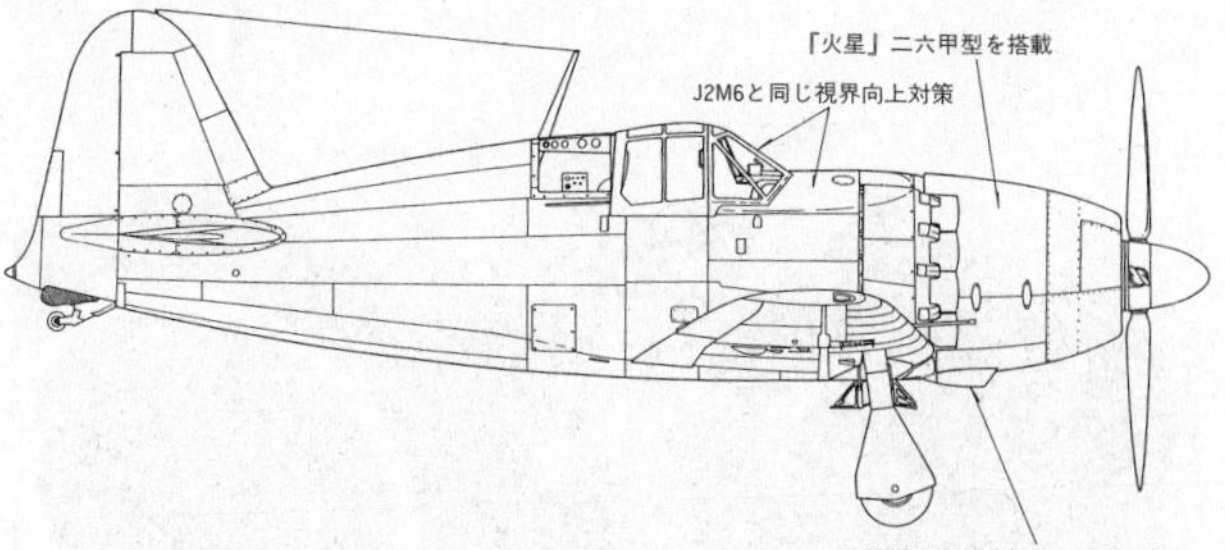
潤滑油冷却空気取入口が小型化

J2M5 三三型 正面図

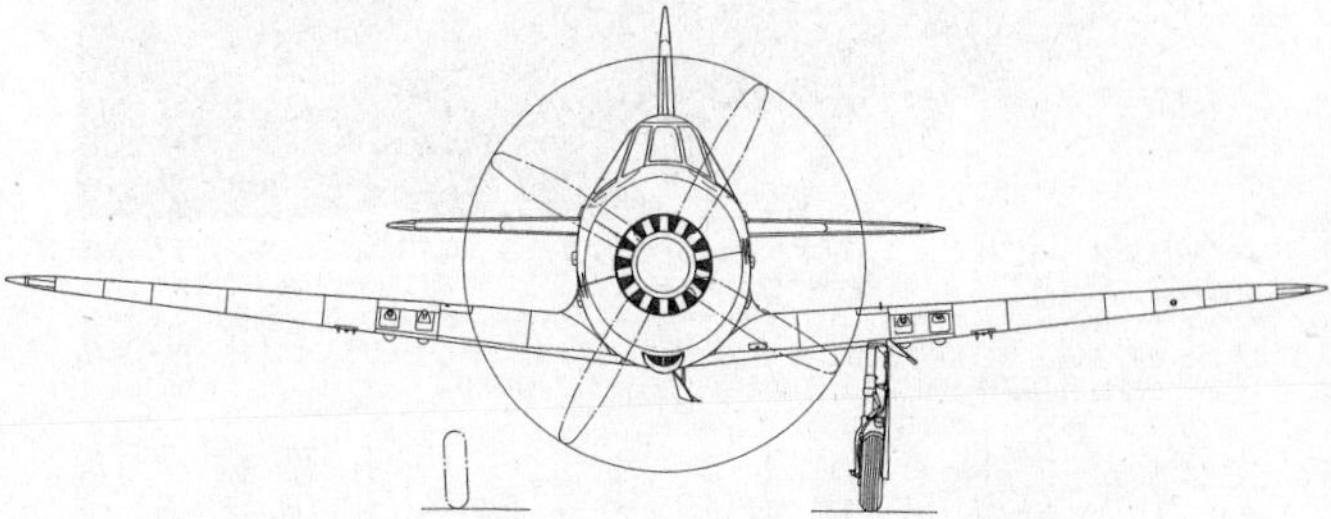

J2M6 三一型

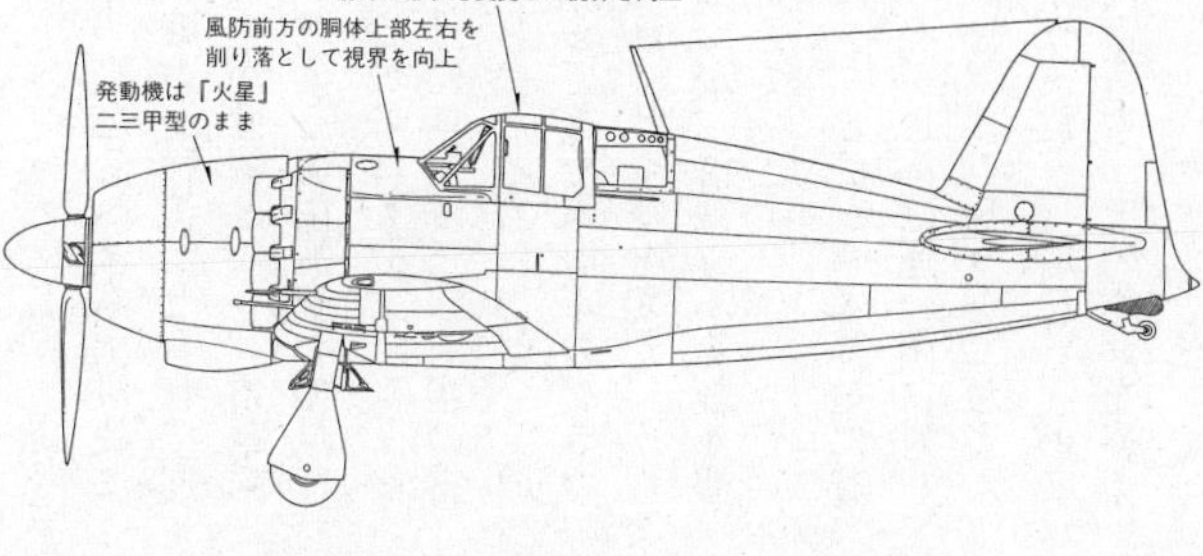
風防の高さを50mm、幅を80mm増し
前部の形状を変更して視界を向上

▲"敵機来襲"の情報が入り、厚木基地から出撃する三〇二空のJ2M6三一型。いま搭乗員が操縦席に乗り込もうと、足掛けに右足をのせたところ。すでに、発動機は整備員によってウォーミング・アップされ、唸りをあげている。このアングルからは、本機の太い胴体がことさら強調され、迫力を感じさせる。高さ、幅ともに増した風防にも注目。中央可動風防に、補強用の縦枠が追加されたことも、J2M3までとの相違。

立った。

6月以降は、来たるべき本土決戦に備えるため、戦力温存策がとられて迎撃出動そのものが低調となり、雷電隊も、米軍機の跳梁を切歯扼腕して見ているよりほかなくなった。

昭和20年8月15日朝、三〇二空の雷電4機は零戦8機とともに出撃し、厚木上空に進入してきた米海軍のグラマンF6F艦戦6機と空戦を交え、うち1機を撃墜したが、雷電をふくむ4機が撃墜されて完敗した。

そして、残った8機が厚木基地に着陸して間もなく、日本は連合国に対して無条件降伏し、3年8ヵ月におよんだ太平洋戦争が終結、同時に、イバラの道を歩んだ雷電も、その生涯を終えたのである。

敗戦までに生産された雷電は、三菱でJ2M1が8機、J2M2が131±機、J2M3が308±機、J2M5が43機（試作機ふくむ）、それと生産数不明のJ2M6三一型が少数の計約500機、ほかに、高座工廠製J2M3 128機を合わせても、630機ていどにすぎなかった。

昭和18年9月の生産計画で年間3600機余、19年末の月産数500機を予定された機体にしては、あまりにも淋しい数であった。この落差が、そのまま雷電の苦難の証しである。

局地戦闘機『雷電』各型諸元、性能一覧表

型式	J2M1 十四試局戦	J2M2 雷電一一型	J2M3 雷電二一型	J2M4 雷電三二型	J2M5 雷電三三型	J2M6 雷電三一型
初号機完成年月	昭和17年2月	昭和17年10月	昭和18年10月	昭和19年8月(三菱機)	昭和19年5月	昭和19年6月
製作機数	8	131±	436± (三菱、高座工廠合計)	少数	43	少数
全幅(m)	10.800	10.800	10.800	10.800	10.800	10.800
全長(m)	9.900	9.695	9.695	9.895	9.695	9.695
全高(m)	3.820	3.875	3.875	3.875	3.875	3.875
主翼面積(㎡)	20.05	20.05	20.05	20.05	20.05	20.05
自重(kg)	2,191	2,527	2,538	2,823	2,839	——
正規全備重量(kg)	2,861	3,300	3,499	3,947	3,482	——
過荷全備重量(kg)		3,946	3,973	4,307	——	——
搭載量(kg)	670	773	948	1,124	——	——
発動機名称	「火星」一三型	「火星」二三甲型	「火星」二三甲型	「火星」二三乙型 ※排気タービン装備	「火星」二六甲型	「火星」二三甲型
〃離昇出力(hp)	1,430	1,820	1,820	1,820	1,820	1,820
〃公称第一速(hp/m)	1,400/2,700	1,575/1,800	1,575/1,800	——	1,510/2,800	1,575/1,800
〃公称第二速(hp/m)	1,260/6,100	1,410/4,800	1,410/4,800	1,420/9,200	1,310/7,200	1,410/4,800
〃回転数(r.p.m.)	2,350	2,450	2,450	2,500	2,500	2,450
〃減速比	0.684	0.5	0.5	0.5	0.625	0.5
プロペラ名称	住友/VDM 恒速式3翅	住友/VDM 恒速式4翅				
〃直径(m)	3,200	3.300	同左	同左	同左	同左
〃ピッチ	25°～55°	30°～68°				
使用燃料	航空九一揮発油	航空九一揮発油 + 水メタノール液	同左	航空九一揮発油	航空九一揮発油 + 水メタノール液	同左
燃料タンク容量(ℓ)	710	420	390	同左	同左	同左
水メタノールタンク容量(ℓ)	——	130	120			
潤滑油容量(ℓ)	——	60	60			
最大速度(km/h/m)	578/6,000	596/5,450	611/6,000	580/9,200	615/5,585	590/5,450
着陸速度(km/h)	——	153	162	——	——	162
上昇時間/高度(m)	——	5'38"/6,000	5'50"/6,000	19'30"/10,000	7'/10"/6,000	5'40"/6,000
実用上昇限度(m)	11,000以上	11,680	11,520	11,500	11,500	11,520
航続距離(km)	——	1,055(正規) 2,520(過荷)	同左	1,110+0.5h (全力)	555+0.5h (全力)	1,055(正規) 2,520(過荷)
射撃兵装	七粍七機銃×2 (弾数各550発) 二十粍機銃×2 (弾数各60発)	七粍七機銃×2 (弾数各550発) 二十粍機銃×2 (弾数各100発)	二十粍機銃×4 (弾数210×2、190×2)	同左	同左	同左
爆弾	30kg×2	同左	30kg、又は60kg×2	同左	同左	同左

雷電の生産実績（基礎資料は米国戦略爆撃調査団の太平洋戦争レポートNo.16による）Courtesy by James F. Lansdale

		4月	5月	6月	7月	8月	9月	10月	11月	12月	1月	2月	3月	年度合計
三菱	昭和16～17年 J2M1											1		1
	昭和17～18年 J2M1	1	1	1	2	1	1							7 } 13
	J2M2			1				1	1	2			1	6
	昭和18～19年 J2M2	2		3	4	5	16	15	21	22	17	20±		125± } 141±
	J2M3							1				6±	9	16±
	昭和19～20年						→鈴鹿工場での生産が始まる							
	J2M3	22	38	43	34	21	16	20	18	7	17	11	29	276 } 280
	J2M4					1								1
	J2M5		1											1
	J2M6			1								1		2
	昭和20年			→三重工場での生産が始まる										
	J2M3	16												16 } 58
	J2M5			8	7	27								42
												三菱生産合計		493±
高座工廠	昭和19～20年 J2M3		1			1	2	3	4	6	13	8	23	61
	昭和20年 J2M3	15	10	20	22									67
												高座工廠生産合計		128
												総合計		621±

※この表にはJ2M6三一型の生産数が試作機と生産機1機だけしか示されていない。302空、352空などの配備状況からすると19年秋以降、生産ライン上でつくられた機が一定数あったことは間違いない。むろんJ2M6はJ2M3の風防、および同前方の胴体上部を改修しただけなので、既存のJ2M3からの改造機もふくまれる可能性はある。

※J2M1の製造番号は、1号機から8号機まで、零戦のときと同じく201、302、403、504、605、706、807、908が割りあてられ、J2M2の試作機も209をあたえられた。しかし、生産機は2001から順を追う方式に改められ、同様にJ2M3は3001以降が割りあてられた。J2M5は15001以降、高座工廠製のJ2M3は13001～13128があたえられたと考えられる。

第二節　雷電の機体構造

異様に太い紡錘形の胴体と、それに不釣合な小さい主翼という、きわめて日本機ばなれした外形をもつ雷電だが、機体構造そのものは、零戦などとほぼ同じ、ごくオーソドックスなものであった。以下、順を追って各部分ごとに説明する。

なお、併載した図版の大部分は、J2M2、J2M3各仮取扱説明書、強度計算書などからのオリジナル、もしくは筆者のトレース図であり、これまでに出版物では全般を通してあまり掲載されたことがなく、貴重な資料になると思われる。

一般構造

●胴体

当時の標準的な全金属製半張殻式（セミ・モノコック）構造で、断面は卵形。外観上の最大の特徴は紡錘形と、当時の双発機に匹敵する太さにある。発動機取付架および防火壁を兼ねる、第1番から18番までの隔壁（フレーム）に、第1～3隔壁間にだけ独立した3本（13～15番）をふくめ、計20本という多くの縦通材を配した骨組みをもつ。

J2M2 十四試局地戦闘機改
基本三面図（寸法単位mm）

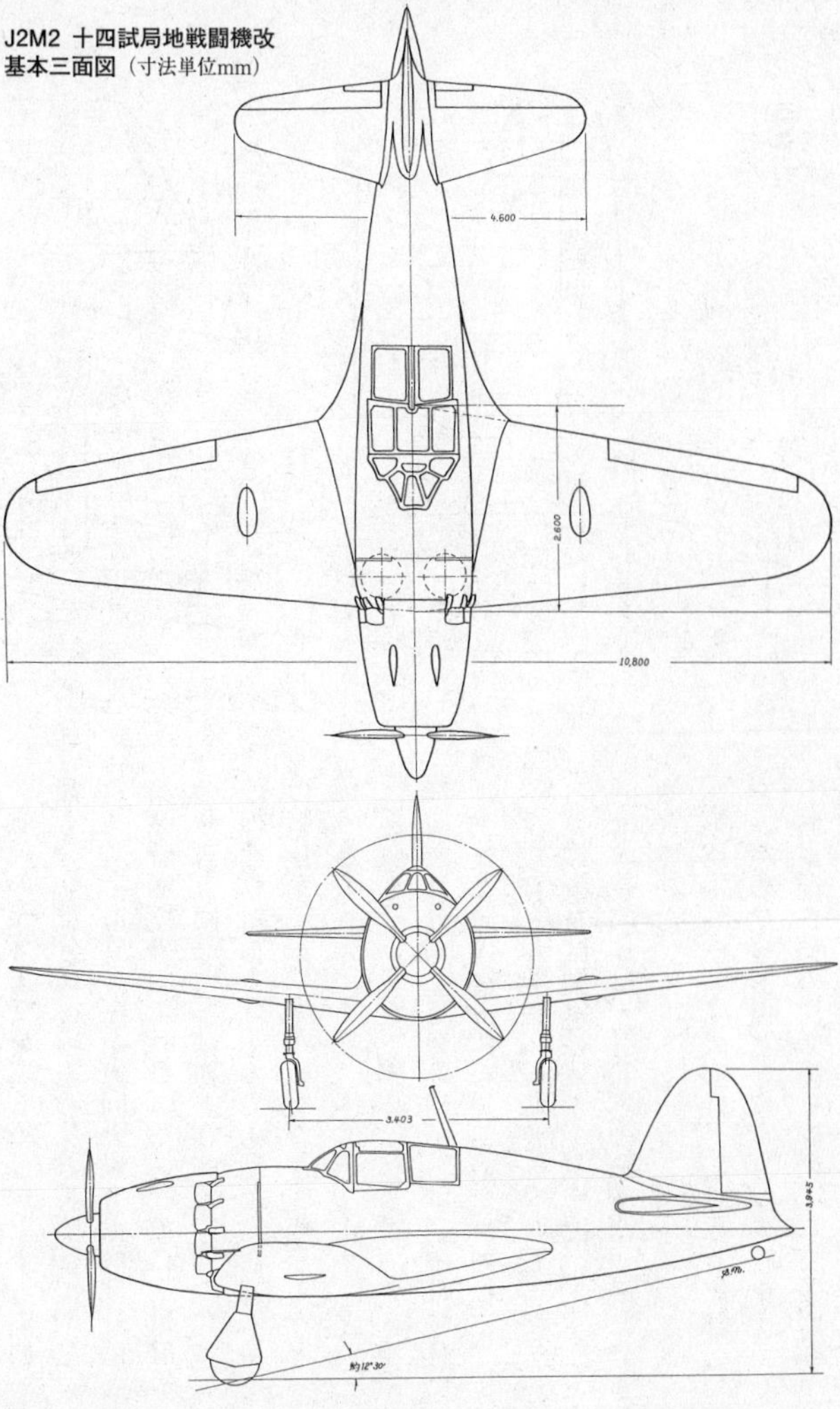

J2M2 十四試局地戦闘機改
各肋材定義図
(寸法単位mm)

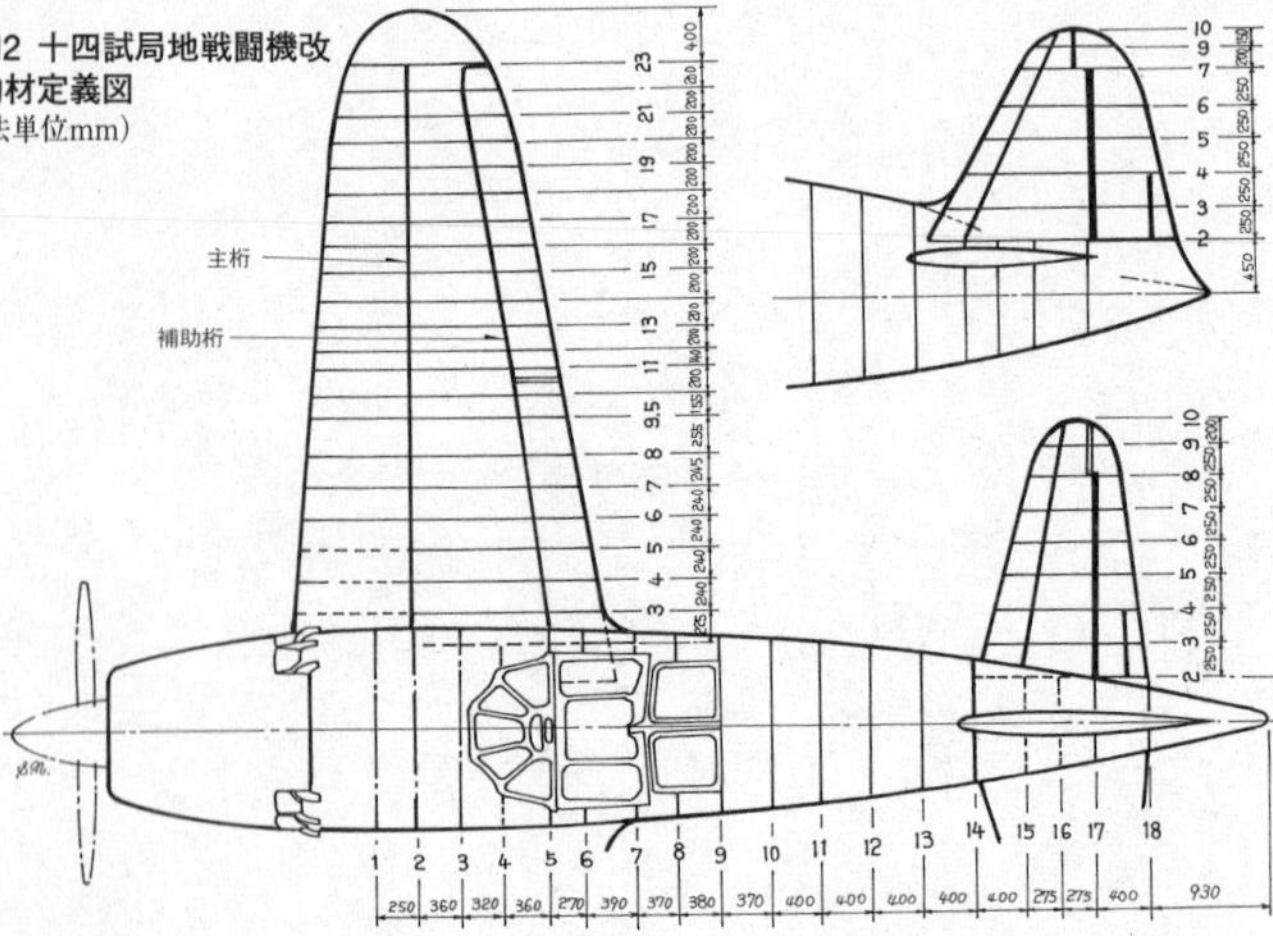

風防の天井までをふくめた、上下方向に最も太い部分は操縦室の第6番隔壁で、２０４cmもある。左右方向の最も太い部分は第2番隔壁の約１５０cm。ちなみに、零戦の左右方向最大幅は約１０８cm、九六式陸攻のそれが約１５７cmであったから、本機の胴体がいかに太かったかが、わかろうというもの。

零戦もそうだが、胴体は第7番隔壁を境に前後に分割して組み立てられ、前部胴体は主翼と一体構造になっていた。同様に、後部胴体には垂直安定板が一体になっている。操縦室区画は第4〜7隔壁間。

前・後胴体は、計85本の精密ボルトにて結合された。

第18番隔壁より後方は、尾脚オレオ部分をふくめた整形覆となり、2個の鋲止ナットおよび8個の沈頭型ピンにより、着脱が可能になっている。

胴体外鈑の厚さは、図に示したとおり零戦と同じで、主翼付根部の1・0㎜を最厚にし、前部胴体は0・8㎜と0・6㎜に、後部胴体の大部分は0・5㎜厚としている。もちろん隔壁、縦通材への取り付けは沈頭鋲（平頭リベット）を用いて行なわれた。

●主翼

応力外皮単桁構造を採っており、スパンは零戦五二型より短い10・8m、面積20・05㎡の小さな主翼だ。左右は一体に製作され、前部胴体にボルト結合されており着脱は不可能である。

肋材（リブ）は①～㉓番まであり、ここから先が着脱可能な翼端部品として別途製作され、主桁にボルト、補助桁および外鈑に鋲止ナットでそれぞれ取り付けられた。

主桁の前方、第6～7番肋材間には主脚が、7～8番間には九九式二十粍二号機銃、J2M3では8～10番間に九九式二十粍一号機銃がそれぞれ取り付けられ、主桁の後方第2・5～6番間は燃料タンクの収容スペースで、この部分の下面外鈑は着脱可能になっていた。また、第10～16番肋材間は二十粍弾倉スペースに充てられている。

主桁前方の第10～11番間下面には小型爆弾の懸吊具を装備した。

主翼構造材は、主桁に零戦と同じく通称〝超々ジュラルミン〟で知られる高力アルミニウム合金第三種押出型材（ESDT）および合わせ高力アルミニウム合金第三種鈑（ESD

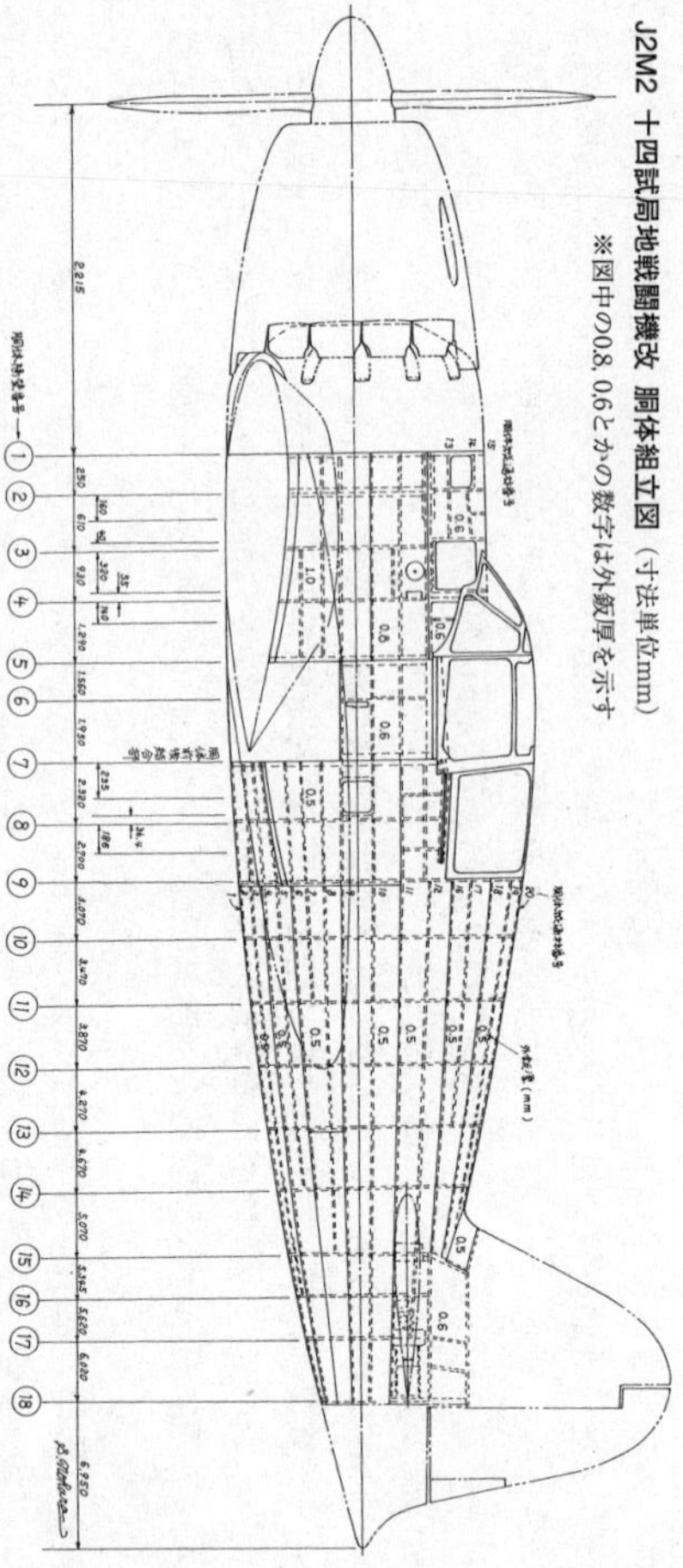

J2M2 十四試局地戦闘機改 胴体組立図（寸法単位mm）
※図中の0.8, 0.6とかの数字は外鈑厚を示す

C）を用い、外鈑、肋材、縦通材には合わせ高力アルミニウム合金第二種鈑（SDCRまたはSDCH）高力アルミニウム合金第二種鈑をそれぞれ用いて、強度確保、軽量化に意を払っていた。

雷電の主翼で注目すべき点は、主翼断面形が付根付近で層流翼型になっていること。理由はもちろん、速度性能向上に貢献させるためであったが、実際にはそれほどの効果はなかったらしい。

▲組み立て中のJ2M3二一型の前部胴体を右後方より見たところ。この切断部が第７番隔壁で、前、後部胴体の接合部。上半分の空洞スペースが操縦室区画になる。左右幅が約1.5mにもなる太い断面と、一体造りの主翼付根にかけて大きく張り出したフィレットなどがよくわかる。

翼前縁中心線が翼端に向かって下降する、いわゆる捩り下げの手法は、零戦と同様本機にも適用されており、相応の効果を示し

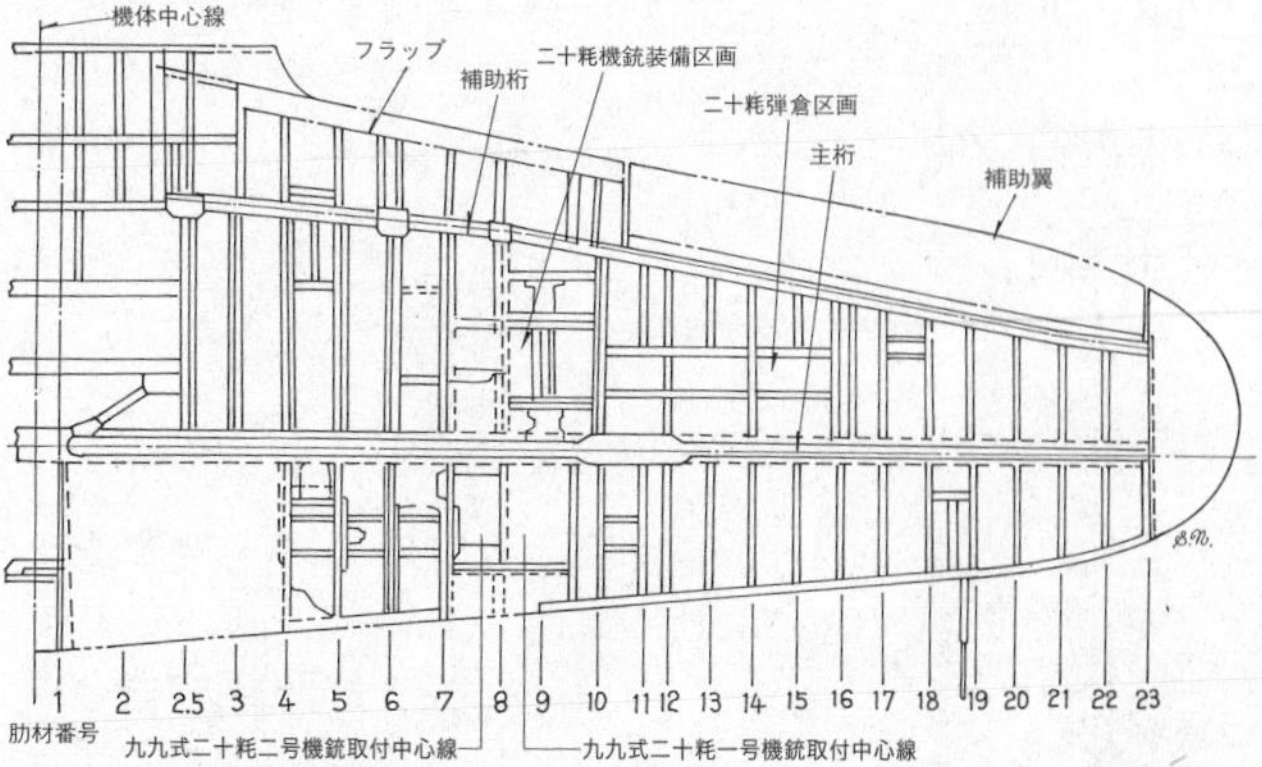

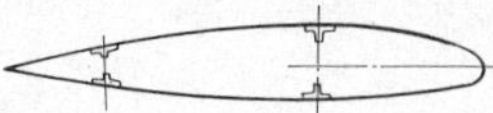

J2M3 二一型主翼骨組図
（寸法単位mm）

ている。

補助翼はフリーズ式で、主翼肋材10、11番間〜23番肋材間の後方に装着され、13本の肋材と前縁部に応力外皮箱型桁を形成する骨組みに、

補助翼骨組図

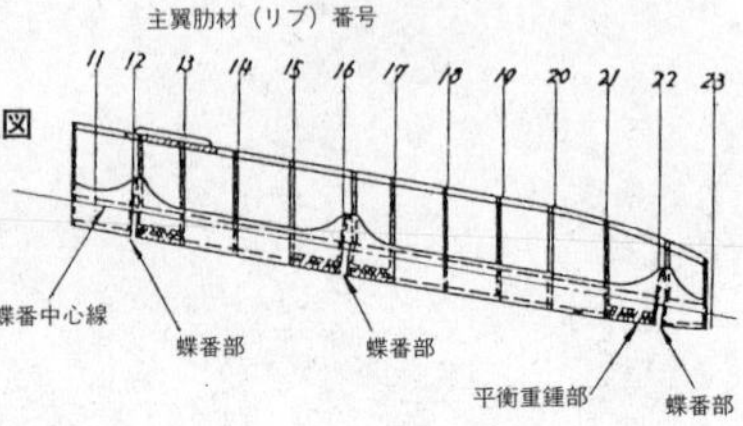

フラップ骨組図

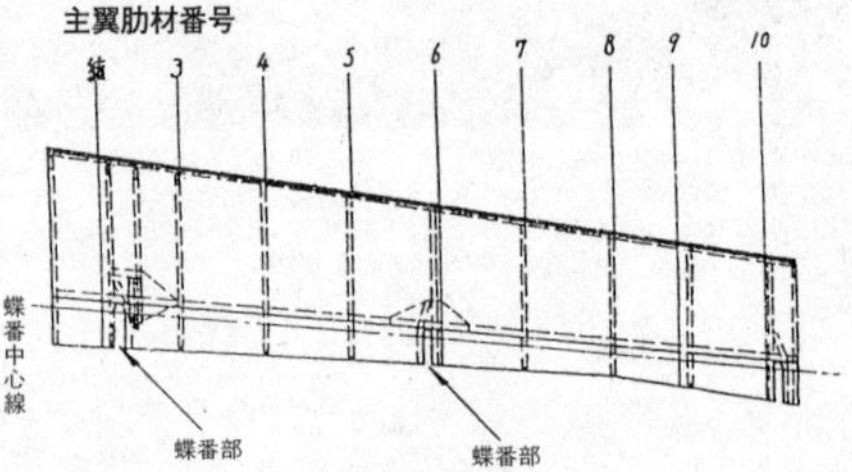

方向舵骨組図

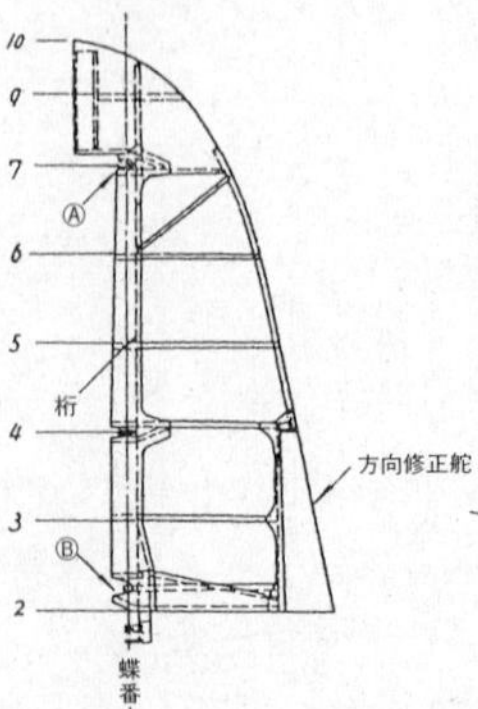

垂直安定板骨組図

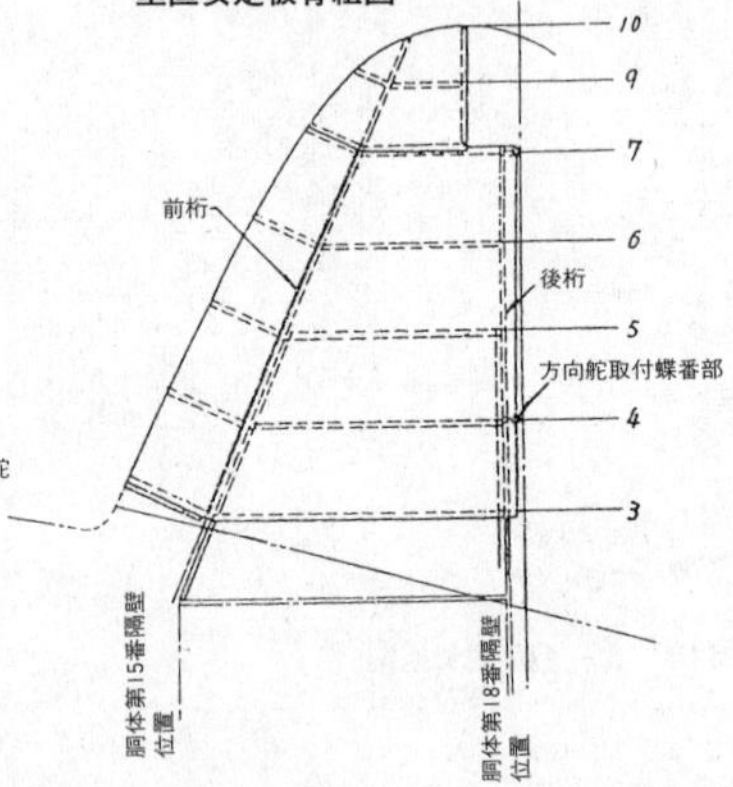

羽布張り外皮を施した構造だった。主翼肋材12、16、22番部分の後縁3ヵ所の蝶番金具により取り付けられる。

それぞれの蝶番部には操舵をスムースにするための平衡重錘（マス・バランス）が組み込まれ、内側縁寄りの後縁に固定タブを付けてある。

水平安定板骨組図

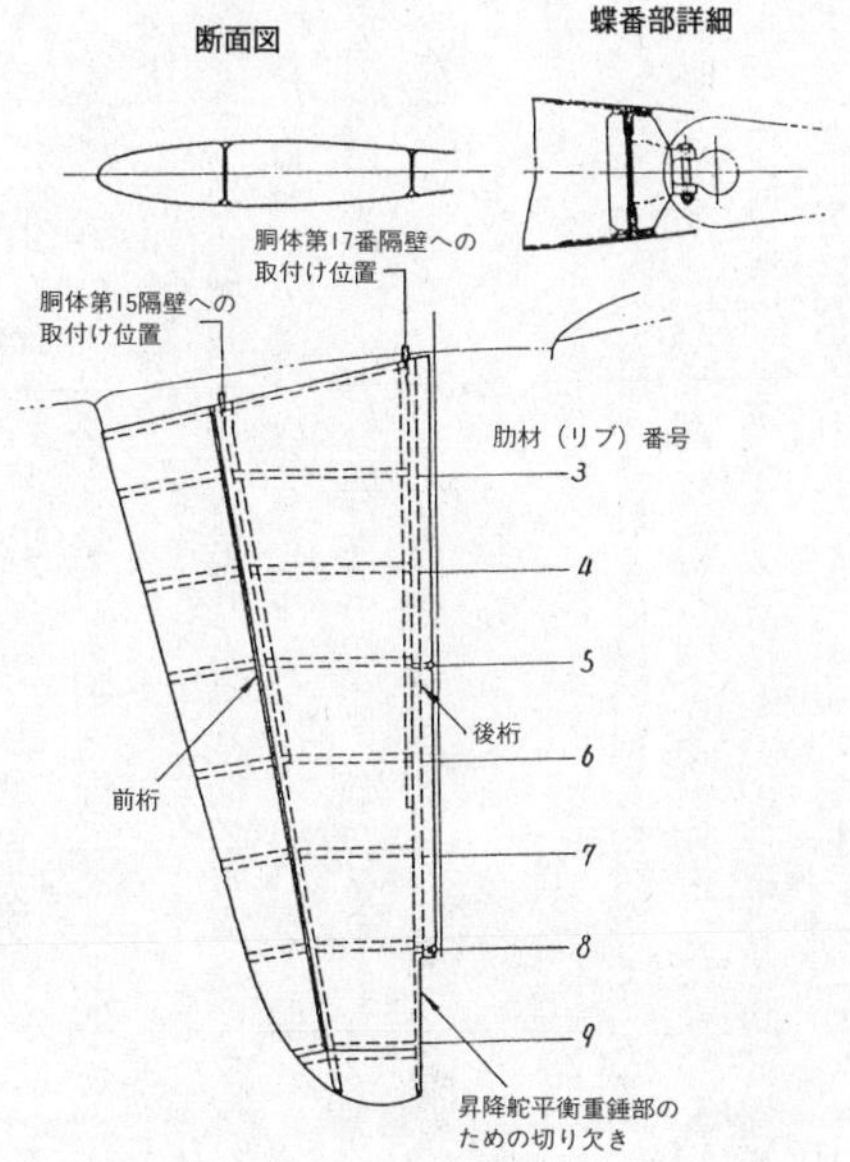

昇降舵骨組図

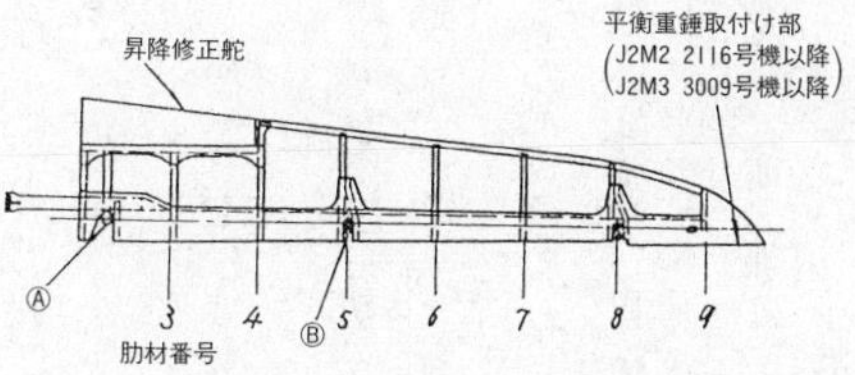

フラップは、小さな主翼面積からくる離着陸時の揚力不足補填、および空中戦時の旋回能力向上を考慮したファウラー式で、主脚と同様、一般的な油圧式ではなく、電動モーターにより操作する点が特徴だった。

主翼2番、結肋材間～10、11番肋材の補助桁後方がフラップ・スペースだが、J2M1ではこれより50㎝幅が狭かった。

フラップは単桁式応力外皮構造で、12本の肋材を有し、J2M1では下面が金属張り、上面が羽布張りであったが、J2M2以降は上下面とも金属張りになった。

●尾翼

外形、構造ともに零戦のそれをほぼ踏襲した設計で、とくに際立った特徴はない。胴体の説明に記したように、垂直安定板が胴体と一体造りになっていて、着脱は不可能。

垂直安定板自体は、前後2本の桁に1～10番までの肋材を配した骨組みで、前縁部は串蝶番によって前桁に結合された。前桁および後桁の下端が、それぞれ胴体第15および18番隔壁に結合されている。

4番、および7番肋材後縁部に方向舵取り付け用蝶番金具を有する。

方向舵は単桁式で、前縁部は箱型桁を形成する応力外皮構造、さらに後縁部とともに、表面は羽布張りを施してある。4番、7番肋材の蝶番金具にて垂直安定板に取り付けられた。

また、方向舵の2～4番間の後縁には、方向修正舵が取り付けられ、方向舵の初期の向きをこれで修正するとともに、飛行状態に応じ修正舵を操作することにより、方向舵操作力を釣り合わせ、またそれを軽減することが可能である。なお、これと同じ目的のために、7番肋材より上方の前縁部に平衡重錘を装着してあった。

水平安定板は前、後2本の桁に1~9番までの肋材を配した骨組みの応力外皮構造で、前縁部は串蝶番により前桁に結合され、前・後桁の内端が、それぞれ胴体第15、17番隔壁に結合される。水平安定板は着脱可能だった。5番および8番肋材の後縁部に、昇降舵取り付け用の蝶番金具を有する。

昇降舵は単桁式で、前縁に箱型桁を形成する応力外皮構造であるが、さらに、後縁部とともに表面に羽布張りを施してある。左、右別々に組み立てられ、胴体尾部内部にて槓桿軸を通じて左右を連結した。

肋材は1~9番まであり、5番および8番部の蝶番金具にて水平安定板に取り付けられた。また、2~4番肋材間の後縁には修正舵を有し、昇降舵の初期の傾きをこれにて修正するとともに、飛行状態に応じて修正舵を操作することにより、昇降舵操作力を釣り合わせ、かつそれを軽減することを可能にしている。

なお、J2M2の途中までは平衡重錘を装備しなかったが、製造番号2116号、およびJ2M3の同3009号機以降は、昇降舵外端前縁部にそれを装備し、その部分の水平安定板後縁がわずかに切り欠かれるようになった。

動力関係装置

雷電の設計に決定的な影響をおよぼし、結果として不本意な結果に至らしめた根本が、その搭載発動機たる三菱『火星』だった。発動機の選択如何で、機体の成否が決してしまうという好例だろう。

『火星』は、おもに双発以上の大型機用発動機として、三菱重工（株）名古屋発動機部が、昭和10年に『十試空冷800馬力』の試作名称で開発着手した、複列14気筒発動機である。シリンダー内径、ピストン行程は、その前にライセンス生産していた『イスパノ650馬力』のそれを踏襲し、それぞれ150㎜、170㎜を採った。

しかし、完成した試作品は、その大きさの割にパワーが小さく、不満足な出来だったため、すでに成功していた、ひとまわり小さい『金星』四型（1000hp）の経験を盛り込んで各部を洗練、かつ新たに二速過給器を装備し、昭和13年に改めて『十三試へ号改』の試作名称でリメイクされた。

十三試へ号改は、離昇出力1430hpを発揮し、海軍の審査をパスして『火星』一一型の名称で制式採用された。そして、のちには21種類ものバリエーションをもつ、大型機用主力発動機となり、陸軍の九七式重爆二型、海軍の一式陸攻、二式飛行艇、『強風』『天山』などが本発動機を搭載した。

雷電の試作機、十四試局戦（J2M1）が搭載したのは、一一型を延長軸化した一三型で、離昇出力は一一型と同じ1430hpだった。

▲敗戦当時、神奈川県の厚木基地に隣接した、海軍高座工廠のカマボコ型生産工場内で、機体への取り付けを待っていた『火星』二三甲型発動機。14枚の羽根を有する強制冷却ファン、カウリング・サポートなどがよくわかる。本体後部上方に見える黒っぽい角形筒が、気化器への空気導入筒。

しかし、J2M1の性能は要求値に遠くおよばなかったために、直接燃料噴射式に改め、かつ水メタノール液噴射装置を追加し、強制冷却ファンを直結式から

▲これも海軍高座工廠にて、敗戦後に進駐してきた米軍が撮影したスナップで、生産途中のJ2M3二一型の機首部。カウリングが外れて『火星』二三甲型発動機が露出している。複列14気筒のシリンダー・ヘッド部、そこから、後方に導かれた推力式単排気管などがよくわかる。下面に四角く開口しているのが、潤滑油冷却空気取入口。最下方のカウルフラップに記入された“日建”は、高座工廠での生産に協力した民間会社、日本建鉄（株）の略。“122号”は、製造番号13122の下３桁である。敗戦当時、三菱の鈴鹿、および三重工場ではJ2M5、J2M6の生産を行なっており、J2M3は高座工廠でのみ生産されていた。

増速式に変更、減速比を０・６８４から０・５に下げるなどして、離昇出力１８３０hpにアップした二三甲型に換装されることになり、Ｊ２Ｍ２、Ｊ２Ｍ３、Ｊ２Ｍ６各型が本発動機を搭載した。

しかし、二三甲型はパワーは向上したものの、一三型では問題にならなかった振動、ケルメット軸受の焼損、油温過昇などが表面化し、とくに振動対策には一年近い日数を要するハ

J2M2/J2M3『火星』二三甲型発動機取付け寸度図
（単位mm）

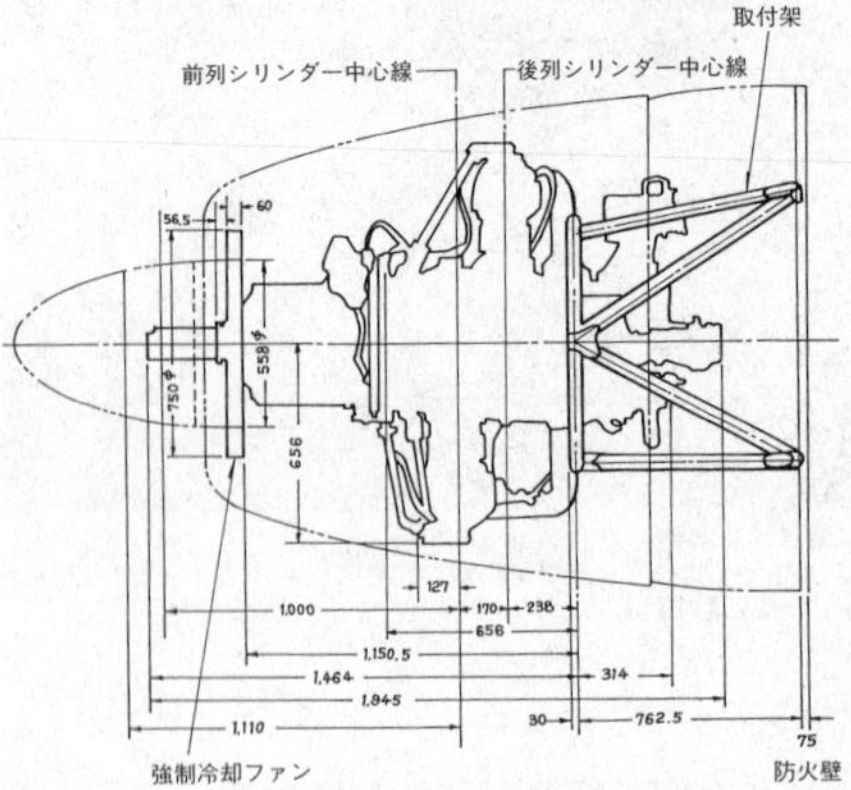

J2M3 発動機カウリング構成図

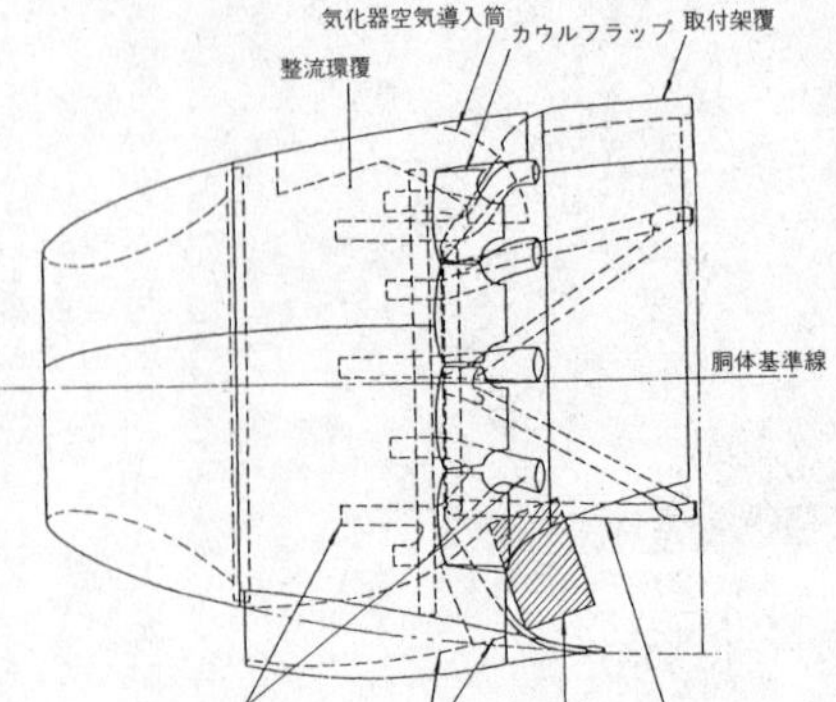

J2M2/J2M3 排気管構成

＊正面図のF4、R1などの記号はシリンダー番号。Fは前列、Rは後列を示す。

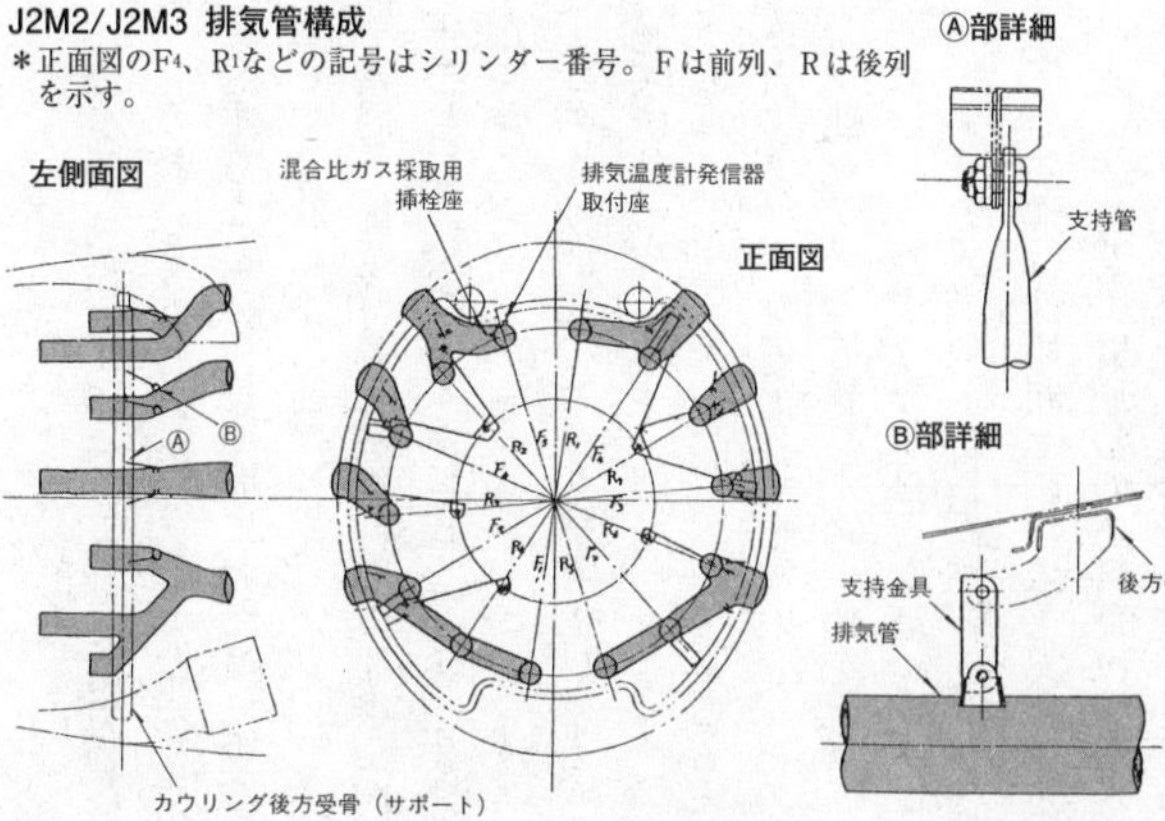

メになり、それも根本的な解決策が見出せないまま終わり、雷電の実用化をいちじるしく遅らせたばかりか、結果的に兵器としての存在価値すら低めてしまった。

三〇二、三三二、三五二空の各雷電部隊においても、この『火星』二三甲型発動機のトラブルによる墜落事故が少なからず発生し、稼働率の低さが顕著だったことをみても、真に実用性の確かな、完成した発動機ではなかったことは事実である。

『火星』二三甲型にかぎらず、振動問題は１８００hpクラス以上の大きなパワーの発動機では必然的に起こり得た現象で、アメリカの傑作２０００hp級発動機P&W R-２８００などは、前・後列シリンダーのマスター・ロッド（クランクピンを、直接つかむコネクティング・ロッドのこと）の位置をとなり合わせ（３６０度の５／18位置）とし、かつ、クランク軸両端に2倍の速さで逆回転する平衡重錘（マス・バランス）を配し、これを解決していた。

日本側も、昭和19年に入って南方戦域で撃墜した米軍機（F6F、またはF4Uと思われる）のR-2800を検分して、上記事実を確認したが、その時点で『火星』の内部設計を変更することは、長期間にわたって生産ラインを停止することになり、現下の厳しい戦況からしてそれは不可能だった。

結局、雷電は発動機取付部の緩衝（防振）ゴムの改良、減速比の変更、プロペラ効率の低下をしのんでブレード付根を厚く、また幅広くするなど、小手先の改良でしのぐのが精一杯だった。

この振動問題ひとつを採りあげても、日・米の工業技術力には大きな差があったことが実感できよう。

『火星』二三甲型の〝目玉〟でもある水メタノール液噴射装置とは、発動機の過給器付近に水とメタノールの混合液を噴射し、その気化を利用して吸気温度を下げ、シリンダー内の異常燃焼を防いで許容ブースト値を上げ、一時的に発動機出力を高める効果があった。

アメリカのような、良質な高オクタン価燃料が望めない日本では、それなりに有効ではあったが、反面、許容ブーストを高めるだけなので、全開高度は必然的に下がり、それ以上の高度での飛行性能向上にはほとんど効果はなかった。

また、夏期には通常の燃料だけを使う発動機に比べて出力の低下がいちじるしく、大気状態によって装置自体が影響を受けやすいなど、デメリットの面もあった。

住友/VDMプロペラの変遷

J2M2 〜 J2M3 初期

J2M3 前期生産機

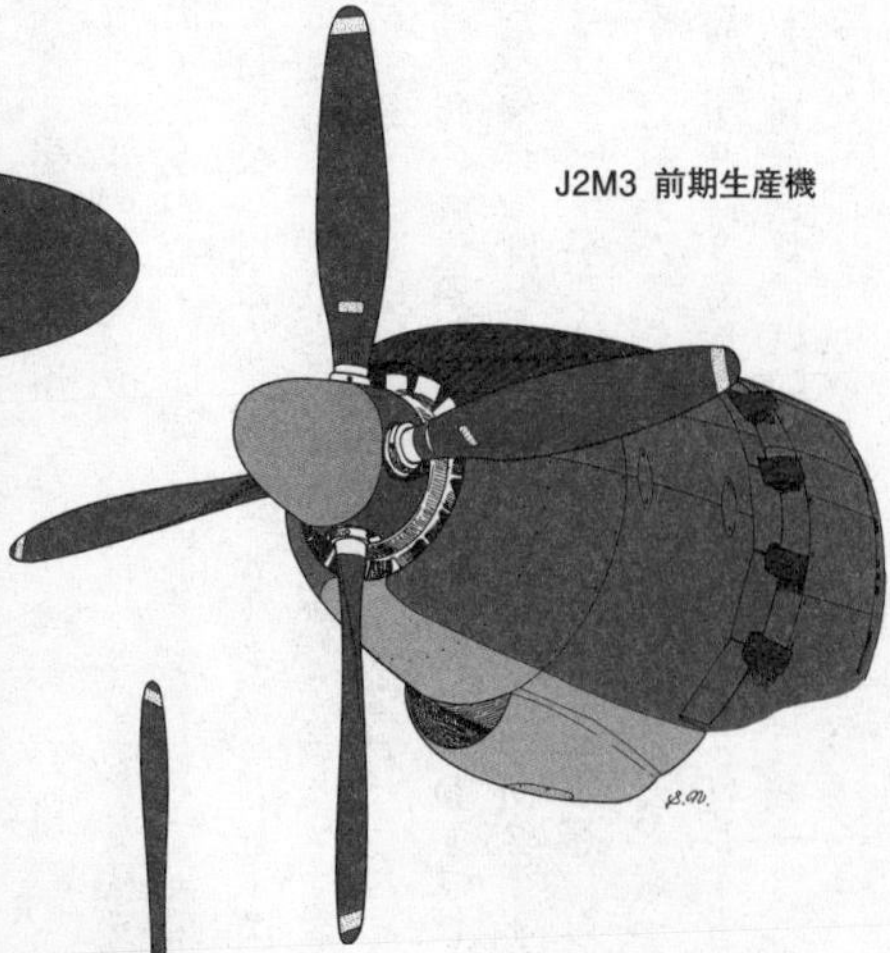

J2M3 後期生産機

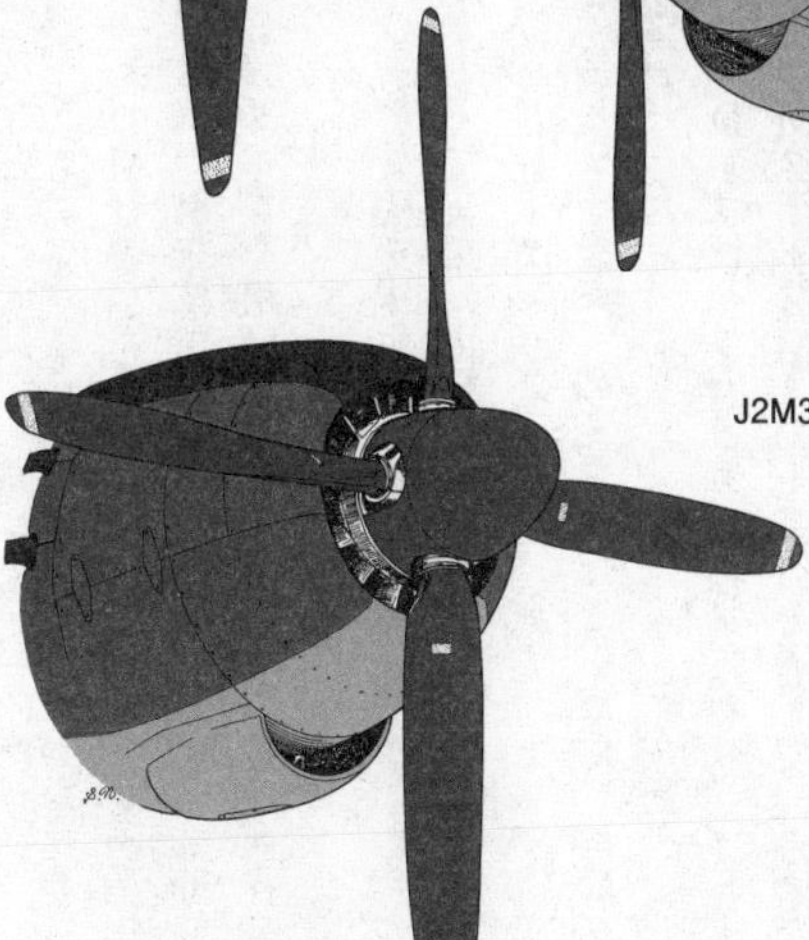

発動機の振動対策に関連して、その設計、構造を目まぐるしく変更されたのがプロペラ（ブレードの前後方向曲げ振動が、発動機のそれと共振していっそう激しくなったため）。

雷電が適用したプロペラは、ドイツのＶＤＭ社製品を住友金属工業（株）が国産化したもので、自前の製品を開発できなかった、日本の航空技術力の負の面を象徴する部分でもある。

Ｊ２Ｍ１では直径３・２ｍの恒速式３翅タイプを用いたが、Ｊ２Ｍ２以降は直径３・３ｍの恒速式４翅タイプを用いた。

オリジナルのＶＤＭプロペラは、ピッチの変更を電気式ガバナーで行なっていたが、Ｊ２Ｍ１のテストの結果、同装置に不具合が多くて実用は困難と判定され、Ｊ２Ｍ２以降の４翅タイプは、使い馴れた米国ハミルトン系の油圧式ガバナーに換装された。ピッチの変更範囲は68度（高）～30度（低）で、調速器、スピナーをふくめた重量は２２５kg。零戦のハミルトン系３翅が１４５kgだから、かなり重い。

振動問題の解決が長引くにつれ、このＶＤＭプロペラも材質、ハブまわり、ブレードをふくめた改修が幾度となく繰り返され、Ｊ２Ｍ２～Ｊ２Ｍ３の生産機を通して、外観だけでも異なるプロペラが３種確認できる。前頁図にそれらを示したが、材質や、スピナーに覆われて外からは見えない部分の変更もふくめると、もっと種類は多くなるはずだ。

結局、Ｊ２Ｍ３の途中から適用された、ブレード付根の幅が広く、厚みも増したタイプがベストと判定され、以降の生産機はこれに統一された。

●燃料システム

局地戦闘機という性格からして、雷電には巡航速度で1時間、プラス全力空戦25分が可能な航続性能しか要求されなかったので、燃料容量はそう大きくない。もっとも、零戦の『栄』発動機よりはるかに燃費の大きい『火星』発動機を搭載していたので、胴体、主翼内タンクをあわせた総容量は、P.76図に示したごとく、J2M2までが590ℓ、J2M3の第3003号機以降が570ℓで、零戦五二型の580ℓとほぼ同じである。

胴体内タンクは防火壁の直後に配置され、J2M2以降は水メタノール液噴射装置付きの『火星』一三甲型発動機を搭載したので、前方を区切って水メタノール液タンクとして使っている。容量はJ2M2およびJ2M3の第3002号機までが410ℓ、同3003号機以降は390ℓとなった。注目すべきは、防御火器の強力な爆撃機を主に相手とするために、J2M3から、日本戦闘機にしては早い時期に、タンク外殻に防弾ゴムを張ったこと。

主翼内タンクは、左右とも結肋材〜第6番肋材間の主桁後方に各1個配置され、容量は各型を通じて90ℓで変わらなかった。

これら機体内部の固定タンクのほかに、零戦などと同様、胴体下面に落下増槽の懸吊が可能だった。J2M1の5号機からJ2M3の第3203号機までは、容量250ℓのタイプを、J2M3の第3204号機以降は容量300ℓ、または400ℓの統一型をそれぞれ適用した。

零戦もそうだが、容量250ℓのタイプと統一型300、400ℓのタイプでは懸吊要領

『火星』二三甲型発動機要目表

	型式シリンダー数	二重星型14シリンダー		
	冷却方式	空冷式		
シリンダー	内径行程圧縮比	150mm×170mm×6.5		
シリンダー	行程容積	單 3 ℓ	総 42.1 ℓ	
性能	過給器伝動状態	遠心式歯車切換　二圧式		
性能	公称高度公称馬力	第一1600	第二1520	
性能	同 ℓあたり馬力	38.1	36.2	
性能	同 馬力重量	0.538	0.566	
性能	公称高度	1300	4100	
性能	地上公称馬力	1530	1310	
性能	公称回転数	2500	2500	
性能	公称給入圧力	+300	+300	
性能 離昇	馬力	1820		
性能 離昇	ℓあたり馬力	43.3		
性能 離昇	馬力重量	0.473		
性能 離昇	回転数	2600		
性能 離昇	給入圧力	+450		
性能 常用最大	馬力 於全開高度	1300	1230	
性能 常用最大	馬力 於地上	1180	1010	
性能 常用最大	全開高度	2200	4750	
性能 常用最大	回転数	2300	2300	
性能 常用最大	給入圧力	+150	+150	
性能 燃料消費率	標準 公称	燃料 308 水 100	燃料 342 水 148	
性能 燃料消費率	標準 離昇	燃料 308 水 112		
性能 燃料消費率	標準 常用	330	395	
性能 燃料消費率	経済 7/10公称	245	300	
性能 燃料消費率	経済 5/10公称	208	225	
性能 燃料消費率	経済 3/10公称	212	225	

性能	潤滑油消費率 公称	6	6		
性能	潤滑油消費率 5/10公称				
使用限界	高速回転数	2750	2750		
使用限界	使用区分	許容最高	30分許容	長時間許容	許容最低
使用限界	シリンダー(冷却液出口)温度	260°	230°	200°	100°
使用限界	潤滑油入口温度	90°	85°	70°	40°
使用限界		最高	標準	最低	
使用限界	燃圧	2.0	1.5	1.0	
使用限界	油圧	8	6.0	5.5	
使用限界	過給器切換油圧	16	15	12	
使用限界	冷却液圧				
	使用燃料比重	公称以上航空九一揮発油+水メタノール (0.723+0.93)			
		常用以下航空九一揮発油 (0.723)			
	使用潤滑油比重	航空鉱油×0.89			
過給器	種別	一圧	二圧	三圧	
過給器	型式	遠心式	遠心式		
過給器	伝動方式	歯車伝動式	歯車伝動式		
過給器	翼車径	320mm			
過給器	増速比	7.0	9.12		
減速装置	軸接手	No.105			
減速装置	変節装置	恒速プロペラ装備可能			
減速装置	減速比回転方向	0.50×右			
減速装置	減速型式	遊星傘歯車式（増速冷却送風機附）			
主要寸法	全高	1,340mm			
主要寸法	全巾又ハ直径	1,340mm			
主要寸法	全長	1,945mm			
重量	乾燥重量	860kg（下記ヲ含マズ）			
重量	機内油量冷却液量	4 kg			
重量	プロペラボス				
重量	導風鈑	11.5kg			
重量	起動装置	10.2kg			

	噴射弁型式個数	OH5A一型　14個			
	噴射管内径外径	3mm×6mm			
燃料ポンプ	型式重量個数	二六型G型×1.8kg×1個			
	回転比方向	1.31×右			
	吐出量（於公称回転）	1700ℓ/時			
潤滑油ポンプ	型式個数	歯車式　注油／排油2　過給器切換用　1			
	注油ポンプ	主注油	切換用		
	吐出量（於公称）	62ℓ/分	37ℓ/分	ℓ/分	ℓ/分
	排油ポンプ	主排油	副排油		
	吐出量（於公称）	85ℓ/分	62ℓ/分	ℓ/分	ℓ/分
噴水ポンプ	型式重量個数	二一型×1.5kg×1個			
	回転比方向	1.31　右			
	吐出量（於公称回転）	900ℓ/時			
起動装置	型式重量個数	慣性起動器一型×10.2kg×1個			
	回転比方向	1×左			
機銃伝動	型式重量個数	九五式×1.5kg×2個			
	回転比方向	0.50			
プロペラ調速器	型式重量個数	装備可能×1個			
	回転比方向	1.00×右			
充電用発電機	型式重量個数	一一五型×17.7kg×1個			
	比方向フス	2438×左			
真空ポンプ	型式重量個数	二型×2.33kg×1個			
	比方向フス	1.31×右			
高圧油ポンプ	型式重量個数	一二型2kg×1個			
	比方向フス	1.31×右			
	型式重量個数				
	比方向フス				
	型式重量個数				
	比方向フス				
備考	潤滑油入口出口温度差45°C				
	水メタノール流レ始メ＋160mm				
	増速冷却送風機増速比3.18（×プロペラ軸回転数）				

重心位置		発動機取付面ヨリ前方　345mm			
		プロペラ軸心ヨリ方　0mm			
慣性能率	プロペラ軸回リIX	kg cm 秒²			
	横軸回リIY	kg cm 秒²			
	上下軸回リIZ	kg cm 秒²			
冷却	シリンダー	放熱量	キロカロリー/分	於70°C	於地上公称運動
		風量又ハ循環液量	m²/分又ハℓ/分		
		風圧量	水柱mm		
		等値噴口	m		
	潤滑油	放熱量	1100キロカロリー/分	於70°C	
		循環量	52ℓ/分		
弁調整	弁開閉期	運転中　給入	始　20°前	終　77°後	
		運転中　排出	始　76°前	終　21°後	
		冷態　給入	始	終	
		冷態　排出	始	終	
	弁頭遊隙	運転中　給入	1.9mm		
		運転中　排出	1.9mm		
		冷態　給入	0.3mm		
		冷態　排出	0.3mm		
点火	角度	240（計測シリンダー番号R_3）			
	点火順序	R　3↘↗5↘↗7↘↗2↘↗4↘↗6↘↗1↘ F　4↗↘6↗↘1↗↘3↗↘5↗↘7↗↘2			
主接合棒「シリンダー」		3			
磁石発電機	型式重量個数	KSz型国産式14AFZL×6.92瓩×2個			
	回転比方向	7/8×左			
	自動手動　点火前進角	0度			
点火栓型式重量個数		AIA×0.09kg×28個			
燃料噴射ポンプ	型式個数	14BA　10.5//13.5　一型　1個			
	回転比方向	0.5×左			
	喞子数直径行程	14個×10.5mm×13.5mm			
	基準調整				

燃料タンク配置図

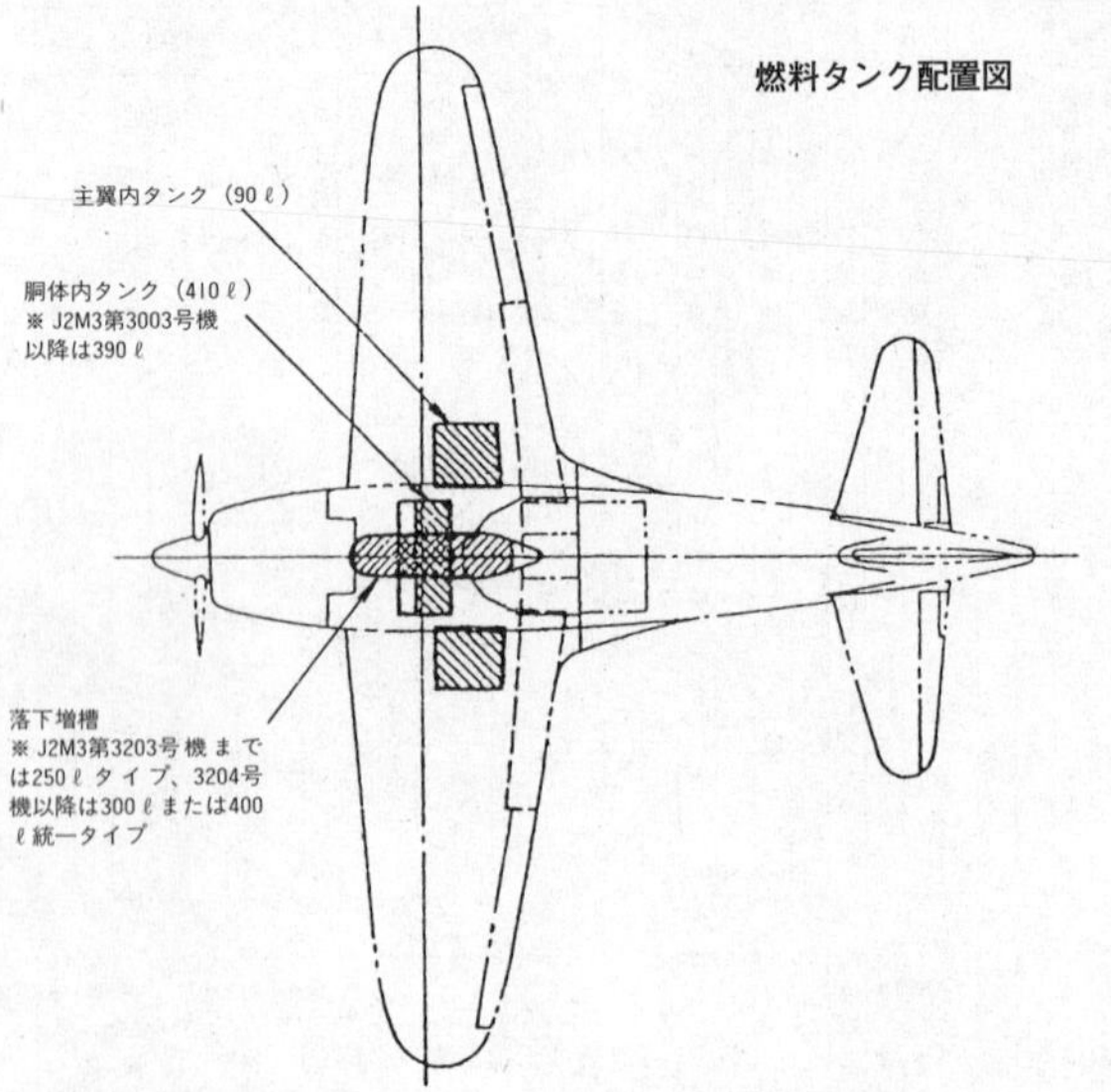

胴体内燃料タンク取付け要領

正面図

側面図

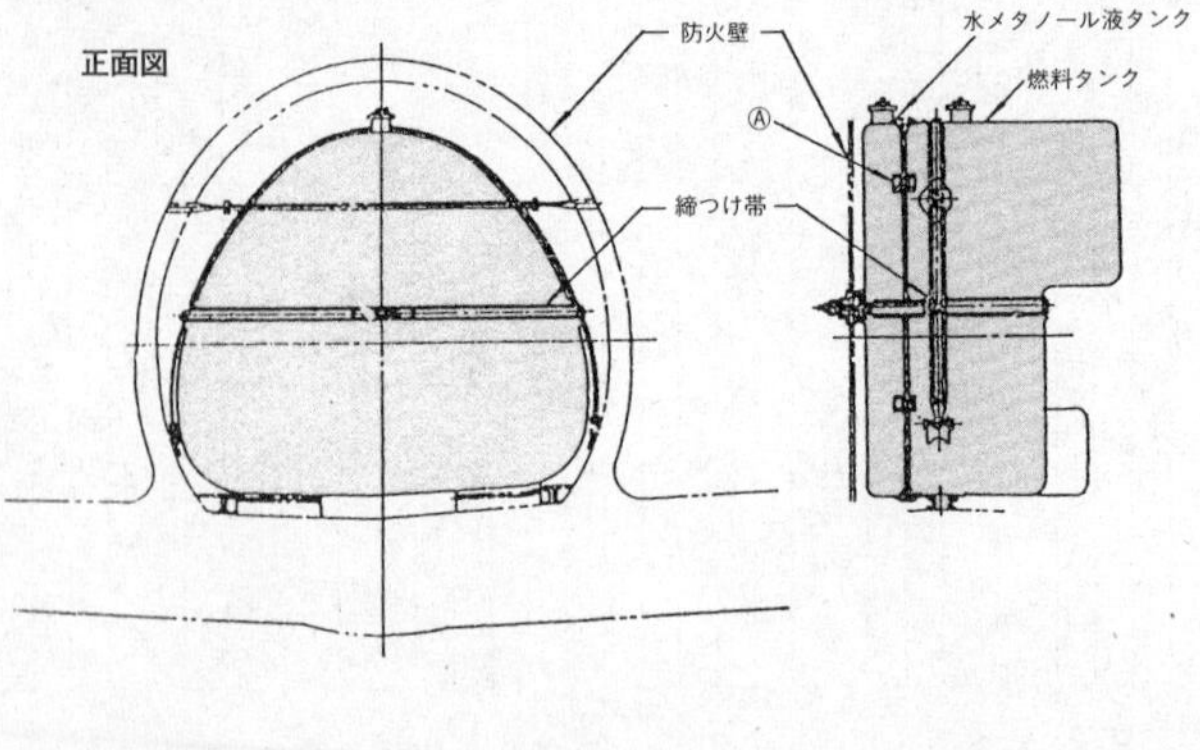

胴体内燃料タンク組立図

側面図　　正面図

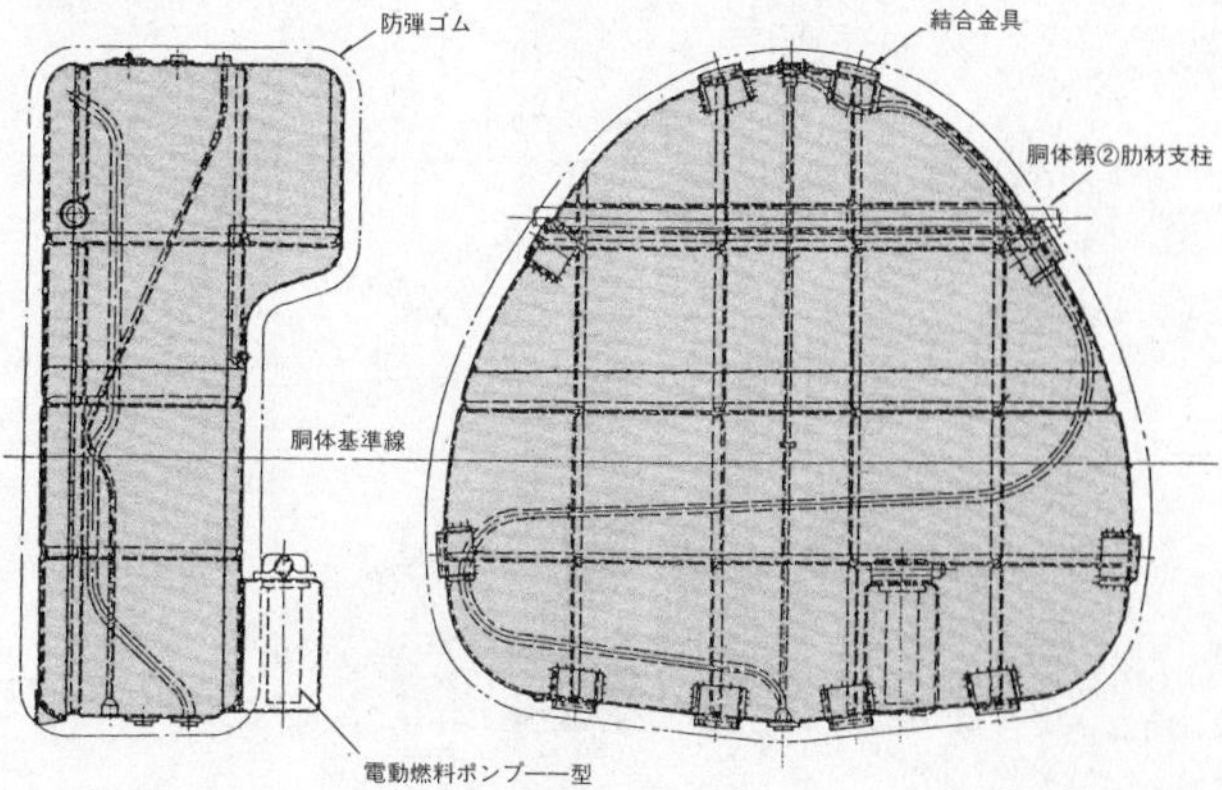

主翼内燃料タンク取付け図

側面図
※正面図の矢の方向より見る

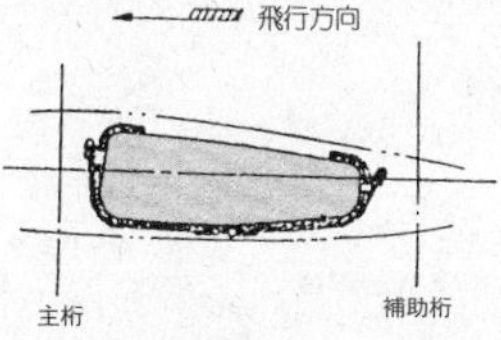

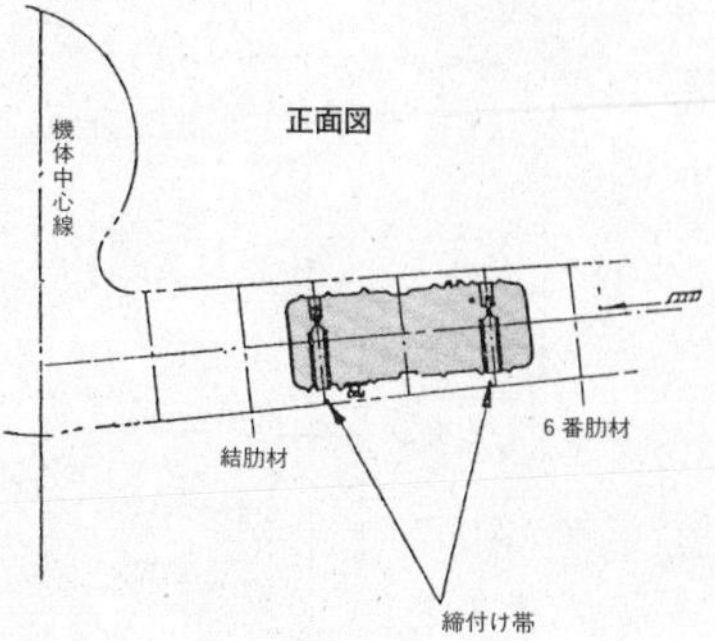

落下増槽装備要領（250ℓタイプ）
※J2M1第5号機以降

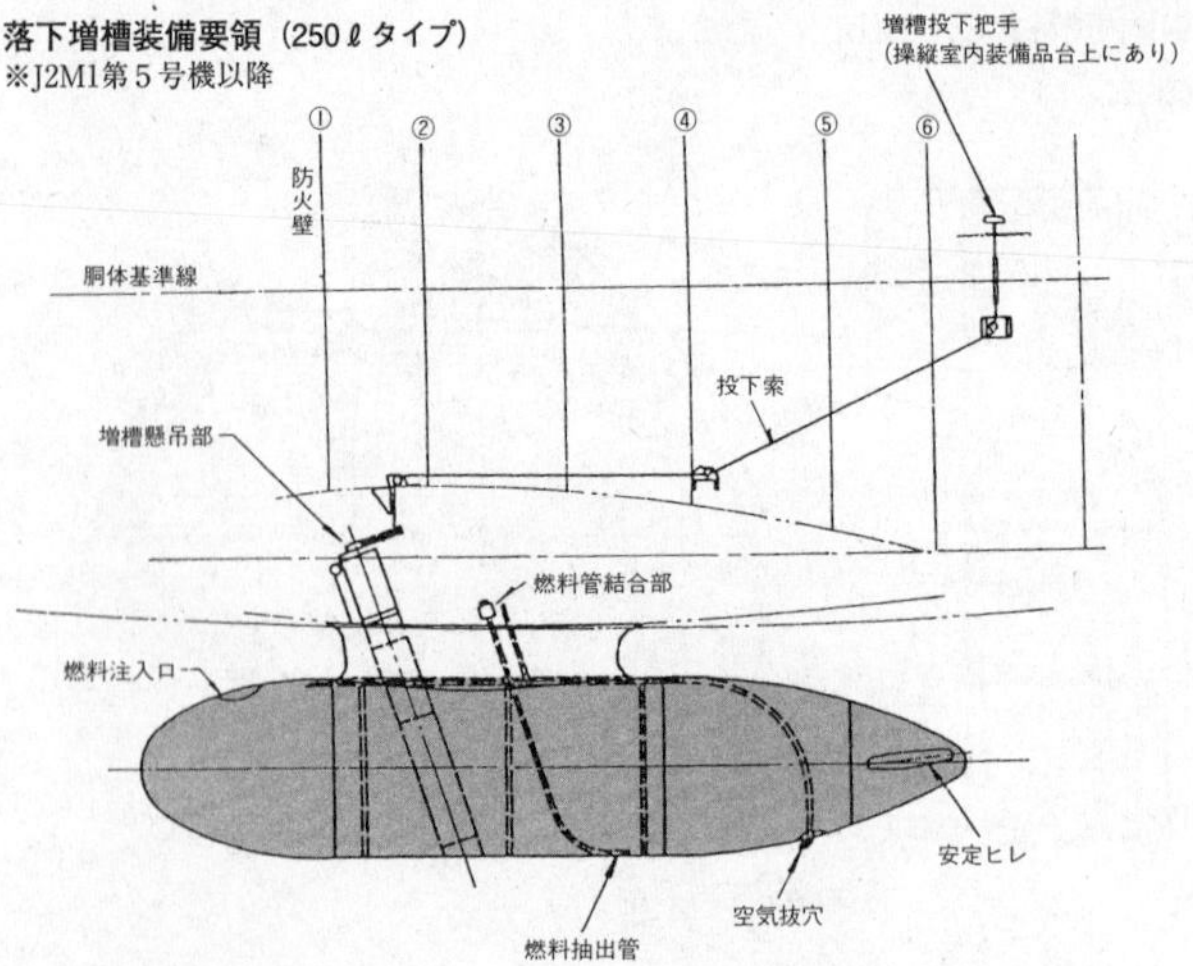

落下増槽装備要領
※J2M3第3204号機以降

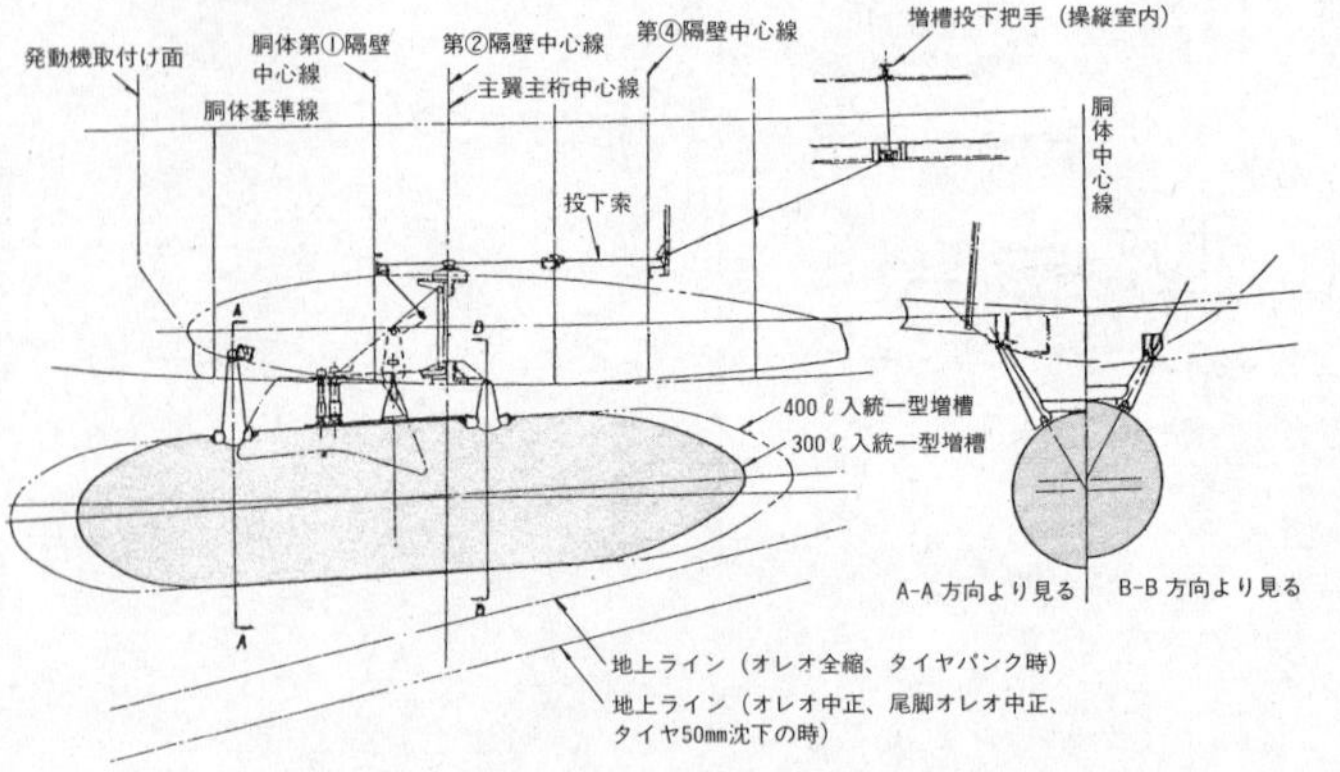

統一型増槽骨組図

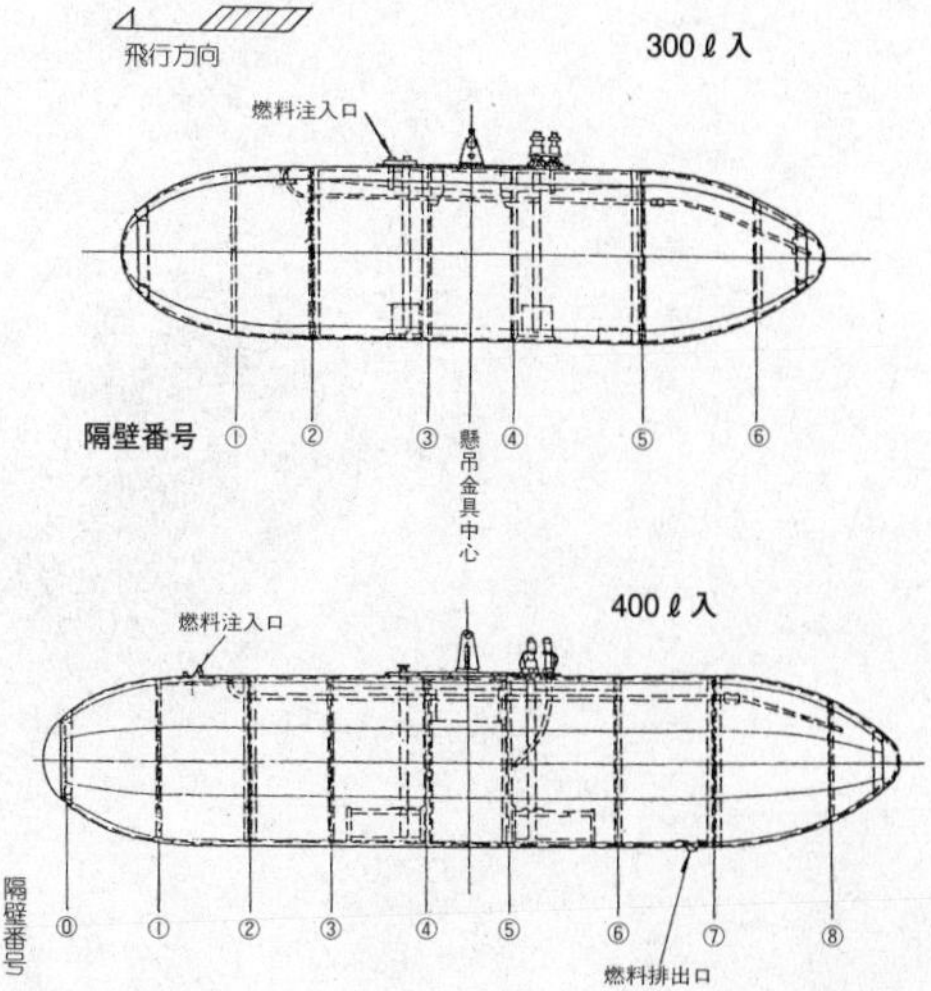

も異なる。増槽を切り離す際は、操縦室左サイドの投下把手（レバー）を引いて行なった。

固定タンク、増槽もふくめた燃料システム全体の概要をP.80図に示した。

なお、雷電が使用した燃料は、零戦などと同じく『航空九一揮発油』と称した91オクタン価のガソリンで、比重は0・723である。

●潤滑油システム

システムの概要はP.81図に示したとおりで、防火壁の前方にアルミニウム鈑熔接構造のタンク（60ℓ）1個を備え、機首下面に冷却器を配置して、図のごとき各パイプ類でそれぞれの部分をつないである。

J2M2の初期生産機までは、冷却空気取入口はカウリング内部にあったが、発動機の軸

J2M3 燃料システム

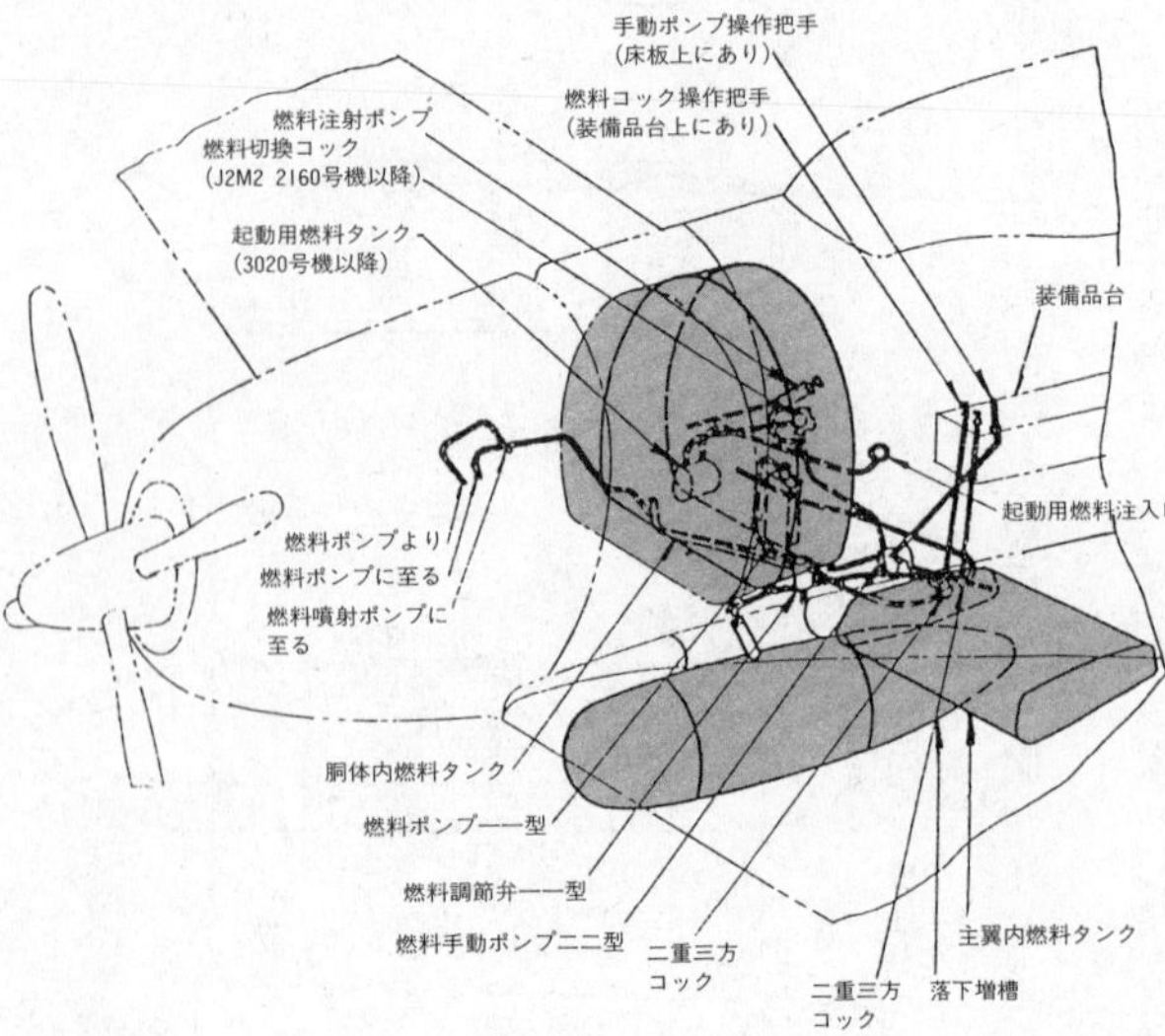

受けケルメット焼損を防ぐために、潤滑油の循環量を増したことから、冷却能力の向上が図られ、冷却器自体を改良するとともに、空気取入口を機首下面に開口し、充分な量の冷却空気を取り入れられるようにした。

なお、J2M5雷電三三型は、空気抵抗を少しでも小さくするため、空気取入口の張り出しを小さくする処置が施された。

●水メタノール液噴射システム

良質な高オクタン価ガソリンの確保が望めない日本が、欧米の高出力発動機になんとか対抗しようとして実用化に努力したのが、水メタノール液噴射システムだった。

過給器で圧縮された高温の吸入空気が、そのままシリンダー内に送られると異常爆発／燃焼を起こしやすくなり、ひいては発動機の出力を低下せしめてしまう。

そこで、過給器インペラ（扇車）の出口付近に水とメチルアルコールの混合液（水メタノール液）を噴霧し、その気化を利用して吸入空気の温度を下げ、シリンダー内の異常爆発／燃焼を抑えて、短時間にかぎり高出力を得られるようにするのが、水メタノール液噴射装置の目的だった。

J2M2以降の水メタノール液噴射装置の概要はP.82図に示したとおりで、防火壁直後の胴体燃料タンクと一体造りになったタンクに、120ℓの水メタノール液を入れ、電動ポンプによって噴霧口に送った。

ポンプの作動は、操縦室内右側の配電盤に

潤滑油システム

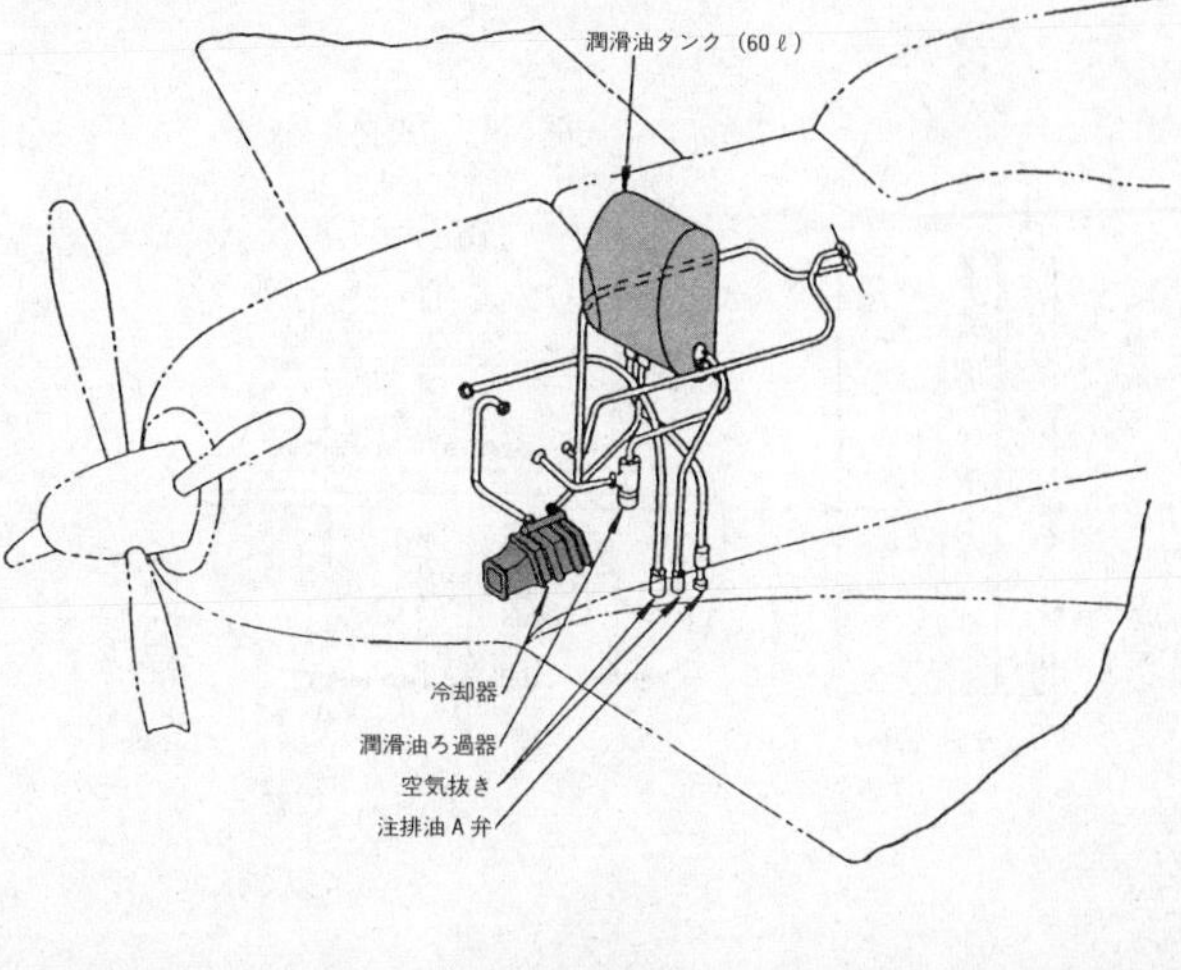

水メタノール液噴射システム

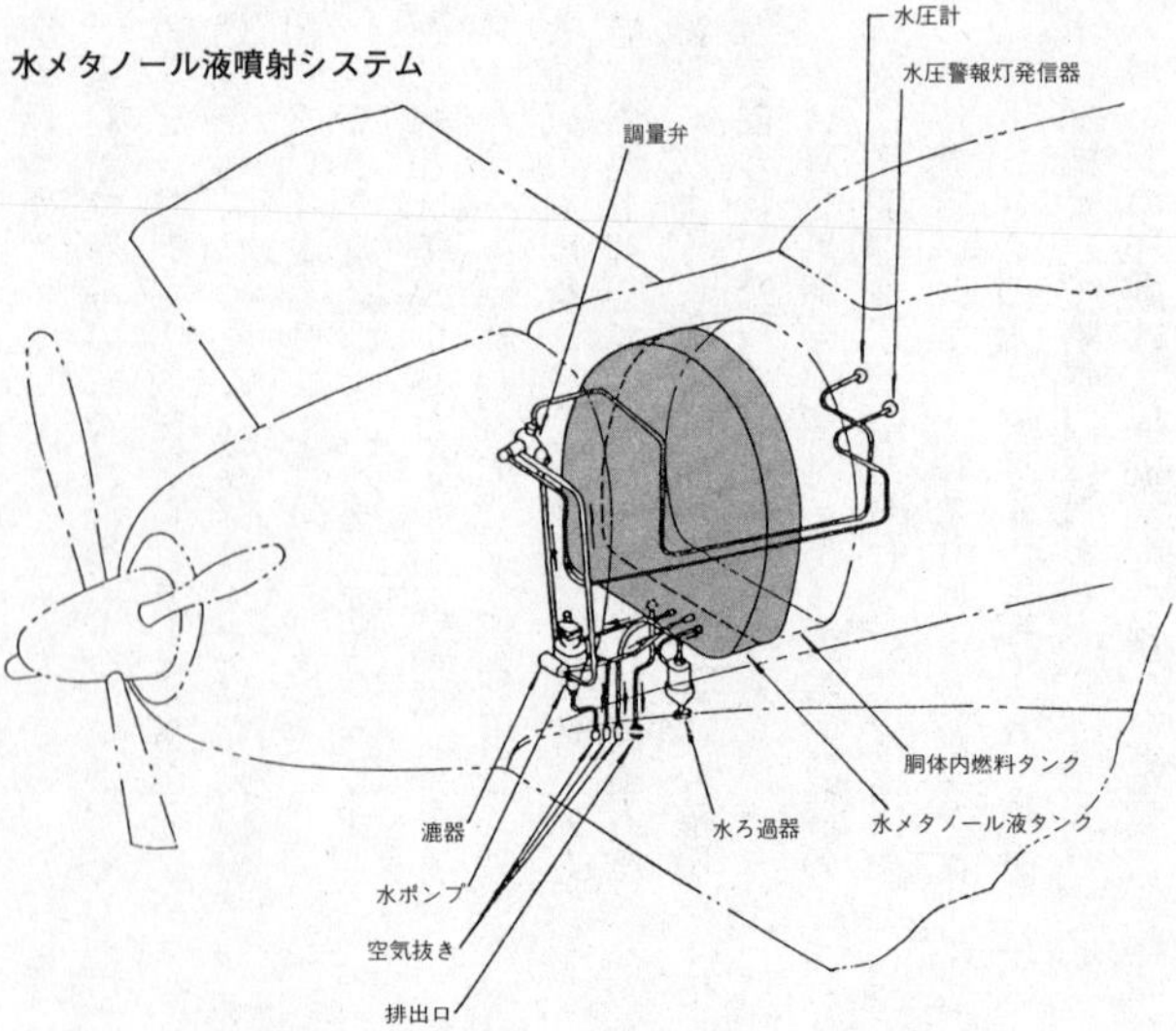

水メタノールタンク詳細

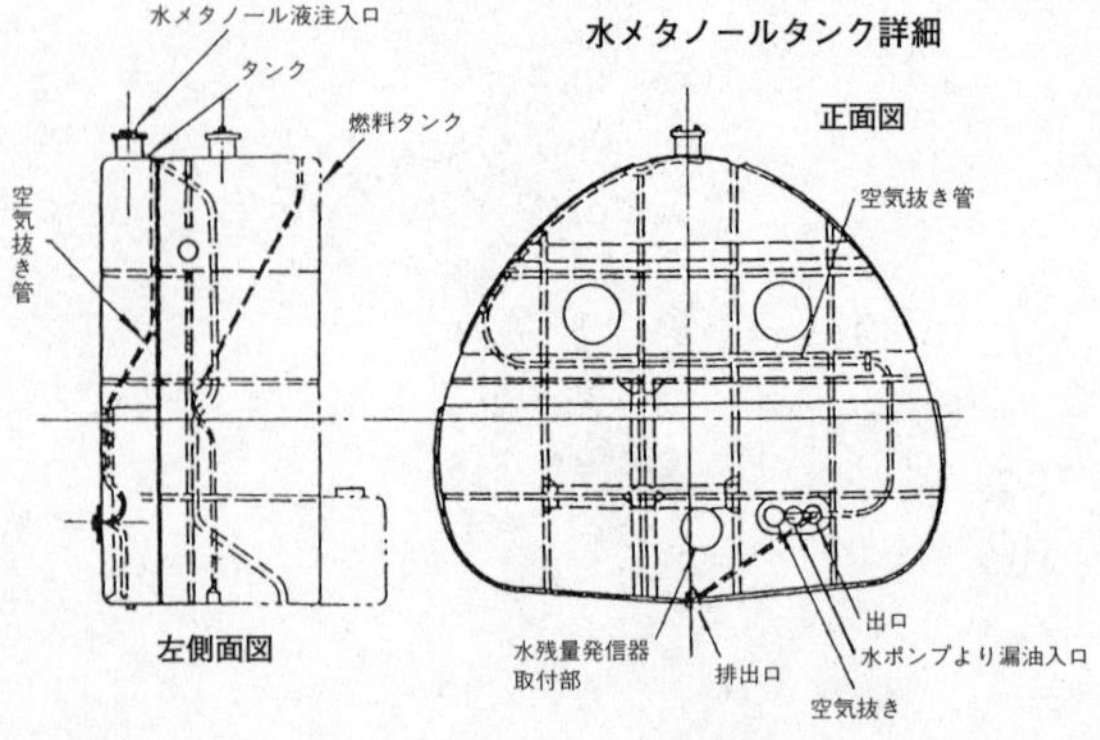

あるスイッチにより行ない、給気圧力およそ＋190㎜ないし200㎜より噴霧がはじまった。噴霧口は14個（直径1㎜）ある。そして水メタノール液の残量が18ℓになると、操縦室内主計器板左下にある残量警報灯が点灯し、搭乗員にそれを知らせた。

●動力関係諸装置

その他、発動機に関係する諸装置は、とくに本機だけに備えられたものではないので、P.86にかけて掲載したそれぞれの図を見ていただけば事足りると思うが、簡単に各装置の役割りを記しておく。

下図は、発動機始動の際に使うクランク棒の仕組み。当時の航空発動機は、現代の車と違ってセル・モーターで簡単に一発始動するのではなく、日本海軍機の場合は始動車に頼らず、地上員がクランク棒をウンウン廻して慣性起動器を作動し、操縦室に座った別の地上員もしくは搭乗員がタイミングよく点火スイッチを入れてはじめて始動する。この点火の

発動機始動装置

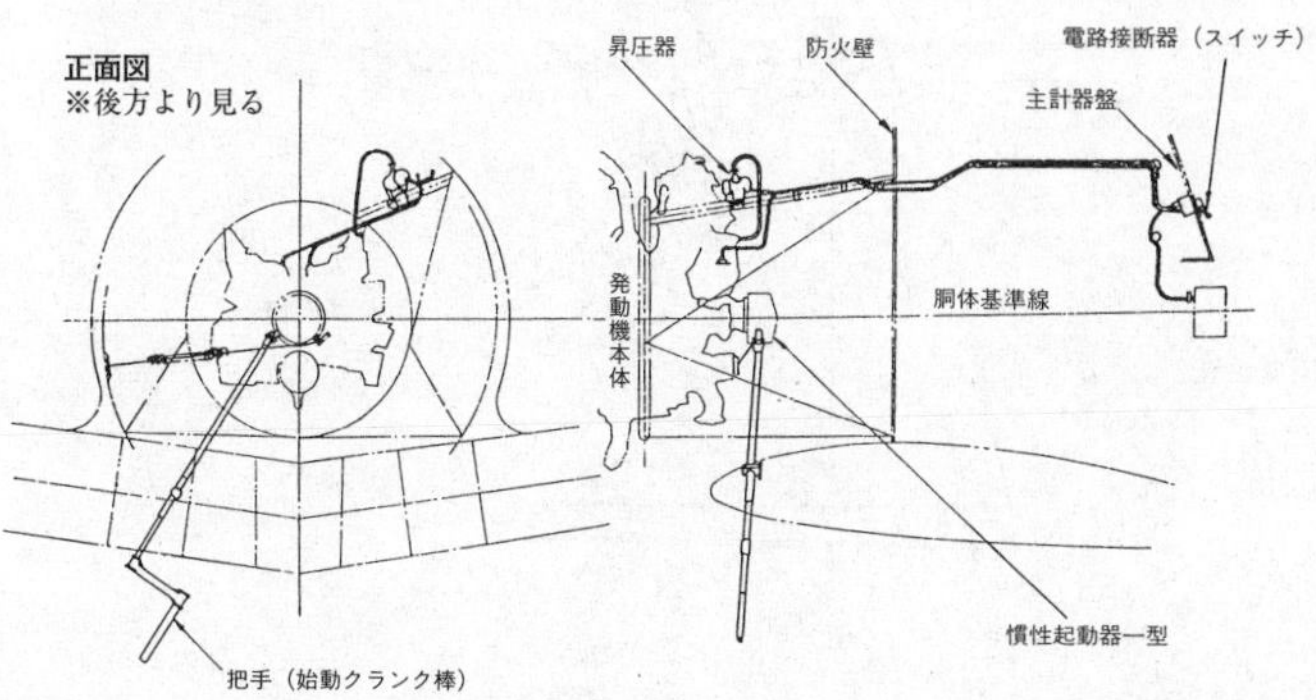

発動機管制装置

1. 絞弁
2. 燃料加減弁
3. プロペラ・ピッチ調整
4. 二速過給器切換
5. 吸入圧力調整

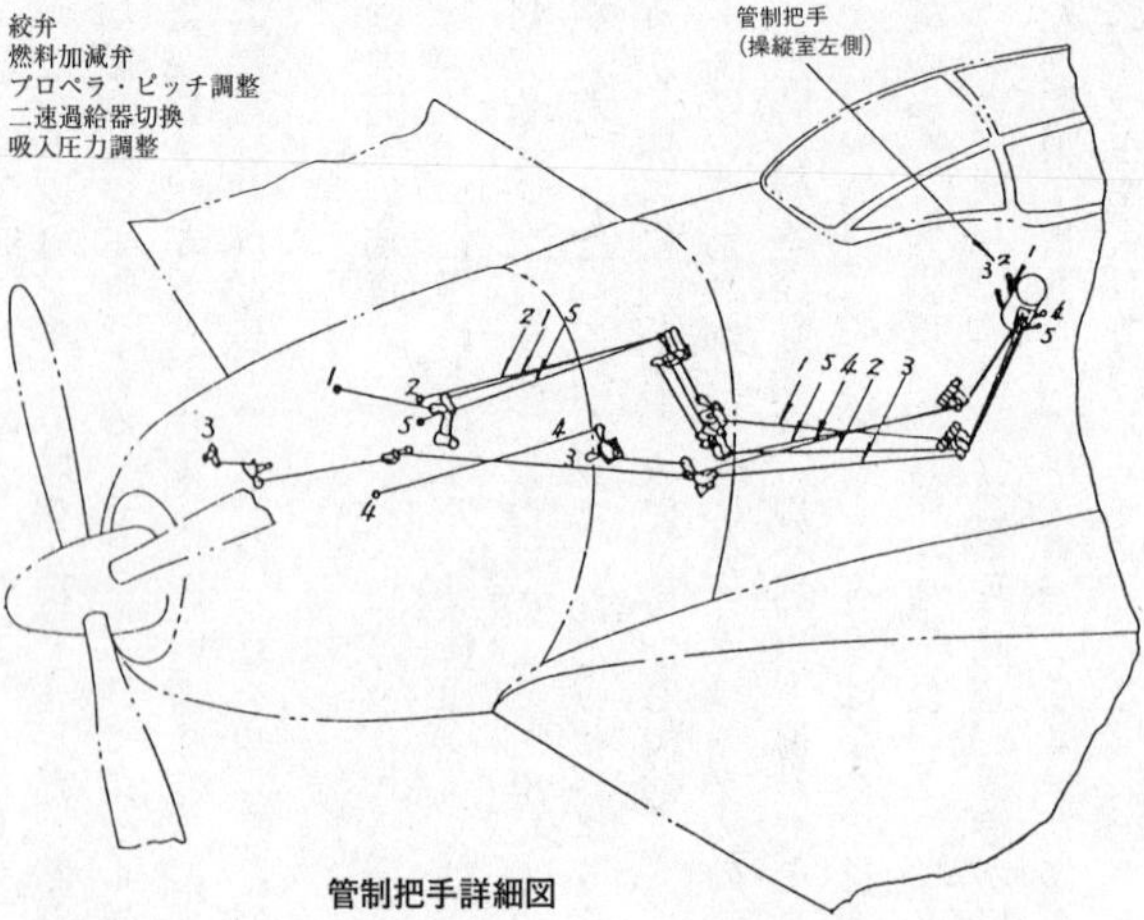

管制把手詳細図

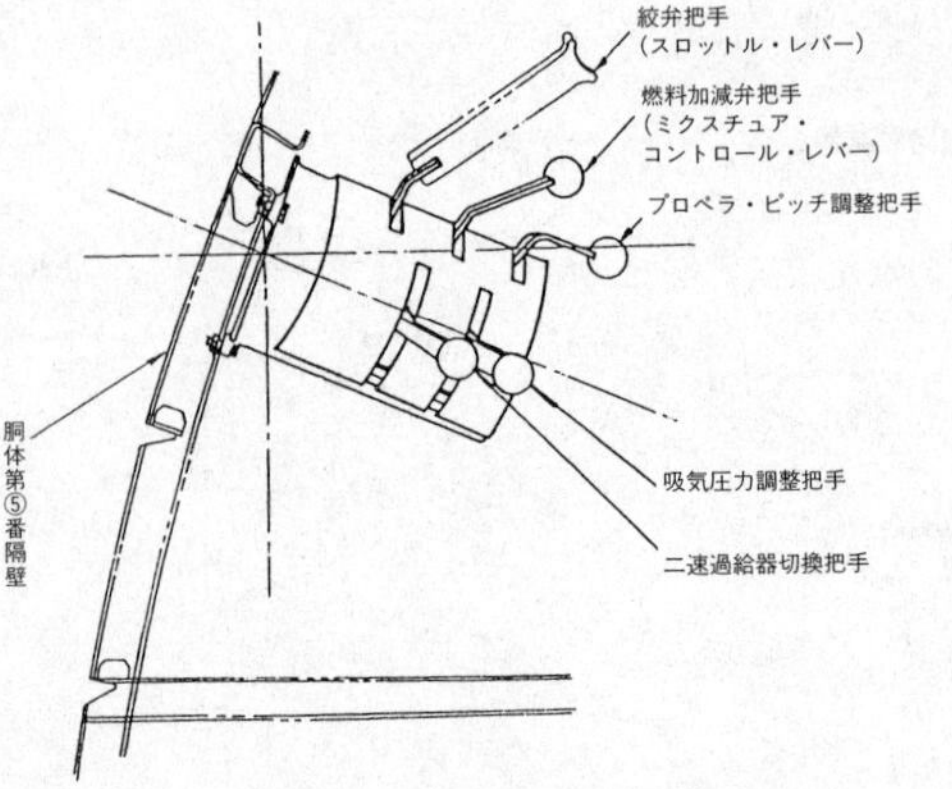

シリンダー温度調整装置

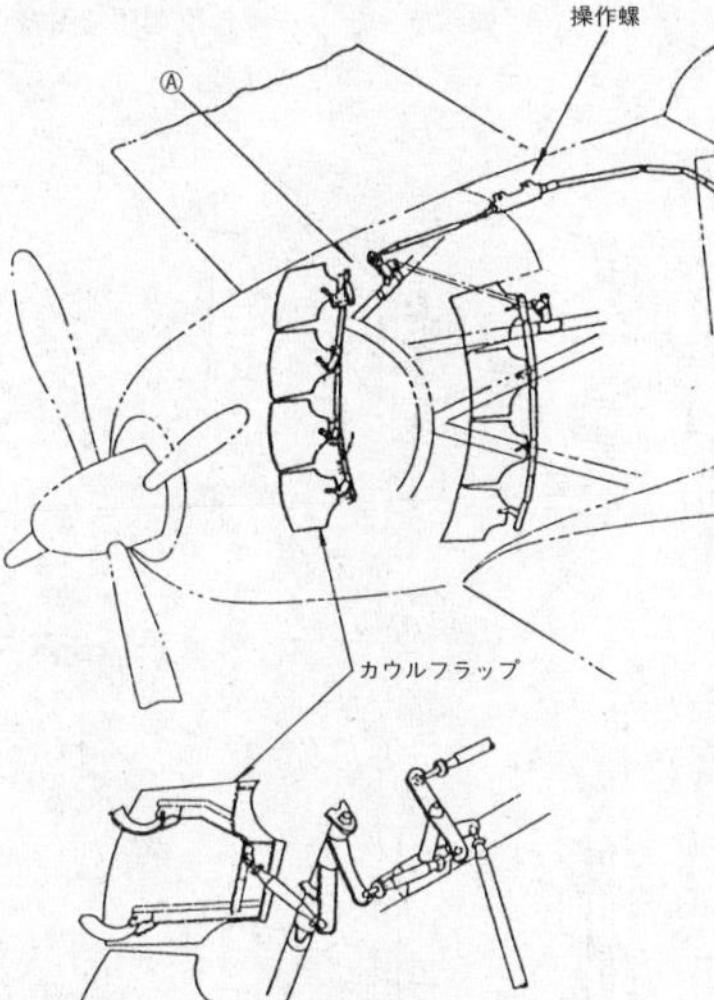

カウルフラップ断面詳細
（上面より見る）

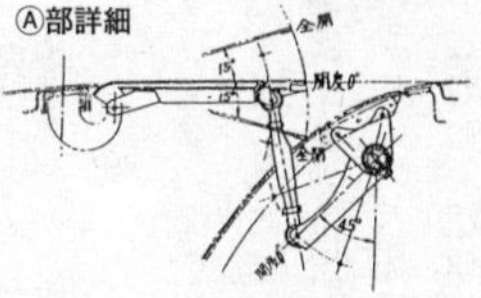

主翼内燃料タンク冷却装置

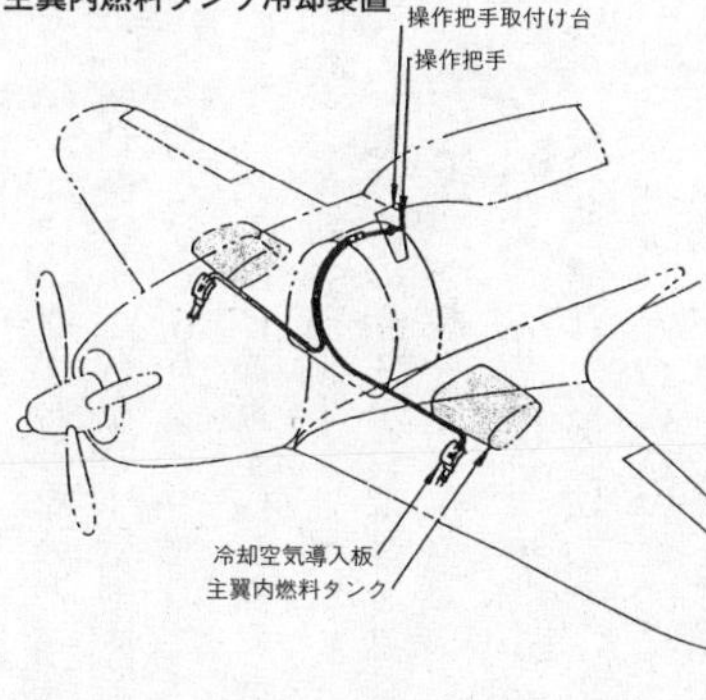

操作把手詳細図

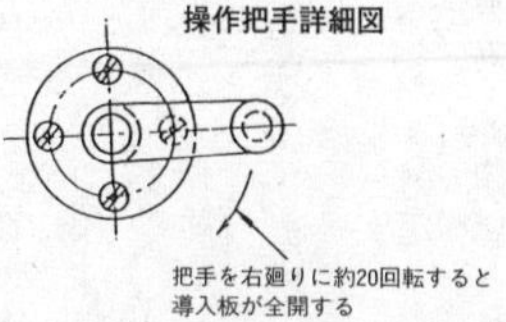

冷却空気導入板詳細図

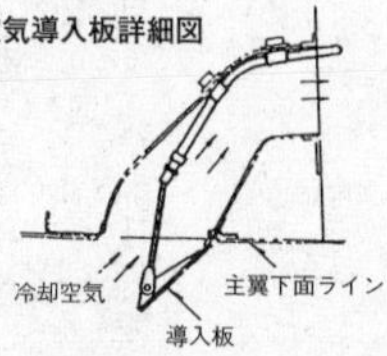

プロペラ・ピッチ操作用油圧管系統

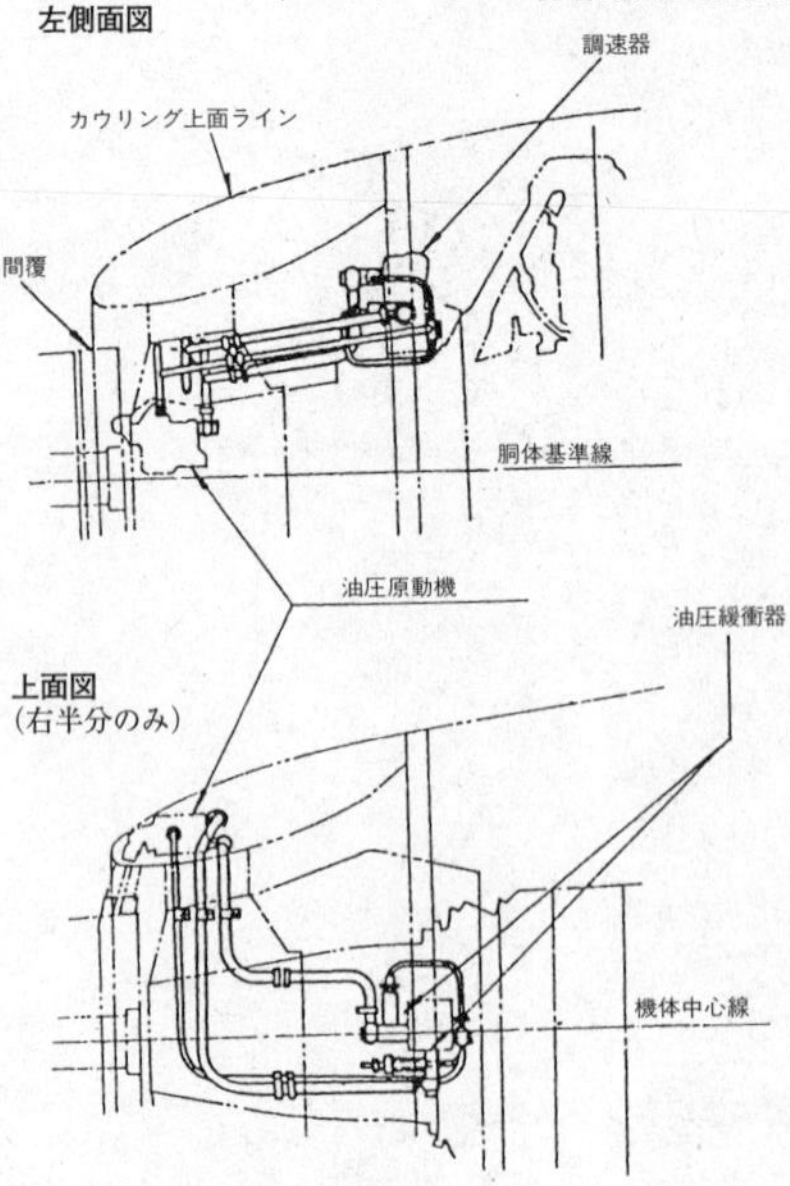

タイミングが合わないと、発動機はかからない。発動機始動だけでも大変だったのだ。

P.84図は操縦室内左側にある発動機管制レバー類で、それぞれの操作項目は図を見れば理解できるだろう。

零戦では燃料加減弁把手が、絞弁と離れた位置にあったが、本機はひとつのボックスにまとめてあり、一日の長がある。

P.85上図はシリンダー温度の調整、すなわち発動機冷却用流入空気量を加減するカウルフラップの開閉装置。操縦室内主計器板右側のパネルにあるハンドルを廻すと、操作螺を介してカウルフラップが開閉した。平面図で見て、全開状態では外側に15度、全閉状態では内側に15度の位置となる。

J2M1試作機は、このカウルフラップが片側3枚の大きなものだったが、J2M2から少し小さめの4枚に変更された。これは、排気管が集合式から推力式単排気管に変わったこ

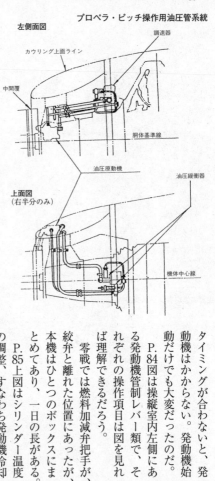

とによる改修。４枚の分割部が、それぞれ排気管部にきているのもそのためだ。

P.85下図は、両主翼内燃料タンクを冷却するための、主翼下面に設けられた冷却空気取入用のシャッター開閉装置である。

なぜ、燃料タンクを冷却しなければならないかというと、真夏の炎天下に置かれた機体は相当に熱くなり、タンク内の燃料も同様に熱くなる。この状態で飛び立って高々度に上昇し周囲が急激に冷やされると、タンク内の燃料に気泡が生じ、この気泡がパイプ内に詰まると発動機への燃料供給が滞る、すなわちベーパーロック状態に陥り、最悪の場合は発動機停止に至ってしまうからである。

図の冷却装置は、この

操縦室内基本配置図

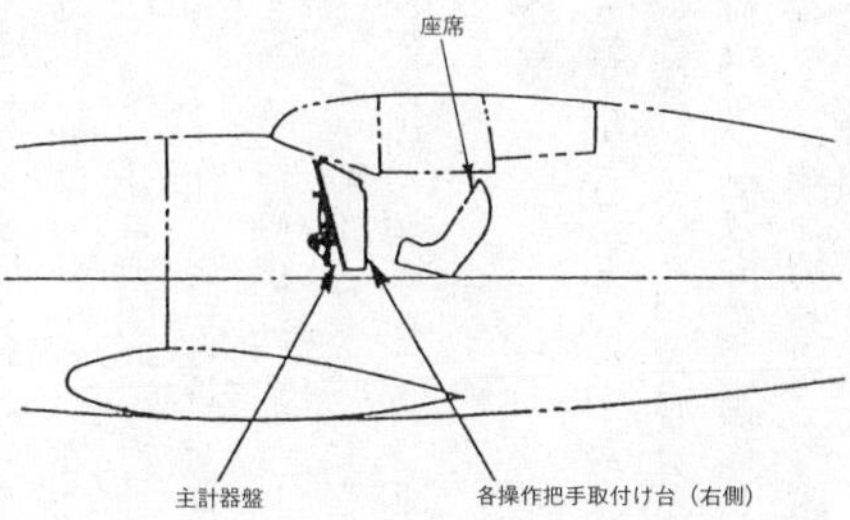

風防構成

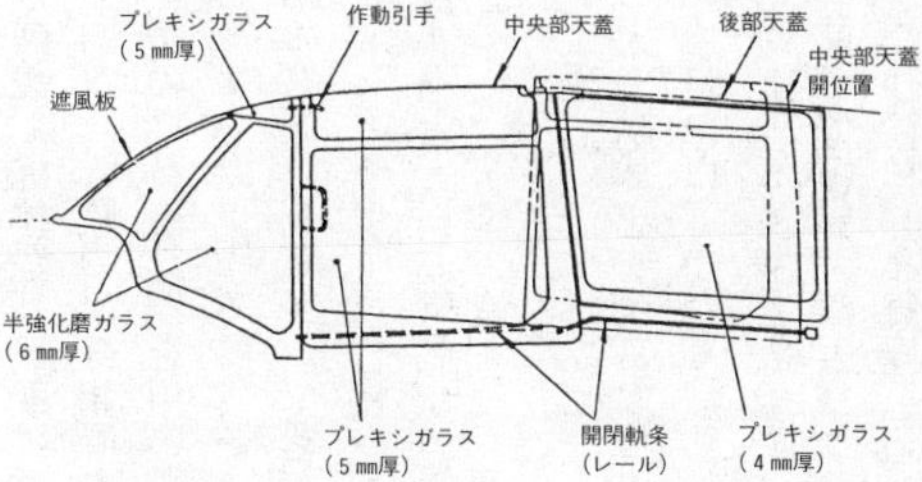

ベーパーロックを防ぐためのもので、離陸後、機体が高々度に上昇する前に、タンクを徐々に冷却し、気泡の発生をおさえるものである。零戦の冷却装置もほとんど同じだった。

ちなみに、陸軍戦闘機の場合は、コア状の燃料冷却器を用いた。
P.86図は、住友/VDMプロペラのピッチを変更する際、その動力源となる油圧装置の仕組みを示す。原動機は、カウリング先端の右側に配置されており、この部分は着脱パネルになっていて点検できるようにしてあった。ピッチ変更操作用レバーは、P.84図に示したごとく、操縦室内左側の、スロットル・レバーなどと同じ管制ボックスに設置されている。

操縦室

最大幅1・5mという、双発機なみの太い胴体を有する本機だけに、操縦室内は同じ単発単座戦闘機とはいえ、零戦などを見馴れた目には、かなり広くゆったりしており、そのせいか計器板の各計器配置、操作レバー類のアレンジも整然とした印象は受ける。

ただ、太い胴体のせいで操縦席からの前下方視界、およびファーストバック式風防からくる後方視界の悪さは、搭乗員にとってかなり精神的な負担を強いたことは事実。

以下、図の掲載順に各部を補足説明していくことにする。

風防は、遮風板と称した前方固定部、中央部天蓋と称した中央可動部、後部天蓋と称した後方固定部から成り、遮風板は10㎜と6㎜厚の半強化磨ガラス、および天井の5㎜厚プレキシガラスを用いて、防弾を意識したガラス構成になっている。中央部天蓋は5㎜厚、後部天蓋は4㎜厚のプレキシガラス構成である。

遮風板は鋲にて胴体に取り付けられるが、P.90下図を見ていただくとわかるとおり、各フレームのガラス固定部には防振ゴムが挟んであり、振動問題に苦しめられた痕跡がこんなところにも垣間見られる。

中央可動部を開閉する際は、前部縦フレームに取り付けられた引手（取手）を握って行なう。取扱説明書には、この中央可動部の開閉を円滑にするために、軌条（レール）をつねに清掃し、潤滑油を入れておくよう指示されている。

J2M3の製造番号3011号機（量産第11号機）以降は、遮風板の内側に厚さ70㎜の防弾ガラスを標準装備するようになったが、これは、B-29の防御火網が予想以上に強力であることが判明したためにほかならない。

なお、第一章にも記したように、本機は搭乗員の頭部を守るために、頭当ての後方のロール・バー部分に、厚さ8㎜の防弾鋼板を最初から装備していたが、これも海軍戦闘機、というより日本の戦闘機として初の試みだった。

座席は胴体第7番隔壁に取り付けられ、その上下位置調整機構は零戦とまったく同じであったが、J2M1はともかくとして、生産型J2M2以降は、搭乗員の背負式落下傘着用にあわせた、背当て部分が丸く凹んだ形になっている。

主計器板のアレンジは、J2M2までは、零戦のそれをほぼ踏襲したものだったが、J2M3以降は一新されて、まったく異なった。

遮風板詳細図
※J2M3第52号機以降

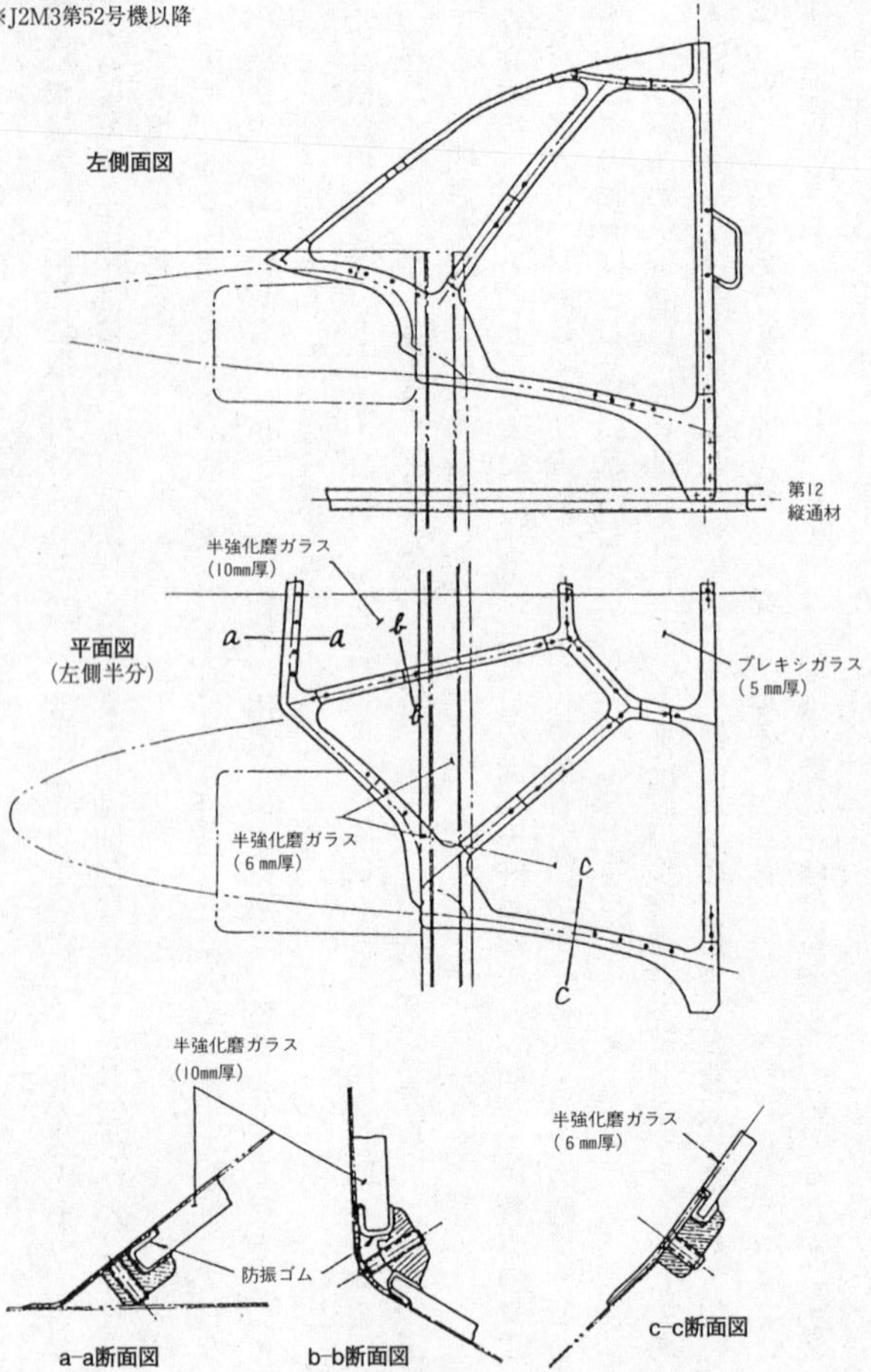

防弾ガラス取付要領
※J2M3第3011号機以降

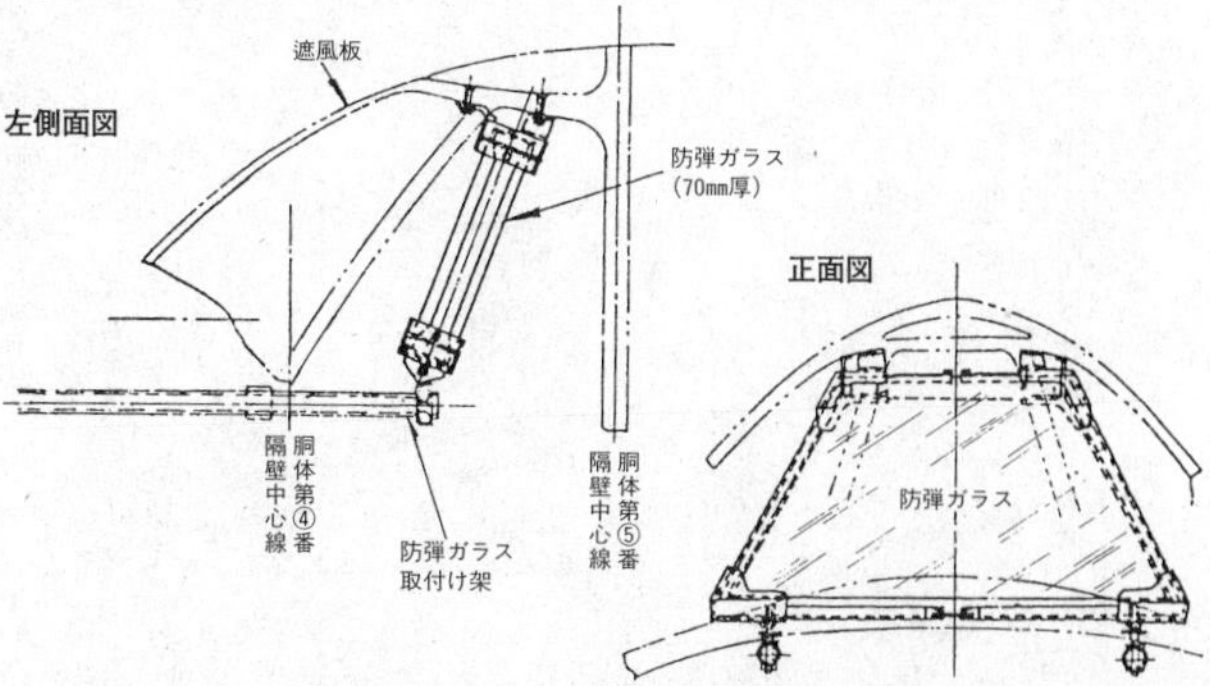

▲谷田部空に配属されたJ2M3二一型の操縦室付近を左前方より見る。座席に座った搭乗員との対比によりその規模のほどが把握できよう。前方固定風防（遮風板）内の70mm厚防弾ガラス、その前に装備された九八式射爆照準器、搭乗員の頭当て（ヘッドレスト）、その下方横に開口する室内換気用空気出口などに注目。

座席回り諸配置（左側面図）

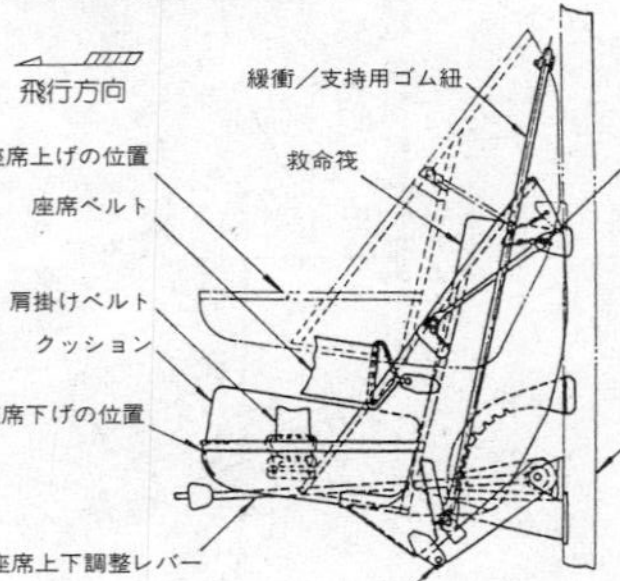

座席上下調整レバー詳細図

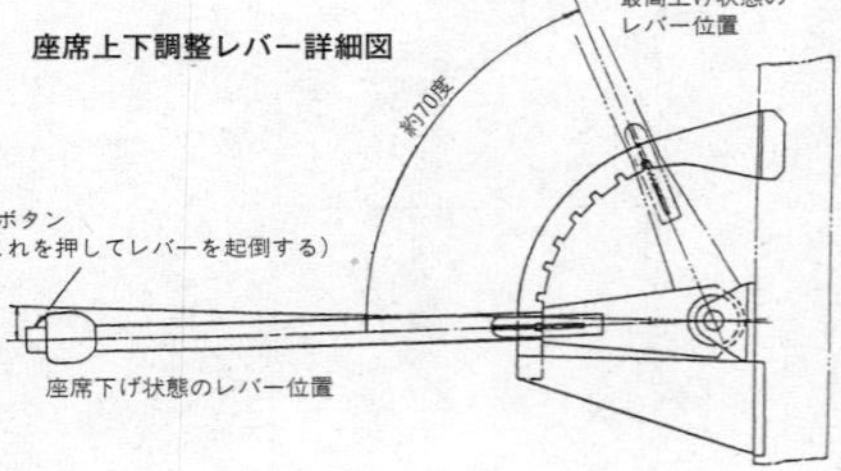

J2M2 ―― 一型計器盤配置

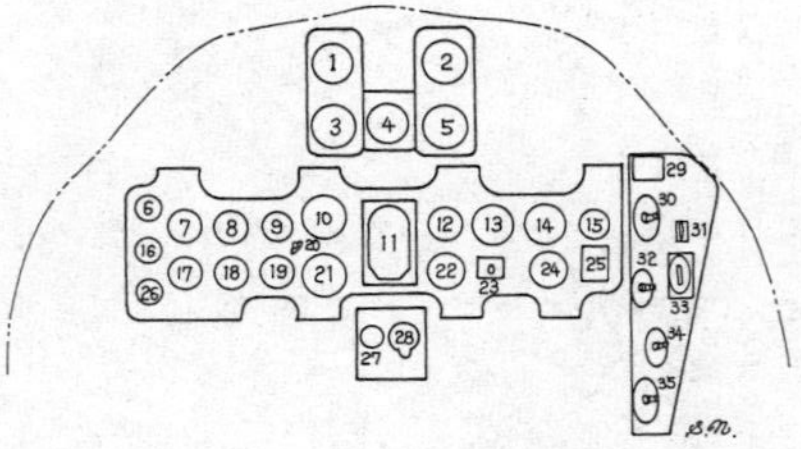

1．速度計
2．水平儀
3．高度計
4．旋回計
5．昇降度計
6．七粍七機銃用残弾指数器
7．大気温度計
8．排気温度計
9．油圧計
10．燃料計（胴体タンク）
11．九二式航空羅針儀
12．燃料圧力計
13．吸入圧力計
14．電圧回転速度計
15．フラップ角度計
16．二十粍機銃用残弾指数器
17．水量計
18．不詳（取・説に記載なし）
19．電路接断器
20．燃料計切替コック
21．燃料計（翼内タンク）
22．油温計
23．昇圧器開閉器
24．シリンダー温度計
25．フラップ操作開閉器
26．水圧計
27．時計
28．酸素調節器
29．脚標示灯
30．シリンダー温度調整把手
31．冷気導入板操作把手
32．油冷却器シャッター操作把手
33．座席冷房弁
34．燃料タンク冷気弁操作把手
35．操縦室内換気弁操作把手

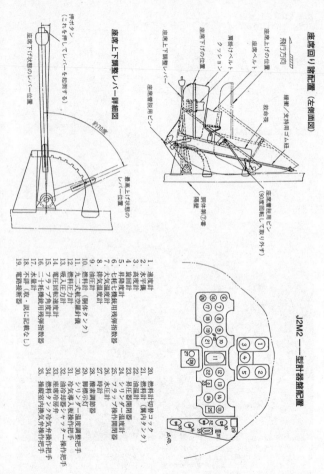

▲現在までのところ、当時のオリジナル状態の雷電の操縦室内部を示す唯一の貴重な写真。三〇二空所属のJ2M3で、画面右上に九八式射爆照準器が写っている。主計器板の各計器名称に関しては下図を参照されたい。主計器板の下方には方向舵/ブレーキ・ペダル、画面右下には操縦桿頂部、同左端に室内灯と発動機管制把手、およびその下に燃料タンク切換コック、昇降舵修正舵操作輪の一部が写っている。

J2M3 二一型計器盤配置

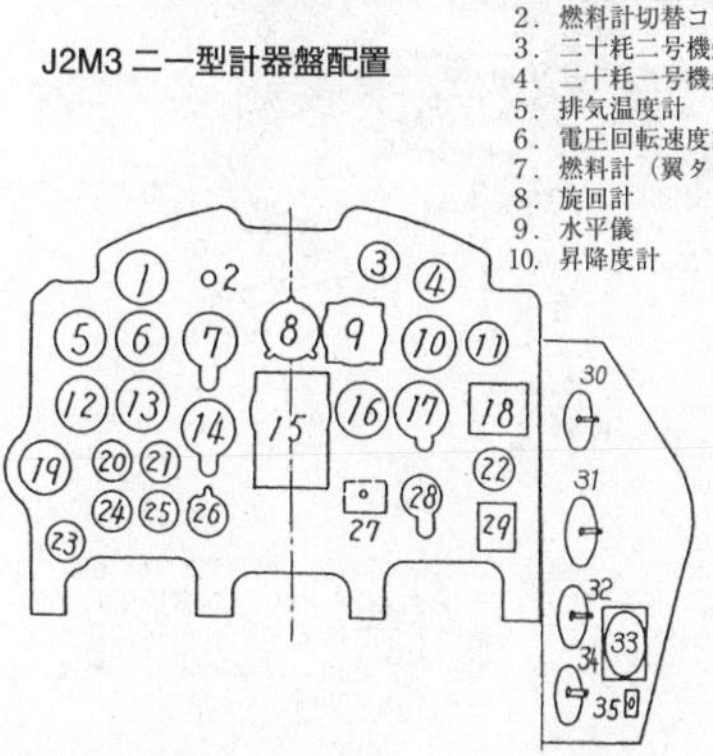

1. 大気温度計
2. 燃料計切替コック
3. 二十粍二号機銃用残弾指数器
4. 二十粍一号機銃用残弾指数器
5. 排気温度計
6. 電圧回転速度計
7. 燃料計（翼タンク）
8. 旋回計
9. 水平儀
10. 昇降度計
11. フラップ角度計
12. シリンダー温度計
13. 給入圧力計
14. 燃料計（胴体タンク）
15. 九二式航空羅針儀
16. 速度計
17. 高度計
18. 脚標示灯
19. 水量計
20. 油温計
21. 油圧計
22. 油圧計（高圧油）
23. 水圧計
24. 電路接断器
25. 燃料圧力計
26. 航空時計
27. 昇圧器
28. 酸素調節器
29. フラップ操作スイッチ
30. カウルフラップ調整把手
31. 油冷却器シャッター操作把手
32. 燃料タンク冷気弁操作把手
33. 座席冷房弁
34. 操縦室内換気弁操作把手
35. 冷気導入板操作把手

J2M3 操縦室内左側

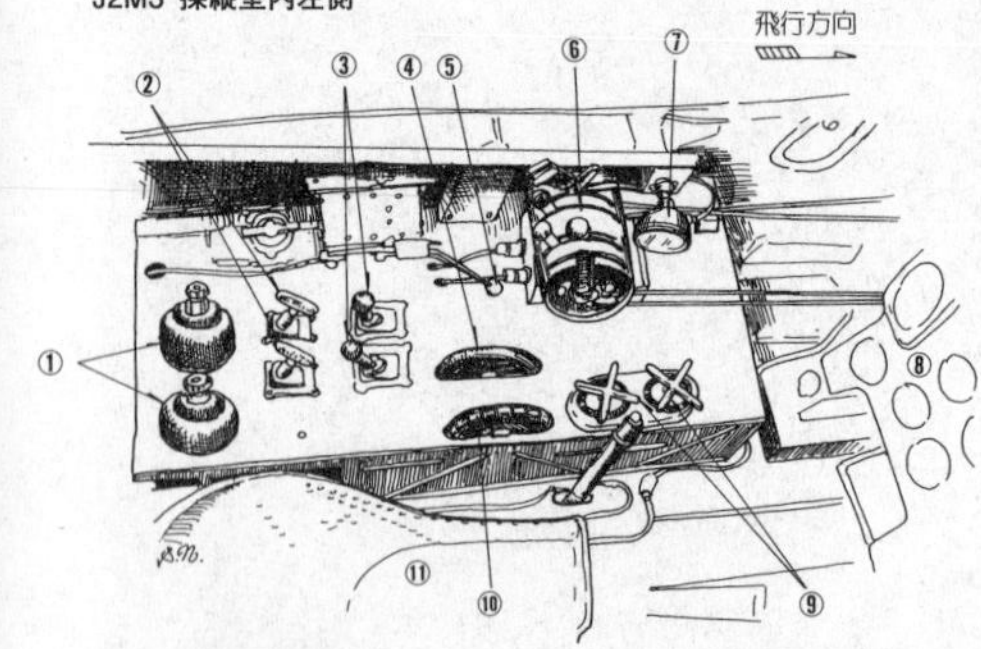

①酸素ボンベ
②爆弾投下レバー
③二十粍機銃装填切換レバー
④方向舵修正舵操作輪
⑤機銃発射スイッチ・レバー
⑥発動機管制レバー類取付架
⑦室内紫外線灯
⑧主計器板
⑨燃料タンク切換コック
⑩昇降舵修正舵操作輪
⑪座席

J2M3 操縦室内右側

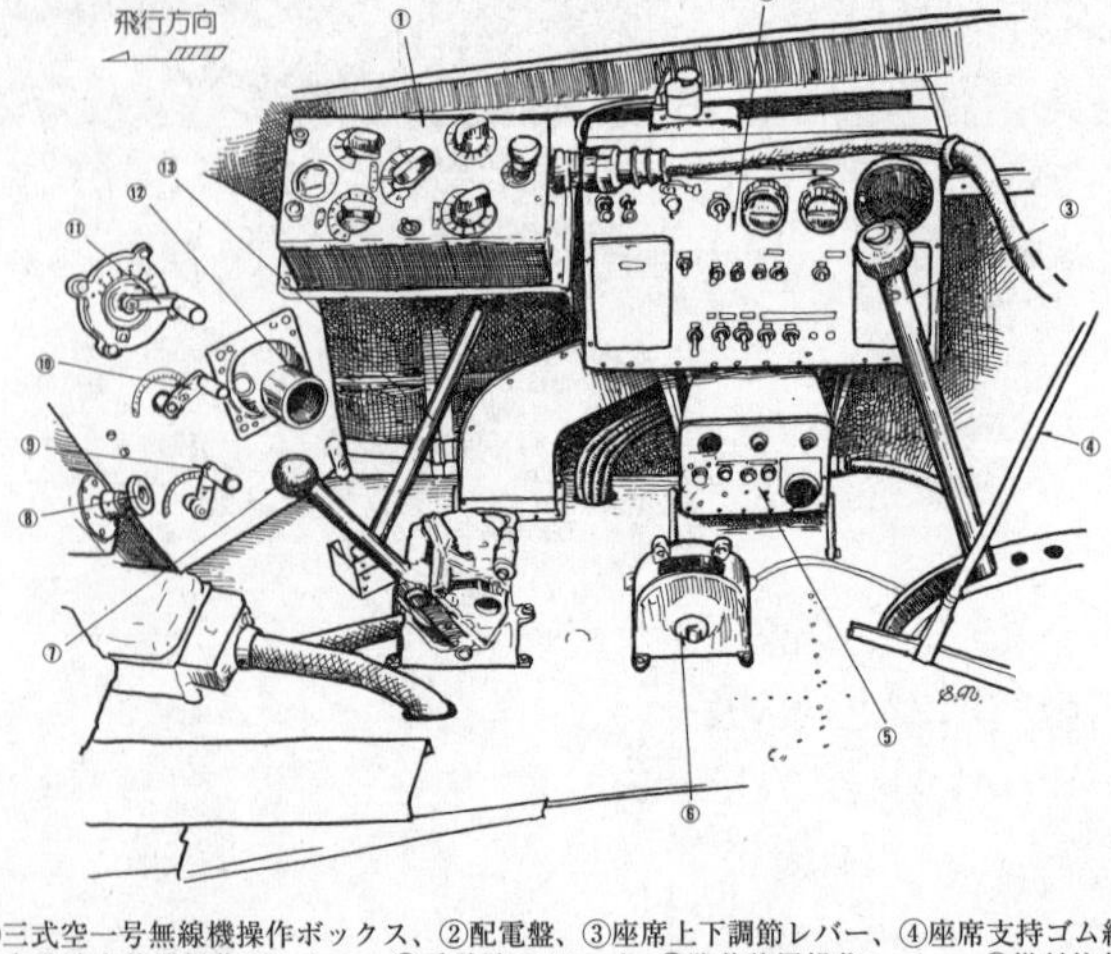

①三式空一号無線機操作ボックス、②配電盤、③座席上下調節レバー、④座席支持ゴム紐、⑤自動消火装置操作ボックス、⑥手動油圧ポンプ、⑦降着装置操作レバー、⑧燃料注射ポンプ・レバー、⑨操縦室内換気弁操作ハンドル、⑩翼内燃料タンク冷却空気取入扉操作ハンドル、⑪潤滑油冷却器シャッター操作ハンドル、⑫操縦室内換気弁、⑬油圧ポンプ操作レバー格納位置

J2M3 操縦席前部詳細図

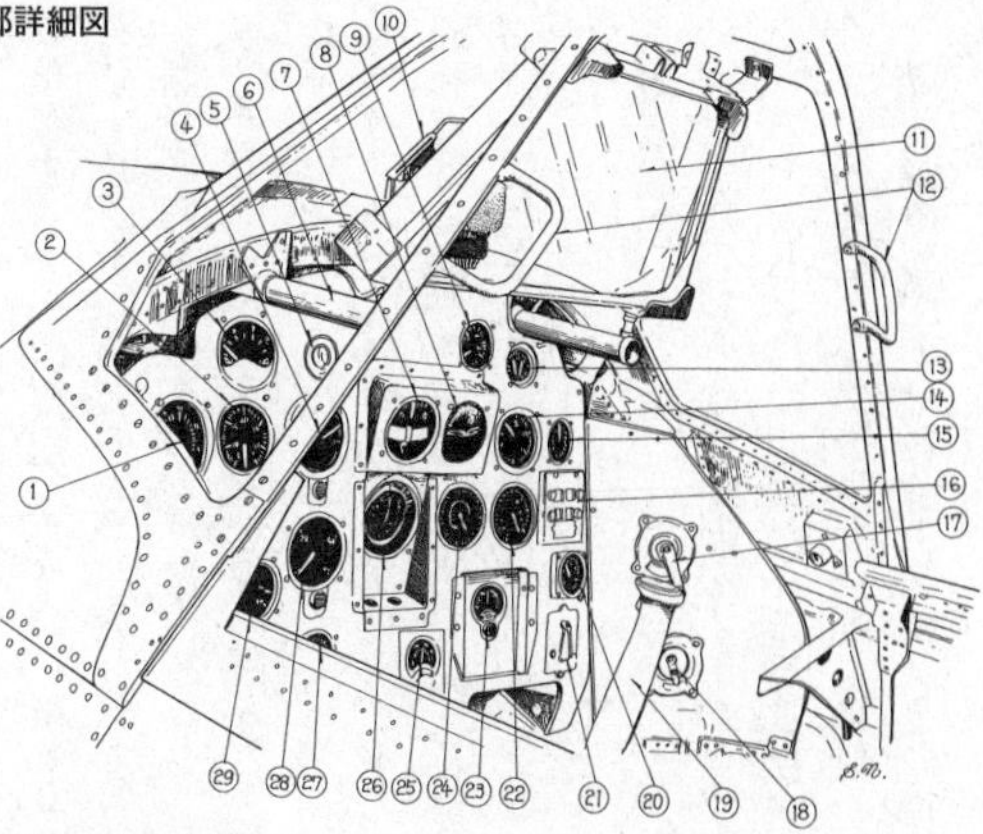

①排気温度計
②電圧回転速度計
③大気温度計
④燃料計
⑤燃料計切替コック
⑥防弾ガラス取り付け架
⑦旋回計
⑧水平儀
⑨二十粍二号機銃用残弾量表示計
⑩九八または四式射爆照準器
⑪防弾ガラス（70mm厚）
⑫手掛け
⑬二十粍一号機銃弾残量表示計
⑭昇降度計
⑮フラップ角度計
⑯脚位置表示灯
⑰筒温調節レバー
⑱潤滑油冷却フラップ操作レバー
⑲操縦桿
⑳油圧計
㉑フラップ操作スイッチ
㉒高度計
㉓酸素調節器
㉔速度計
㉕昇圧計
㉖九二式航空羅針儀
㉗航空時計
㉘胴体燃料タンク計
㉙油圧計

J2M3 操縦室後方

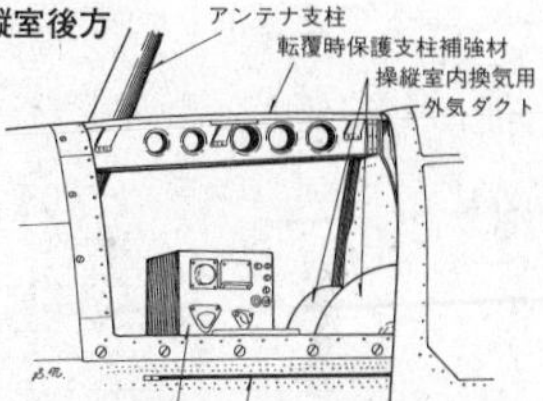

J2M3 操縦室後方

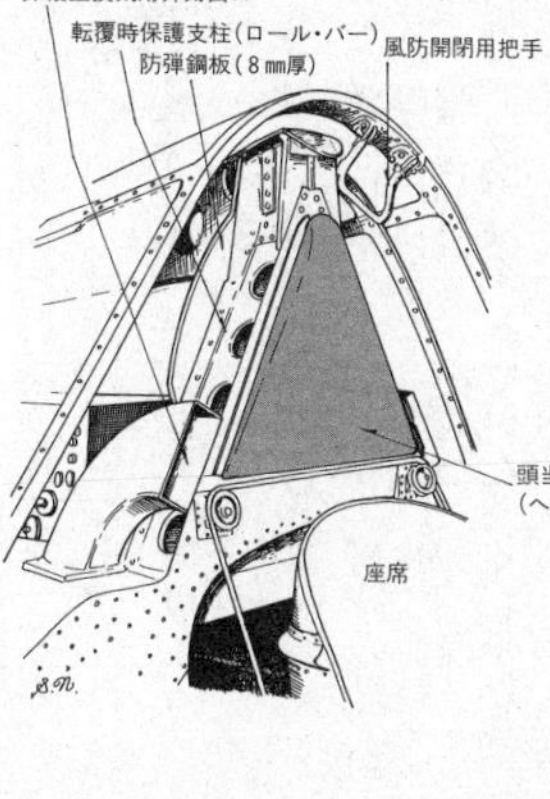

操縦室後方の防弾鋼板詳細図

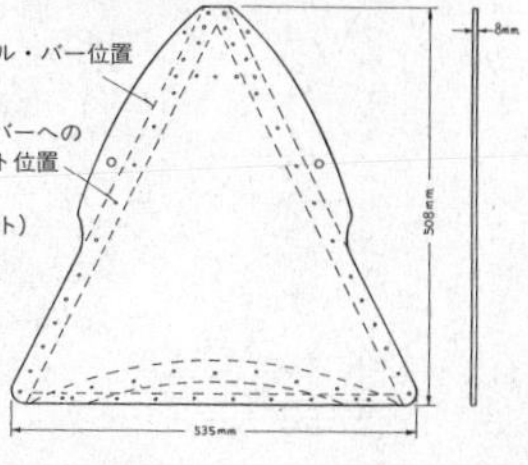

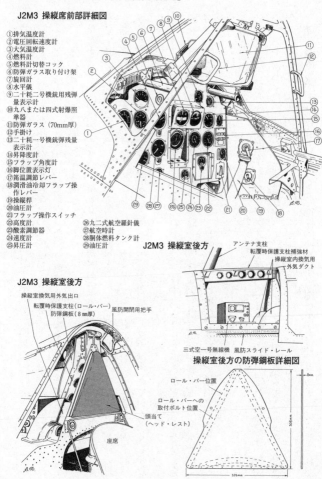

特徴的なのは、カウルフラップ、潤滑油冷却器、操縦室内換気などの各操作把手（レバー）類を、主計器板右横のパネルにまとめて配置したことで、人間工学的に零戦などよりはちょっと優れていた。フィリピンで鹵獲した機体をテストした米軍も、操縦室内レイアウトは〝全体として非常に良い〟と評価している。

現存する唯一の雷電（J2M3第3014号機）の操縦室内は、残念なことに計器をふくめてオリジナル部品の大半が失われて、その原形をしのぶには苦しい。さりとて、当時の日本側で撮影した雷電の操縦室内写真としては、93ページの写真に示した、J2M3の主計器板付近だけしかなく、取・説の図などを参考に筆者が再現した図で納得していただくしかない。

スペースが広いせいか、左右両サイドのアレンジはすっきりしているが、零戦のそれを見馴れた目には、ちょっと〝間のび〟した感もなくはない。零戦では左側にあった配電盤が、右側に配置されている点が目立つ。なお、P.94下図では座席は省略して描いてある。

降着装置

雷電の降着装置は、主脚がオーソドックスな内側引込式で、構造も当時の日本機に一般的なもので、とくに変わったところはなかった。しかし、出し入れのエネルギーを油圧ではなく、電動モーターによった点が、目新しいと言える。

降着装置の配置はP.97上図に、その操作系統を同下図に示す。操縦室の床下に設置された、

降着装置配置図

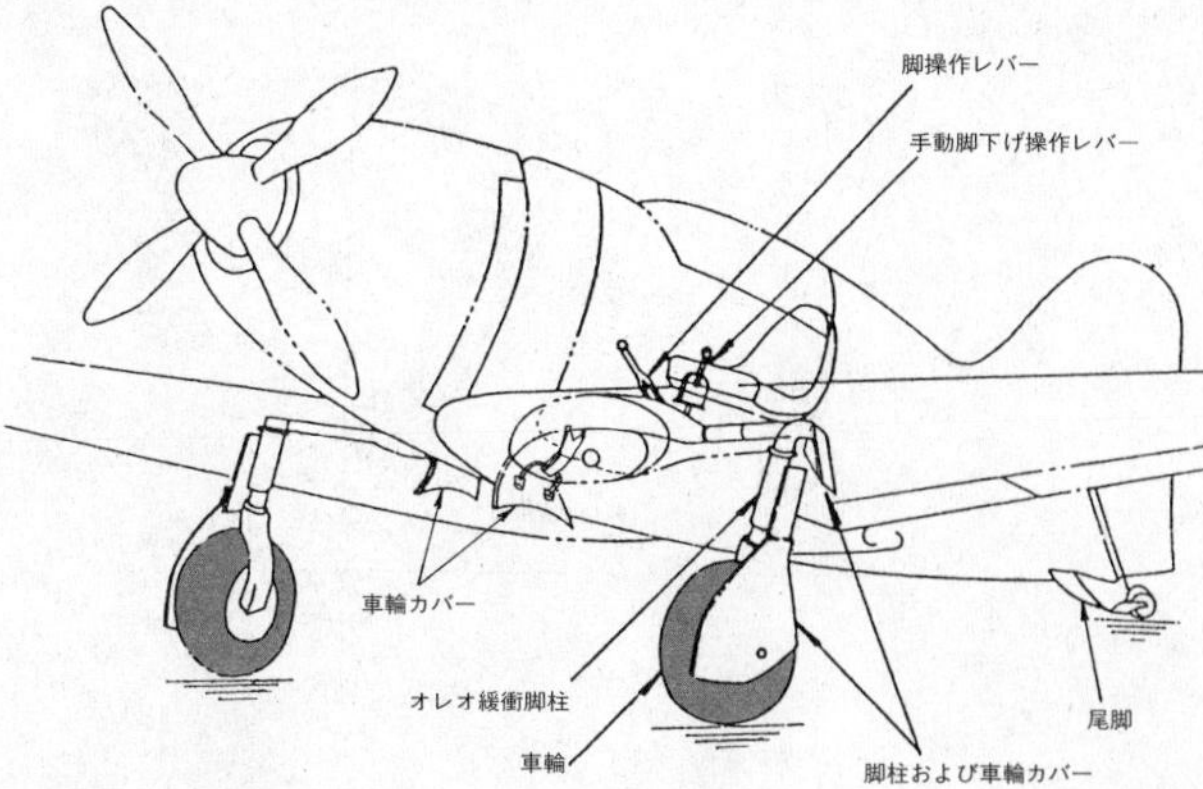

降着装置作動系統図

※J2M3第3004号機以降を示す

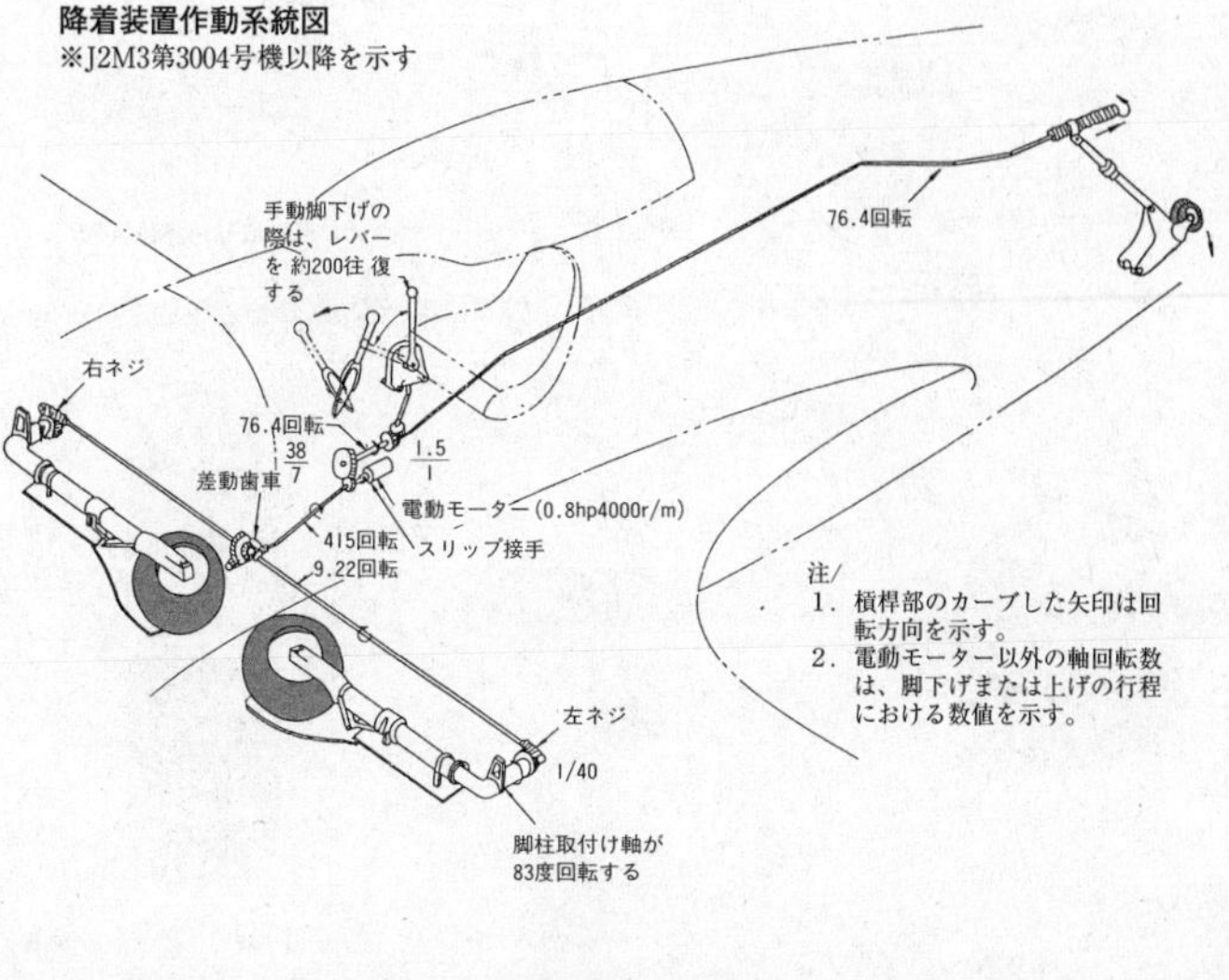

注/

1. 横桿部のカーブした矢印は回転方向を示す。
2. 電動モーター以外の軸回転数は、脚下げまたは上げの行程における数値を示す。

脚操作レバー詳細

側面図

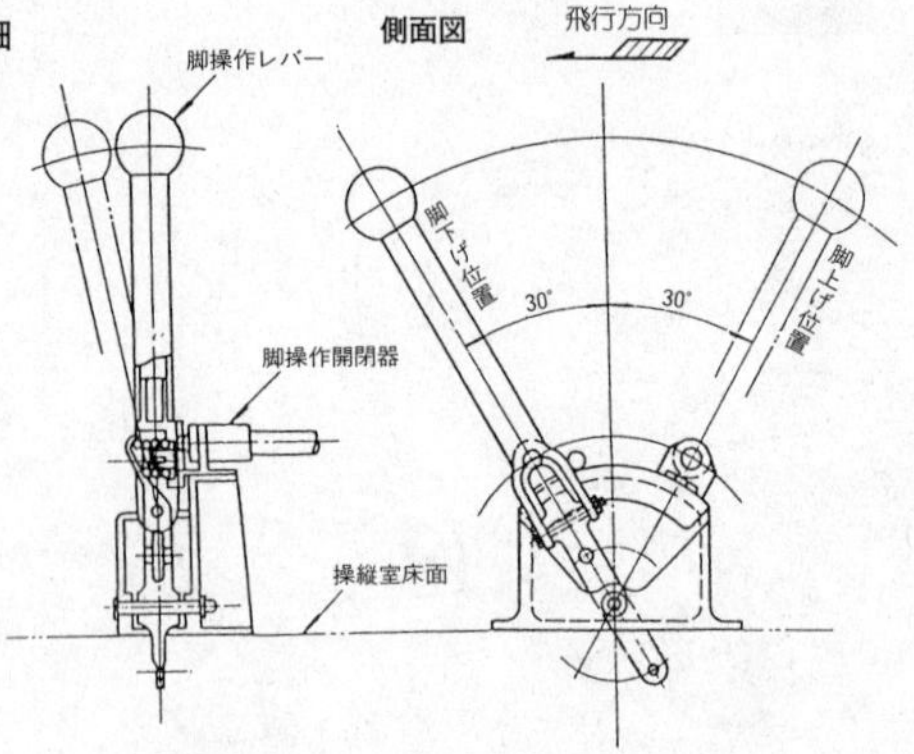

主脚構成図

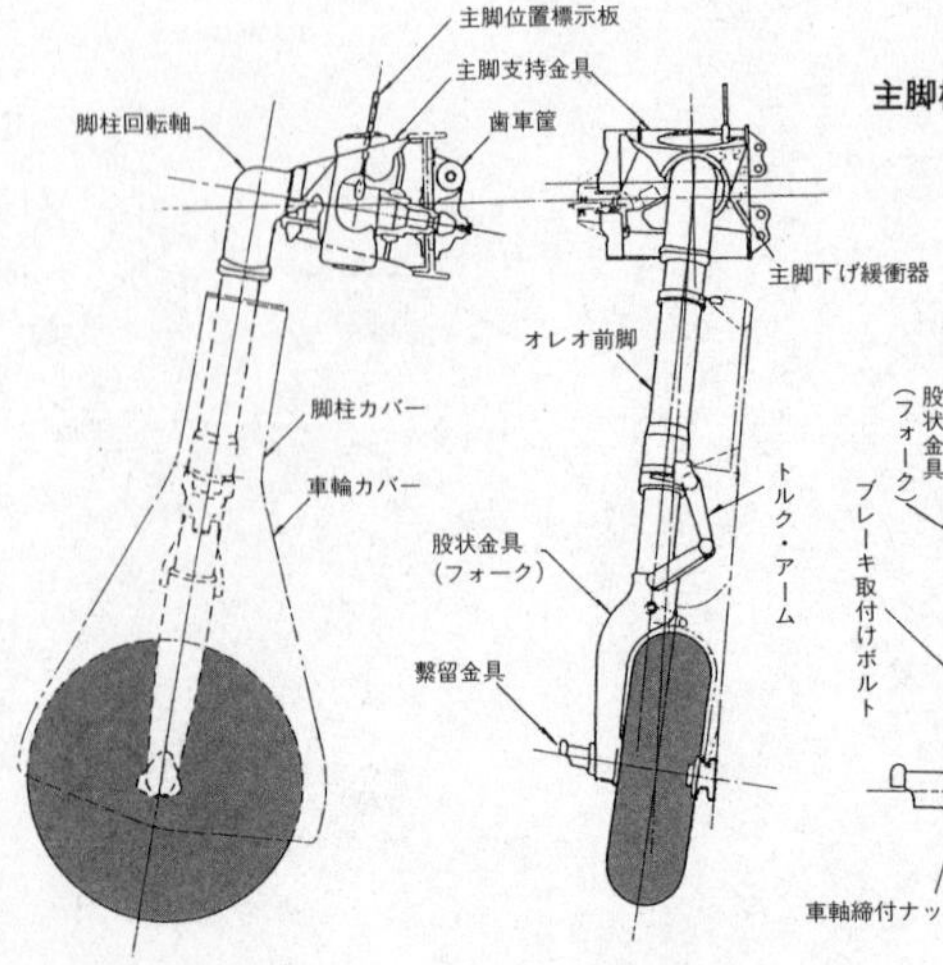

車輪取り付け部詳細

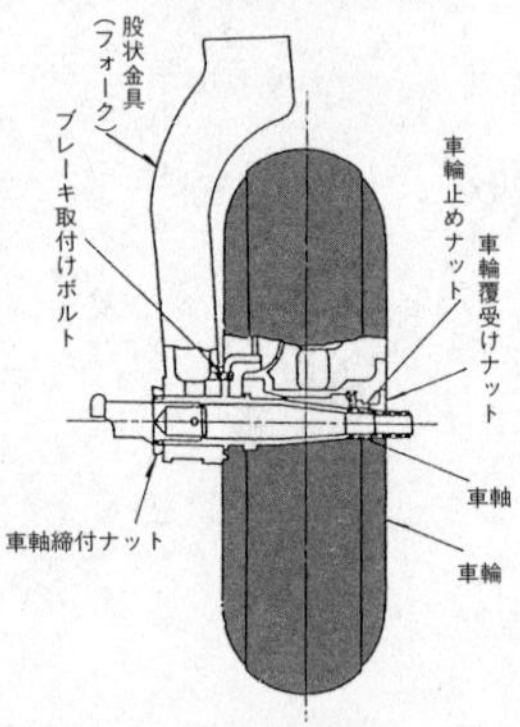

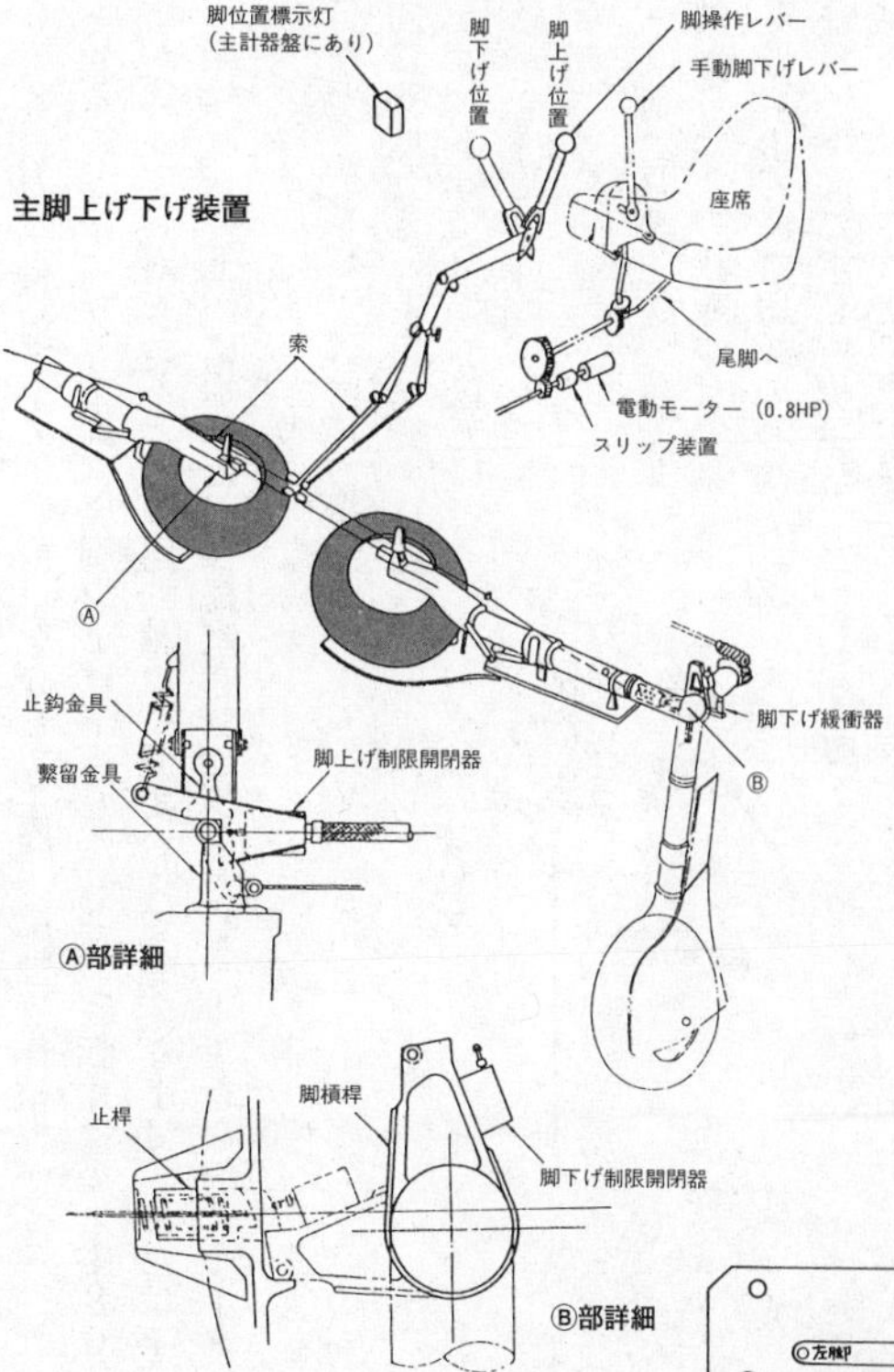

主脚上げ下げ装置

Ⓐ部詳細

Ⓑ部詳細

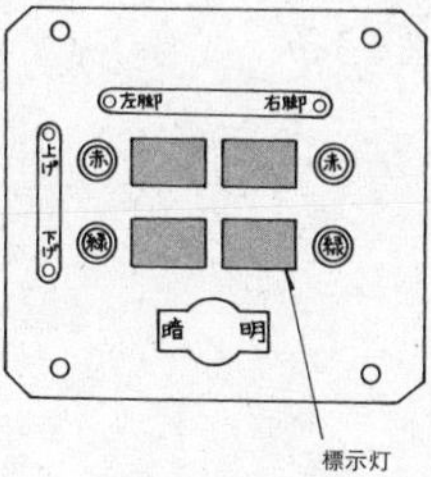

脚位置標示灯
（主計器盤）

０・８馬力の電動モーターに歯車を介して主脚、尾脚操作槓桿が接続され、この槓桿を回転させることにより、主脚、尾脚を上げ下げした。その回転比は１／１８００であり、モーターが約４１５回まわると主脚回転軸は83度まわり、完全な上げ、または下げ状態となる。操作はP.97上図に示した、操縦室右側に備えたレバーで行ない、モーターの電源は配電盤のスイッチにより入、切を行なった。レバーは前後方向に30度動き、前方に動かせば〝下げ〟（出）、後方に動かせば〝上げ〟（入）となる。

主脚、尾脚とも、操縦室内からはその状態が目で見えないので、計器板の右端にP.99下図に示した標示灯が備えられており、赤、緑のランプが点灯して、主脚が確かに出、入いずれかの状態になっているかを確認

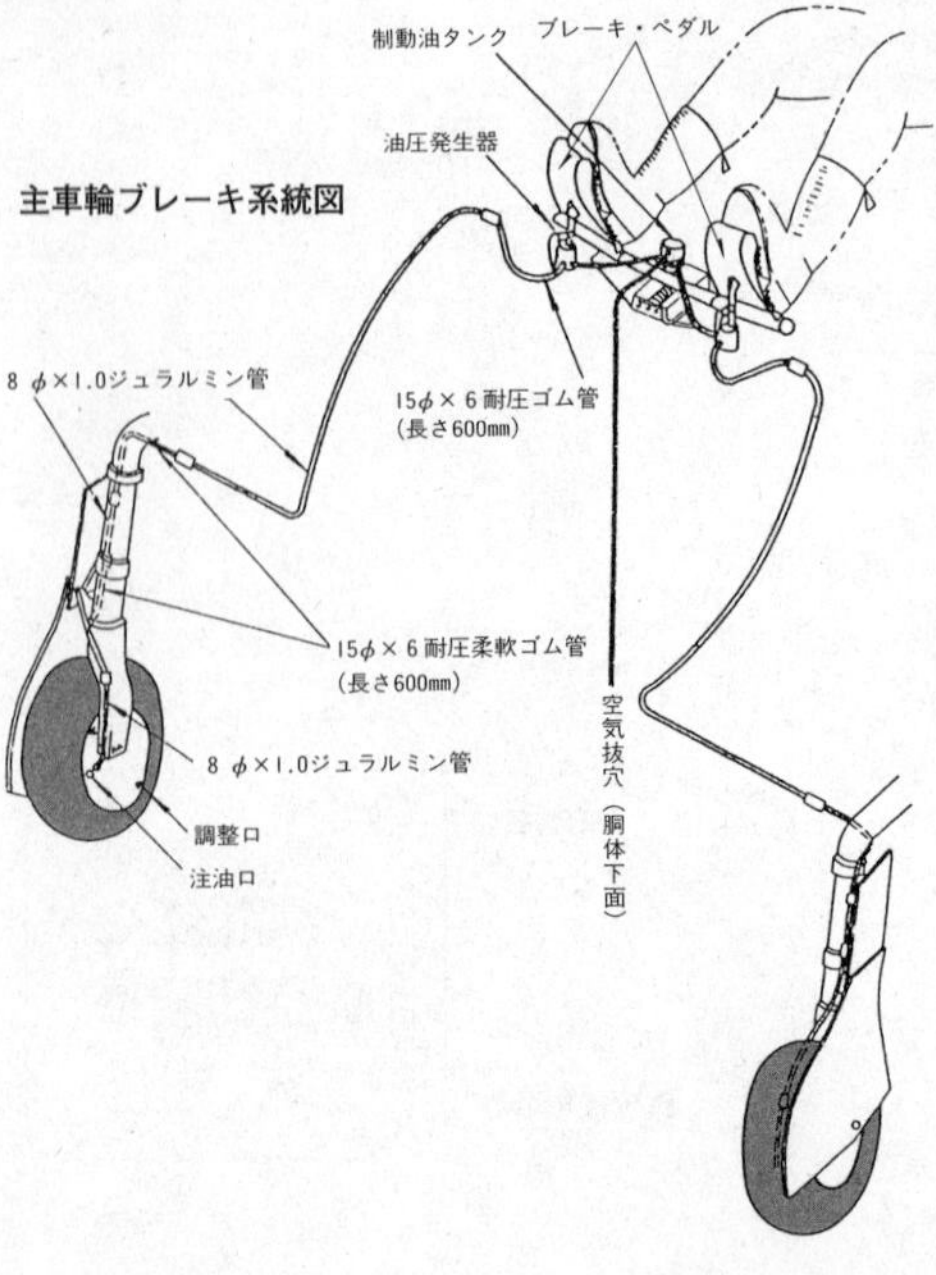

主車輪ブレーキ系統図

できた。また、この標示灯とは別に、零戦と同じく主脚柱上方の主翼上面には、出し入れに連動して上下に動く標示板があり、これによってメカニズム的にその位置を確認できた。

主車輪収納部内の止鈎金具および主脚回転軸部には、それぞれ脚上げ、脚下げ制限開閉器

尾脚装置全体図

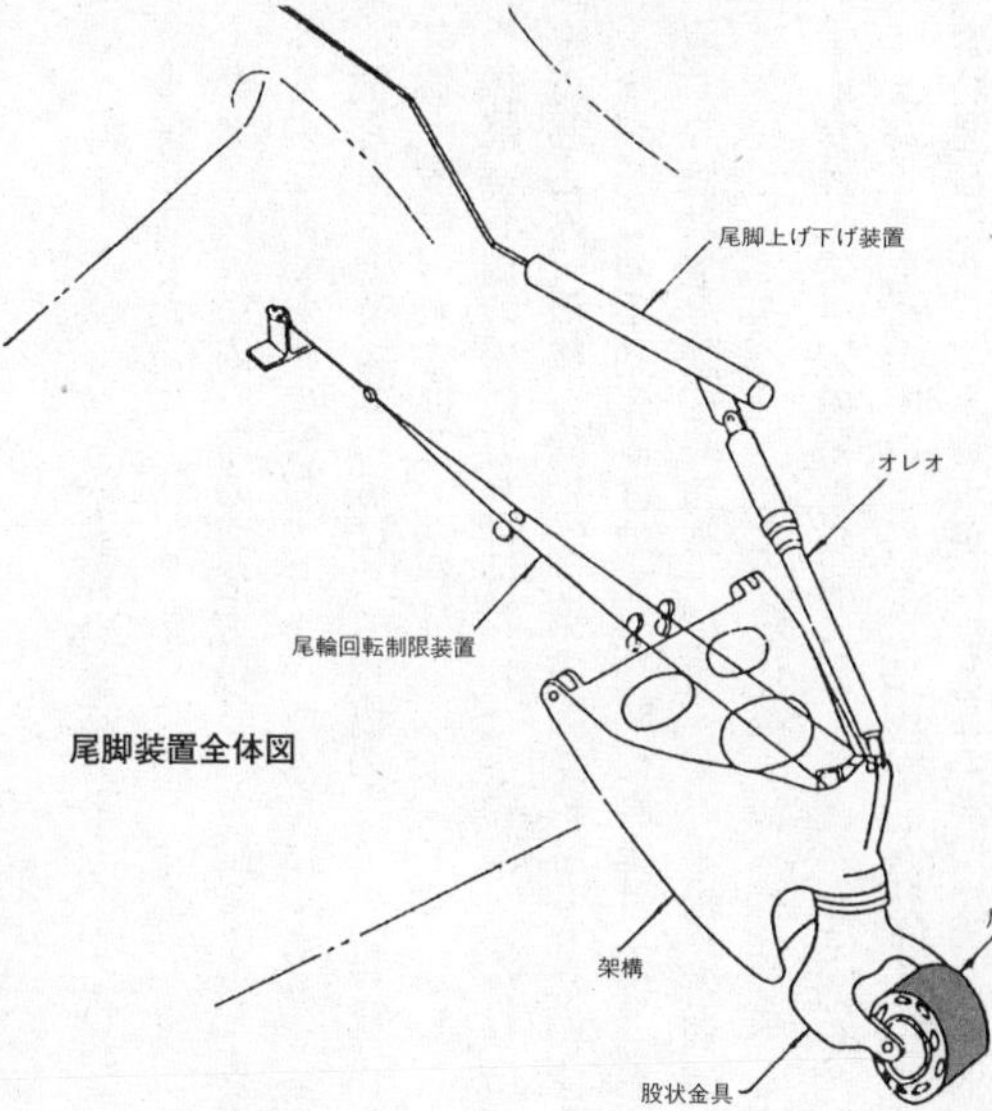

尾脚構成図

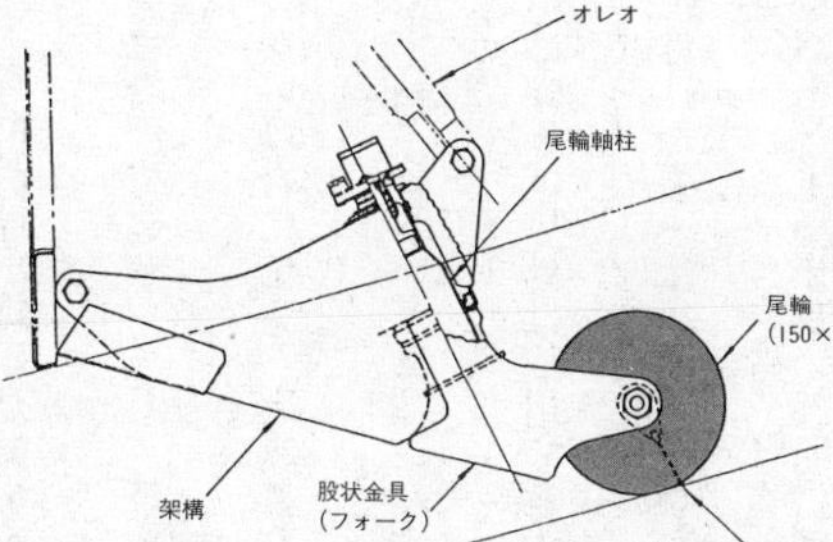

（リミット・スイッチ）があり、電動モーターの自動停止、および脚位置標示灯の点滅を行なう働きをした。

なお、操縦室内座席の右後方には、電動モーターが過負荷状態になって高熱を発し、焼損するのを防ぐための警報ブザーが取り付けてある。

故障、もしくは空中戦による損傷のため、電気操作系統が使えない場合に備え、手動操作装置が設けられている。

操縦室右側の床に取り付けられた手動歯車筐に、所定の位置に格納されていた操作レバーを差し込み、前後方向に60度の範囲で約２００往復すると、主脚が下げ状態になる。

なお、この手動装置は地上整備時の脚上げ下げ、および飛行中の脚下げ以外は使用できず、取・説には地上整備時の脚上げも、レバー操作と同時に人力で脚を押し上げなければならないと注記してある。さらに、操作終了後は操作レバーを歯車筐に付けたままにせず、かならず取り外して所定の格納場所に置くこととしてある。

また、地上滑走中などに不意に脚が引き込まないよう、操作レバーと主脚オレオ部間に鋼索が通してあり、オレオが縮むとこの索が緩み、ストッパーがバネの作用で操作レバーをロックし、逆にオレオが伸びると索が引っぱられてこのロックが外れるように仕組んだ安全装置が設けてあった。これは零戦にはなかった装置である。

主脚の構造はP.98下図に示したように、基本的には零戦のそれを踏襲しているが、全体に簡易化が図られ、生産性を向上させている。タイヤは零戦とまったく同じ岡本製の６００×

175㎜サイズの高圧タイヤで、空気圧は4気圧。

ブレーキ系統は油圧式の一般的なもので、方向舵操作足桿（フット・バー）に付けられたペダルを踏むことにより、ホイール・ハブ内部のブレーキ・ドラムを作動する。日本機のブレーキの効きの悪さは定評？　があったが、フィリピンで鹵獲した機体をテストした米軍のレポートでは、本機のブレーキはよく効いたと記されている。

尾脚泥除け覆取り付け要領

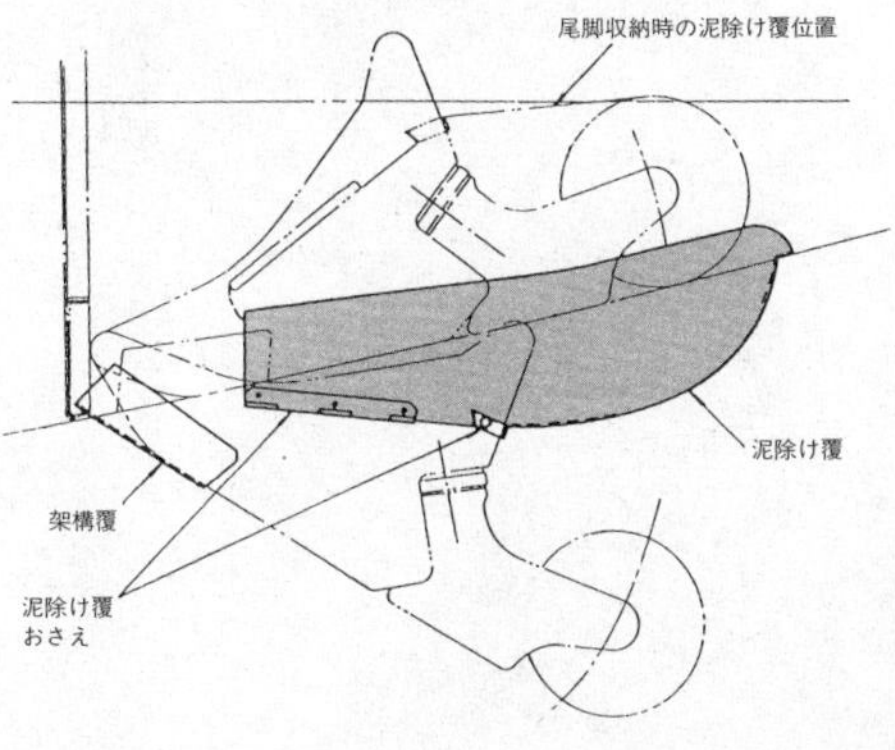

尾脚は、上げ下げ操作が電気式という点を別にすれば、脚本体の構造もふくめて零戦とまったく同じである。尾輪が150×75㎜サイズのソリッド・ゴムタイヤというのも同様。

制限装置を有し、尾輪が左右30度以内に向いているときは、つねにセンターリングするようになっており、地上走行時などに尾輪が30度を超えて左右いずれかに向く必要が生じたときには、軸柱上部のロックが外れて任意の角度に動かせる。

操縦系統

基本の3舵（方向舵、昇降舵、補助翼）の操縦系統は、それぞれ鋼索、槓桿、捻管を組み合わせ

方向舵操作系統図

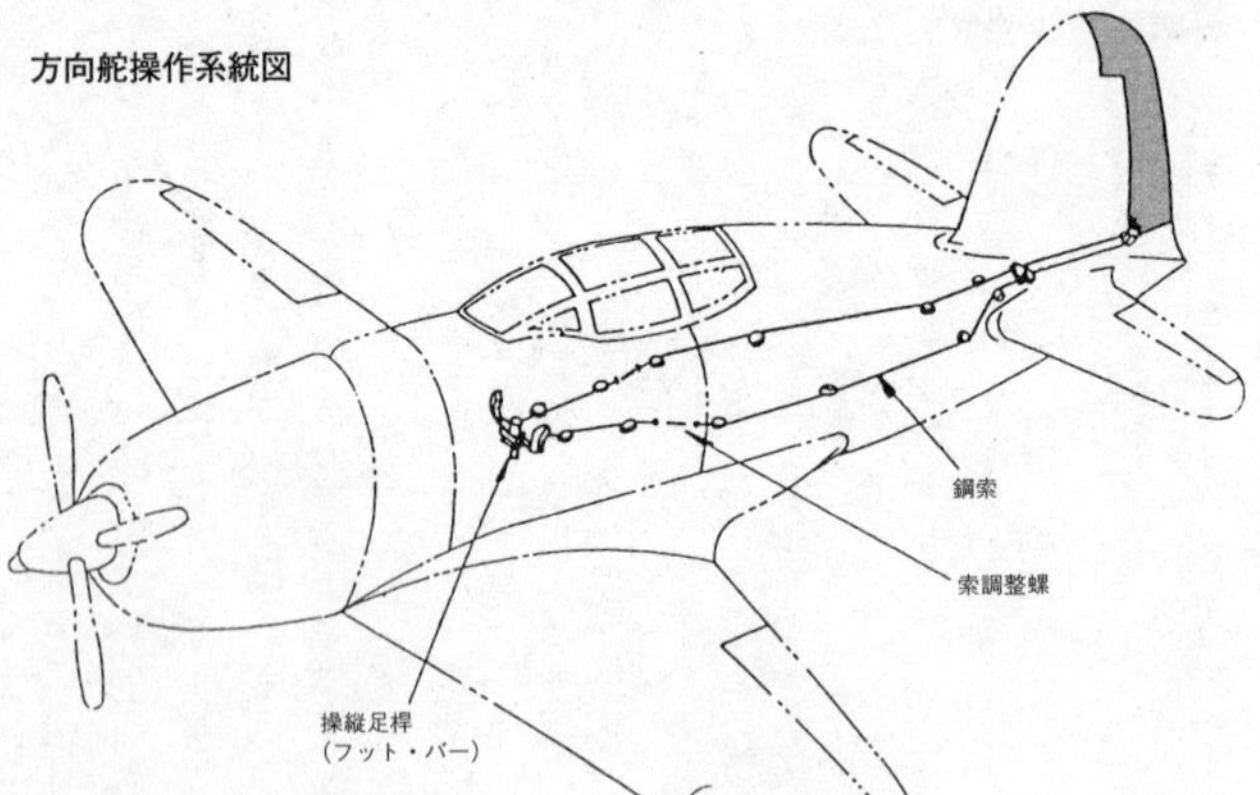

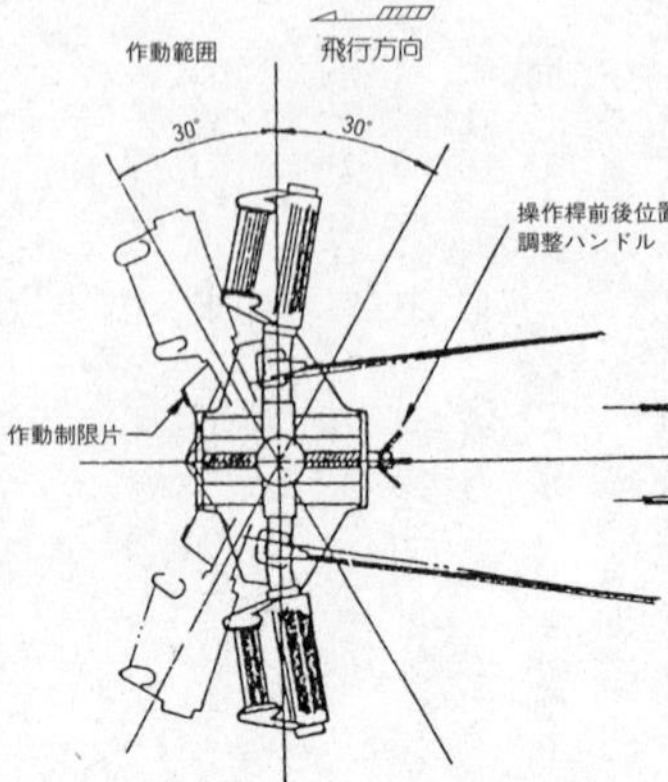

操作足桿部上面詳細図

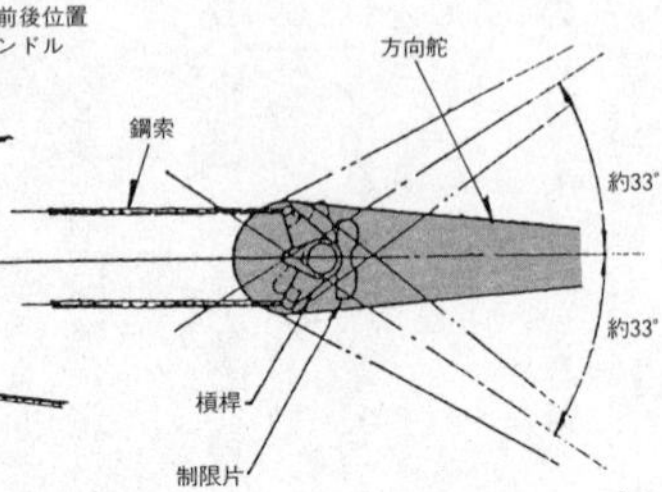

方向舵接続部上面詳細図

た、当時の日本戦闘機として一般的なもので、とくに変わった点はない。

雷電にかぎらず、九六式艦戦、零戦、烈風とつづく三菱製戦闘機は、共通して操縦性は良好で、海軍搭乗員はこの点に関しては例外なく褒めている。失速特性も良好で、恢復はきわめて早く、高度のロスも少ないうえに、スピンに入る傾向はまったくみられなかった。堀越技師以下設計陣が、操縦系統に関し、そのノウハウを完全に自分たちのものとして、掌握していた証しだろう。

ただ、零戦もそうだったが、高速飛行に入ると、とくに補助翼の操作が急に重くなる欠点があり、テストした米軍も、レポートの中でこの点を指摘している。雷電の場合は523㎞／hを超えるとそれが顕著となった。したがって、高速飛行時の横転（ロール）動作は緩慢となり、戦争末期に米海軍F6F、F4U、同陸軍P-51戦闘機が日本本土上空に来襲するようになって、これらとの空戦に巻き込まれると、いちじるしく不利になった。

3舵の操作系統はP.104～108図に示したので、それらを見ていただけばメカニズムはわかってもらえるだろう。

方向舵、昇降舵にはそれぞれ修正舵が備えてあり、舵の初期の傾きを修正するとともに、各飛行状態に応じ昇降舵操作力を釣り合わせ、また軽減させるようになっていた。各修正舵は、操縦室内左側に並列して配置された操作転把（ハンドル）により行なう。

雷電の操縦系統のなかで、とくに解説を必要とするのはフラップだろう。

小さい主翼からくる離着陸時の揚力不足を補うため、ファウラー式を採用、空中戦の際に

方向舵修正舵操作系統図

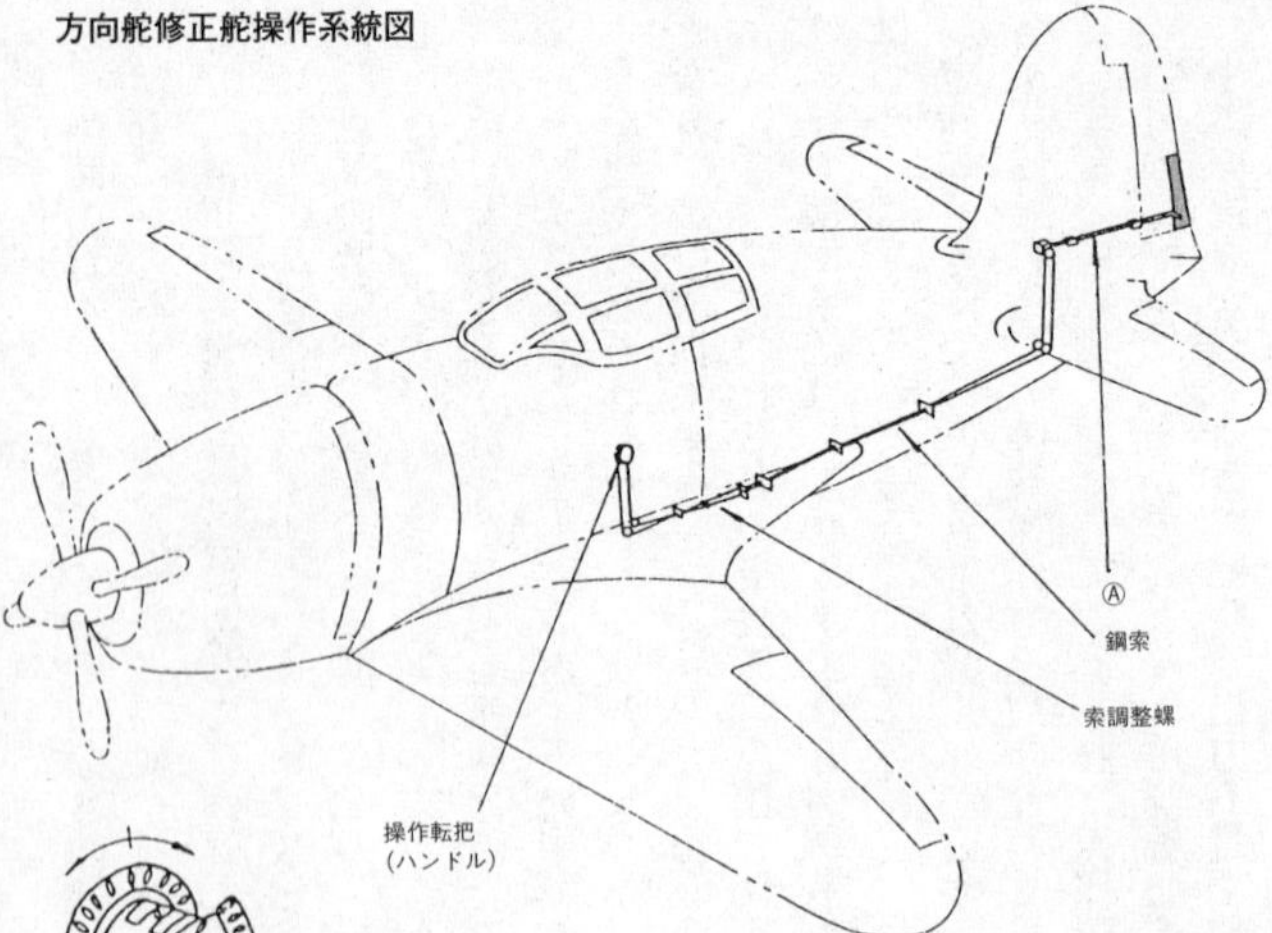

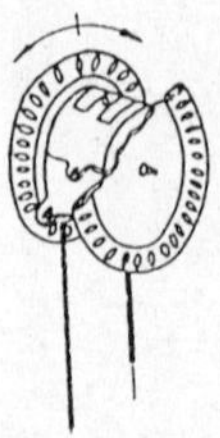

操作転把詳細図

Ⓐ部詳細

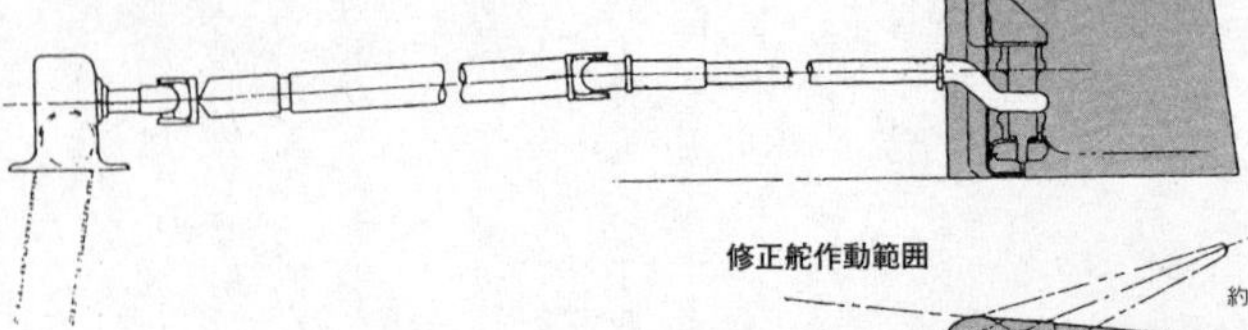

修正舵作動範囲

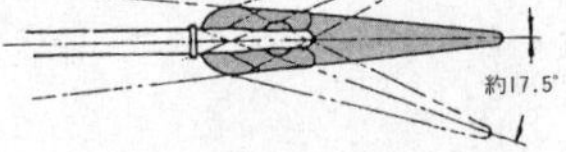

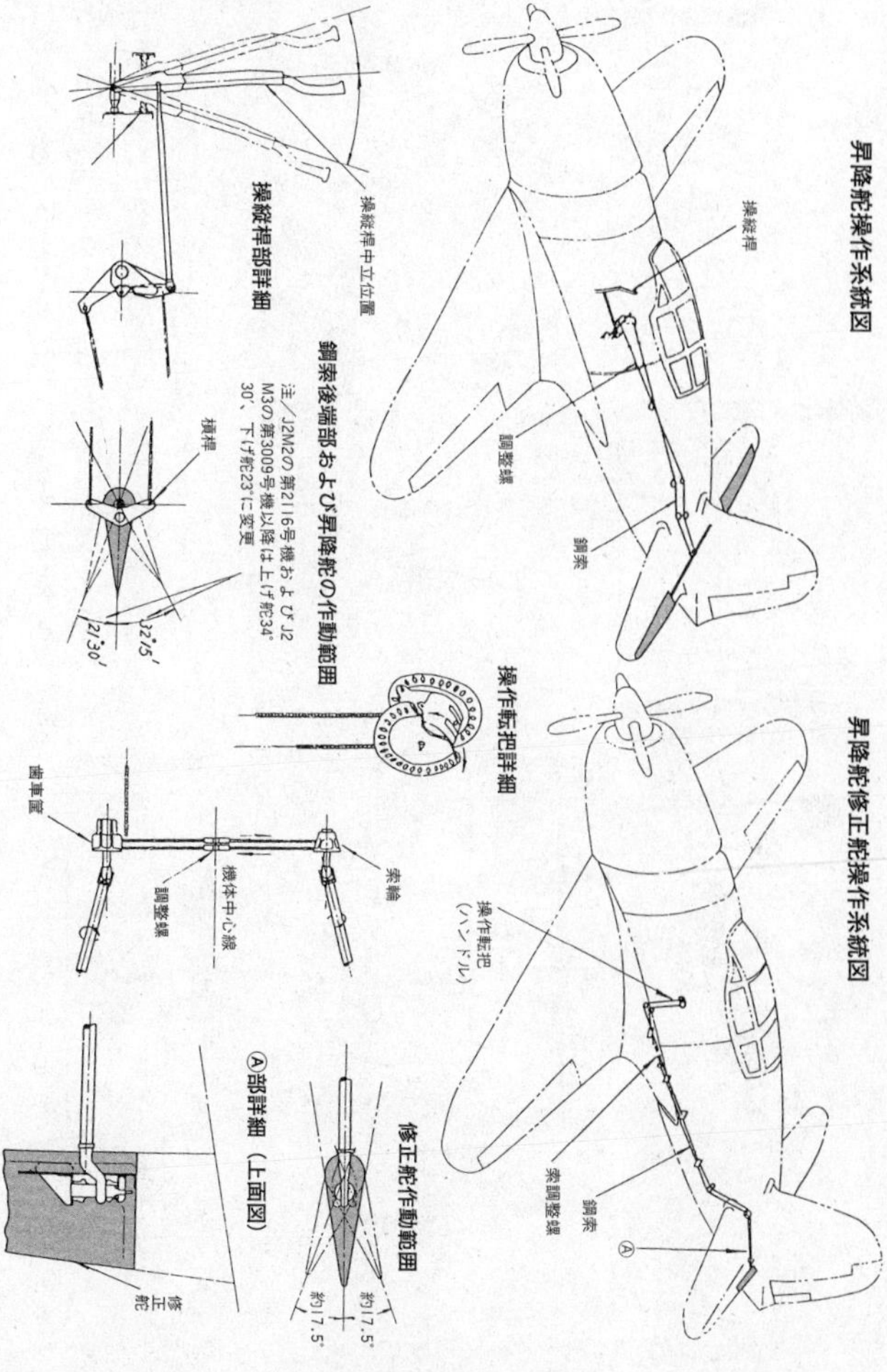
昇降舵操作系統図
操縦桿
調整螺
鋼索
昇降舵修正舵操作系統図
操作転把（ハンドル）
索調整螺
鋼索
Ⓐ
操縦桿中立位置
操縦桿部詳細
鋼索後端部および昇降舵の作動範囲
注／J2M2の第2116号機およびJ2M3の第3009号機以降は上げ舵34°30′、下げ舵23°に変更
槓桿
32°15′
21°30′
操作転把詳細
索輪
機体中心線
調整螺
歯車匣
Ⓐ部詳細（上面図）
修正舵作動範囲
約17.5°
約17.5°
修正舵

は旋回能力を向上させ、かつ失速を防ぐための『空戦フラップ』としても併用できるようにした点と、その作動エネルギーを、当時の日本戦闘機には珍しく、電動モーターに頼っ

補助翼操作系統図

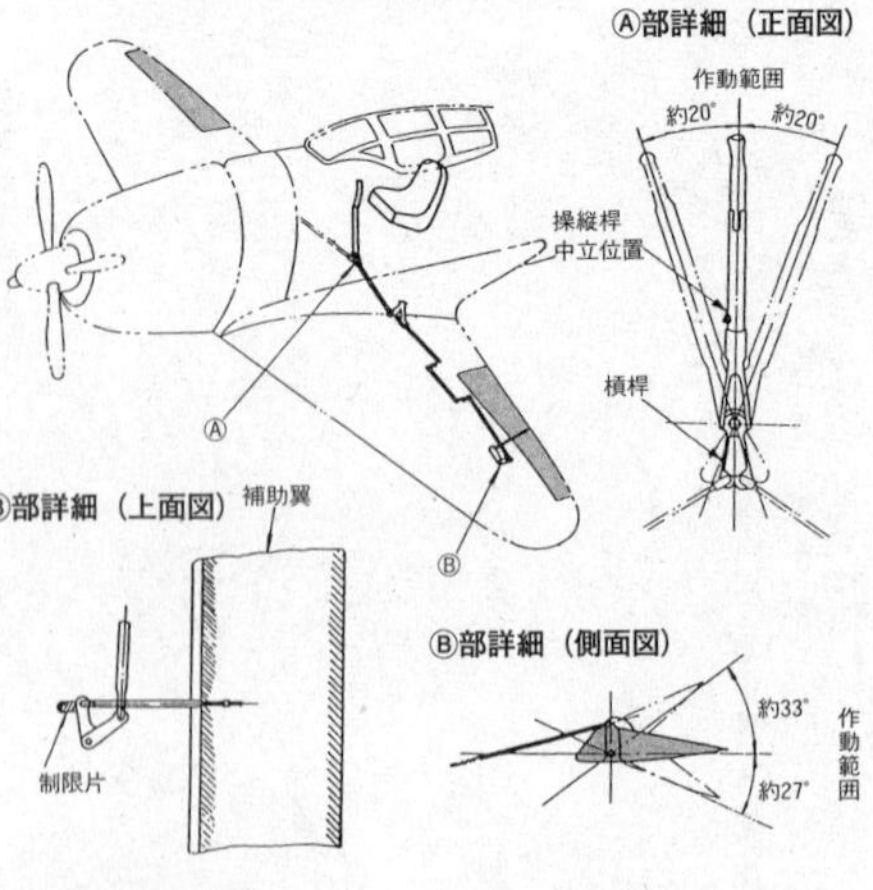

フラップ操作系統図
※J2M1第３号機以降

平面図

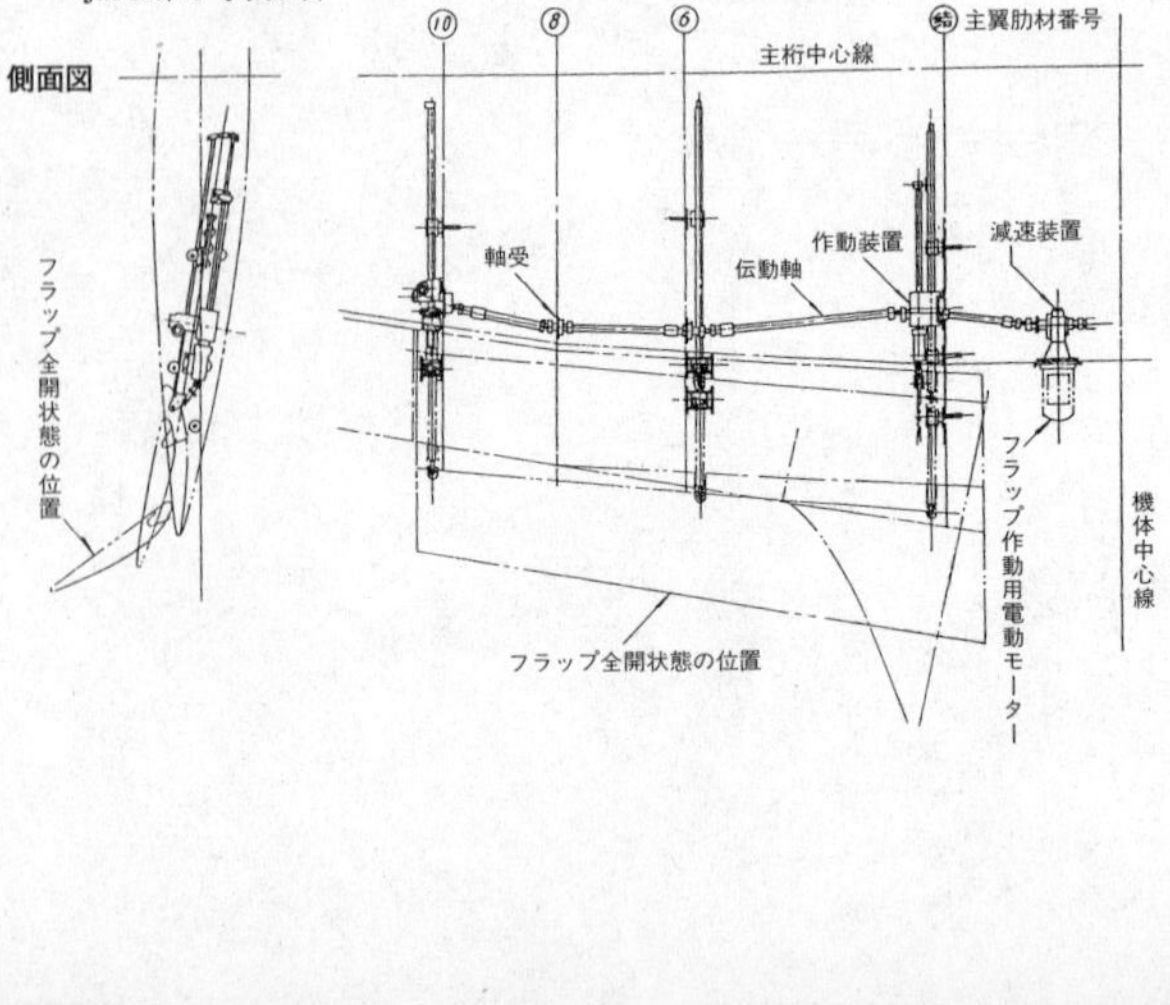

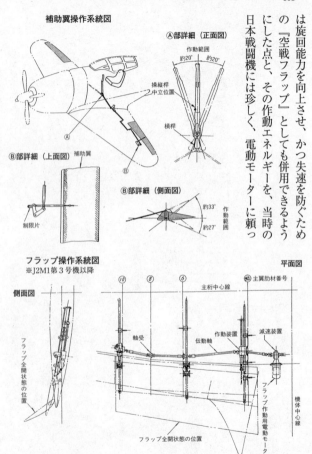

フラップ作動機構
※J2M1第３号機以降

注/1．矢印はフラップ開時の回転方向を示す
2．軸回転数はフラップ全開に要する回転数とする
3．フラップ出し入れに要する時間は、離着陸用として使用のとき、出し＝6.0 ～ 7.0秒、入れ＝6.0 ～ 6.5秒
4．空戦フラップとして使用のとき、出し＝2.0 ～ 3.0秒、入れ＝1.8 ～ 2.5秒

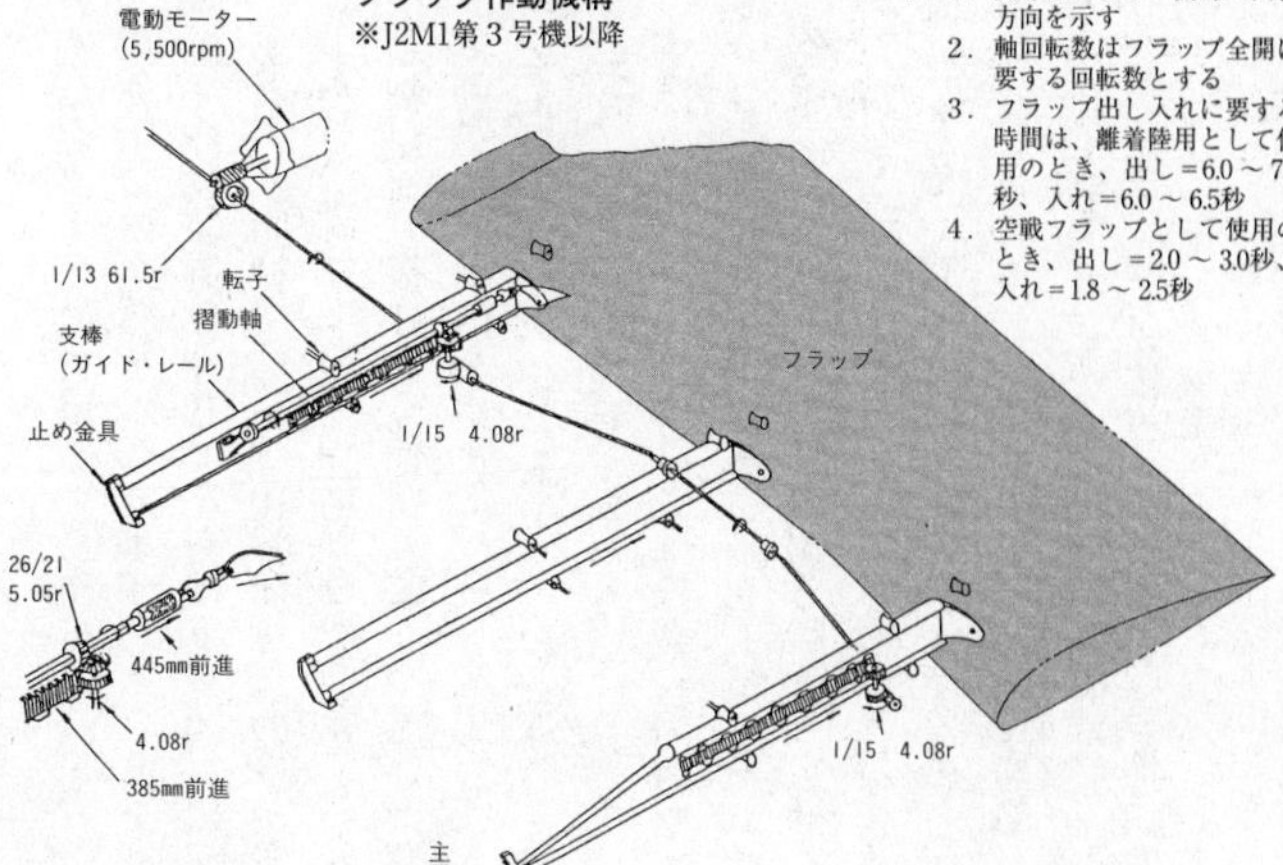

フラップ作動要領

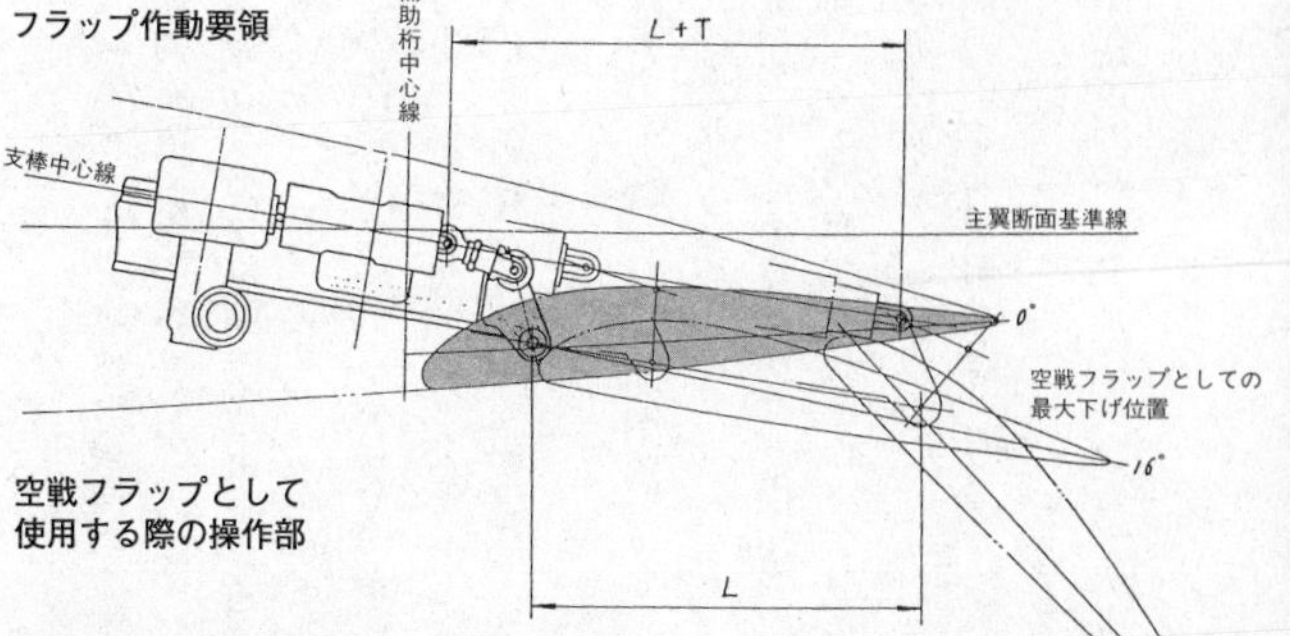

空戦フラップとして使用する際の操作部

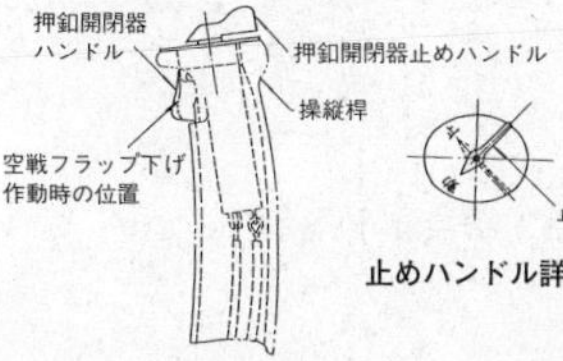

止めハンドル詳細（上面図）

た点が目新しかった。

操作系統の全体を示したのがP.108下図で、電動モーターは操縦室の床下にあり、減速装置、作動装置を介して左右のフラップに伝動軸（回転を伝える）がのびている。

主翼の結肋材、第6、10番肋材部の三ヵ所に、フラップをスライドさせる支棒（ガイド・レール）が設けてあり、伝動軸が回転すると歯車を介して、フラップに固定された支棒内の摺動軸が前、後に動く仕組みになっていた。この作動部を詳しく示したのがP.109上図。

電動モーターは9ボルト、0・8馬力、5500回転/毎分の能力を有し、減速装置がこれを1／195にシフト・ダウンさせ、モーターが約800回転すると、フラップは全開（約50度）するようにしてあった。

電源開閉器（スイッチ）は操縦室内右側の配電盤上に、操作開閉器（スイッチ）、およびフラップ角度表示計は主計器板右側にそれぞれ配置してある。

空戦フラップとして使用する際は、主計器板右下方にあるフラップ操作開閉器を〝上げ〟の位置にし、P.109下図に示した操縦桿頂部にある押釦開閉器止めハンドルを〝動〟の位置にした後、同前方にある押釦開閉器のハンドルを握れば、フラップは下げの作動に入り、0度〜16度の範囲内の角度にセットできる。同ハンドルを離せば、フラップは上げの作動に移り、自動的に元に復する。

空戦フラップを使用しないときは、押釦開閉器止めハンドルはかならず〝止〟の位置にしておく。

J2M2 射撃兵装図

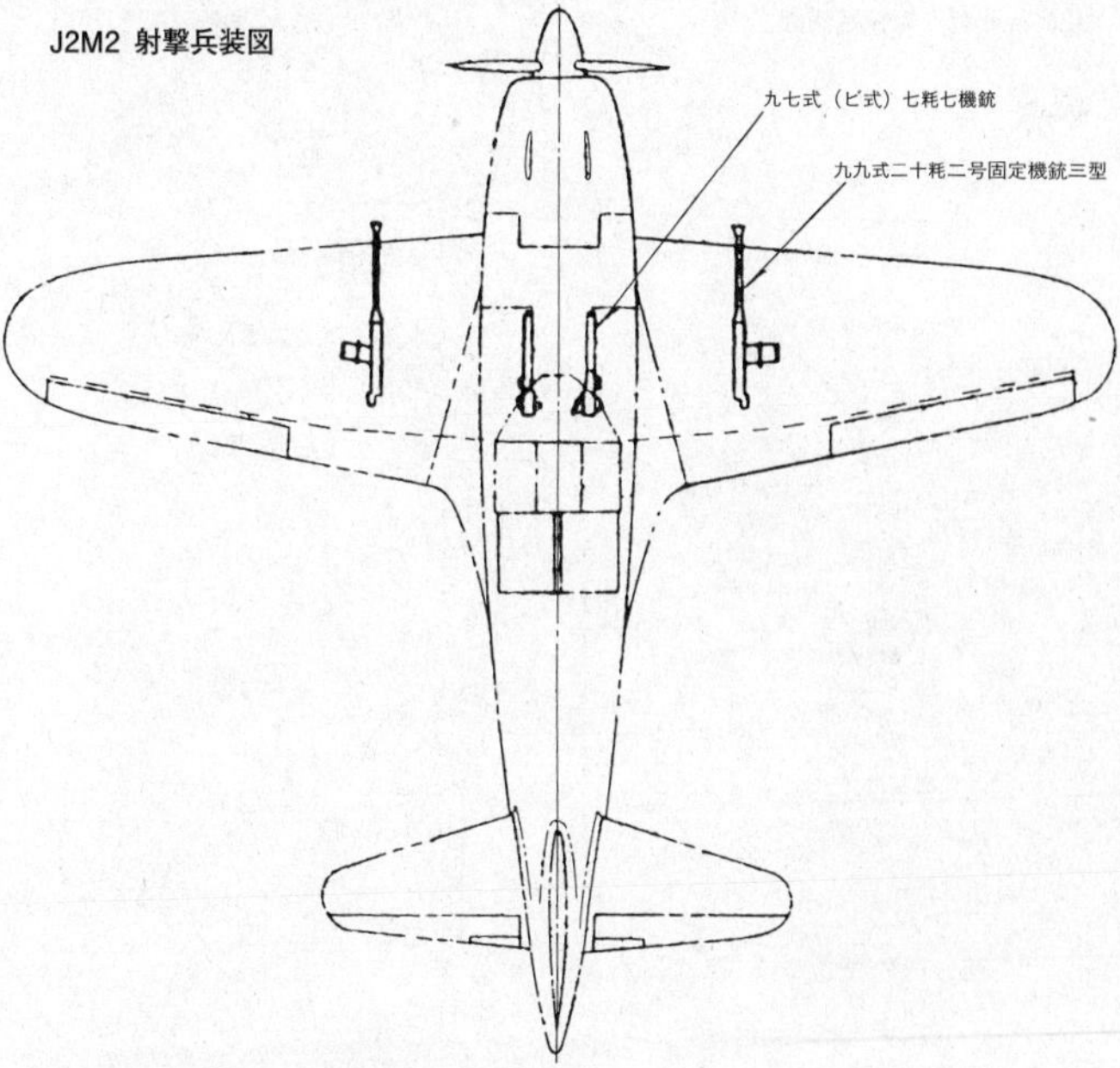

なお、降着装置と同様、フラップ使用中に電動モーターが過熱し、焼損の恐れがあるときは、操縦室内座席右後方の警報ブザーが鳴るようにしてあり、搭乗員に注意をうながす。

射撃／爆撃兵装

雷電の射撃兵装は、Ｊ２Ｍ１、Ｊ２Ｍ２が、零戦と同じく機首上部に七粍七機銃×２、両主翼に二十粍機銃×２、Ｊ２Ｍ３以降が両主翼に二十粍機銃×４であった。

射撃兵装全体のシステムは、零戦をはじめ他の海軍戦闘機と、とくに変わった点はない。

J2M2 七粍七機銃装備図

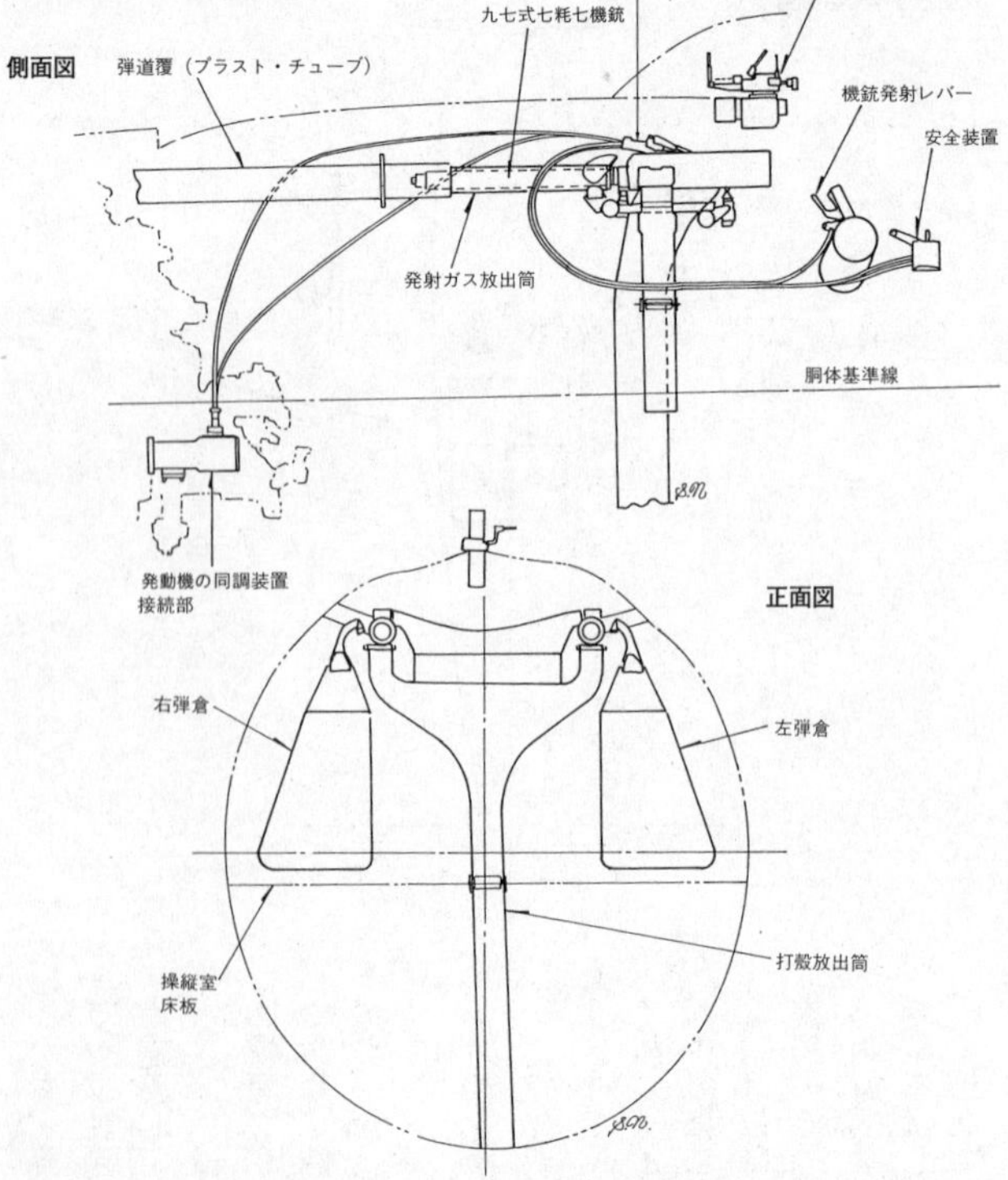

J2M2の機首上部の七粍七機銃装備要領は、上図のようになっている。機銃自体は、零戦も装備した九七式(旧名称は毘《び》式)七粍七固定機銃三型改一で、左右機銃の外側にそれぞれ550発入り弾倉を配し、その間に打殻放出筒を設けてある。もちろん、プロペラ回転圏内から発射

されるので、零戦と同様プロペラに当たらぬよう、発動機に接続する同調装置を有する。

機銃発射レバーは、零戦と同様、操縦室内左側のスロットル・レバーに併設してあり、搭乗員は左手でこれを握りながら操作した。頂部のレバーを切り換えることにより、七粍七単独発射、七粍七と二十粍の同時発射いずれかを選択できた。

安全装置はこの発射レバーの後方にあり、レバーを前に倒せばスイッチは〝切〟、後方に倒せば〝入〟となる。

J2M2 七粍七、二十粍機銃同調発射装置

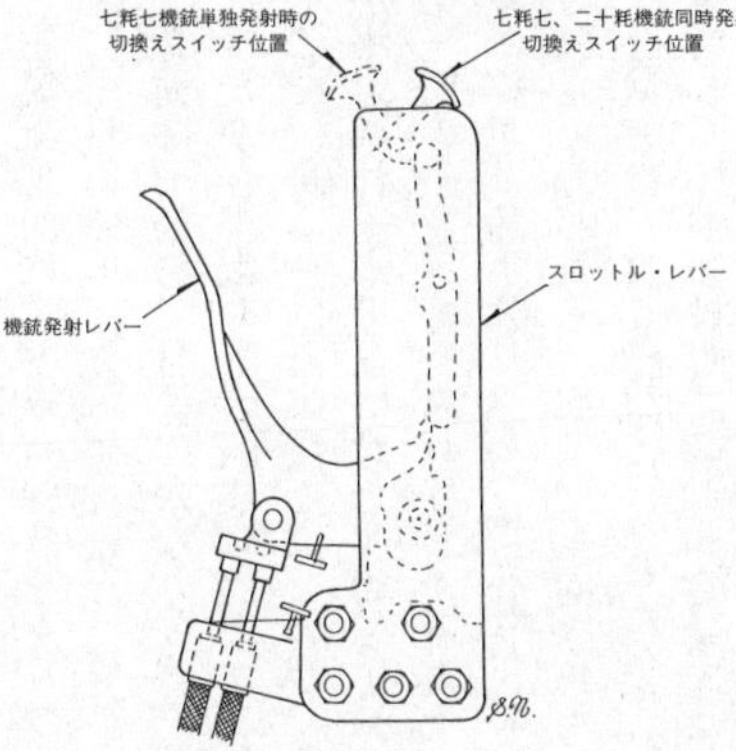

なお、J2M2の途中から二十粍機銃が水平線に対し3°30'〜4°30'の上向角をつけて装備されたのにともない、七粍七機銃もこれに合わせた。そのためカウリングの発射口が、ちょうどカウルフラップの上方まで後退した。また、上向き角をつけたことと関連するわけではないが、前部風防下方に七粍七機銃の発射ガス抜き孔が設けられたことも目立つ。
主翼の二十粍機銃装備要領はP.116図に示す。機銃は、零戦二二甲型、および五二型が装備したのと同じ100発入ドラム弾倉を用い、圧搾空気装填方式を採った九九式二十粍二号固定機銃三型

で、主翼上下面に、ドラム弾倉をクリアするための涙滴状バルジが張り出していた。後に、昭和19年に入ってB-29に対する攻撃要領は、直上方攻撃がベストという結論に至り、背面降下姿勢で目標のかなり前方を照準する、いわゆる見越し射撃が必要とされるようになったが、雷電の太い胴体に起因する前下方視界の悪さがこれを邪魔した。

そこで、褒められた方法ではないが、機銃の取付角を上向きにして修正角を少なくすることが決定され、水平線に対し3°30'〜4°30'の角度をつけて装備するようにした。

第一節の生産実績をみればわかるように、前記措置が採られたころにはすでにＪ２Ｍ２の生産は終了（19年2月）しつつあり、おそらくそのほとんどが改修をうけて上向き角付きに直されたと思われる。図は、上向き角なしの状態を示す。

Ｊ２Ｍ3は、B-29相手にほとんど実効果のない機首上部七粍七機銃を廃止し、代わりに主翼第8〜10番肋材間にベルト給弾式九九式二十粍一号固定機銃四型を装備した。そして内側の二十粍機銃も、ベルト給弾式の九九式二号固定機銃四型に更新され、携行弾数はＪ２Ｍ2に比べて一気に4倍の８００発（一号銃が各２１０発、二号銃が各１９０発）に増した。ベルト給弾式化にともない、Ｊ２Ｍ２の主翼上下面にあった、ドラム弾倉をクリアするためのバルジは無くなり、代わって、主翼上面の銃着脱／点検用、および弾倉パネルが変更、かつ大型化された。

二十粍機銃装備付近の主翼下面を詳しく示したのがP.１１７下図で、各銃取付支基覆、装弾子、打殻放出孔、それに後述する小型爆弾架などがあって、けっこう複雑なディテールを呈する。

零戦もそうだが、各銃の打殻、装弾子放出孔内部には、ホコリなどの侵入を防ぐために防塵覆が設けてあり、操縦室内左側の機銃発射スイッチを〝切〟にしておけば〝閉〟、〝入〟にすれば〝開〟位置になるようにしてあった。本土の飛行場といえど草地、非舗装の滑走路があたりまえだった、当時の機体ならではの工夫である。

一号四型、二号四型機銃ともに、当初は油圧装填式を採り、それ専用の油槽を備えていた。この油槽をふくめた射撃兵装全体のシステムをP.118上図に示す。しかし、油圧装填式は不具合があったためか、J2M3の第35号機（製造番号3035）までで廃止され、36号機（同3036）以降は手動装填式に改められた。

なお、正規の射撃兵装ではないが、厚木基地の三〇二空では、一部のJ2M3に夜戦に準じた斜銃を装備したが、実際の効果なしと判定され、ほどなく取り外されてしまった。装備要領は、操縦室の左後方から、同横の外鈑を貫いて銃身が突き出るよう、外側に30度の角度をつけて取り付けた。使用銃は、ドラム弾倉式の九九式二号三型と思われる。

敗戦直前に三〇二空、三三二空に配備された、J2M5三三型の一部が装備した新型五式三十粍機銃は、外国製品のライセンス化、もしくはコピーに終始した日本陸海軍航空機銃のなかにあって、唯一、独自設計により採用にこぎつけた機銃でもある。

昭和17年5月、十七試三十粍固定機銃一型の試作名称で開発に着手され、非常な苦労の末、3年後の20年5月にようやく制式兵器採用された。

J2M2 九九式二十粍二号固定機銃三型装備図

側面図

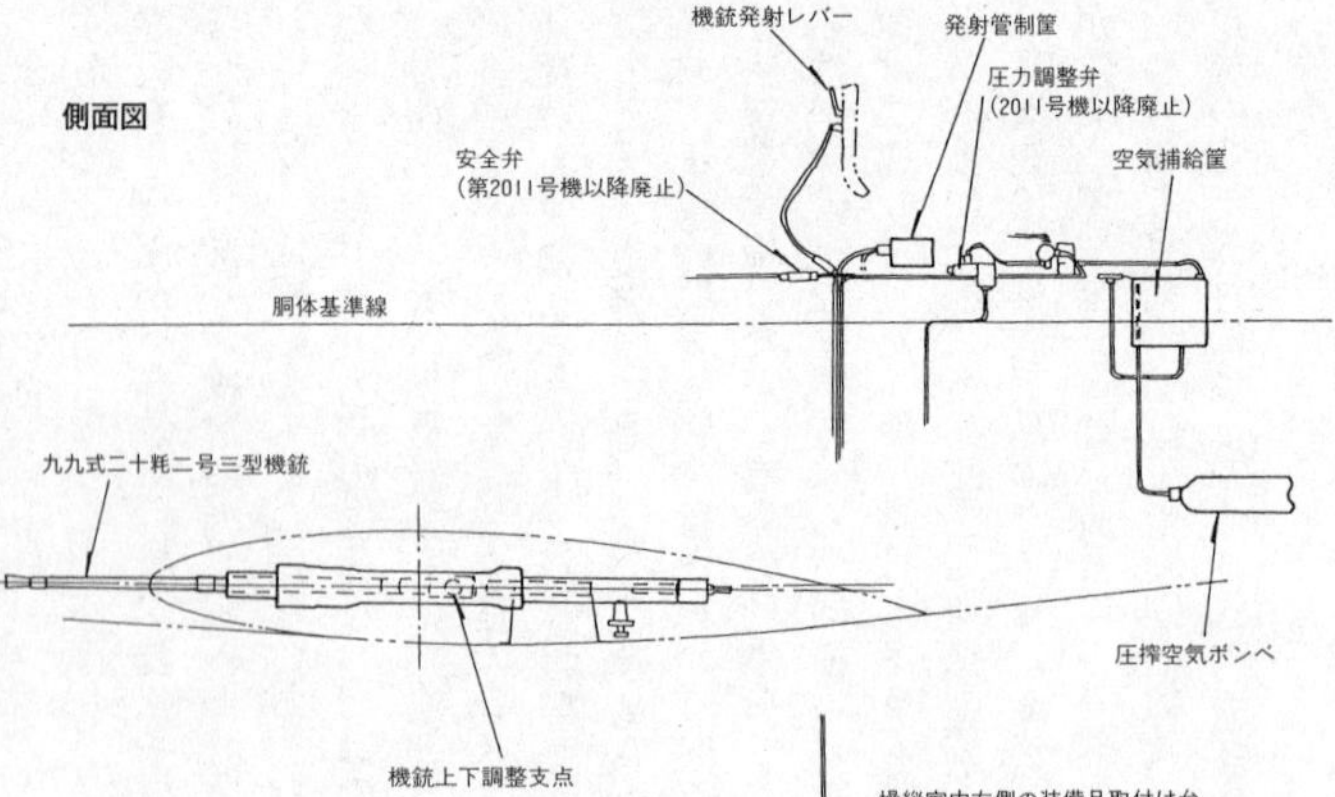

平面図
※左主翼を上面より見る

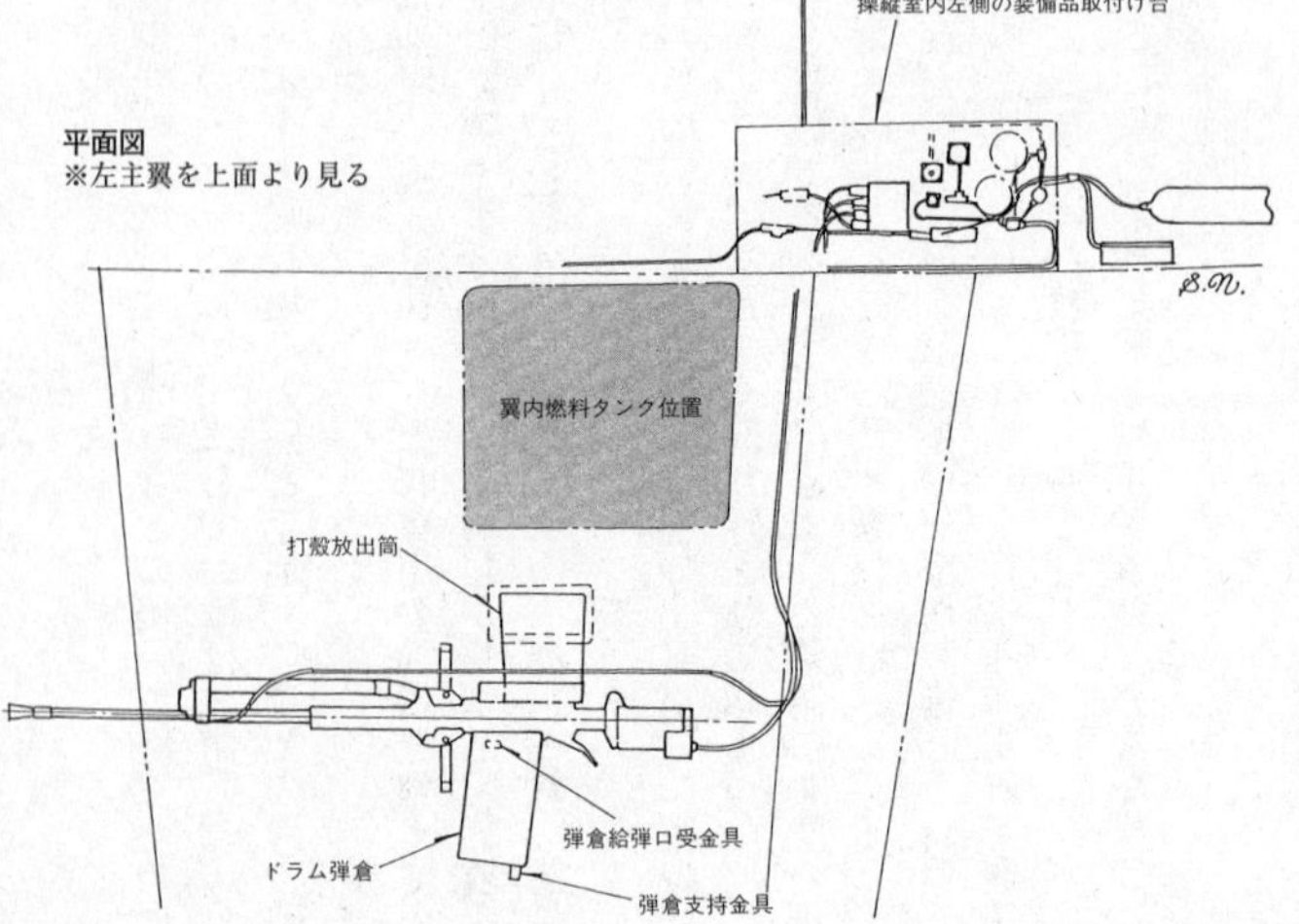

J2M3 射撃兵装
※左翼を上面より見る

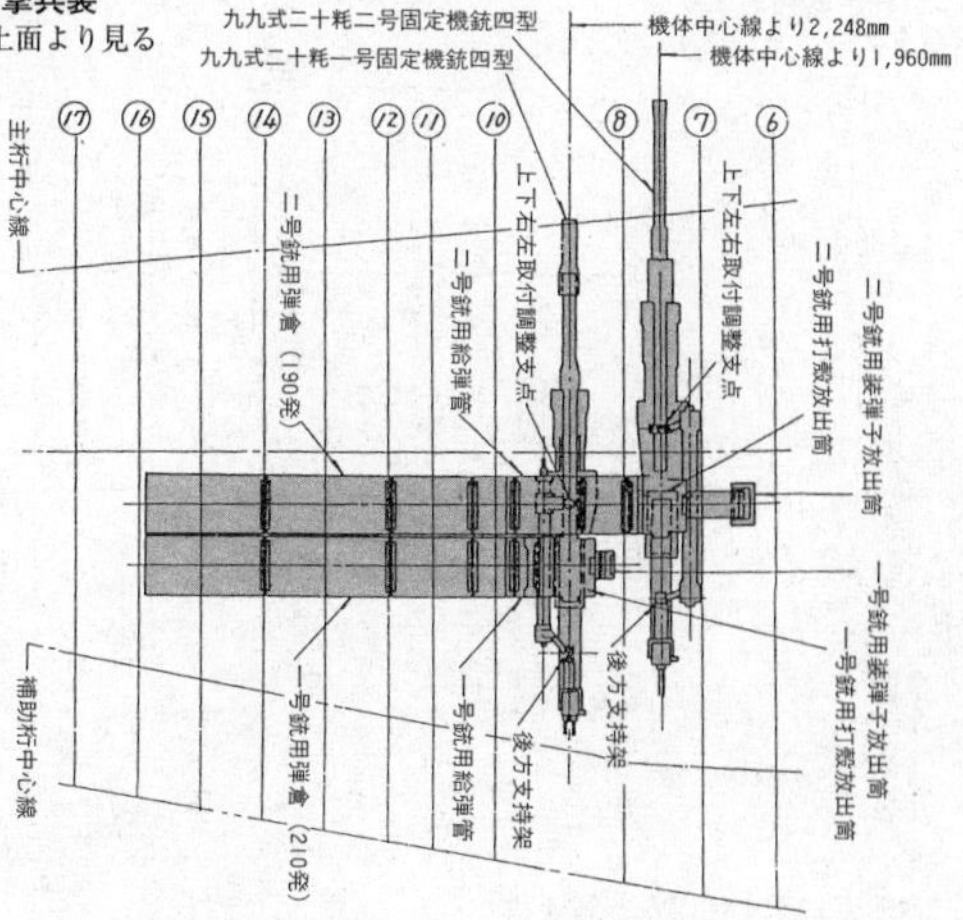

J2M3 主翼下面射撃兵装部詳細図
※左主翼を示す

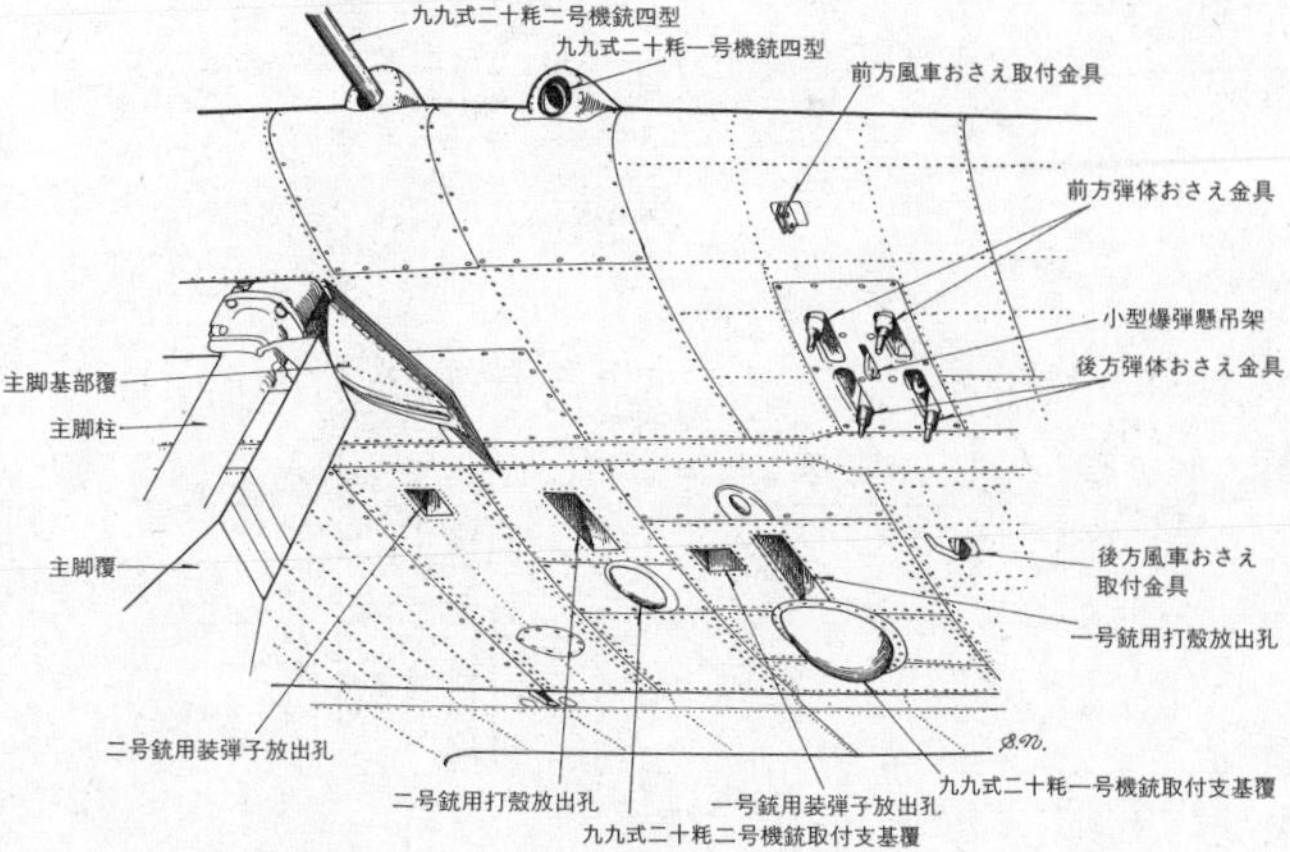

J2M3 二十粍機銃発射系統図

※油圧装填を示す。（官）は官給品の意。

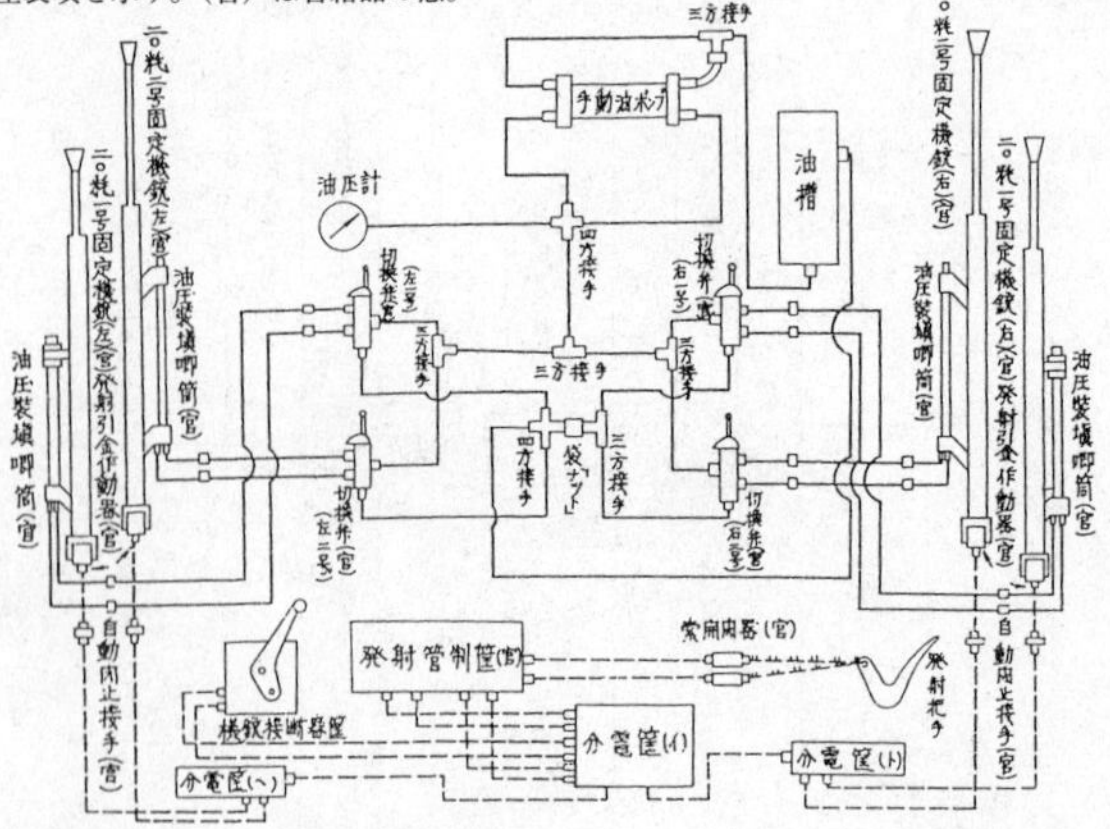

J2M3/J2M5 五式三十粍機銃装備要領

※左主翼を示す

側面図

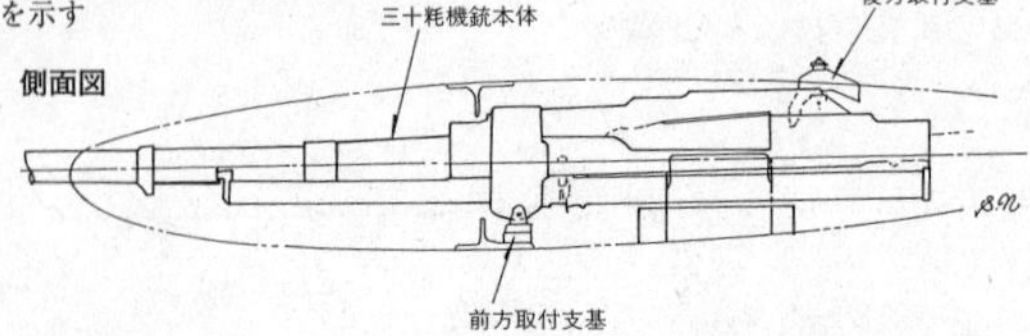

平面図

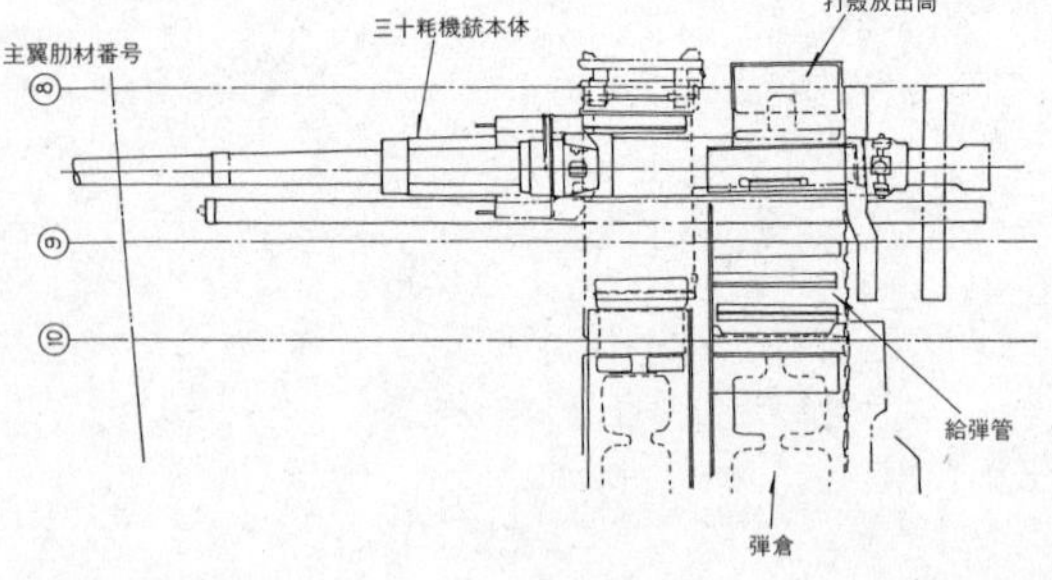

九九式二十粍二号四型に比較してかなり大きく、全長２２１８㎜、重量80kg、弾丸重量３５０g、炸薬量37gで、初速７５０m／秒、発射速度３５０発／分という性能だった。装填操作はガス圧式。

発射速度がやや低く、給弾機構に無理があるなどの問題はあったが、破壊力は大きく、B-29相手にはかなり威力を発揮すると期待された。

しかし、機銃だけは敗戦までに２０００挺生産されてはいたが、装備機体の生産が、B-29の空襲によりほとんどマヒしてしまった状況下では思うにまかせず、雷電をふくめてごく一部に搭載されただけで、実戦において本格使用されるまでには至らなかった。

本銃に関する詳しい資料はほとんどないが、雷電への装備図が幸いにして現存するので、P.１１８下図に示しておく。銃身を太い筒で覆っているのが特徴。

四式射爆照準器

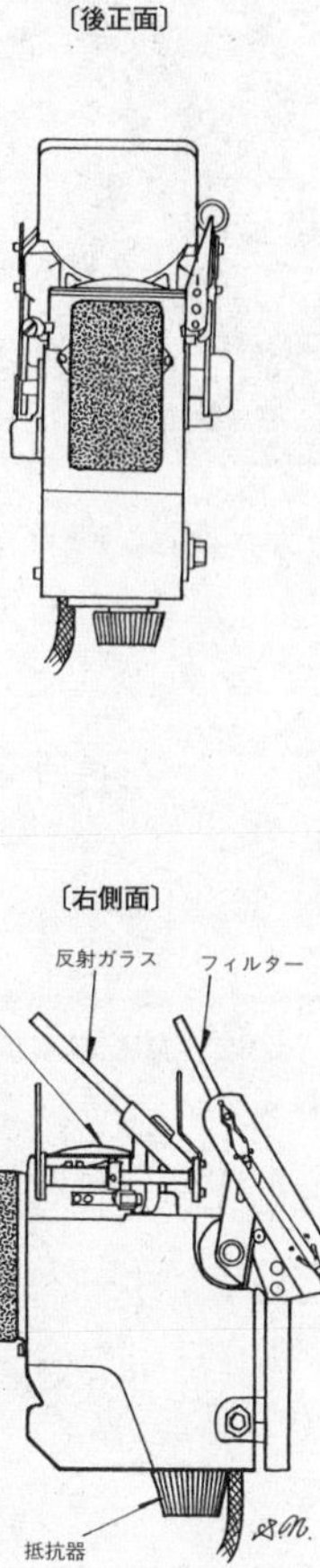

◀三〇二空の一部のJ2M3に取り付けられた、斜銃用の小型照準器（前部風防上方フレーム内側）。写真の機は、防弾ガラスを取り外している。

写真銃(ガン・カメラ)装備図

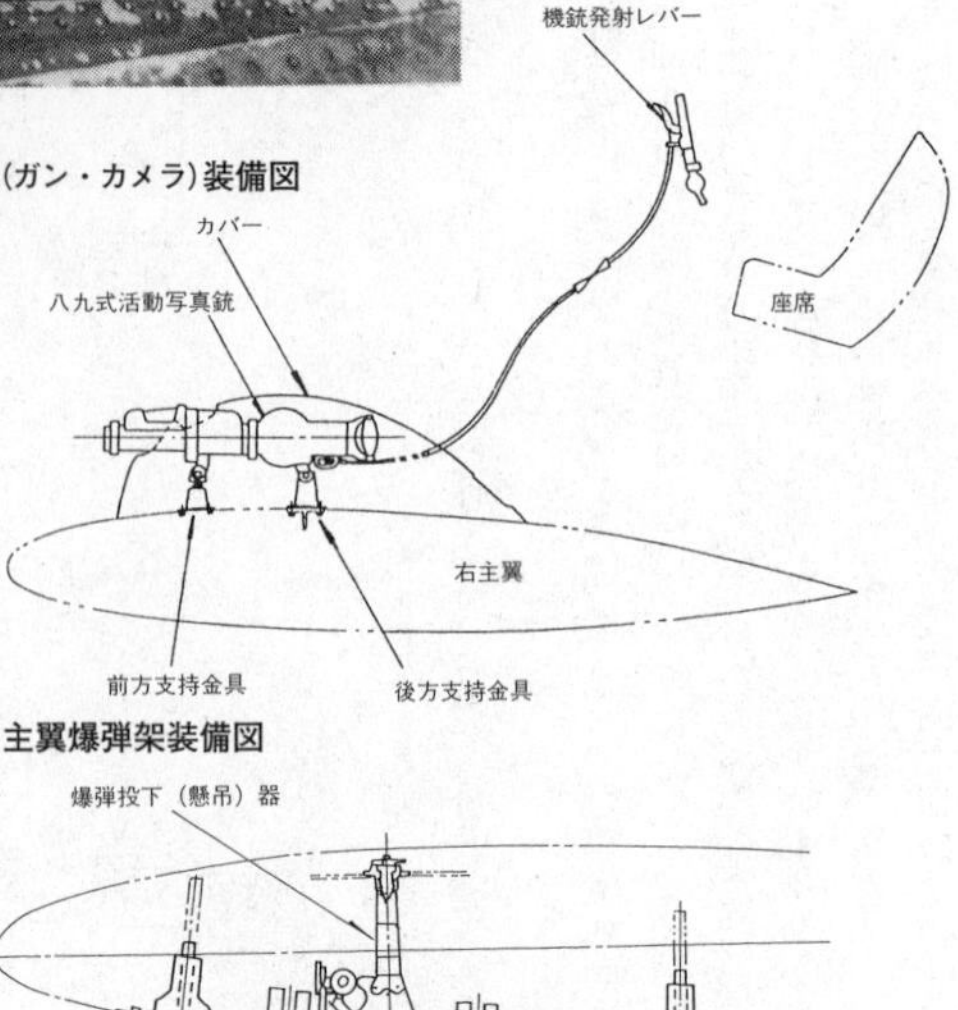

J2M2 主翼爆弾架装備図

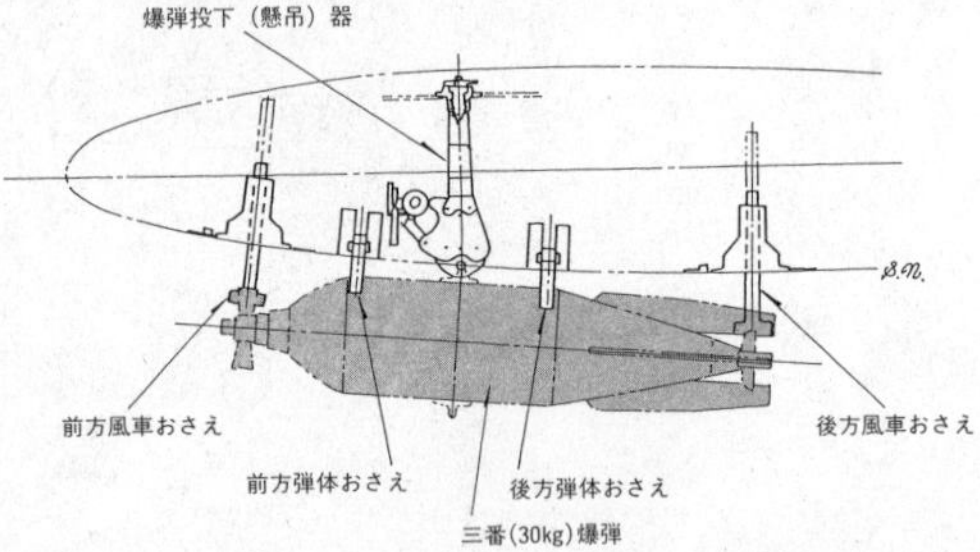

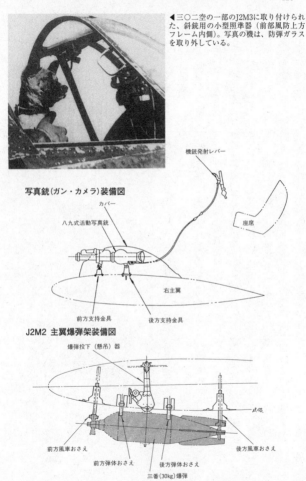

J2M3 爆弾投下(懸吊)装置系統図

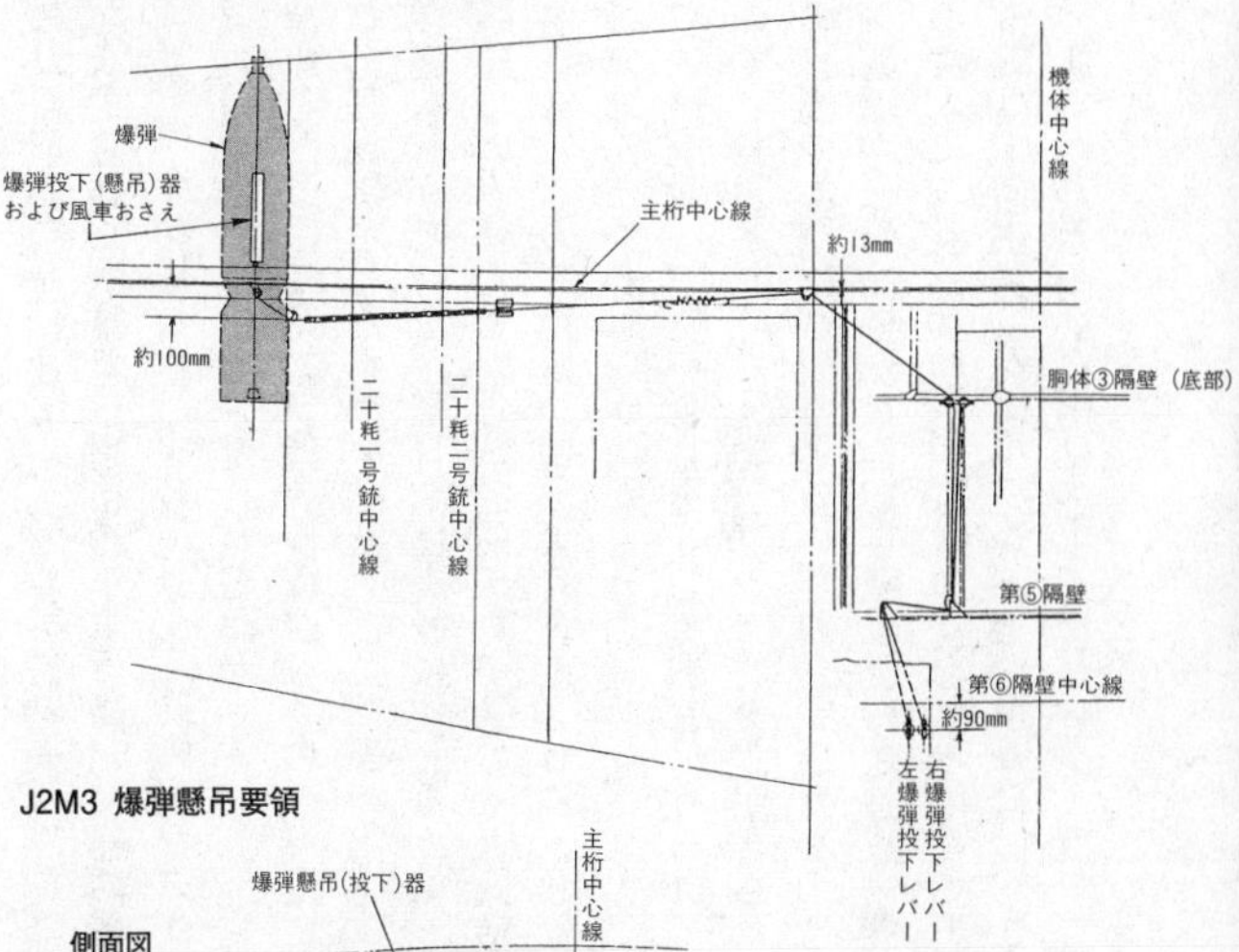

J2M3 爆弾懸吊要領

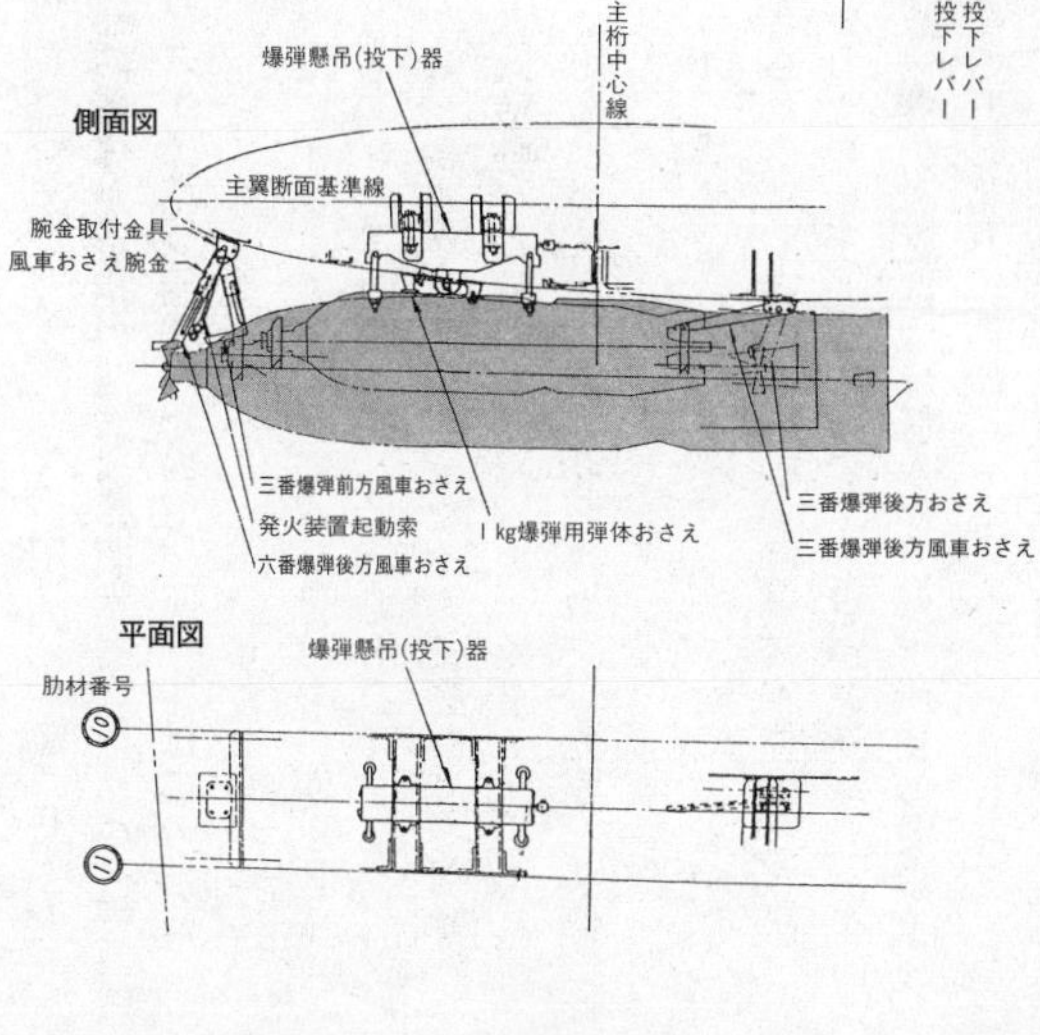

これら射撃兵装に組み合わされた照準器は、零戦と同じくドイツのRevi C3をコピーした九八式射爆照準器で、昭和19年末以降、一部の機体が新型の四式射爆照準器（Revi C/12Dのコピー）を装備した。J2M3から防弾ガラスが標準装備されたので、照準器はこの前に位置し、操作に不便をきたしたと思われる。

前述した三〇二空の斜銃装備機が、その照準用にオプションとして取り付けたのが、P.120上写真に示した小型照準器。前部防風の上方フレーム内側に取り付けてある。

零戦もそうだったが、日本は実戦に使えるガン・カメラを開発できないまま終わり、射撃訓練時にのみ使える、骨董品的シロモノの八九式活動写真銃があるだけだった。

雷電も、この写真銃を使うようP.120に示したように取・説に指示されていたが、実際にはほとんど使われなかったようだ。

右主翼上面に、支持金具を介して取り付けられ、機銃発射レバーとボーデン索でつながれていて、発射と同時に連動してシャッターがきられる。零戦の場合は、写真銃本体はむき出しのままであったが、雷電はいちおう整形カバーを被せるようにしていた点が進歩（?）か。

雷電は、その性格からして零戦以上に爆弾懸吊能力の必要性は低かったが、最初の要求項目のなかに三番（30kg）爆弾2個の懸吊能力が盛り込まれてあった。

零戦は、両主翼下面に小型爆弾架を取り付け、ここに懸吊する方法を採っていたが、雷電は、あらかじめ両主翼内に各1基ずつ懸吊（投下）器を埋め込み式に取り付けていたことが、一日の長だった。

Ｊ２Ｍ３からは、懸吊（投下）器がやや強固なものに変更され、懸吊能力も六番（60kg）まで向上した。

各爆弾の懸吊要領はＰ.１２０、１２１図に示したとおりで、前後の風車おさえ金具は、爆弾の種類によりそれぞれ異なったタイプを取り付けた。

実際に雷電が使用した爆弾は、対大型機用の空対空爆弾、三番三号が唯一だったと思われるが、取・説に記載されている、懸吊可能なタイプはけっこう多い。

投下の操作は、操縦室内左側の装備品台に備えられた、左右２つの投下レバーをひくことにより行なった。

諸装置

●無線電話機装備

雷電の無線機ユニットは、零戦と同じくＪ２Ｍ２の初期までが九六式空一号、それ以降は三式空一号を搭載した。空《そら》一号という共通名称は、小型単座機用を示している。

九六式では送受話器がそれぞれ別々に設置されており、送話口は酸素マスクに組み入れてあった。三式になって、送受話器は小型のボックス１個にまとめられ、送話口が咽喉マイクロホンに更新された。

三式の各ユニット配置を示したのがＰ.１２５図。送受話器は、操縦室内後方の台上に備え付けられ、管制器は同室内右側にあり、搭乗員は右手でこれを操作した。

装置はともかくとして、日本の航空無線機、とくに小型単座機用のそれは、感度がきわめて悪いのが定評（？）で、九六式空一号は実際にはほとんど役に立たず、無用の長物だった。

零戦も、ソロモン戦域の基地航空隊所属機の多くが、無線機を取り外してしまっていたくらいだから、その役立たずぶりは察せられる。

この感度不良の原因は、真空管の不良とアースの不完全さに起因していたのだが、三式空一号になって、真空管の出来は改良されたものの、アースの不完全さは直らなかった。

三〇二空隊員の回想では、昭和20年2月以降、日本本土に来襲するようになった米海軍艦上機が撃墜され、

▲三〇二空のJ2M3に搭載された三式空一号無線機。右の大きな箱が送受話器、その左が操縦室右側に付く操作ボックス（管制器）、いちばん左側は副管制器と思われる。左手前の丸いものは受聴器（イヤホーン）。送受話器と管制器をつなぐ電線も、現代の目からするとおそろしいくらいに太くゴツい。これら各ユニット全体で31kgの重量があった。しかし、悲しいことに、昭和20年春ごろまで、これら無線機はアース不適切により、ほとんど用をなさなかったのである。

J2M3 無線電話機装備要領
※三式空一号無線電話機

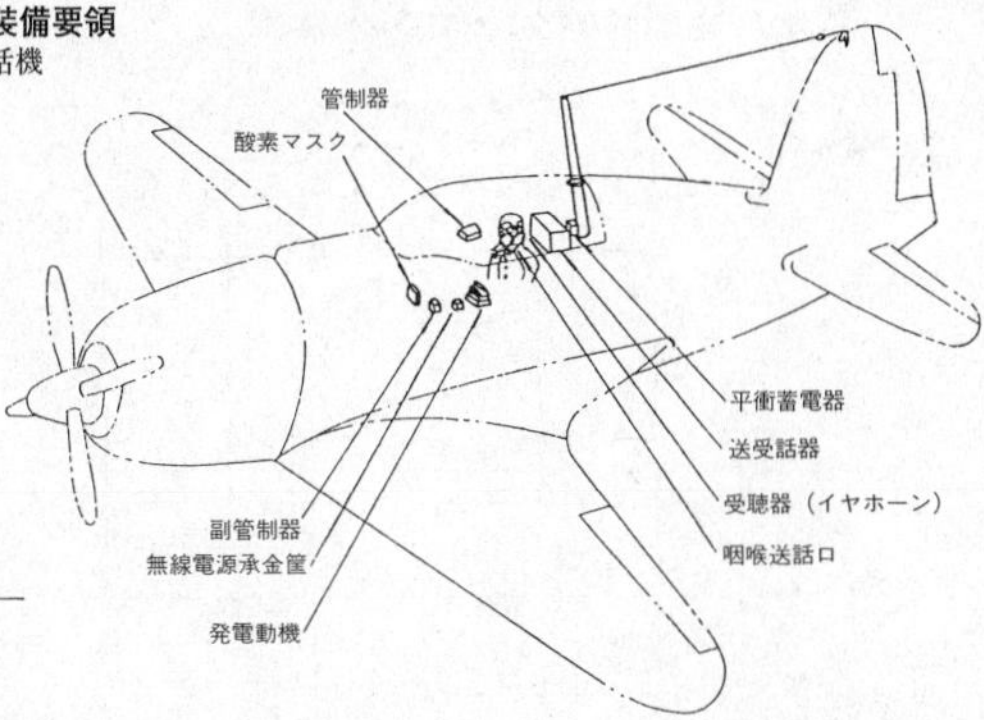

無線電話機系統図

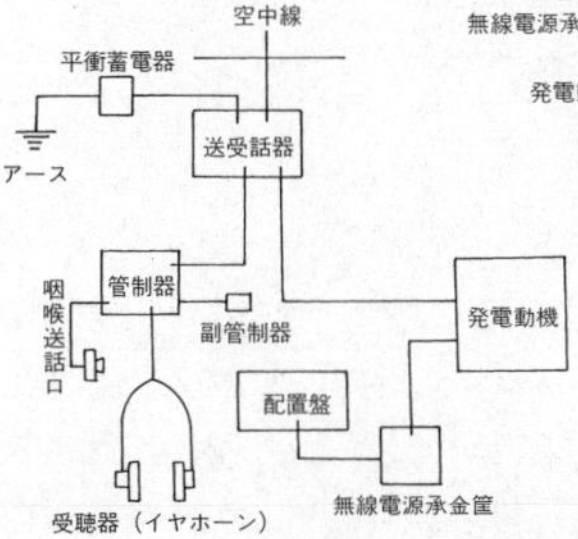

その機体を詳しく検分した結果、アースの適切な処置がわかり、ただちにその通りに改修してようやく用をなすようになったと記している。

ということは、太平洋戦争の大詰めに至るまで、日本海軍戦闘機の無線機はほとんど用をなさなかったことになり、まことに情けない話ではある。

●消火装置

被弾して発火したときに備え、雷電はJ2M3の第35号機まで、発動機後方の円環状の管から炭酸ガスを噴出する消火装置を有していた。

しかし零戦の戦訓により、火災の可能性は発動機よりも、むしろ無防備の燃料タンクのほうが大であり、

J2M3 主翼内燃料タンク自動消火装置

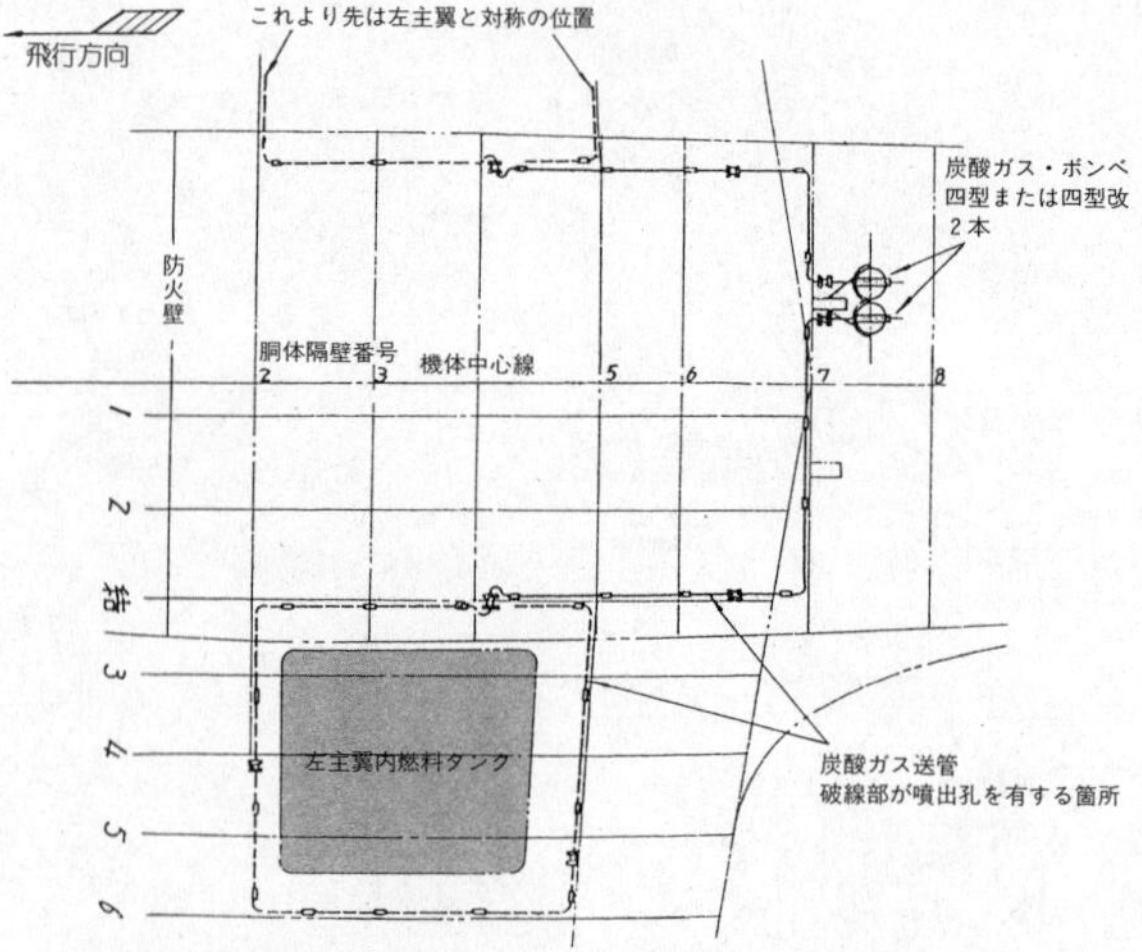

酸素供給装置

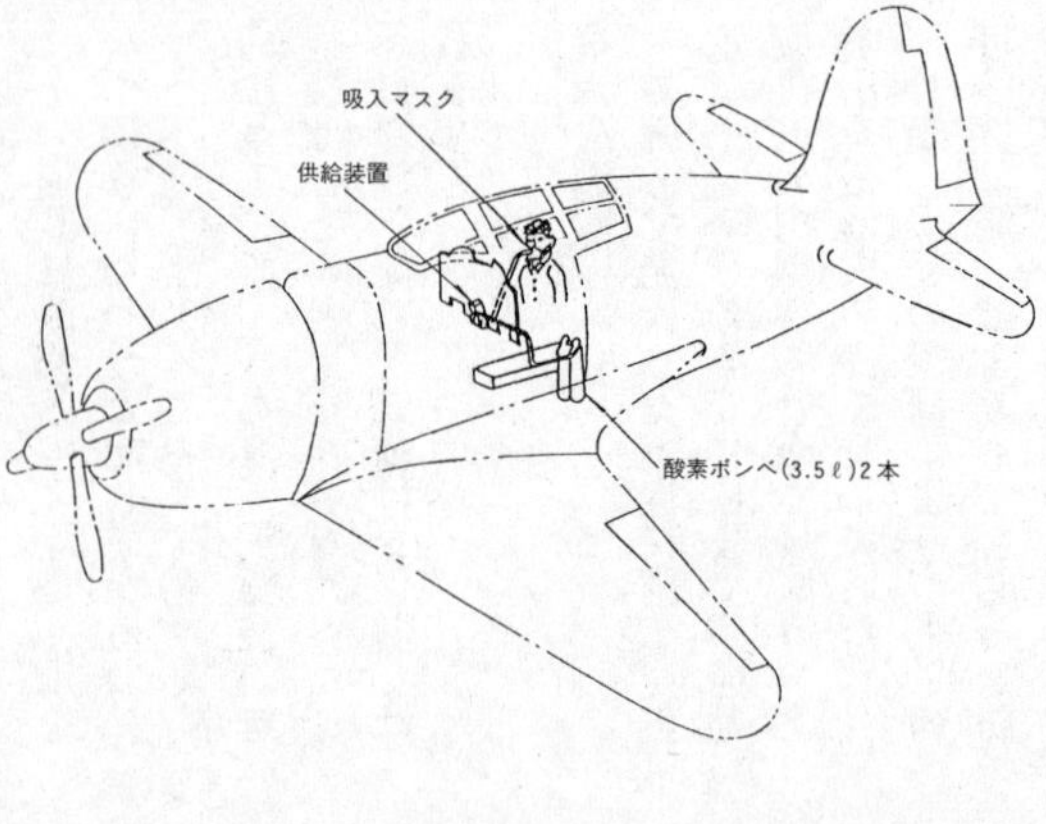

操縦室内換気/冷房装置

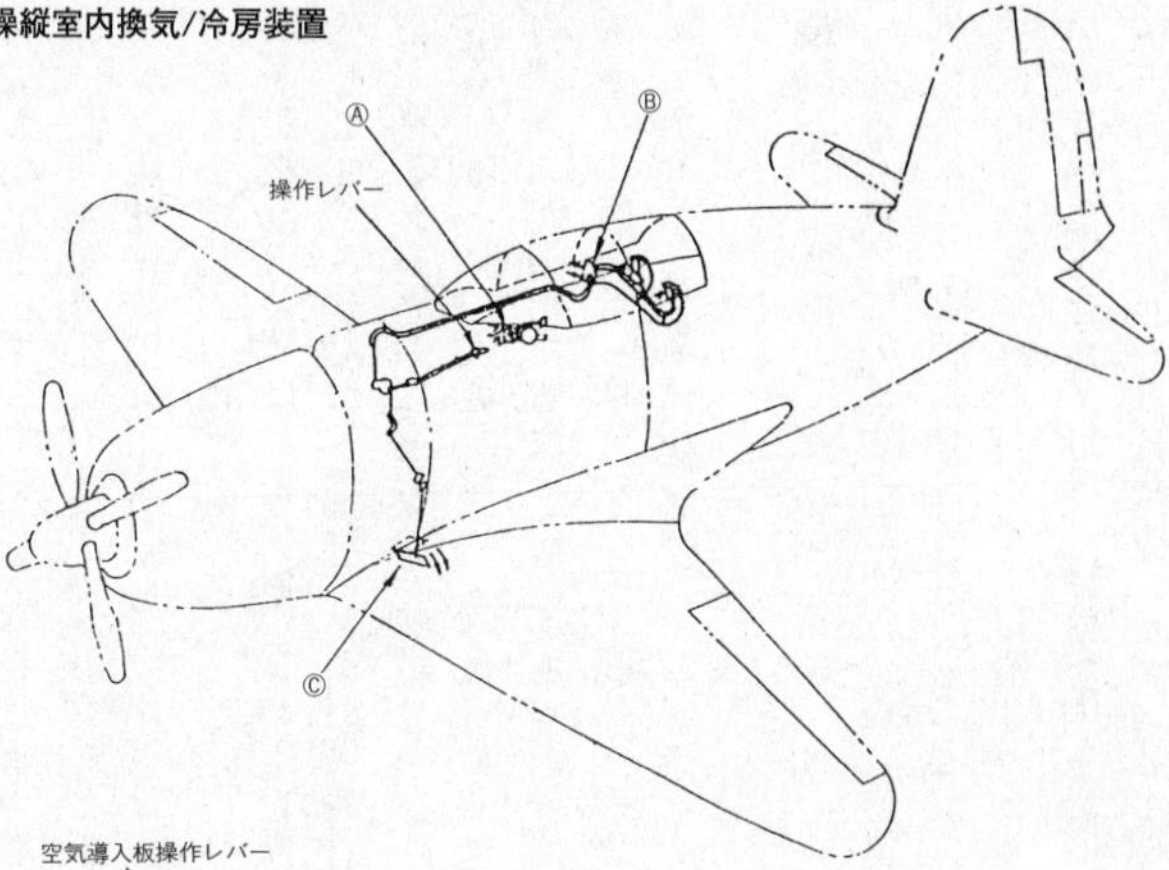

Ⓐ部詳細 後方よりみる

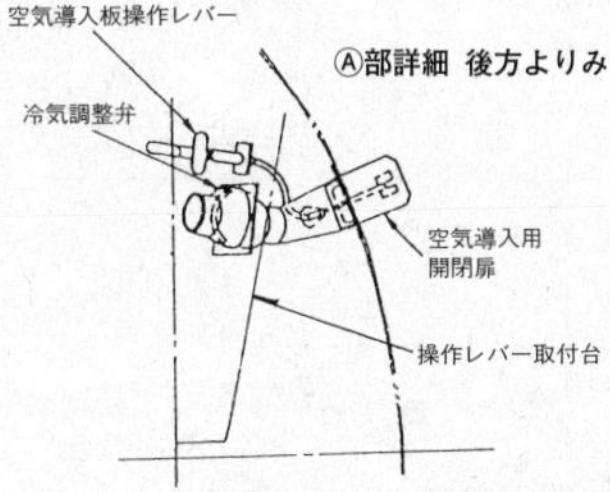

操作レバー詳細

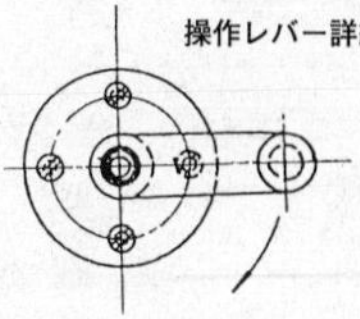

Ⓑ部詳細 後方よりみる

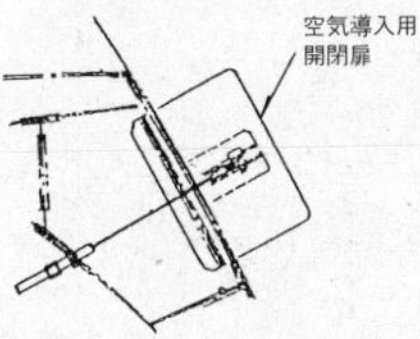

Ⓒ部詳細（換気排出窓）

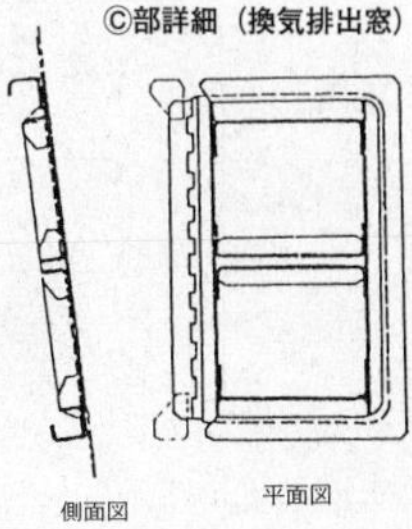

J2M3の第54号機以降は発動機まわりの消火装置を廃止し、代わりに両主翼内燃料タンク周囲に、消火用炭酸ガス噴出管を張りめぐらすように改めた。

発動機消火装置は、搭乗員がレバーを操作して作動させたが、燃料タンク消火装置は、タンクの周囲に電気式の熱電発信器が取り付けられ、火災が発生すると自動的に炭酸ガスが噴出するようにしてあった。炭酸ガスの噴出量も増えたため、胴体内のガス・ボンベも2本になった。

●酸素供給装置

高々度飛行に欠かすことのできない酸素供給装置は、零戦に装備されたものとシステム的にはまったく同じで、容積3・5ℓのボンベ2本を備え付け、操縦室内主計器板下方に配置した供給装置（レギュレータ

配電盤詳細図

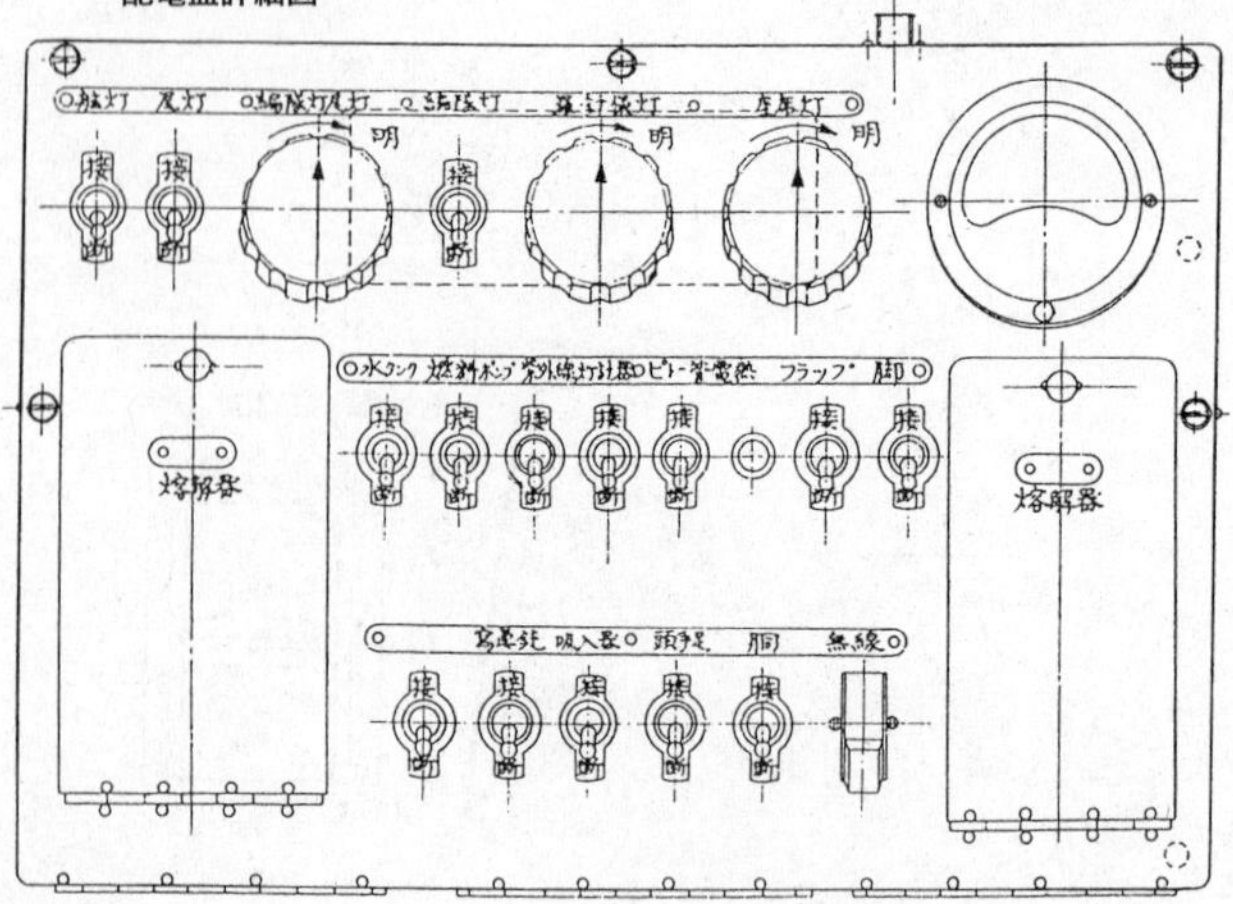

ー）を介して、酸素マスクにより吸引する。

零戦は、この酸素ボンベを後部胴体内に配置していたが、雷電の場合は操縦室内の左後方に収めてあり、異例に太い胴体からくる、スペース的余裕がわかろうというもの。

●操縦室内換気／冷房装置

軍用機の場合は、各装置の故障などの理由に加え、戦闘による損傷、もしくは火災などにより、操縦室内に有害な煙や気体が充満することが考えられるため、外部の新鮮な空気をただちに取り入れ、すみやかに換気できることが重要になる。

また、この換気装置は夏期、もしくは熱帯地方で作戦行動する際に操縦室内の温度を下げる、つまりは冷房装置の役目も兼ねた。現代のようなクーラー、エア・コンが無かった時代の精一杯の工夫である。

雷電の換気／冷房システムはP.127図のようになっており、操縦室右側の胴体側面に2ヵ所の空気取り入れ用開閉扉があり、計器板右側の操作レバーにより、これを開閉した。

前方の開閉扉は冷房用で、冷気の吹き出し口は計器板右側の操作レバーの下に開口しており、まず操作レバーで開閉扉を開けたのち、吹き出し口で方向、および流入量を調整できるようにしてある。

後方の開閉扉は換気用で、取り入れた空気は座席後方のロールバーの下方両側、ちょうど搭乗員の両肩の位置から前方に向けて吹き出す。そして、室内の汚れた空気は、主翼中央部下面に設けられた換気用窓から機外に排出される。

●プロペラ防氷装置

高空および冬期の、大気温度0℃以下の雲中を飛行すると、プロペラに付着した水滴が凍り、きわめて危険な状態になるため、それを防ぐ装置が備えられている。胴体第3番隔壁右下に防氷液タンクを設置し、同液を計器板下に備えた注射ポンプにより、プロペラの表面に流出させるのである。

なお、方法は違うが、ピトー管にも防氷装置が施してあり、こちらは電気によってピトー管自体を熱くし、氷結を防ぐようになっていた。電熱スイッチは配電盤に付いている。

●電気装置

降着装置、フラップ操作を電動モーターで行なうだけに、電気装置はかなり複雑である。取・説には、この複雑な電気装置の系統（配線）図が何ページにもわたって詳しく描かれているが、一般の読者にとっては、見てもただ退屈するだけなので、操縦室内にある各スイッチ、ダイヤルを付けた配電盤の詳細図（P.128）を掲載しておくだけにとどめる。

なお、雷電が使用した電気は直流の12ボルトで、電源は充電用発電機一一五型、および三号二次電池二二型によった。

第二章　川西　局地戦闘機『紫電《しでん》』／『紫電改《しでんかい》』

第一節　水戦『強風』から局戦『紫電』へ

十四試局戦の試作1号機の完成が近づきつつあった昭和16（1941）年12月、海軍機専門メーカーの川西航空機（株）社内では、社長以下の幹部を召集した重要会議が開かれ、太平洋戦争勃発を受けて、今後、どのような機種を重点開発すべきか、討議がかさねられた。

前述したように、この時点で川西は九七式飛行艇、十三試大型飛行艇（のちの二式飛行艇）の量産、実用テスト、十四試高速水上偵察機、十五試水戦の開発が主な仕事だったが、飛行艇の将来はもう先が見えていたし、水偵、水戦の生産数もそう多くは望めないので、このままでは経営がおぼつかない。最善の策は、三菱、中島の2大メーカーのように、陸上機中心の仕事に転

▲昭和17年12月31日、陸軍管轄下の兵庫県伊丹飛行場で初飛行した、一号局地戦闘機試作1号機。機首周り、スピナーなど、のちの『紫電』生産機に比べると、だいぶ異なっている。塗装は、全面黄色の実験機塗色。

▲昭和18年４月22日、川西の鳴尾工場で撮影された、一号局地戦闘機の試作２号機。1号機に比べ、カウリング前面開口部が少し変更され、スピナーはまったく別の形のものに換装されている。ちょっとわかりにくいが、主翼下面に二十粍機銃用ポッドは取り付けているものの、機銃は未装備である。機体塗色は、やはり全面黄色。

換することだが、悲しいかな、近代的陸上機設計の経験がほとんどないに等しい川西にとって、事はそう簡単にはいかなかった。

結局、十五試水戦の設計主務者でもある、菊原静男技師の意見が採用され、今後、需要が多く見込まれるであろう、局地戦闘機（防空戦闘機）をやることに決まった。

菊原技師は、すでに完成しつつある十五試水戦をベースにして、これを陸上機化するのが最も手っ取り早く、確実に高性能機を得る方法だと考えたのである。

昭和17（1942）年早々、海軍航空本部に赴き、社の方針を説明した菊原技師に対し、海軍は、いともあっさりとこの提案を認め、仮称一号局地戦闘機〔N1K1－J〕の名称で開発を承認した。その背景には、三菱の十四試局戦が開発に手間どり、あわよくばその代替機にできるかもしれないという、海軍の目論見もあった。

一号局地戦闘機 試作１号機

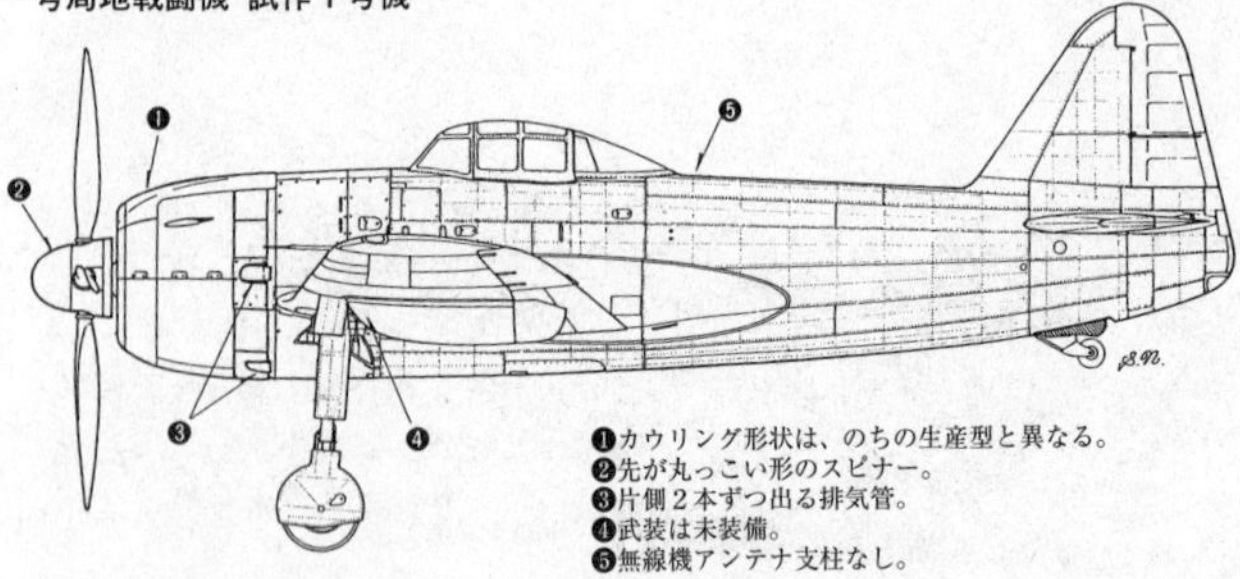

❶カウリング形状は、のちの生産型と異なる。
❷先が丸っこい形のスピナー。
❸片側２本ずつ出る排気管。
❹武装は未装備。
❺無線機アンテナ支柱なし。

一号局地戦闘機 試作２号機

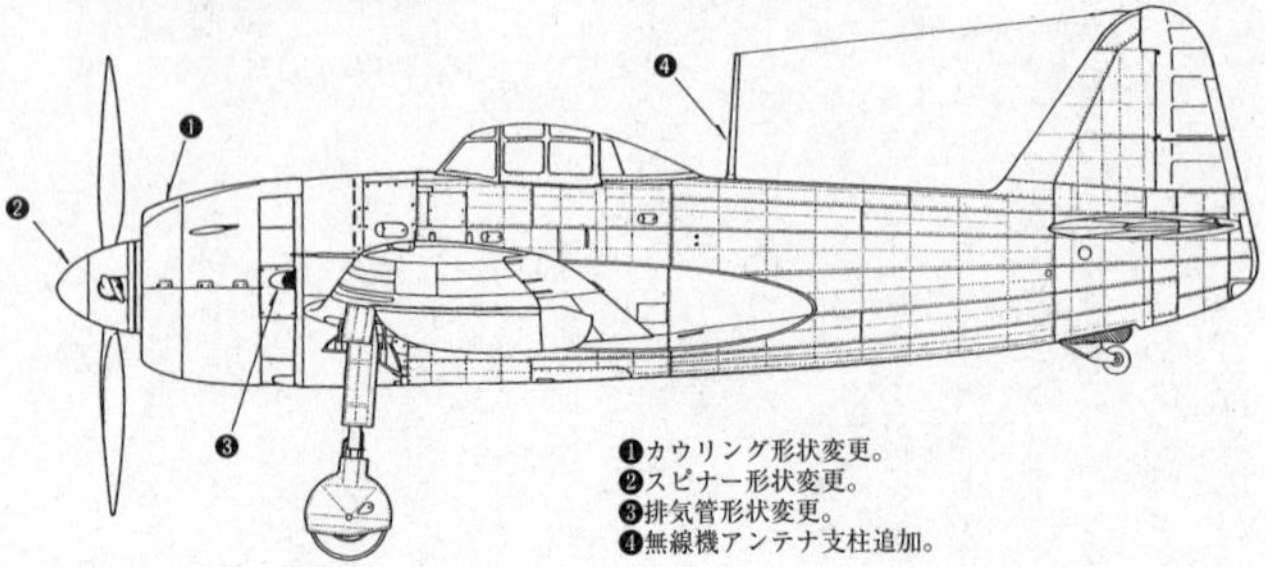

❶カウリング形状変更。
❷スピナー形状変更。
❸排気管形状変更。
❹無線機アンテナ支柱追加。

『試製紫電』515号機（増加試作機）

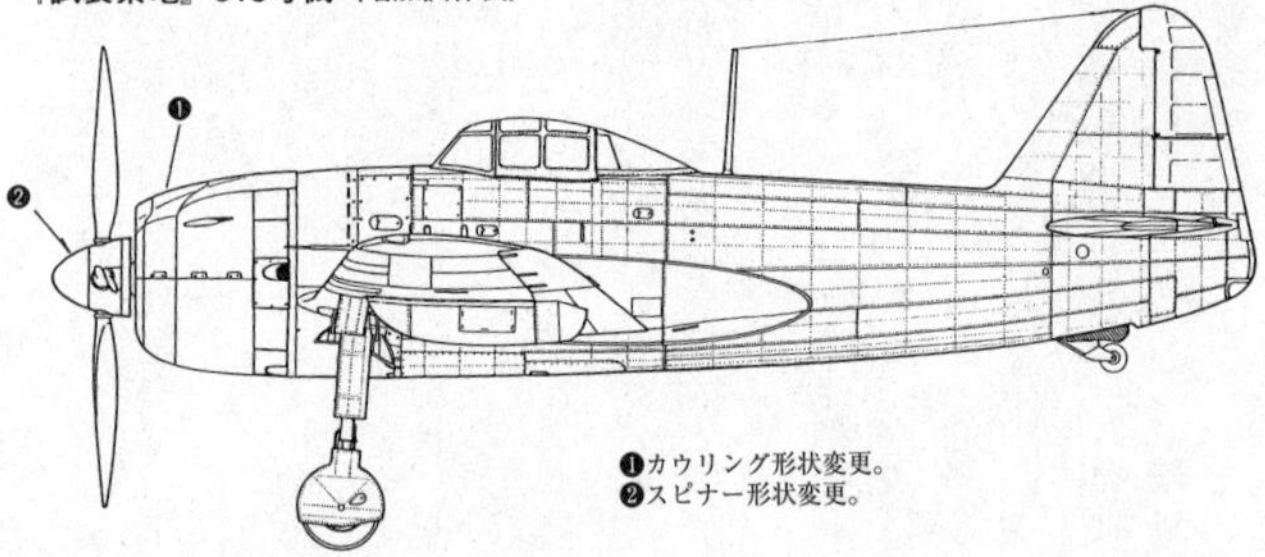

❶カウリング形状変更。
❷スピナー形状変更。

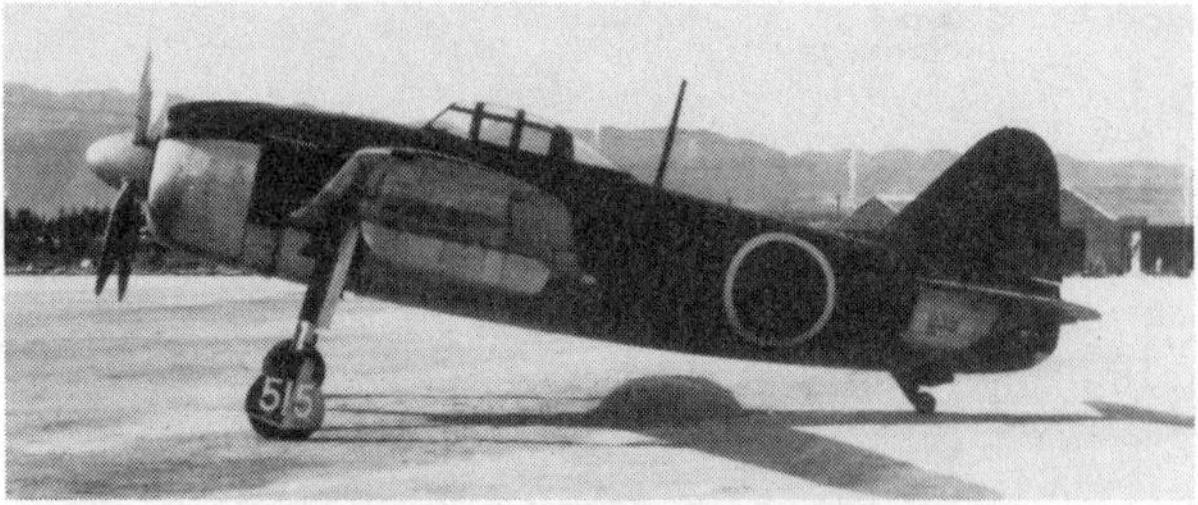

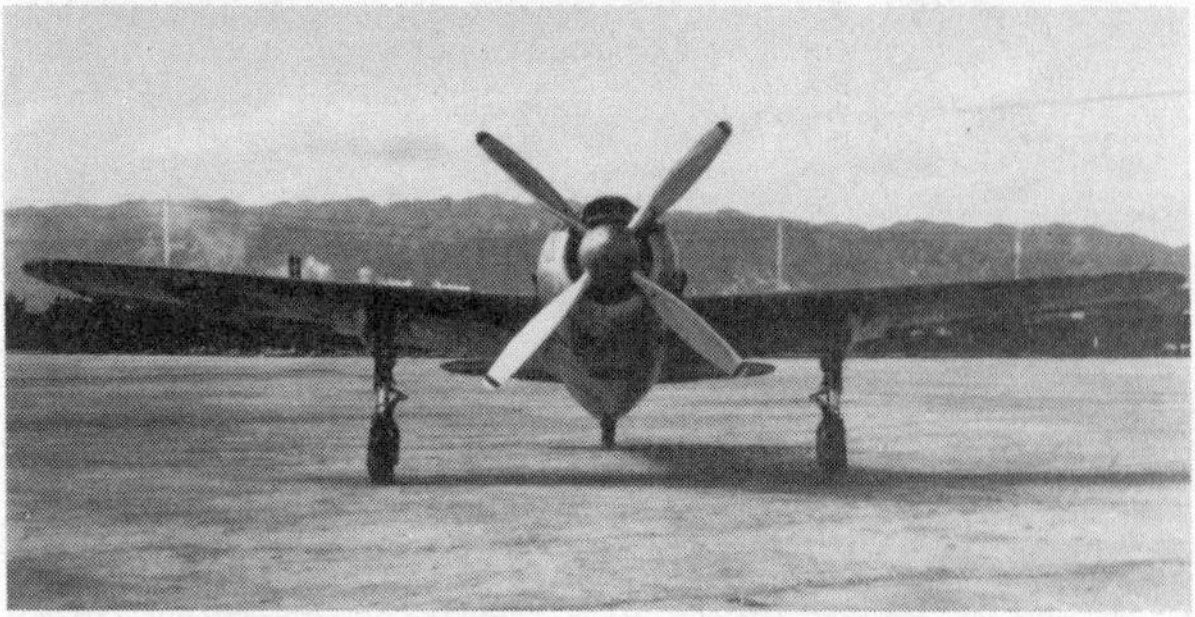

▲新たに『試製紫電』と命名された、一号局戦の増加試作機８機中の１機、製造番号、川西515号機の各アングル写真。昭和18年10月５日、川西の鳴尾工場で撮影された記録用のもので、その鮮明度の良さから、本機のディティール把握に恰好の資料。試作２号機に比べると、実験機扱いながら、すでに機体上面に実用機に準じた緑黒色迷彩が施されている。

『紫電』一一型〔N1K1-J〕

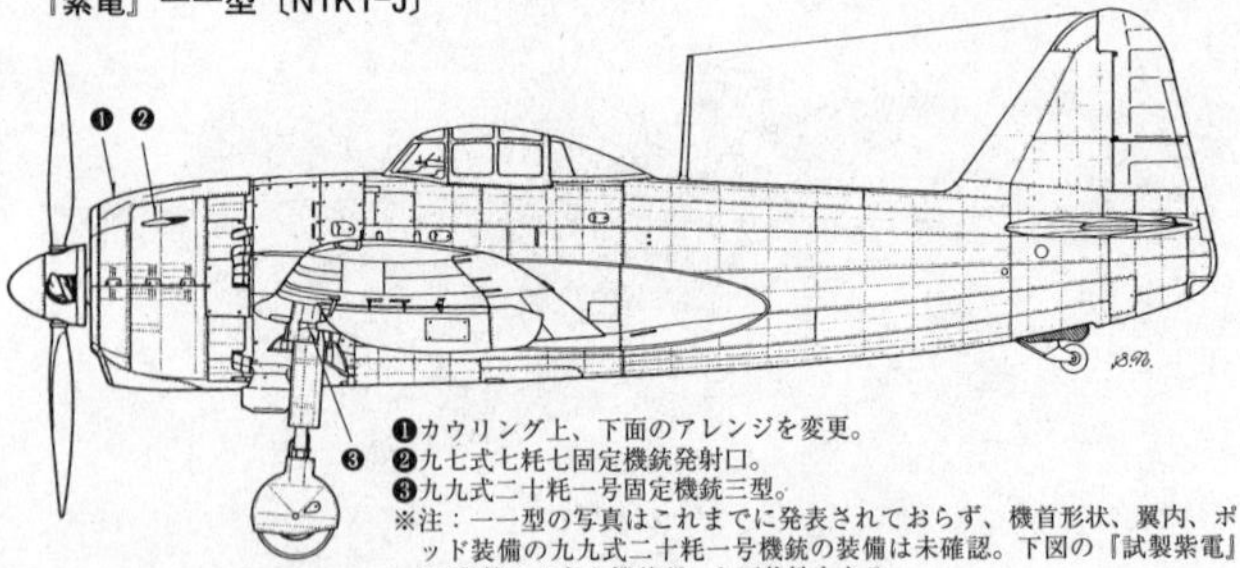

❶カウリング上、下面のアレンジを変更。
❷九七式七粍七固定機銃発射口。
❸九九式二十粍一号固定機銃三型。
※注：一一型の写真はこれまでに発表されておらず、機首形状、翼内、ポッド装備の九九式二十粍一号機銃の装備は未確認。下図の『試製紫電』785号機のような機首だった可能性もある。

『試製紫電』785号機（『紫電』一一甲型初期生産機？）

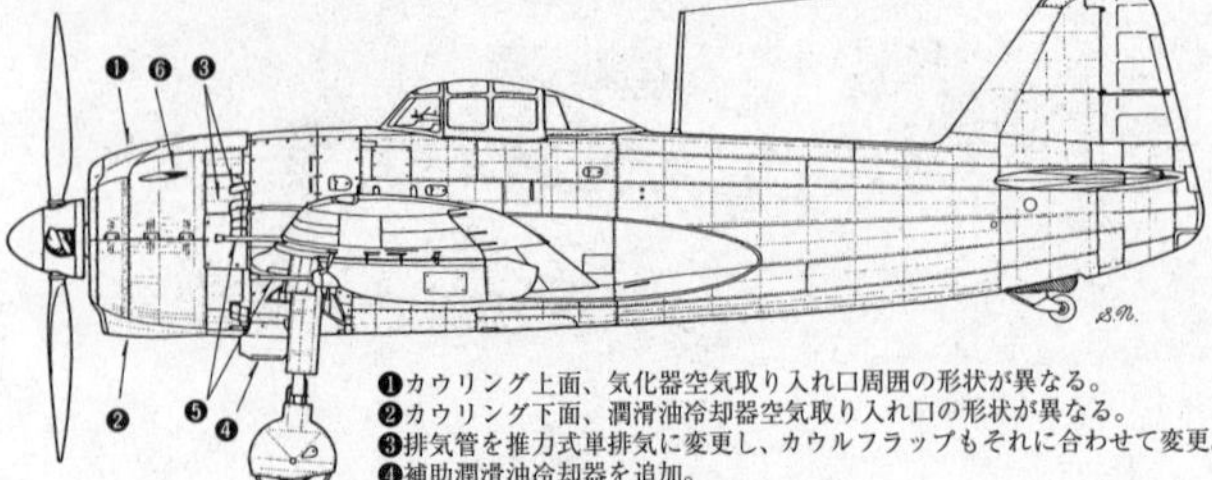

❶カウリング上面、気化器空気取り入れ口周囲の形状が異なる。
❷カウリング下面、潤滑油冷却器空気取り入れ口の形状が異なる。
❸排気管を推力式単排気に変更し、カウルフラップもそれに合わせて変更。
❹補助潤滑油冷却器を追加。
❺九九式二十粍二号固定機銃三型に変更。
❻機首上部の七粍七機銃は廃止（ただし、訓練時にオプション装備するため、カウリングの発射口はそのままとした）。
※注：一一甲型の製造番号は751以降とされており、この785号は姫路工場製の第35号機と思われる。

もっとも、海軍の正式な予算を使って行なう試作発注ではないから、十七試○○とかの制式名称は付与されなかった。しかも、１号機の完成は１年以内という、わりに厳しい条件付きである。

社に戻った菊原技師は、ただちに設計作業にとりかかった。まず、搭載発動機の選定だが、当時、海軍航空本部は、実用化の目処がつきかけた、中島の１８００～２０００hp級新発動機『誉《ほまれ》』に絶大な期待

▲昭和19年夏、海軍側から派遣された、佐々木原正夫少尉の操縦により、川西の鳴尾工場に隣接した飛行場から、テスト飛行に出発する直前の、試製紫電第6号機。前掲の515号機に比べ、カウリング前部形状は大きく変わり、気化器空気取り入れ口は丸みを増し、下方に潤滑油冷却空気取り入れ口が別途設けられている。ただし、排気管は集合式のままである。カウリング周囲の変化が目まぐるしいのは、空気力学上の理想形と、『誉』発動機の吸入空気、および冷却効率が両立しなかったためにほかならない。

▲神奈川県の横須賀・追浜基地における、海軍航空技術廠飛行実験部所属の紫電一一甲型、製造番号川西第785号機。本機は、これまで一一甲型の武装規格に改修された、増加試作機と思っていたが、製造番号、塗装の特徴からすると、姫路工場製の一一甲型初期生産機（第35号機）とするのが正しいようである。方向舵、水平尾翼下方の製造番号欄に記された、『試製紫電』の試作名称は、他の一一甲型生産機にもみられる。気化器、潤滑油冷却空気取り入れ口、二十粍機銃銃身付け根の細かなちがいは、生産過程における改修事項であろう。

をかけており、新規開発機には、のべつまくなしに搭載を命じていた。

一号局戦は、海軍側からとくに強制はされなかったが、現実に誉以上の高出力発動機は存在していないので、迷わず決定された。プロペラは住友／VDM4翅が組み合わされた。

発動機の換装にともない、機首は再設計されたが、火星に比べて誉の直径は160㎜小さいにもかかわらず、開発期間短縮という大前提から、十五試水戦そのままの胴体に合わせるため、カウリングは同機よりも太くなり、のちには上、下に気化器、潤滑油冷却空気取り入れ口が開口して、さらに上下幅を増やし、空力上の利点は相殺されてしまった。

主翼も、基本的に十五試水戦と同じで、中翼配置もそのままとしたため、浮舟に替わる主脚は、否応なく長いものにならざるを得なかった。

この長い主脚を、通常どおり主翼内に収めるように取り付けると、左右脚間が必要以上に広くなってしまい、具合が悪い。そこで、主脚柱に細工を施し、収納の際には長さを一度短縮するようにした。この複雑なメカニズムが、のちに故障、トラブルの元凶のひとつとなり、本機の実用機としての価値を低めることになったため、開発期間短縮という前提は、思わぬリスクを背負わせる結果になった。

十五試水戦の胴体後端は、零戦のように点となって収束しており、それだけ、胴体後部下面の絞り込みはきつい。しかし、このまま尾脚を取り付けると、ただでさえ長い主脚と相俟って、三点姿勢時はとんでもないほどに機首が上がってしまう。そのため、胴体後部下面の絞り込みを最小限に抑えた結果、側面形は不格好なズン胴形になってしまった。この後部胴体の〝水増し〟に絡んで、垂直尾翼が再設計されたが、水平尾翼はそのままにされた。

こうした、後手後手の尻拭い的対処は、川西設計陣の戦闘機設計の経験の浅さの証明でもあるが、こればかりはどうしようもなかったのである。

水銀式センサーの自動空戦フラップ、すでに十五試水戦に導入ずみの操舵比変更装置（高速、低速飛行いずれの場合にも、同じ操舵感覚で方向舵、昇降舵をコントロールできるようにした装置）は、さらに改良をかさねて信頼性の高いものが装備された。

武装は、当初十五試水戦と同じ七粍七機銃×2挺、二十粍機銃×2挺であったが、増加試作機以降、二十粍機銃は4挺に強化された。

一号局戦の苦難

こうして、多分に〝泥縄式〟の感が強い一号局戦の試作は、表面上は川西の目論見どおり早めに進行し、海軍が示した条件内の昭和17（1942）年12月下旬に1号機の完成をみている。

そして、十五試水戦のときと同様、川西のテスト・パイロット乙訓輪助氏の操縦により、年の瀬も押し詰まった12月31日、陸軍管轄下の伊丹飛行場にて初飛行に成功する。海軍からは、引き続き試製紫電と命名された試作、増加試作機7機の製作が命じられた。

しかし、つぎつぎに完成する試製紫電を待ち受けていたのは、いつ果てるともしれない苦難の日々だった。

まず、心臓たるべき『誉』発動機の不調で大きくつまずかされる。試製紫電にかぎらず、同発動機搭載機すべてがそうだったように、油温上昇、冷却不良、混合気分配不均等、点火プラグ不良、油漏れ、軸受け破損など、ありとあらゆる故障が頻発し、満足なテスト飛行すらままならなかった。

また、新しく採用した住友／VDM4翅プロペラの故障も、発動機不調に輪をかけた。ドイツVDM社の製品をライセンス生産したこのプロペラは、使い慣れた米国のハミルトン系とは異なる、電気式可変ピッチ機構をもっており、ダイムラーベンツ・エンジンと同様、これらの部品をオリジナルと同一品質、精度に仕上げるだけの工業力が日本にはなかった。

そのため、可変ピッチ機構を油圧式に直したのだが、それでも、過回転（オーバー・レボリューション）、ガタつき、ピッチ変更装置の不良で、しばしばテスト飛行が中断した。

誉の不調に次いで深刻だったのが、例の伸縮式主脚である。陸上機経験に乏しい川西の弱点がまともに出て、強度不足からくる着陸時の折損にはじまり、出し入れ機構の不具合、伸縮時のロック外れ、ブレーキの〝かみつき〟などの問題がつぎつぎと起こった。

川西設計陣も懸命の改修に努めたが、効果は上がらず、根本的に再設計する以外に解決法はなかった。

そのほか、太い胴体と中翼型式に起因する前下方視界の悪さや、風防が飛行中に飛散したり、動翼の羽布が剥がれるなど、機体工作上の不具合も、数を上げれば枚挙にいとまがない。

肝心の飛行性能はというと、川西の計算では、試製紫電の最大速度は350kt（653km

／h）出るはずであったが、前述したような誉の不調、胴体設計のまずさ、層流翼の効果を損ねる主翼表面工作の不良なども絡み、わずか583㎞／hにとどまった。

当時、零戦の新型五二型でさえ最大速度565㎞／hは出ていたから、発動機出力が同機の2倍近い機体にしては淋しい数字である。前述したような機体の〝未完成症候群〟も合わせて、試製紫電が次期新型戦闘機として実用化されるには、甚だ心もとない機体だったことがわかる。

しかし、昭和18（1943）年夏の時点で、海軍には試製紫電を簡単に〝ボツ〟にできない苦しい事情があった。

いわずとしれた局戦の本命、三菱『雷電』の予想外のモタつきと、零戦の後継機不在である。とくに後者は、海軍自らの驕りと怠慢が招いた状況にほかならない。とにかく、局戦でも艦戦でもどちらでもかまわぬから、米軍新型機に対抗できる戦闘機が欲しい、というのが海軍の切なる思いだった。

零戦よりいくらか速いだけの紫電だが、遅いよりはまし。それに武装は強力で、いちおうの防弾装置もある。自動空戦フラップを使えば格闘性能もそう見劣りしない。発動機をはじめとする、機体の諸々の不具合は、量産と並行してなんとか解決していけばよいという、いわば見切り発車のかたちで、海軍は同年8月10日、川西に量産を命じた。最前線で零戦が苦闘している状況にもかかわらず、後継機をめぐる海軍の台所事情は、まことにお寒いかぎりであったといわねばならない。

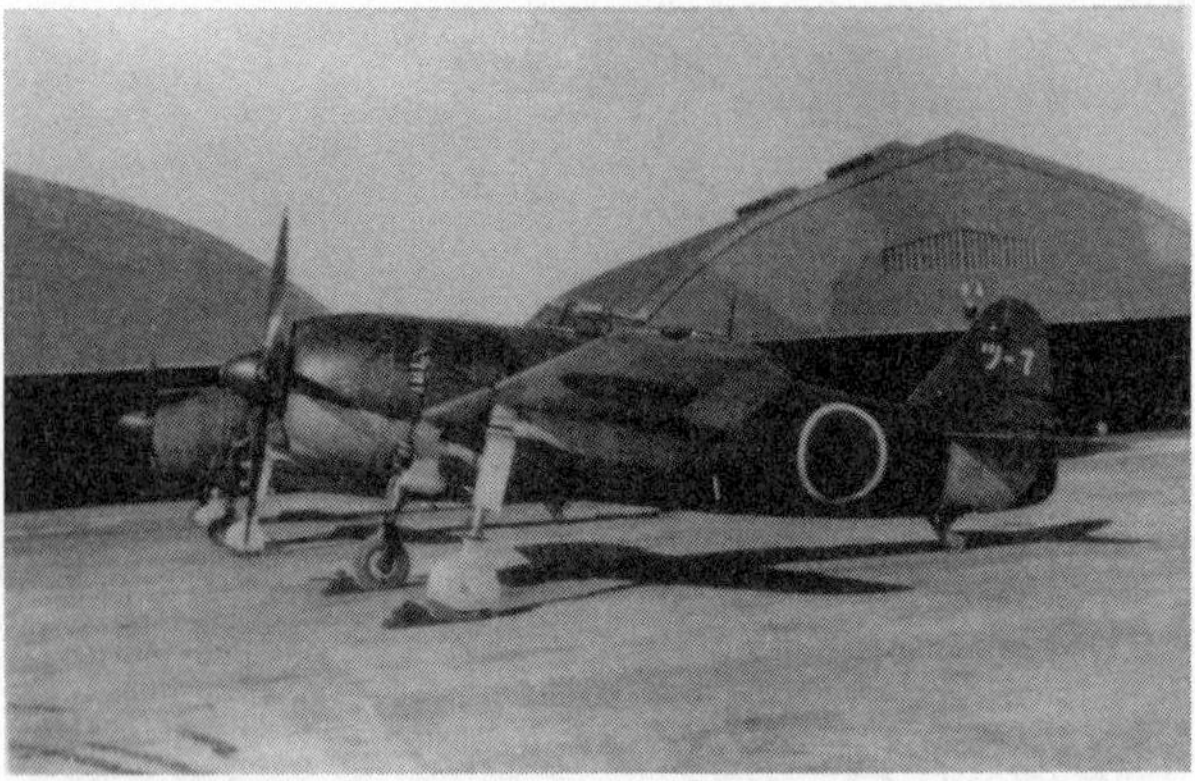

▲茨城県の筑波航空隊に配属された、『紫電』一一甲型。同航空隊は、本来は艦戦搭乗員の錬成を担当する部隊であったが、戦争末期には教員、助教を中心に防空戦にも参加した。写真の紫電も、訓練用機ではなくその防空戦のための機材。

▲上写真の筑波空所属機と同じく、錬成部隊の谷田部航空隊に配属された、防空戦用の『紫電』一一甲型。水平尾翼下方の緑黒色迷彩を、波形ラインで円弧状に塗り分けるのは、姫路工場製機の特徴である。

▲朝鮮半島北東沿岸（現北朝鮮）の元山基地を本拠地にした、元山航空隊に配備された、『紫電』一一乙型。従来、本型の生産は昭和19年末から始まったとされていたが、本写真の撮影時期は同年９月頃であり、実際はもっと早く始まっていたようだ。二十粍機銃が、ベルト給弾式の九九式二号四型に更新され、４挺すべてを翼内装備としたことが一一乙型の特徴。写真を見てわかるように、この二十粍機銃の前縁貫通孔は、一一甲型の翼内装備銃のそれよりも、少し上方に移動している（取り付け角＋３度となったため）。

『紫電』一一甲型 五面図

左側面図

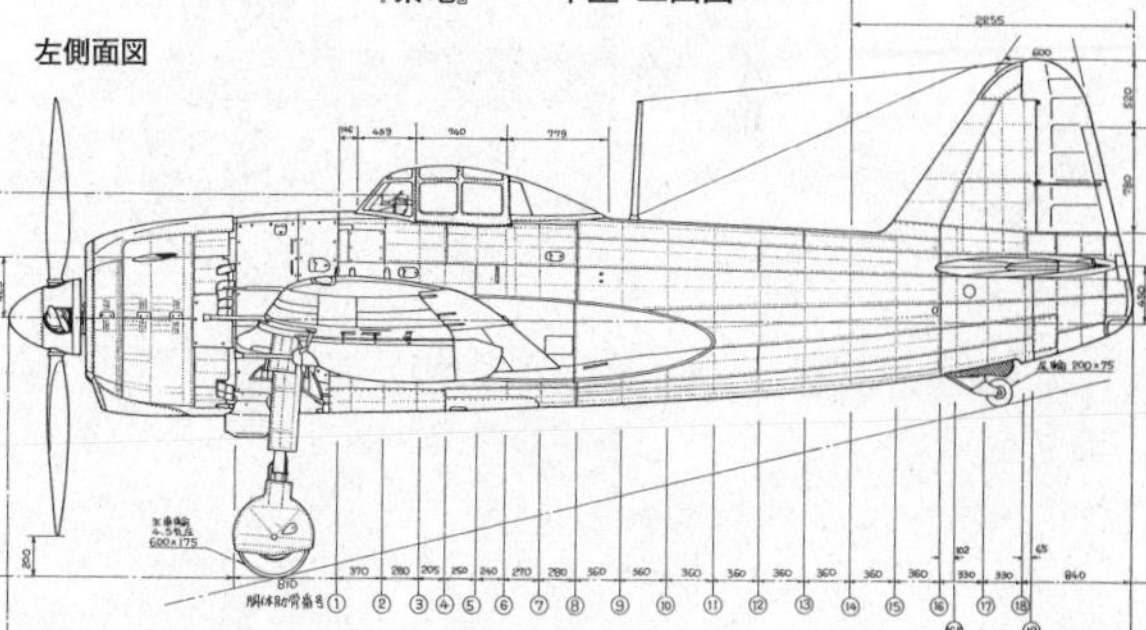

『紫電』一一甲型 五面図つづき

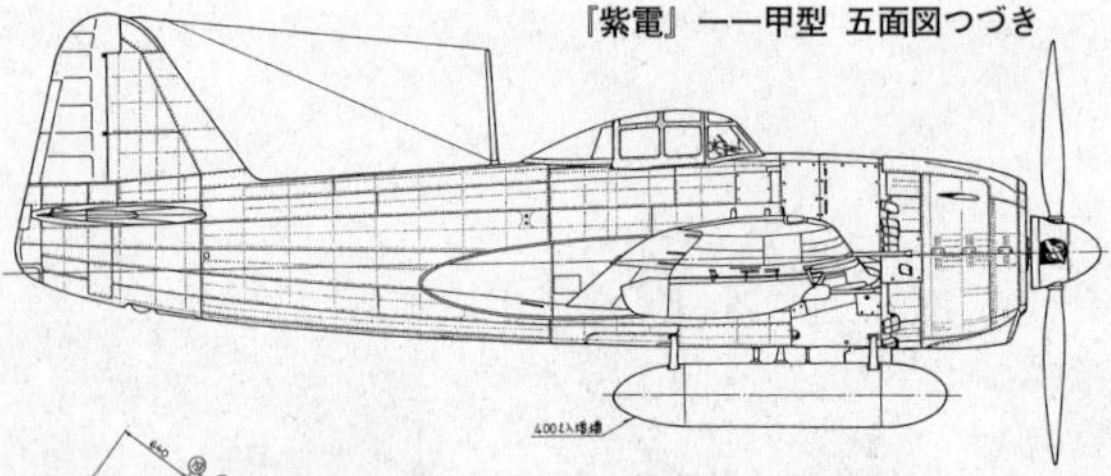

右側面図

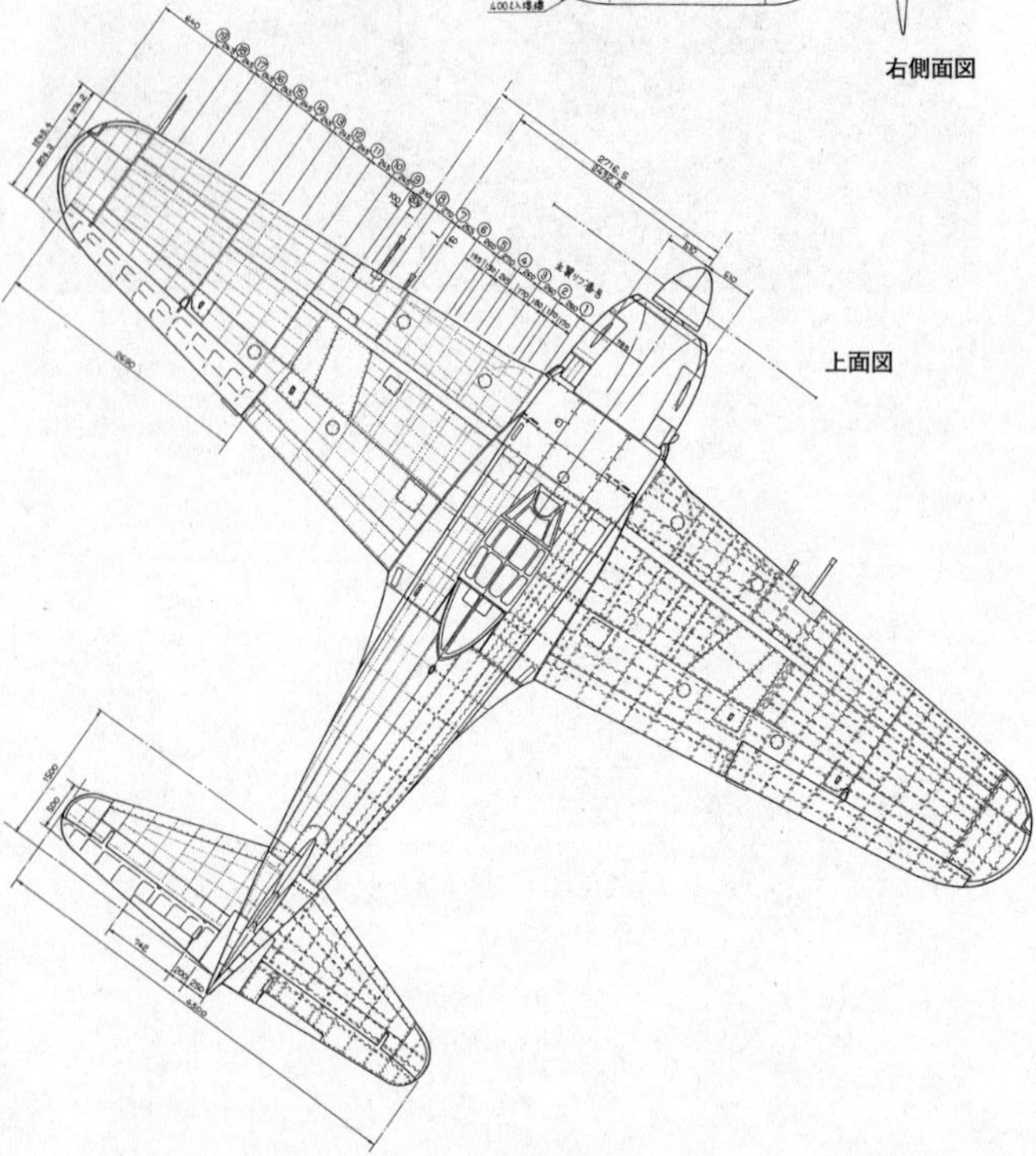

上面図

下面図

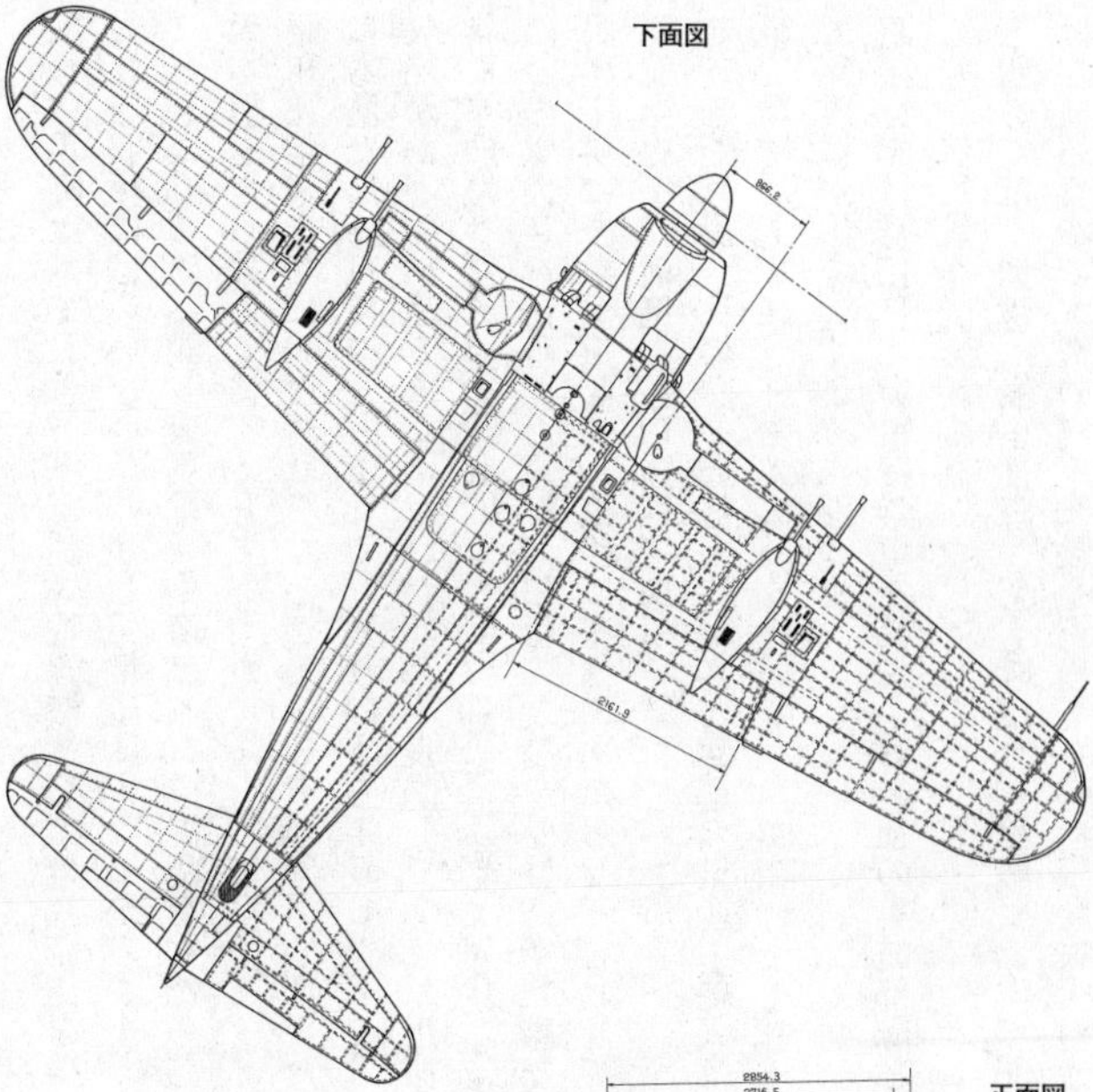
866.2
2161.9

正面図

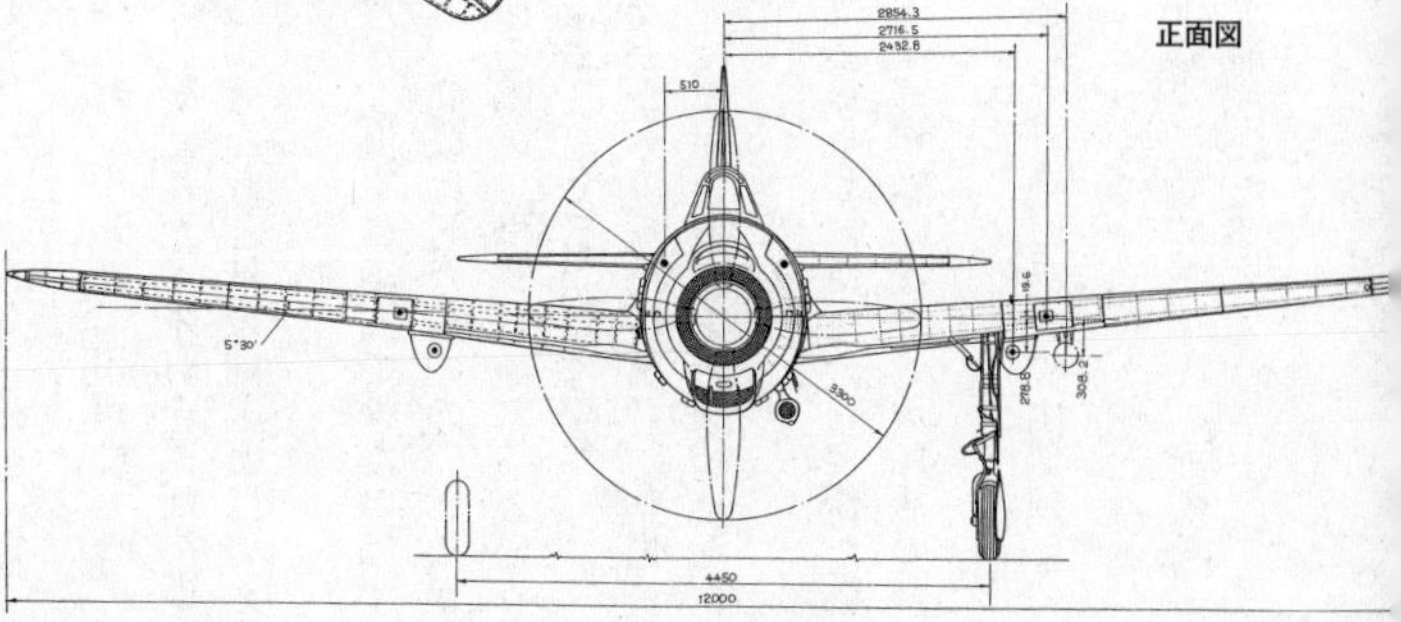
2854.3
2716.5
2432.8
510
19.6
278.8
308.2
3300
5°30'
4450
12000

厳しい現実はさておき、海軍制式戦闘機として量産発注を得られたことは、川西にとっては大きな収穫には違いない。しかし、量産に入ってからがまた大変だった。不具合箇所の改修にともなう頻繁な設計変更は、生産ラインに混乱をもたらし、もともと量産向きとはいえない本機をさらに作りにくくしていった。

昭和18年末までに、川西はなんとか193機の紫電を作ったが、海軍に納入できたのは半分にも満たない71機にとどまった。残りのうち100機近くは、完成はしたものの、どこかに欠陥があって納品できない、いわば〝不良品〟であり、川西の鳴尾工場内に溢れるという異常な事態だった。〝未完成品〟を強引に量産に移した報いがまわってきたのである。

ことの重大さを悟った海軍は、川西の要請を受け、空技廠などから優秀な技術者、整備員を鳴尾工場に多数派遣して、改修、整備にあたらせ、合わせて技術面の指導を行なわせた。海軍航空史上、前例のない措置である。

こうした官民一体の懸命の努力により、紫電の量産、納入はようやく軌道にのり、新たに量産工場に加えられた姫路工場分も合わせて、昭和19（1944）年春には月産数10機の割合で完成機が出ていくようになった。

昭和18年11月15日、海軍は紫電を装備する最初の実施部隊として、愛媛県の松山基地にて第三四一海軍航空隊を新編制した。

三四一空は、通称〝獅子部隊〟とも呼ばれ、局戦（乙戦）36機を装備定数とし、飛行隊長には、横須賀空で本機の実用試験を担当した、白根斐夫大尉が補された。

しかし、部隊編制はされたものの、肝心の機体のほうが前述したような事情でなかなか配備されず、仕方なく零戦により訓練を開始する羽目となった。

昭和19年に入り、三四一空は千葉県の館山基地に移動、2月の中旬ごろになってようやく紫電が配備されはじめた。同年春ごろになると、機体の不具合箇所は、一時期ほどのひどさではなくなったが、それでも、三四一空に配備された機の多くが、発動機、プロペラ、主脚を中心とした故障を頻発し、搭乗員の不評を買った。

機材の不安を抱えながらの訓練が、思うように進まないのは当然で、ようやく編隊空戦訓練が可能になったのは6月に入ってからだった。そのため、3月にマリアナ諸島へ進出するという予定は崩れ、6月のマリアナ決戦にも間に合わなかった。

7月10日、三四一空は新たに飛行隊制を導入し、戦闘四〇一、四〇二飛行隊（定数は局戦各48機）を指揮下に置いて戦力を増強、引き続き訓練に励んだ。そして、フィリピン方面の戦況逼迫にともない、8月末～9月末にかけて順次、南九州、台湾に進出し、10月12日の米海軍艦載機による台湾空襲から実戦に参加した。

しかし、搭乗員練度の不充分さもあって〝零戦よりいくらかまし〟というていどの紫電の性能では、強力な米軍戦闘機（F6F、P-47、P-38）の波状攻撃は防ぎきれず、10機墜とせばこちらも14機墜とされるという具合で、2～3回の空戦を経ると、もう飛行隊の戦力が底をついてしまう有様だった。しかも、最前線の厳しい運用条件では、お決まりの発動機、主脚などにまつわる故障がまたぞろ再発し、稼働率はきわめて低かった。

10月24日、フィリピン東方海上の米海軍機動部隊に対する在フィリピン海軍航空部隊の総攻撃には、三四一空も参加したが多くを失い、一挙に稼働機4機まで激減した。その後、本土からの補充機、T部隊から編入された七〇一飛行隊を合わせて、防空、進攻、偵察などに奮闘したものの、戦果が少ないわりに損害のみ多かった。

12月末には、3個飛行隊合わせても稼働機は10機に満たなくなり、翌20(1945)年1月2日朝、13機が列線に並んで出撃準備中のところを、2機のP-47に奇襲されて8機が炎上、搭乗員4名も戦死し、ここに三四一空紫電隊は事実上、壊滅した。

三四一空のほか、紫電は本土各地の実施部隊、偵察部隊、練習部隊にも配備されたが、防空戦において若干の戦果を記録したていどの実績しか残せなかった。

紫電の生涯を顧みると、水上戦闘機から手軽に陸上戦闘機が得られると考えた川西技術陣の甘さ、その不満足な機体に頼らざるを得なかった海軍航空行政の失態が絡み、どのみち成功には縁のない機体だったといえる。

なお、本機が局地戦闘機『紫電』〔N1K1-J〕の制式名称で兵器採用された日付は、事実上、量産が縮小期に入った昭和19(1944)年10月のことであり、海軍が、実用機としての不安感を、容易に拭いきれなかったことがうかがえる。

なお、改修につぐ改修をかさねた機体だけに、量産を進める過程において、外観に現われない設計変更をふくめると、時期によって各機それぞれに違いがあったが、紫電の公式上の生産型式は以下の主要3タイプである。

●**紫電一一型（N1K1-J）**

昭和19年10月兵器採用。発動機は『誉』二一型、武装は試製紫電と同じく機首に九七式七粍七機銃×2挺（弾数各550発）、両主翼内に九九式二十粍一号固定機銃三型×2挺（弾数各100発）、両主翼下面に九九式二十粍一号固定機銃三型×2挺（弾数各100発）だった。そのほか、両翼下面に六番（60kg）までの爆弾各1発を懸吊できる。19年8月までに計30機生産。製造番号は鳴尾工場製が91〜5230、姫路工場製が71〜750。

●**紫電一一甲型（N1K1-Ja）**

一一型の主翼武装を、銃身の長い九九式二十粍二号固定機銃三型（弾数各100発）に変更し、機首の七粍七機銃2挺を廃止（銃口はそのまま残された）した型。三四一空をはじめ、台湾、フィリピン方面で実戦に使われたのは、ほとんどが本型である。制式な兵器採用年月日は昭和19年11月。同月までに計500機生産。製造番号は鳴尾工場製が5251〜5550、姫路工場製が751〜7250。

●**紫電一一乙型（N1K1-Jb）**

一一甲型の二十粍機銃を、ベルト給弾式の九九式二十粍二号固定機銃四型に換装し、すべて翼内装備とした型。携行弾数は内側銃が各100発、外側銃が各200発。爆弾懸吊架も変更され、二五番（250kg）2発まで懸吊可能となった。昭和19年9月ごろから生産開始したが、すでに紫電改の量産が決定していたため、翌20年にかけて約200機作られたところで打ち切られた。製造番号は鳴尾が5551以降、姫路が7251※以降。なお、生産の

『紫電』――乙型〔N1K1-Jb〕

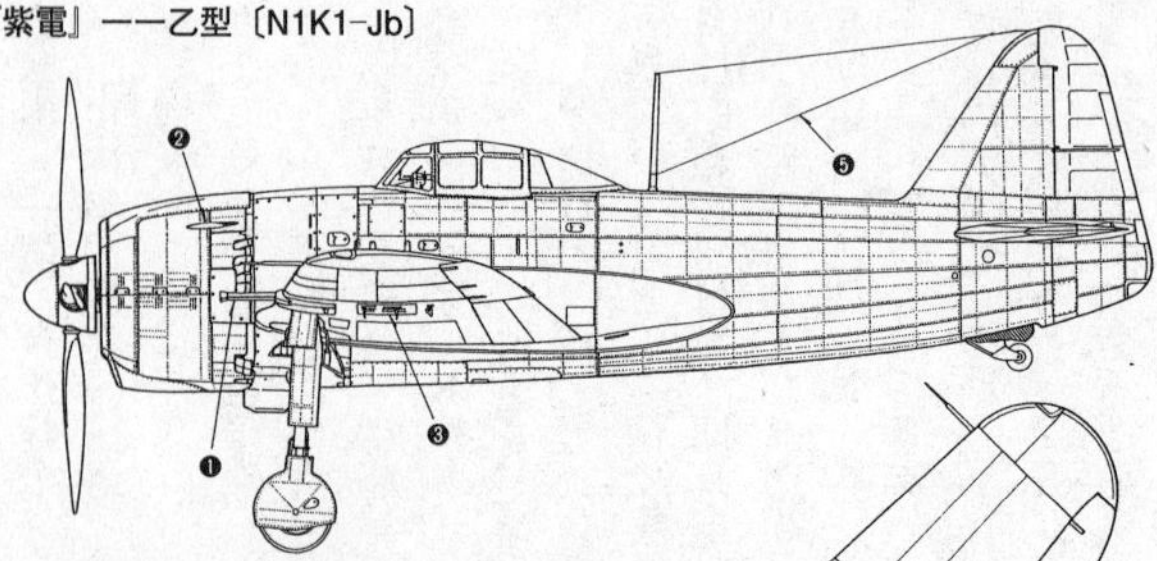

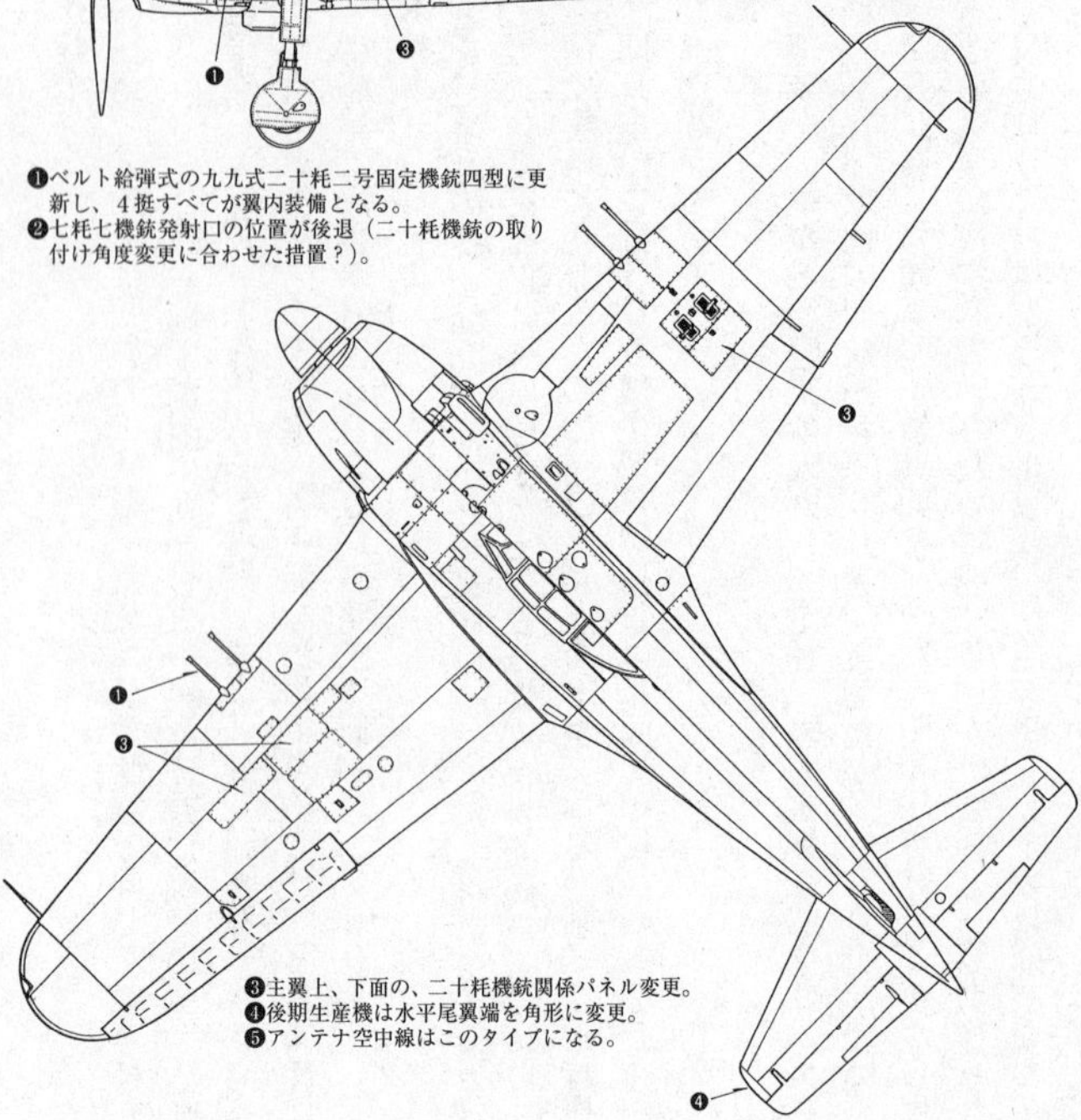

❶ベルト給弾式の九九式二十粍二号固定機銃四型に更新し、4挺すべてが翼内装備となる。
❷七粍七機銃発射口の位置が後退（二十粍機銃の取り付け角度変更に合わせた措置？）。

❸主翼上、下面の、二十粍機銃関係パネル変更。
❹後期生産機は水平尾翼端を角形に変更。
❺アンテナ空中線はこのタイプになる。

『紫電』一一丙型〔N1K1-Jc〕跳飛爆撃実験機

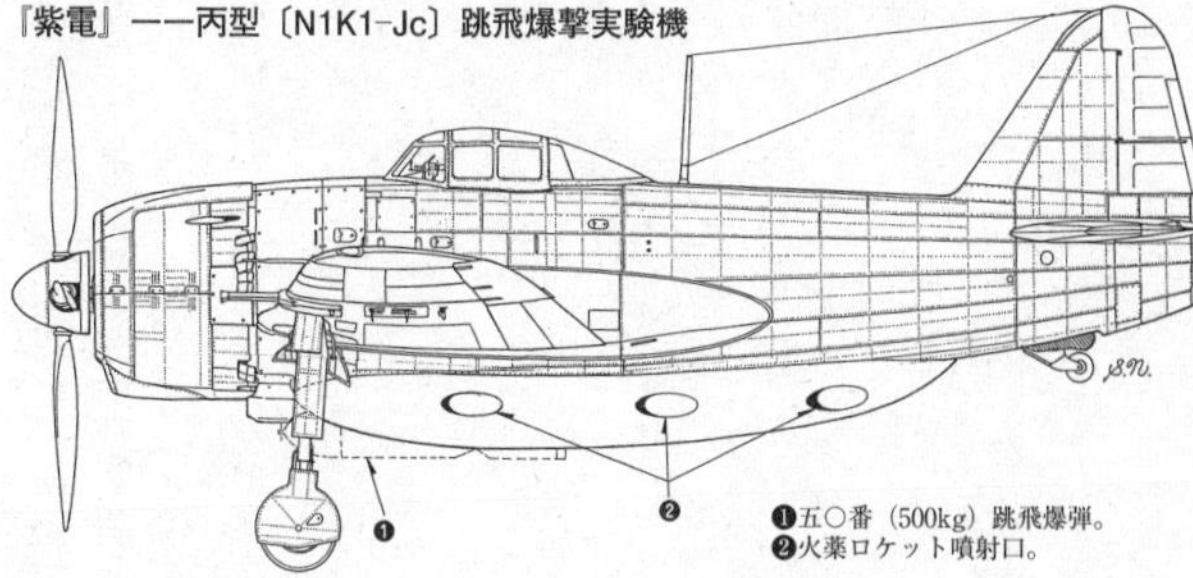

❶五〇番（500kg）跳飛爆弾。
❷火薬ロケット噴射口。

途中から水平尾翼端が角形に変更された。

そのほか、一一乙型の爆弾懸吊架を変更して六番～二五番爆弾4発までを懸吊可能にした一一丙型〔N1K1-Jc〕がごく少数作られ、一一丙型の胴体下面に、五〇番（500kg）跳飛爆弾懸吊具と火薬ロケット推進装置を取り付

▲長崎県の大村基地にて終戦を迎え、格納庫内でプロペラを取り外した状態の各種海軍機。右手前は、もと西海海軍航空隊大村派遣隊所属と推定される、『紫電』一一乙型の後期生産機で、水平尾翼端を角形に整形した状態を、はっきり確認できる、数少ない現存写真である。周囲の機体は『彩雲』、中央最前列は『天山』。

けた爆撃実験機などの改造機もあった。紫電の生産数合計は1007機であり、量産性の悪さ、1年半という生産期間を考えると、少ない数ではない。

※生産状況を記録した写真では、7240番台も確認できる。一一甲型に割り当てられた機体が、途中で一一乙型に変更された可能性が高い。

『紫電』——甲型主要目、および性能一覧表
(要目は取扱説明書、性能は海軍データより抜粋)

主要目

名称				紫電一一型
型式				中翼単葉片持式単発引込脚
乗員				1名
主要寸度	全幅			12.000m
	全長			8.885m
	全高			4.058m
重量	自重			2,710kg
	搭載量	軽荷重		703kg
		正規荷重		1,040kg
		第1過荷重	無爆	1,181kg
			有爆	1,211kg
		第2過荷重		1,536kg
	全備重量	軽荷重		3,413kg
		正規荷重		3,750kg
		第1過荷重	無爆	3,891kg
			有爆	3,921kg
		第2過荷重		4,246kg
荷重	翼面荷重			159.5kg/m²
	馬力荷重			2.21kg/hp
発動機	名称			誉二一型
	基数			1
	※出力	地上	公称／離昇	1,790hp／2,000m
		高空全開	第1速　公称／高度	1,900hp／1,800m
			第2速　公称／高度	1,700hp／6,400m
	回転数	公称		3,000回/毎分
		離昇		3,000回/毎分
	給入壁力	公称		350mm
		離昇		450mm
	減速比			0.5
	燃料油	比重		0.725
		種類		航空九一揮発油
プロペラ	型式			金属製4翅住友/VDM油圧式恒速プロペラ
	直径			3.3m
	可変節(ピッチ)範囲			P10.39.7°, P11.43′
	重量			約203kg
燃料油槽容量	内訳	翼内左右		180ℓ×2
		胴体内前後		210ℓ+165ℓ
		落下増槽		400ℓ
	合計			1,135ℓ
潤滑油容量				60ℓ
主翼	翼断面積			LB620515-6075
	翼総面積			23.5m²
	翼幅			12.000m
	翼弦長	機体中心		2.700m
		仮想翼端		1.250m
	取付角(機体中心)			4.0°
	後退角(30%線にて)			0°
	捩下(翼端にて)			3.25°
	上反角(30%線にて)			5.5°
	縦横比			6.13
フラップ	面積			1.4×2m²
	翼幅			2.155m
	弦長			主翼弦長に対し28.0%
	運動角			25°

補助翼			面積	$1.28\times2m^2$
補助翼			翼幅	2.690m
補助翼			弦長	主翼弦長の27.5%
補助翼			蝶番中心	
補助翼			平衡比	26.4%
補助翼			運動角	上28°30′ 下16°
尾翼	水平尾翼		総面積	$4.435m^2$
尾翼	水平尾翼		翼幅	2.250m
尾翼	水平尾翼	弦長	機体中心	1.500m
尾翼	水平尾翼	弦長	仮想翼端	0.500m
尾翼	水平尾翼		取付角	推力線に対して−1°
尾翼	昇降舵		面積	$0.55m^2\times2$
尾翼	昇降舵		幅	1.978m
尾翼	昇降舵		平衡比	——
尾翼	昇降舵		運動角	上へ35° 下へ24.5°
尾翼	垂直尾翼		総面積	$2.011m^2$
尾翼	垂直尾翼		全高	1.720m
尾翼	垂直尾翼	弦長	翼根	2.255m
尾翼	垂直尾翼	弦長	仮想翼端	0.600m
尾翼	垂直尾翼		取付角	0°
尾翼	方向舵		面積	$0.664m^2$
尾翼	方向舵		全高	1.300m
尾翼	方向舵		平衡比	6.75%
尾翼	方向舵		運動角	左右34°~30°
降着装着	主車輪		直径×幅	0.600×0.175m
降着装着	主車輪		間隔	4.450m
降着装着	主車輪		重量	
降着装着	尾輪		直径×幅	0.75m×0.200m
降着装着	尾輪		重量	——

武装

二十粍機銃×4 (主翼内固定×2、主翼下面ポッド装備×2)	弾数各100発
爆弾60kg×2	弾数各550発

性能

最大速度	583km/h/5,900m
巡航速度	370km/h/4,000
着陸速度	139km/h
上昇力	高度6,000まで7分50秒
実用上昇限度	12,500m
航続距離	1,430km (正規)
航続距離	2,542km (過荷)

第二節　紫電から紫電改へ

水上戦闘機『強風』の機体をなるべく多く流用し、短期間のうちに高性能陸上戦闘機を得るという川西の目論見は、昭和18（1943）年に入って飛行テストが開始された、一号局戦試作1号機の根本的な不具合露見によって、早くも崩れ去った。

『誉』発動機と住友／VDMプロペラの予想もしなかった不調、トラブル発生は川西の責任ではないが、機体に関する諸々の不具合が、空力面の洗練さを欠いた太い胴体と、中翼型式に起因していることは弁解のしようがなかった。

発動機、プロペラの改修が長びくことを感じた川西は、この間に、主翼を通常の低翼配置に改め、胴体も再設計して、機体側の不具合を一挙に解決して

▲『一号局戦試作1号機』の初飛行から、ちょうど1年後の昭和18年12月末、川西の鳴尾工場で完成にこぎつけた、一号局地戦闘機改、すなわち紫電改の試作1号機、製造番号川西第91号機。

しまおうと考え、海軍にこの案を提示した。

海軍もそれを承認し、昭和18年3月、あらためて一号局地戦闘機改〔N1K2-J〕の名称により設計作業がスタートした。こうなると、紫電の開発は全部とはいわないまでも、無駄だったということになるが、陸上戦闘機設計が初体験だった川西に、それを責めるのは酷だろう。むしろ、紫電にそこまで頼らざるを得なくなってしまった海軍航空行政の失態こそ、強く責められるべきである。

ともかく、最前線の戦況は日増しに厳しくなるばかり、一刻の猶予も許されない。設計陣は紫電のときとは比較にならぬハードな日程で設計作業に没頭した。

主翼は紫電と同じままで低翼位置に下げて、二十粍機銃をすべて翼内に収めるのと、短くなった主脚にともなう取り付け位置、内部骨組みの変更を加えた。胴体幅は基本的に紫電と変わらないが、強風以来の、断面の肩に相当する部分の〝張り〟を削り、上部を細くした。主脚が短くなったため、三点姿勢時の〝機首上げ〟角度も減少したので、胴体後部下面の余計な水増しは不要となり、断面形は真円に近い形状から卵形に変更、上下、左右幅ともかなり細くなった。もっとも、低翼化にともない、主翼付け根の胴体側面に大きなフィレットを追加したが、このあたりの処理は、はっきり言って野暮ったく、川西設計陣の経験の浅さの表われだった。

胴体後部の再設計にともない、垂直尾翼は骨組み、形状ともに刷新され、胴体を40cm延長して取り付け位置を少し後方に下げた。方向舵は下方まで伸ばして効きを高め、合わせて離陸時の左偏向ぐせをなくし、射撃時の〝すわり〟を向上させることを狙った。

紫電で悪評ふんぷんだった主脚は、とくに慎重を期して再設計し、ノーマルでシンプル、かつ強度も高く作動が確実なものとした。

主脚の再設計もさることながら、一号局戦改は、尾脚の取り付け位置を可能な限り後方に寄せ、紫電に比べ主脚との間隔を690㎜も広くしたことも見逃せない。これによって地上滑走時の安定性は大いに改善するはずだった。

機首周りのアレンジは、基本的に同じとされたが、前面の気化器、潤滑油冷却用空気取り入れ口は、横方向に広く平べったい、少し洗練した形状に変更した。

また胴体、主翼、主脚といった主要な設計変更について、川西設計陣がとくに意を注いだのは、生産性の向上である。紫電の作りにくさは〝定評〟があったが、これを一挙に解決するため、構造部品を整理、統合して極力点数を減らすことにしたのだ。最終的に、一号局戦改の部品総数は約43000個となり、紫電の約66000個に比較してほぼ⅔に減少し、生産能率をかなり上げることに成功した。

海軍最後の量産戦闘機として

川西設計陣の昼夜をいとわぬ努力により、一号局戦改の試作1号機は、設計着手から10ヵ月後という、紫電のときを上回るスピードで18年12月末に完成し、19年1月1日から飛行テストを開始した。低翼化と胴体の再設計の効果は歴然で、『誉』発動機さえデータどおりの

▲P.155写真と同じ、紫電改の試作1号機。主翼の低翼化と胴体、垂直尾翼、主脚の改設計を中心とした、紫電との相違が一目瞭然である。紫電もそうであったが、カウリングの前端にかけての絞り込みは、空力上の洗練を優先して、かなり強くなっているが、生産機に至るまでに、冷却効率を高めるために開口部、気化器、潤滑油冷却空気取り入れ口ともに広くされていく。なお、この1号機の初飛行は、昭和19年元旦に行なわれたが、写真はそれよりずっとあと、同年3月頃の撮影である。機体全面を実験機塗色の黄色に塗り、機首上面に反射除け黒塗装を施している。上写真の後方に、量産たけなわの、『紫電』一一甲型（製造番号5100番台）が写っている。

一号局地戦闘機改 試作1号機

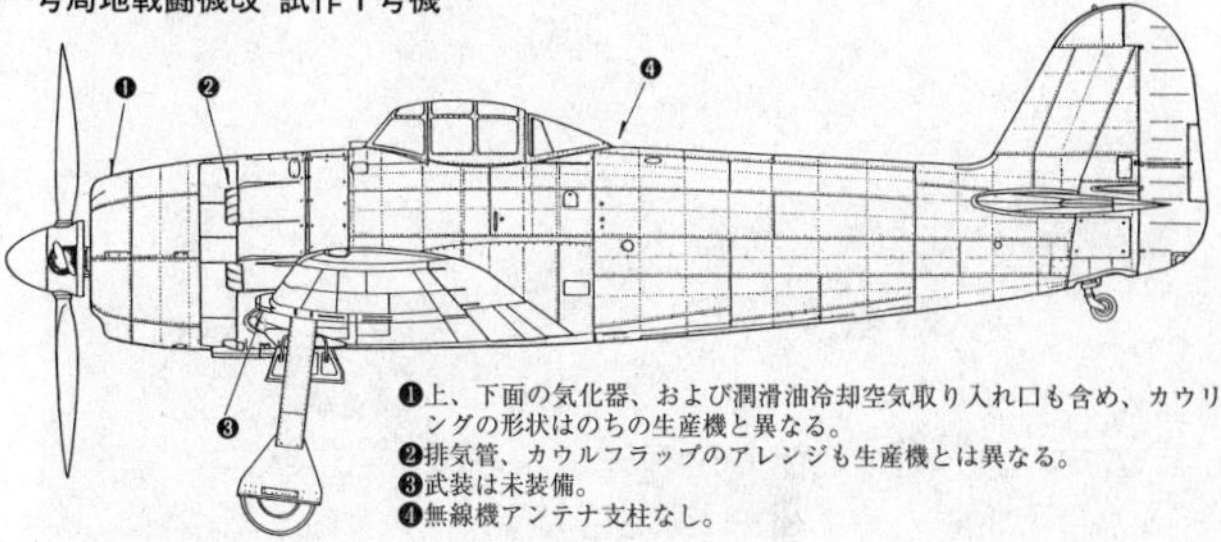

❶上、下面の気化器、および潤滑油冷却空気取り入れ口も含め、カウリングの形状はのちの生産機と異なる。
❷排気管、カウルフラップのアレンジも生産機とは異なる。
❸武装は未装備。
❹無線機アンテナ支柱なし。

一号局地戦闘機改“試製紫電改”増加試作機（川西96号機を示す）

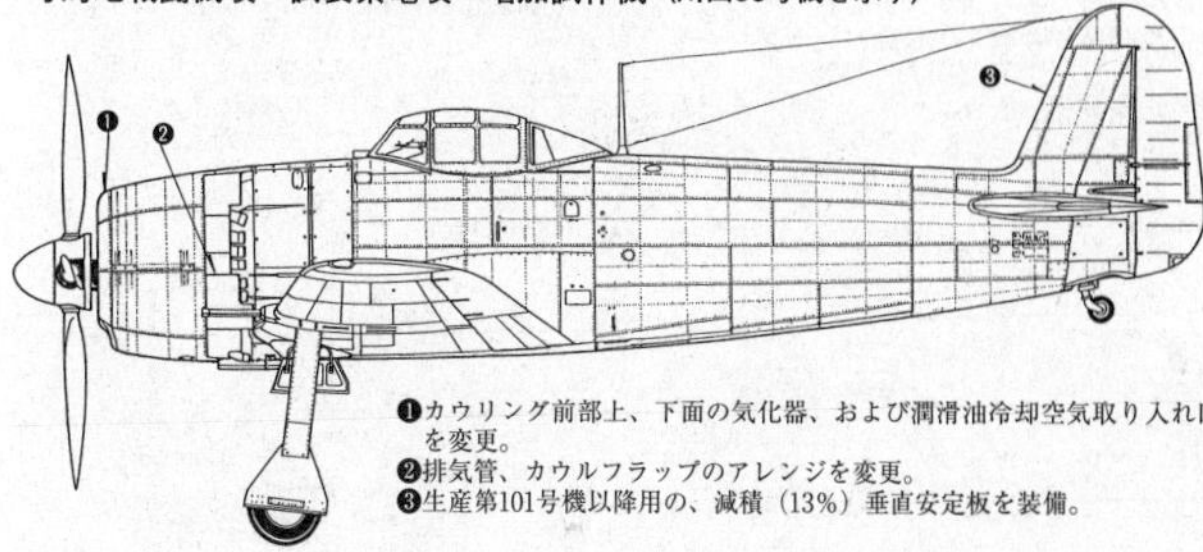

❶カウリング前部上、下面の気化器、および潤滑油冷却空気取り入れ口を変更。
❷排気管、カウルフラップのアレンジを変更。
❸生産第101号機以降用の、減積（13%）垂直安定板を装備。

パワーを出せば、最大速度は630km/hを出せることが確認された。

紫電に比べて自重が240kg軽くなったこともあり、上昇力（高度6000mまで7分22秒）と、運動性の向上も目立っている。また、ノーマルな引き込み機構に再設計されたことで、主脚にまつわるトラブルはほぼ解決されたが、特別に賞讃すべきほどのことではなく、実用機ではこれが当たり前だった。

海軍は、空技廠飛行実験部の志賀淑雄少佐、古賀一中尉による試乗報告を受けて、新たに試製紫電改と命名（18年7月27日に命名法が改訂され、試作機に

▲海軍航空技術廠飛行実験部に領収され、実用テストを受けていた当時の、『試製紫電改』の１機、製造番号川西第96号機。本機は、試作、増加試作機合わせて計８機造られた試製紫電改の第６号機で、垂直尾翼の記号がそれを示している。P.158の写真の試作１号機に比べ、カウリング先端部、排気管、カウルフラップなどに改修の跡がみられる。塗色は、やはり全面黄色。注目すべきは、垂直安定板が生産第101号機以降用の13％減積タイプとなっている点で、おそらく、このタイプを導入するための、実験機として使われたようだ。

『紫電改』二一型〔N1K2-J〕前期生産機（通算100号機まで）

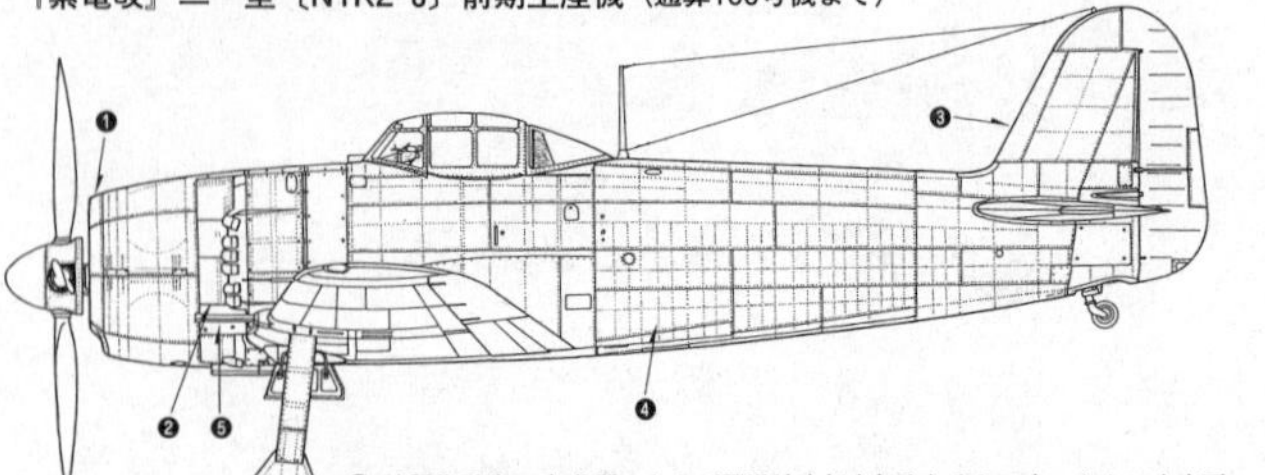

❶"試製紫電改"の気化器、および潤滑油冷却空気取り入れ口を、さらに小変更。
❷カウルフラップを小変更。
❸面積の大きい垂直安定板。
❹胴体後部側面2/3に、補強用肋材を追加（第101号機以降の可能性もある）。
❺二十粍機銃は、生産第30号機まで取り付け角は水平、31号機以降は３度上向き。

も固有名称を付与するようになった）した、一号局戦改に大きな期待を寄せ、計8機の試作、増加試作機に続き、川西に量産を命じた。しかし、実用テストが意外に長引いたことと、川西の量産体制が整うまでに時間がかかり、本機を装備する最初の実施部隊第三四三海軍航空隊

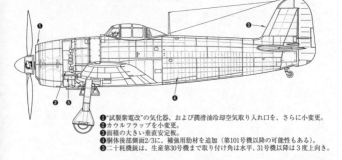

▲昭和20年４月、沖縄戦に参加するため、編制以来馴れ親しんだ愛媛県・松山基地から、九州の鹿屋基地へ移動する直前の、第三四三航空隊の紫電改群。手前の“15”号機は、有名な撃墜王、戦闘第三〇一飛行隊長管野直大尉乗機で、垂直安定板の形から、通算100号機までの生産機と知れる。

『紫電』二一甲型〔N1K2-Ja〕五面図

左側面図

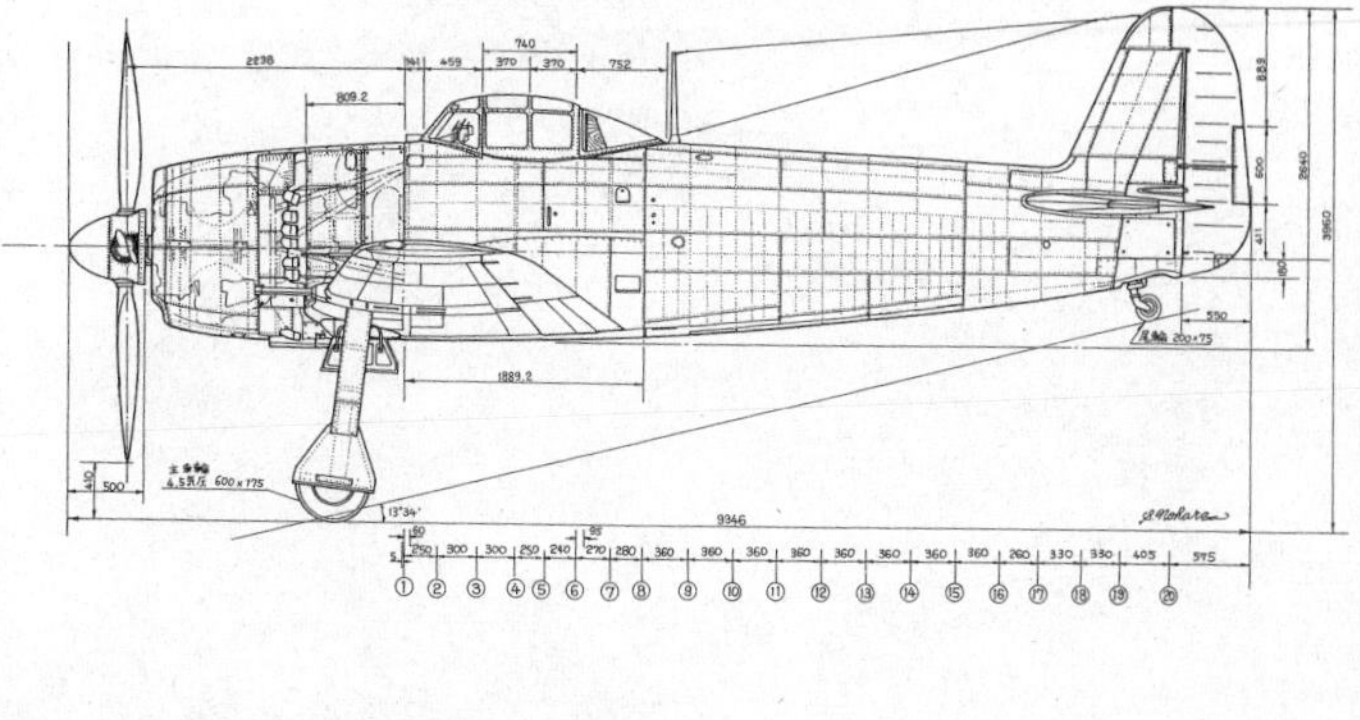

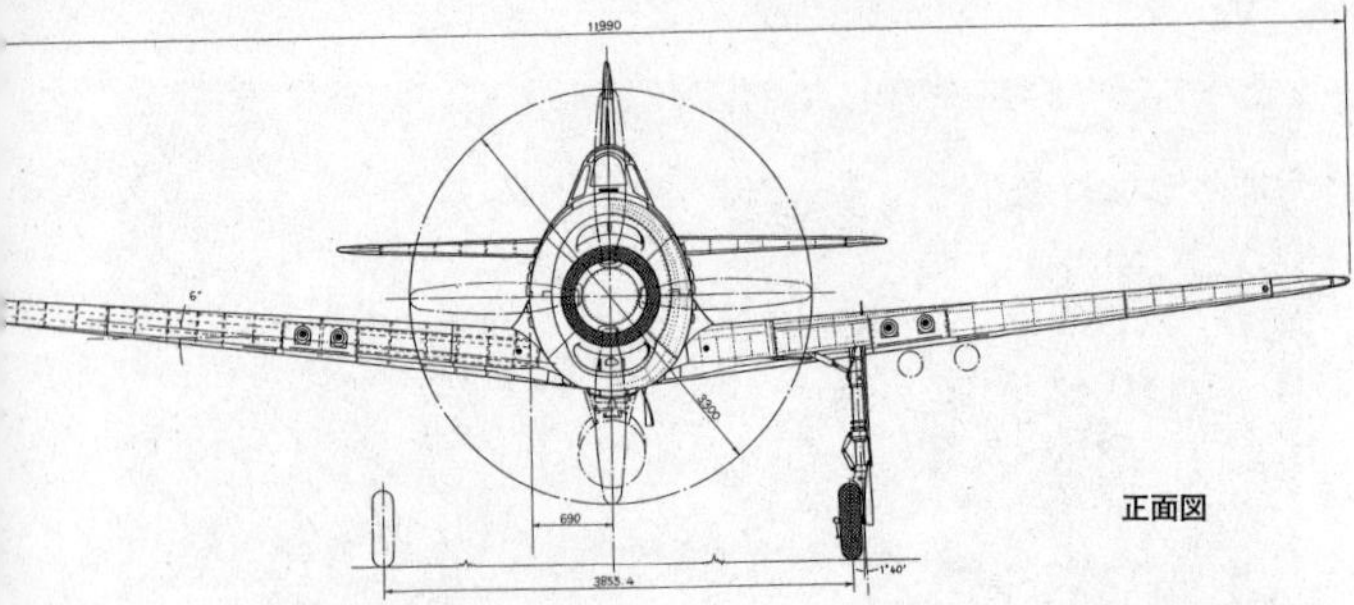

正面図

『紫電』二一甲型〔N1K2-Ja〕
五面図（つづき）

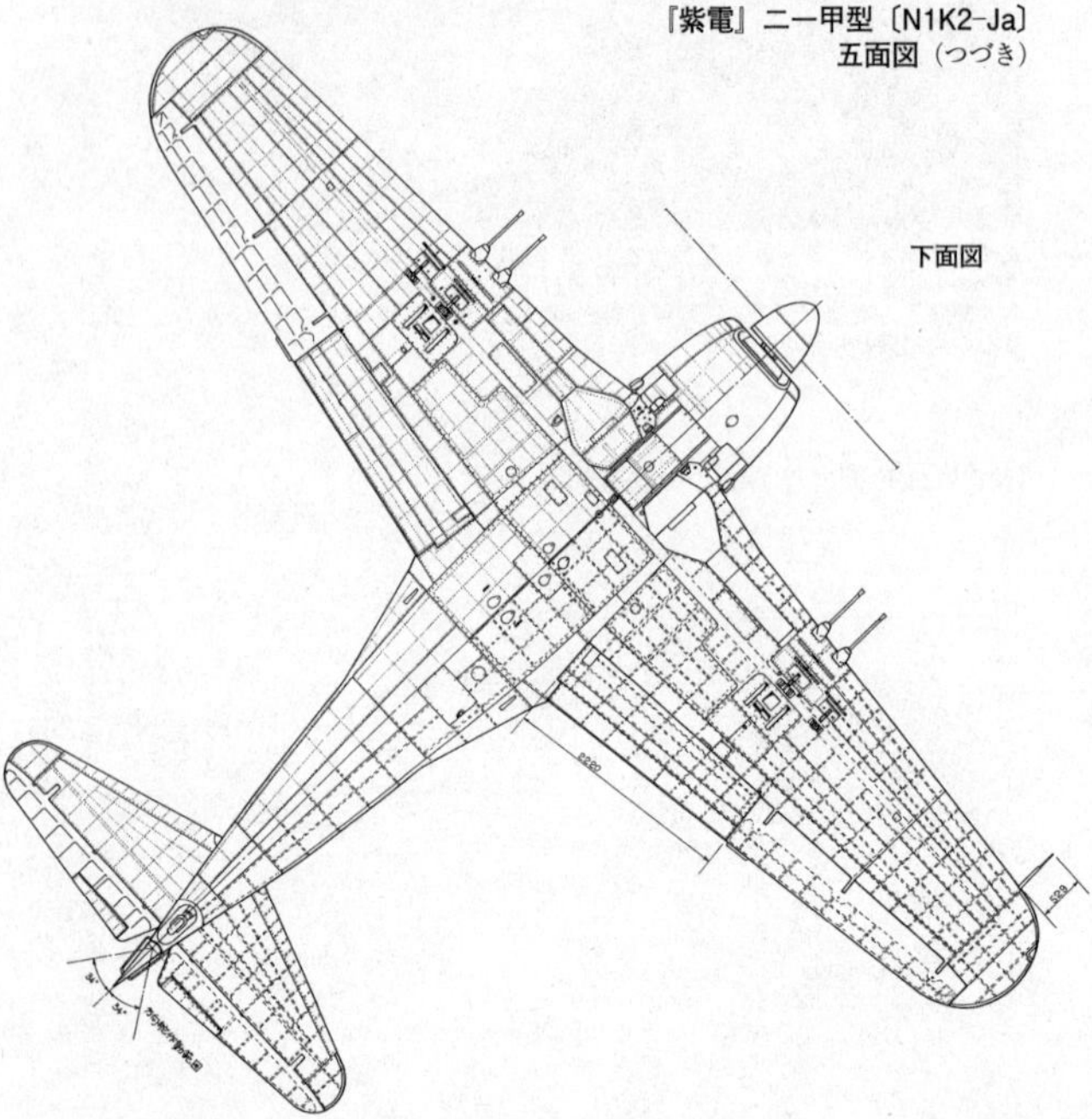

下面図

右側面図

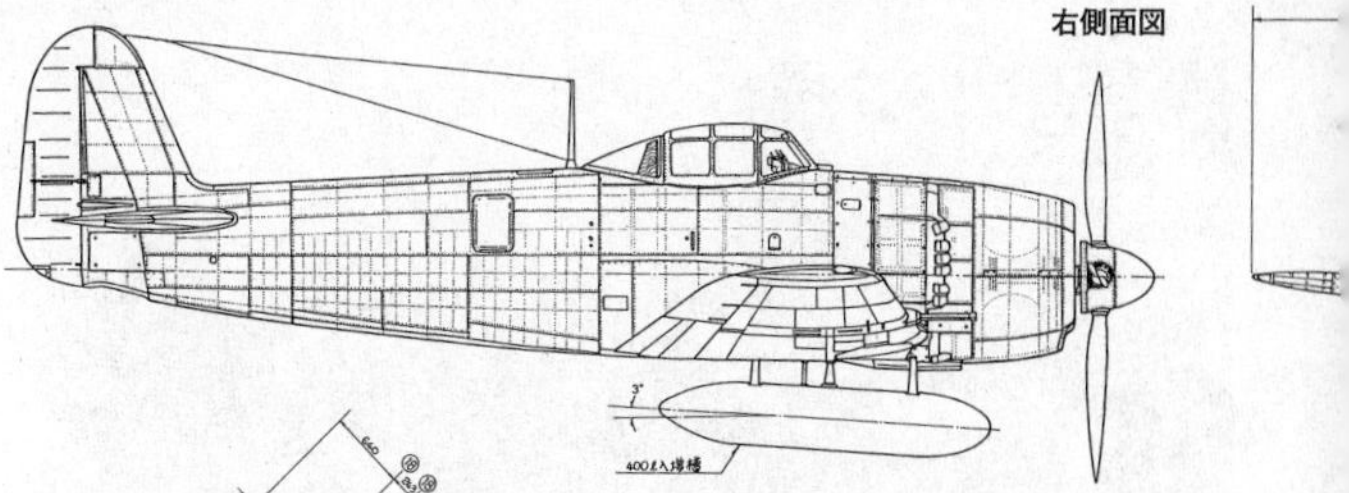

上面図

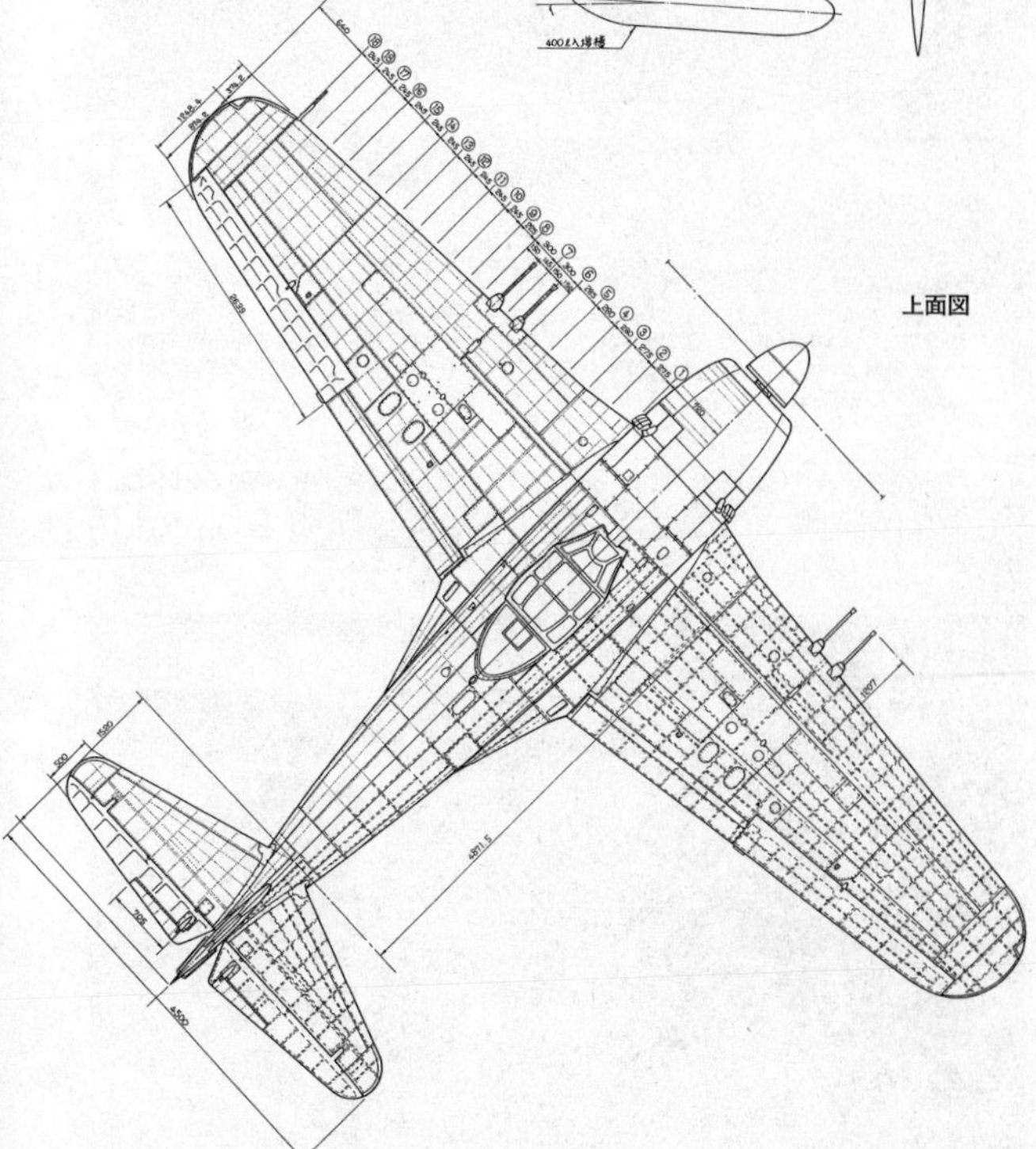

▲川西の鳴尾工場で完成したばかりの、『紫電』二一甲型、製造番号5243。二一型の生産第101号機以降がこの甲型で、垂直安定板を13％減積タイプに改め、主翼下面の爆弾懸吊架を、九七式甲型改一に変更したことが主な相違点。やや鮮明さを欠くが、本機のプロフィールを把握するのに好適な一葉。

▼太平洋戦争終結時点において、東京の立川に所在した、昭和飛行機（株）工場内にあった、『紫電』二一甲型。これまで、本機は、昭和飛行機が転換生産するにあたり、完成見本として川西から送られたものとされてきたが、胴体後部の緑黒色迷彩の塗り分けが川西製と異なり、また主翼上面日の丸に細い白フチが付いていることなどからみて、敗戦までに２機だけ完成したといわれる、昭和飛行機製の１機の可能性が高いようだ。

〔2代〕――「剣《つるぎ》」部隊と通称された――に配備され始めたのは、昭和20（1945）年2月半ばのことであった。

　これに先立ち、20年1月に試製紫電改は局地戦闘機『紫電』二一型〔N1K2-J〕の名称で制式に兵器採用されている。

　紫電二一型は、実用装備をフルに施して、試作機よりは当然ながら重量が増加しており、『誉』発動機が故障がちで、フルパワーが出せないことなどもあって、最大速度は594km／hていどに落ちていた。それでも、紫電より10km／hは優速で、零戦にとっ

『紫電』三一型〔N1K3-J〕生産第201号機以降

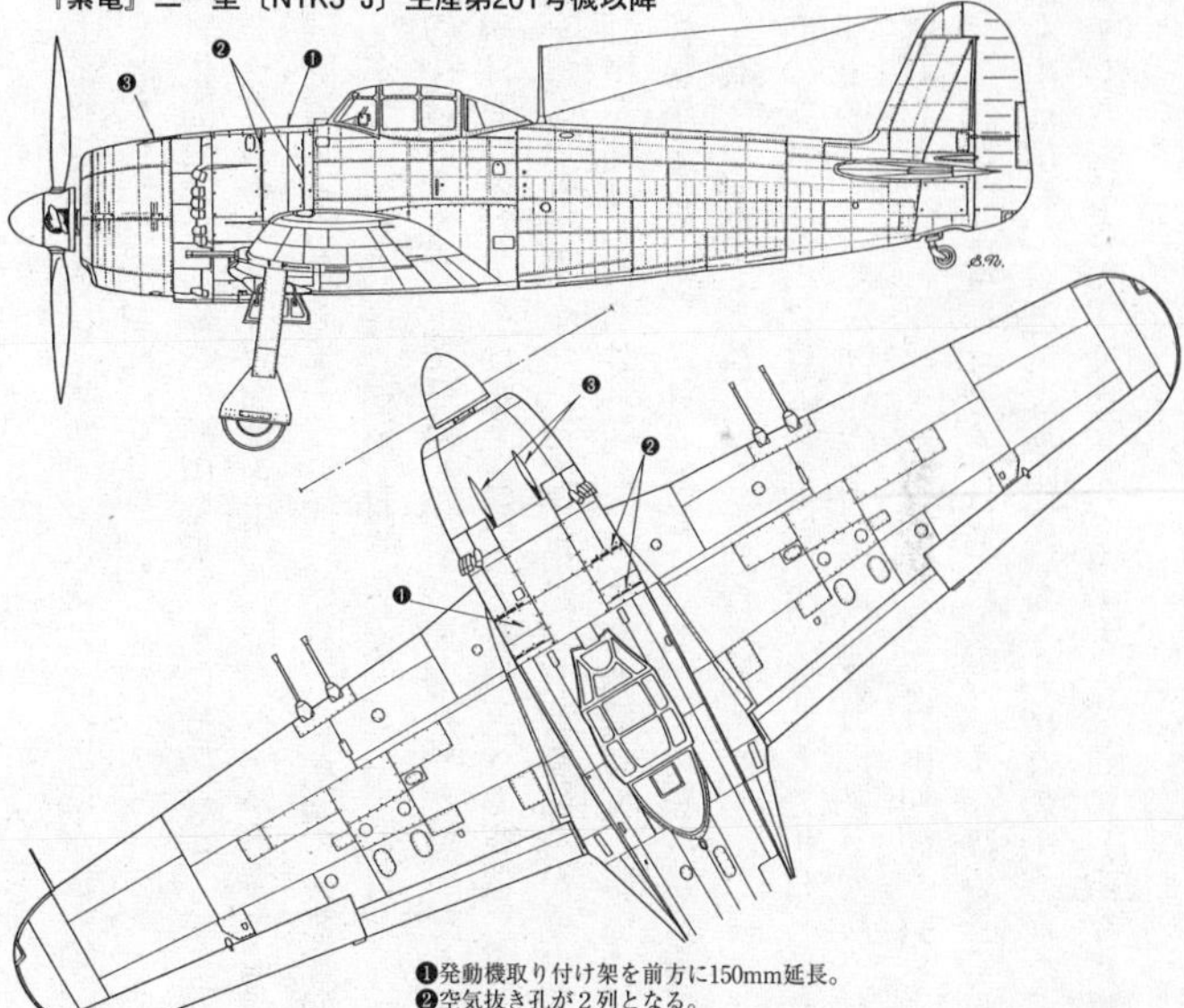

❶発動機取り付け架を前方に150mm延長。
❷空気抜き孔が2列となる。
❸三式十三粍機銃2挺を機首上方内部に追加装備し、カウリング上面にその発射口が設けられた。

『紫電』四一型〔N1K3-A〕

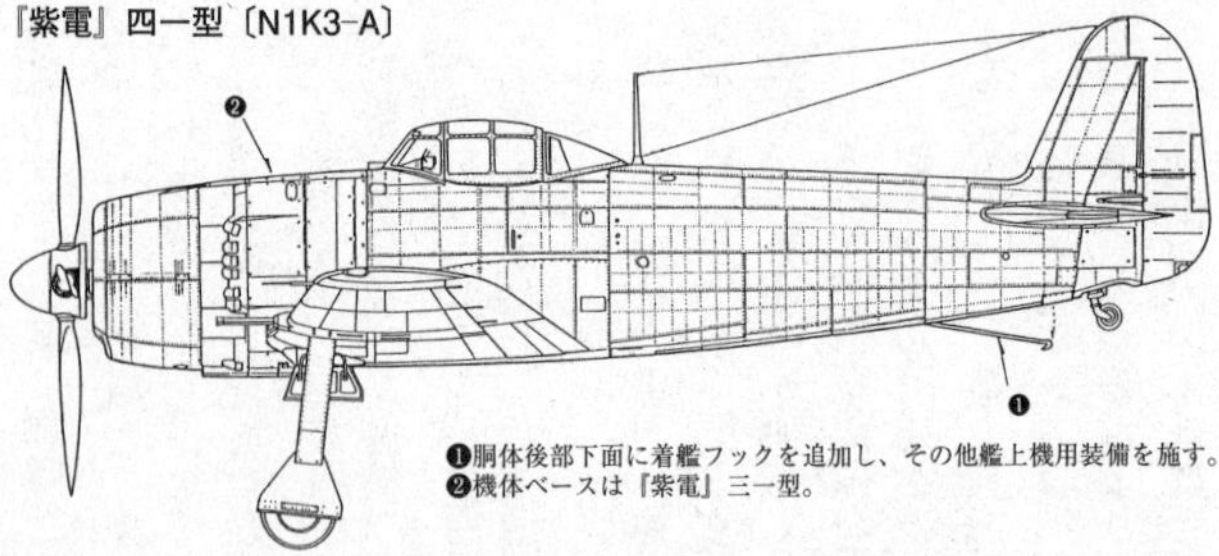

❶胴体後部下面に着艦フックを追加し、その他艦上機用装備を施す。
❷機体ベースは『紫電』三一型。

て替わるべき戦闘機は、事実上、本機においてほかになく、すべてを託すしかなかった。

海軍戦闘機隊生え抜きの源田実大佐を司令に迎え、生き残りのベテラン搭乗員を各方面から集め、隊員みずから海軍最後の精鋭戦闘機隊と自負していた三四三空は、短期間の猛訓練ののち、20年3月中旬には3個飛行隊（戦闘三〇一、四〇七、七〇一）約70機の紫電二一型を擁し、実戦態勢が整った。そして、3月19日朝の米海軍空母艦上機による呉地区への空襲に際し、稼働全機（54機）をもって迎撃に出動、有利な態勢からつぎつぎに敵機を捕捉し、約2時間の空戦で戦闘機48機、艦爆4機、計52機撃墜を報じた。これに対し、三四三空の損害は自爆／未帰還16機、地上炎上5機、不時着数機であった。

1回の空戦で、これほど多数の敵機を撃墜した例は、昭和18年末～19年はじめにかけてのラバウル迎撃戦以来、久しくなく、凋落いちじるしい日本海軍戦闘機隊としては画期的な戦果といえた。これは、紫電二一型の性能と技量レベルの高い搭乗員、的確な事前情報、合理的な編隊空戦など、種々の条件がうまくマッチしたための結果であった。もっとも、この日の空戦によ

▲二一甲型の発動機取り付け架を前方に150mm延長し、スペースをつくったうえで、機首上部に三式十三粍機銃２挺を追加したのが、『紫電』三一型〔N1K3-J〕であり、生産第201号機以降がこれにあたる。さらに、三一型の発動機を、低圧燃料噴射式の『誉』二三型に換装したものが、『紫電』三二型であった。写真はこの三二型の試作機として、二一型生産機から改造して２機造られたうちの１機、製造番号川西517号機。風防前方のカウルフラップまでの間の延長部、２列になった空気抜き孔、カウリング上面の十三粍機銃発射口が確認できる。しかし、結局は『誉』二三型の量産が実現しなかったことにより、『紫電』三二型も試作のみで終わった。

り、三四三空の戦力もかなりダウンし、紫電をふくめた保有機数は数十機あったが、稼働機数は紫電二一型28機、紫電一一型9機に減ってしまった。

4月上旬、沖縄戦の開始にともない、三四三空も鹿児島県鹿屋基地に移動し、特攻機援護、制空、防空任務などに奮闘した。しかし、圧倒的多数の米軍機を相手にして、ベテラン搭乗員もつぎつぎと戦死し、5月上旬、長崎県大村基地に後退したころの稼働機数は、3個飛行隊合わせても35機ていどだった。それでも、苦しい戦いのなかで、6月2日の21機出撃で18機撃墜、7月24日の21機出撃で16機撃墜は、三四三空ならではの空戦戦果といえる。

だが、こうした三四三空の奮闘も、大局的にみればささやかな抵抗にすぎず、8月8日の空戦を最後に、大村基地で終戦を迎えた。菅野（戦闘三〇一）、林（同四〇七）、鴛淵（同七〇一）大尉ら、編制以来の3飛行隊長をふくむ主要幹部のほとんどがすでに戦死しており、まさに刀折れ、矢尽きた状況だった。

紫電二一型は、三四三空のほか、横須賀空、一〇〇一空をはじめ、一部の偵察飛行隊などにも配備されたが、機数は少なく、航空隊、飛行隊規模で装備、運用したのは三四三空だけであった。

なお、海軍は、本機に大きな期待をかけ、昭和20年1月に計11800機という膨大な量産計画を立て、川西はもとより三菱、昭和、愛知の各社、第一一、二一空廠などでの転換生産を予定した。しかし、B-29の空襲による川西工場の壊滅、転換生産準備の遅れなどもあり、終戦までに完成したのは、川西工場の約400機、昭和、二一空廠のごく少数を合わせて、450機にも満たない程度に終わり、とても主戦力になる数ではなかった。

量産されたのは紫電二一型、三一型の2種であるが、期待が大きかっただけに、試作、計画型をふくめたバリエーションは、生産数のわりに意外と多い。それらを以下に示す。

●**紫電二一型（N1K2-J）**

旧名称は試製紫電改。生産第100号機まで（製造番号5100まで）。51号機以降は二十耗機銃の取り付け角が3度上向きとなる。

●**紫電二一甲型（N1K2-Ja）**

旧名称は試製紫電改甲。生産第101～200号機まで（製造番号5101以降）。二一型の主翼内爆弾懸吊架を、九七式甲型改一に変更し、垂直安定板の面積を13％減少した。

●**紫電三一型（N1K3-J）**

旧名称は試製紫電改一。二一甲型の発動機取り付け架を150㎜前方に伸ばし、機首上部に三式十三耗機銃2挺を追加装備した型。昭和20年2月以降、生産に入った。生産第201号以降（製造番号5501以降？）。

●**紫電三二型（N1K4-J）**

試製紫電改三と呼ばれた型で、三一型の発動機を低圧燃料噴射式の『誉』二三型に換装したもの。製造番号517、520の2機の試作機が作られたが、量産には入っていない。

●**紫電二五型（N1K5-J）**

試製紫電改五と呼ばれた型で、二一甲型の発動機を三菱製『ハ四三』一一型（2200

『紫電』二五型〔N1K5-J〕

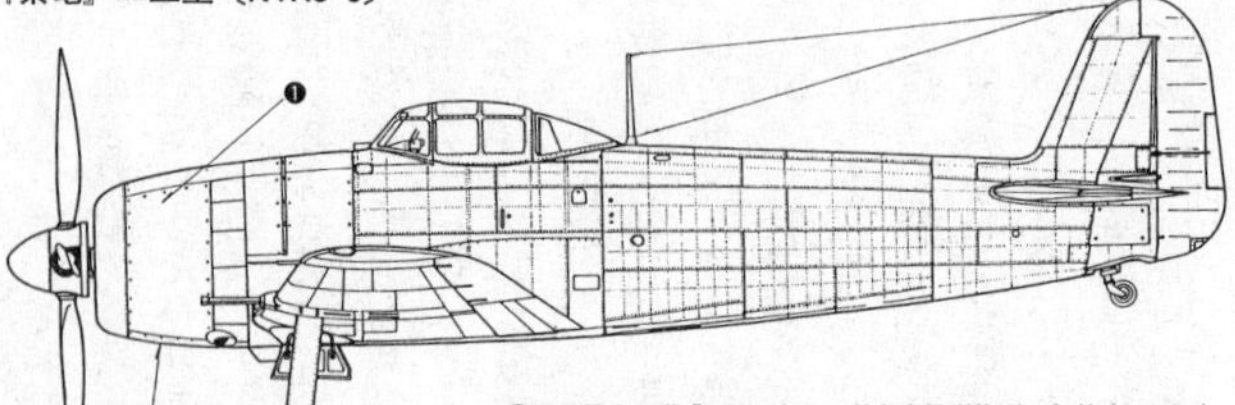

❶発動機を三菱『ハ四三』一一型空冷星型複列18気筒（2,200hp）に換装。
❷カウリングを再設計。

仮称紫電改練習戦闘機

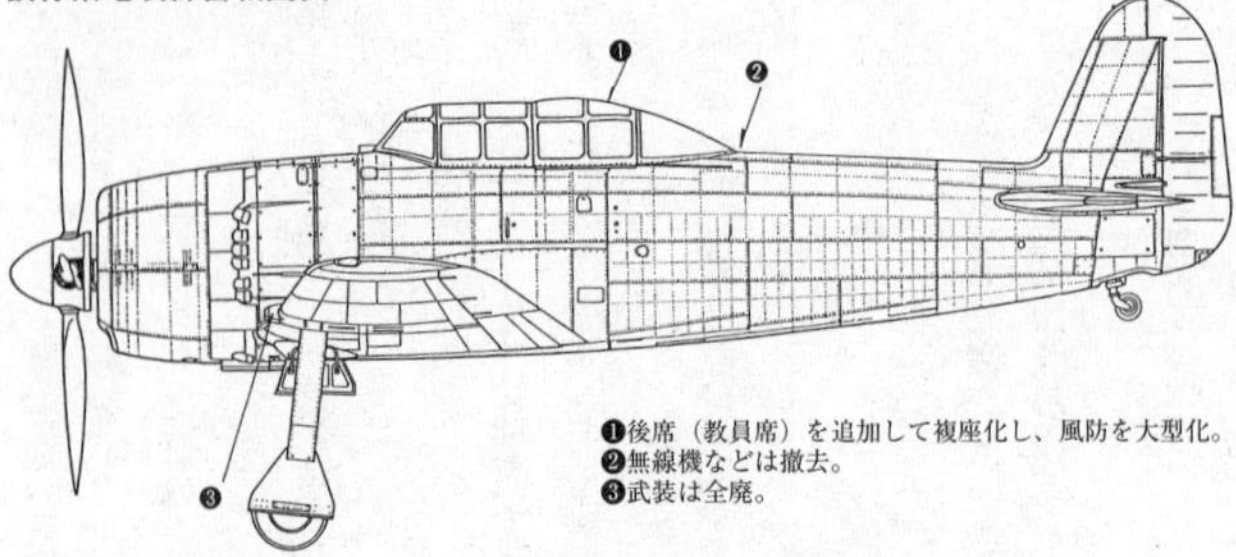

❶後席（教員席）を追加して複座化し、風防を大型化。
❷無線機などは撤去。
❸武装は全廃。

hp）に換装し、全般性能向上を図ったもの。試作機が完成直前にB-29の空襲によって破壊され、テスト飛行もできずに終わっている。

●紫電四一型（N1K3-A）

紫電三一型に着艦フック、そのほかの装備を追加し、艦上戦闘機に転用した型。試作機は2機ほど作られ、昭和19年11月に、東京湾内で試運転中の空母『信濃』を使って離着艦テストが行なわれた。しかし、その直後に海軍が空母の運用を放棄したため、生産は行なわれなかった。

●試製紫電改四（N1K4-A）

紫電三二型に改二と同様の装備を施した艦上戦闘機型。試作

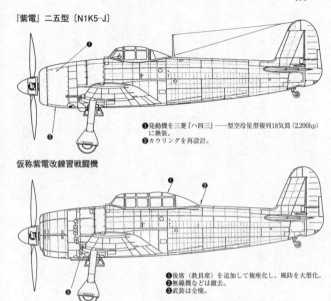

機は作られたらしいが、やはり生産には至らなかった。

●仮称紫電改練習戦闘機（N1K2-K）

紫電二一型の武装を撤去し、操縦席の後方に新たに教員席を追加した複座練習機型。試作のみで生産はされなかった。

●性能向上型

将来、発動機を『誉』四四型に更新し、全般性能向上を図ろうとした型。計画のみ。

●鋼製紫電改

軽合金材料の不足を考慮し、構造材を鋼製に変更しようとした型。計画のみ。

紫電改は、確かに経験不足の川西の作品にしては、それなりに〝努力賞〟に値し、日本海軍機中という狭い視野でとらえれば、〝高性能機〟には違いない。しかし、第二次大戦機という大局的見地に立つと、当時の米、英、独各国の同級機に比較して、設計、性能ともにかなり見劣りするのは否めない。それは、決して川西設計陣を責めているのではなく、これが日本航空技術界全体の限界だったのだ。

なんとなれば、紫電改が実戦に参加し始めた昭和20（1945）年3月、ヨーロッパでは新型単発単座戦闘機の最大速度は700～750㎞／hが平均であり、ドイツでは、これらのレシプロ戦闘機さえ圧倒するMe262、He162ジェット戦闘機、イギリスではグロスター〝ミーティア〟が量産され、そして実戦投入されていたのである。

「紫電」二一型『紫電改』主要目、および性能一覧表
(主要目は取扱説明書、性能は海軍データより抜粋)

主要目

飛行機名称			紫電改
製作会社			川西航空機株式会社
型式×乗員			単発低翼単葉引込脚×1
主要寸度	全幅(m)		11.990
	全長(m)		9.346(水平)
	全高(m)		3.960(水平)
搭載量	自重(kg)		2,660
	正規全備(kg)		4,200
	搭載量(kg)		1,540
	許容過荷重(kg)		4,475
荷重	翼荷重(kg/m²)		179(4,200/23.5)
	馬力荷重(kg/m²)		2.5(4,200/1,700)
発動機	出力	第1公称	1,900hp
		第2公称	1,700hp
		離昇	2,000hp
	回転数	公称	3,000(2,900)
		離昇	3,000(2,900)
	給入圧力	公称	+350(+250)
		離昇	+500(+400)
	公称高度	第1(飛行成績)	1,750(2,900)
		第2(飛行成績)	6,400(6,000)
	名称×数		誉二一型×1
プロペラ	型式		住友/V.D.M.4翅金属製恒速プロペラ
	直径(m)		3.300
	重量(kg)		203
主翼	弦長(m)		2.700(胴体中心) 1.250(仮想翼端)
	取付角(度)		4.0(機体中心)
	上反角(度)		6.0(30%線)
	後退角(度)		0(30%線)
	捩れ角(度)		3.25(於翼端)
	翼面積(m²)		23.5(含胴体内)
補助翼	幅(m)		2.639×2
	平衡比(%)		26.7
	運動角	上げ	左(18°45′)19°30′ 右(18°30′)19°30′
		下げ	左12°30′ 右12°30′
フラップ	幅(m)		2.605×2
	運動角(度)		30
	作動		離着および空戦(包絡線式)油圧作動
水平尾翼	幅(m)		4.500
	取付角(度)		+1.0(対推力線)
昇降舵	幅(m)		2.157×2
	運動角	空中	上げ25° 下げ25°
		離着	上げ35° 下げ31°
	面積(m²)		0.566×2(含修正舵)
垂直尾翼	高さ(推力線上方)(m)		1.900
	面積(m²)		1.590
	取付角(度)		0
方向舵	高さ×面積		2.080×0.81
	運動角		左右35°30′
	手伝比		10:4
胴体	長さ(含発動機架、方向舵)		7.792m
	幅(含固定フィレット)		1.740m
	高さ(含垂直尾翼)		2.640m

燃料油タンク容量		胴体前部（ℓ）	270（285）
		胴体後部（ℓ）	260（274）
		翼内（ℓ）	93×2（105×1）
		落下増設槽（ℓ）	400（400）
		総容量（ℓ）	1,116（1,064）
メタノール潤滑油容量		メタノール（ℓ）	140
		潤滑油（ℓ）	60
降着装置		引入機構	油圧
	主脚	間隔（m）	3.855
		緩衝行程（mm）	180
		静下行程	180mm×3/4
		正規油量（ℓ）	2
		タイヤ	600×175mm
		内袋（kg/cm²）	4.5
		充填初気圧（kg/cm²）	18
	尾脚	緩衝行程（mm）	105
		静下行程	105mm×2/3
		正規油量（ℓ）	0.34
		充填初気圧（kg/cm²）	26
		タイヤ	200×75mm ソリッド
三点静止角			約13°

武装

二十粍機銃×４ （主翼内固定） 爆弾60kg、または250kg×２	弾数各100発（外側銃） 弾数各200発（内側銃）

性能

最大速度	594km/h/5,600m
巡行速度	370km/h/3,000m
着陸速度	144km/h
上昇力	高度6,000mまで７分22秒
実用上昇限度	10,760m
航続距離	1,713km（正規）
航続距離	2,392km（過荷）

第三節　紫電、紫電改の機体構造

紫電と紫電改は、胴体、主脚、垂直尾翼、武装関係に大きな違いはあるが、基本構造はそれほど違わないので、以下の解説は、項目ごとに両機をいっしょにして説明し、図版も、共通する部分はどちらかの機体だけを、異なる部分は、双方を掲載し、その違いが比較できるようにした。

※以下の図版のうち、「K1―J」と記したものは紫電、「K2―J」と記したものは紫電改を、それぞれ示す。

胴体

全金属製半張殻（セミ・モノコック）式構造で、主要材は、厚さ0・5～1・0㎜の合わせ高力アルミニウム合金第二種鈑SDCH、およびSD押し出し型材を使用している。

紫電のほうは、第1～19まで19本の肋骨に、計40本の縦通材を通した骨組みで、その断面は、『強風』の『火星』発動機に合わせた、太く、しかも真円に近いものである。

胴体後部に至っても断面形はほとんど変わらず、太さも絞り込まれていないことが、各肋

胴体骨組み図（寸法単位：mm）

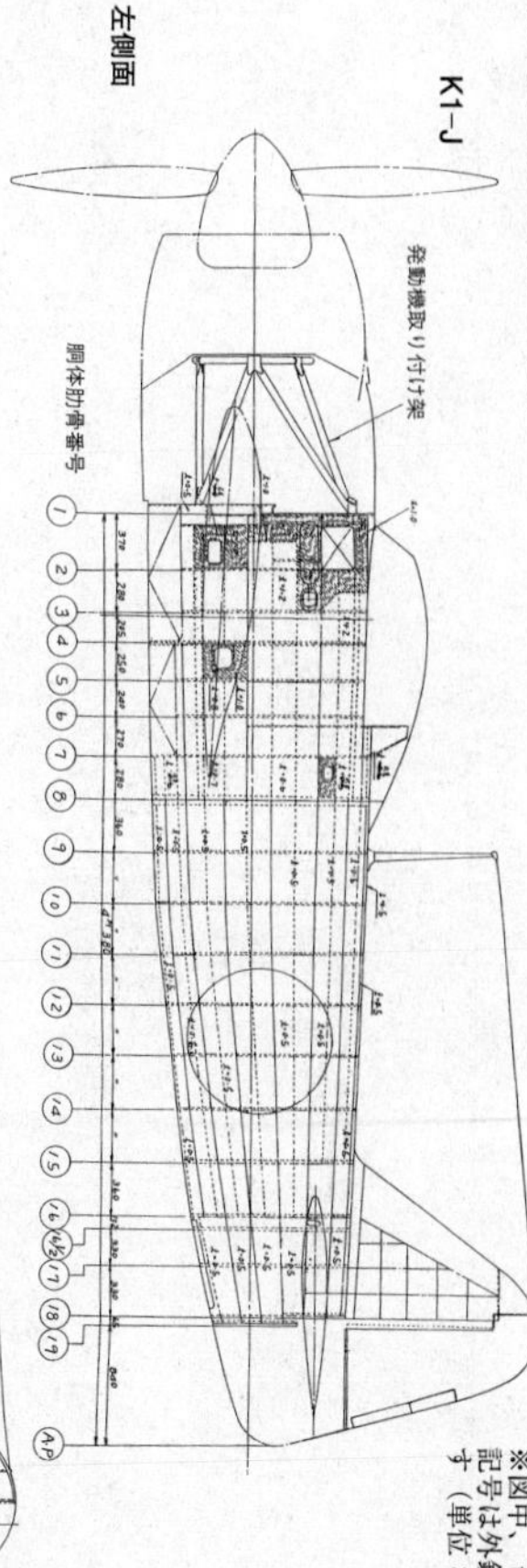

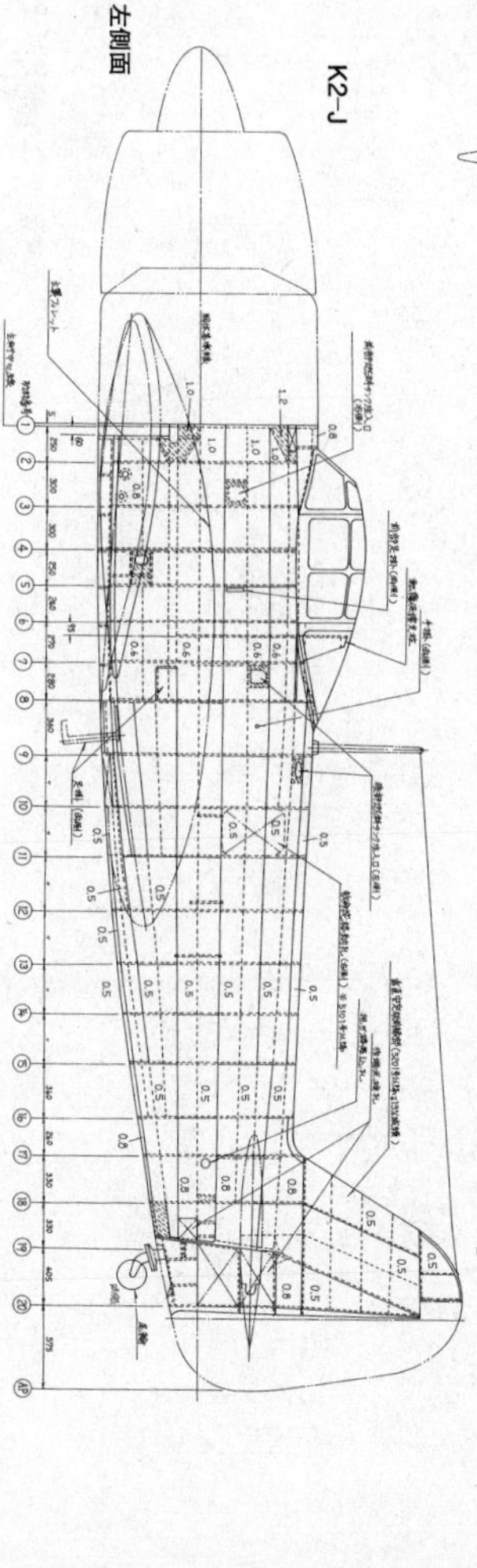

※図中、t＝0.5などの記号は外鈑の厚さを示す（単位：mm）。

胴体骨組み図（寸法単位：mm）

K1-J　上面図

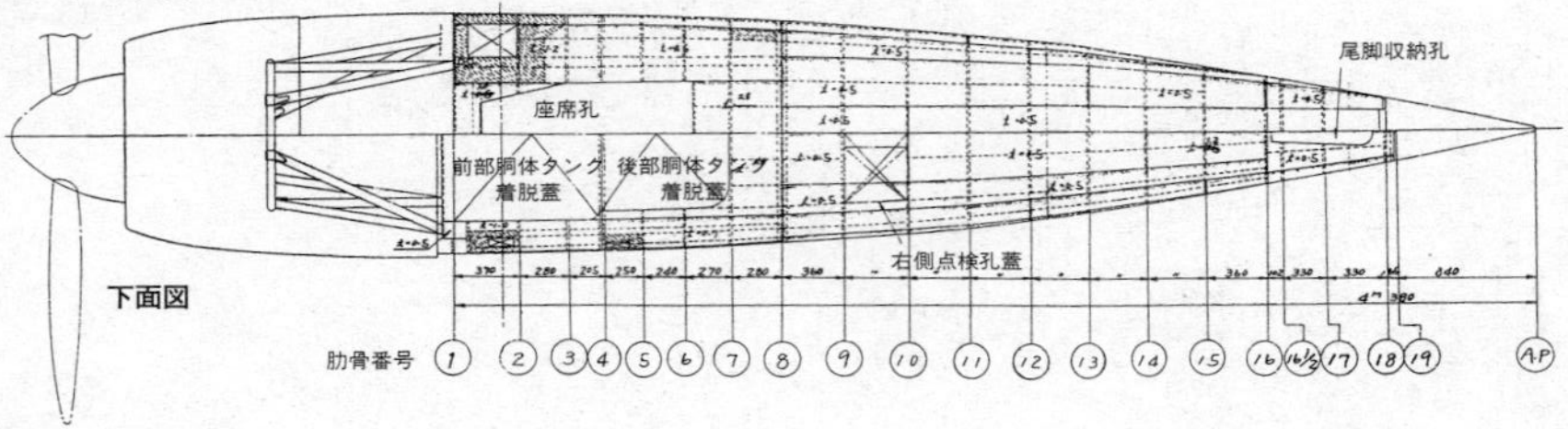

K2-J　下面図

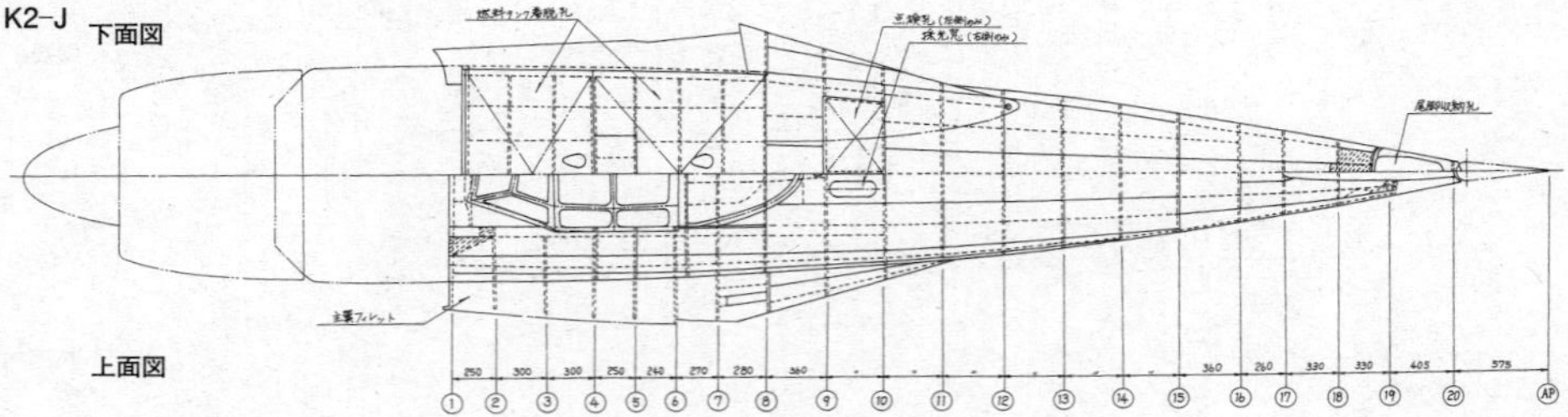

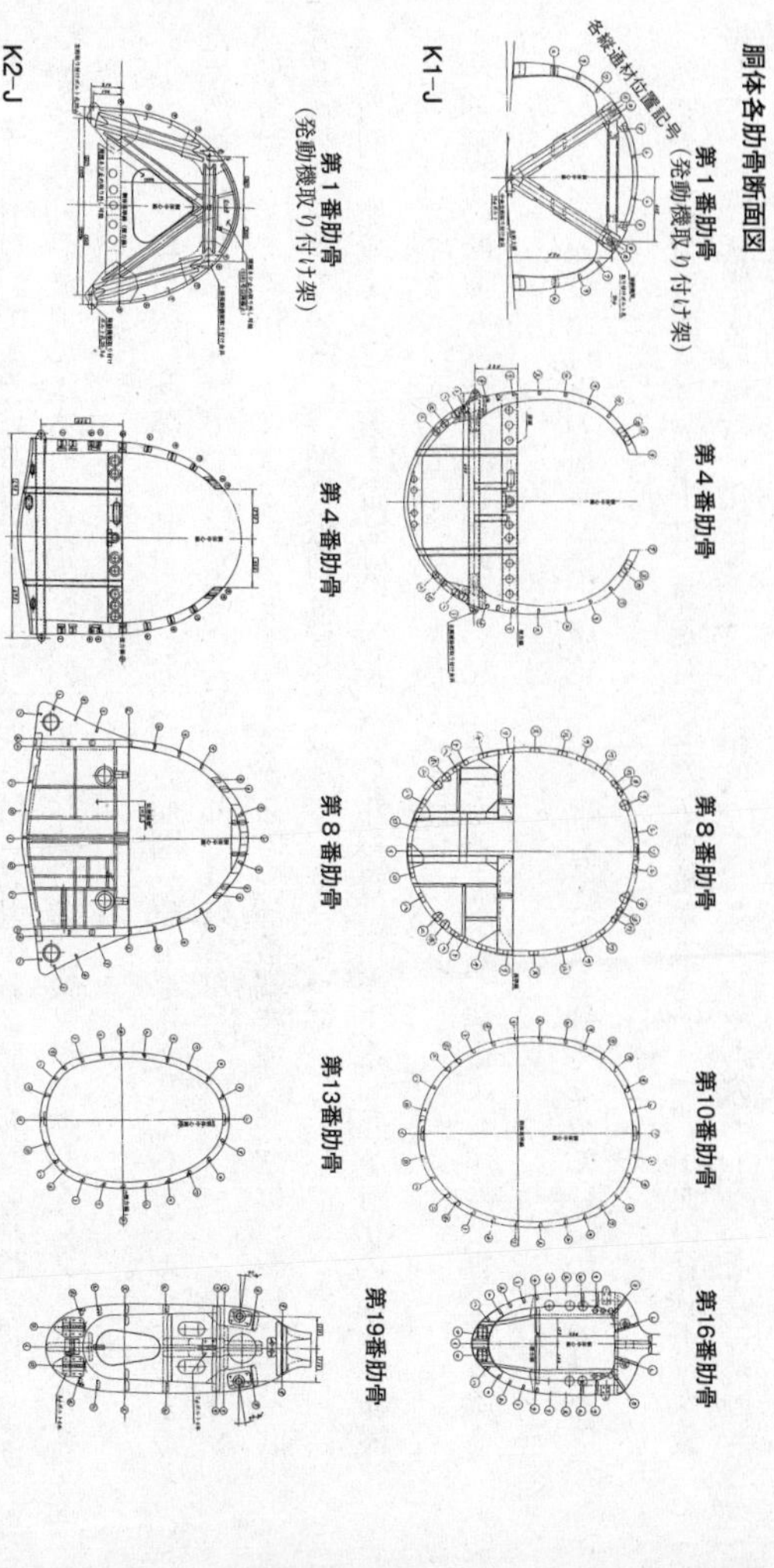

骨図でもよくわかる。ただ、13番あたりから急に絞り込みが強くなり、16番では左右幅が60cm弱になっている。この16番肋骨の上部が角張って垂直になっているのは、当初、水平安定板を角度変更式にしようとしていたため（第8号機までで廃止）で、本機の尾翼付け根付近

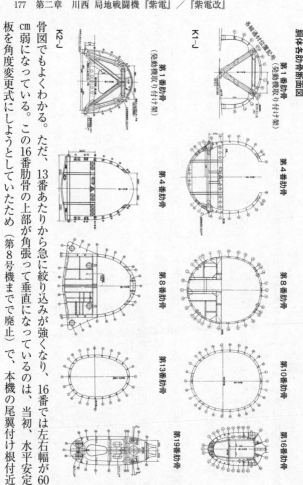

を特徴ある外観にしている。

この胴体は、前部、後部、尾部の3部分に分割して組み立てられ、第8、9番、および18、19番肋骨がその結合部となる。

第1番肋骨は、発動機取り付け架、主翼の取り付け基盤、および防火壁を兼ねており、ここから7番肋骨までの上方⅔が操縦室区画、下方⅓は、前、後2つの燃料タンク・スペースに充てられている。

いっぽう、紫電改の胴体は、骨組み、および断面図を見てもらえればわかるように、まったく新規に設計し直されており、紫電と共通する部分はほとんどない。

肋骨は1本多く第1～20番まであり、第1番から方向舵後端までの長さは、紫電に比べ383㎜長くなっているが、逆に縦通材は8本減って32本になっている。

断面図で比較すると、第1番肋骨からして、上部の肩に相当する部分が削り込まれ、操縦室からの下方視界がかなり改善されていることがわかる。

後部胴体の断面も、13番、19番肋骨を見ればわかるように、紫電よりずっと細く絞り込まれている。

もっとも、操縦室付近の最大幅は、紫電と比べてもそれほど細くなっているわけではなく、その差は90㎜ていどにすぎない。

紫電の主翼付け根フィレットは、見た目にも空気抵抗が大きそうで、川西の経験不足を象徴していた。紫電改では低翼化されたことと相俟って、フィレットの形もそれなりに洗練されてはいたが、それでもかなり大きく、三菱、中島製戦闘機に比べると野暮ったさは否めない。本機の速度性能が、紫電に比べてそれほど向上しなかったのは、このフィレットの処理の甘さも影響しているようだ。

操縦室への昇降用手掛け、足掛けの配置は、紫電のそれが踏襲されており、基本的には同じである。零戦や雷電の場合、こうした手掛け、足掛けは左側だけにしか設けていないが、紫電、紫電改は両側にあり、どちら側からも乗降できるようになっている。同じ海軍戦闘機でありながら、この違いは意外である。

主翼

基本的には、強風の〝LB翼〟をそのまま踏襲しているが、紫電では主脚の取り付け、収納孔の新設、二十粍機銃装備位置の変更なども絡んで、小骨、縦通材、関連パネルの配置などに、相応の改設計は加えられている。

この主翼は、弦長の30％位置に主桁、64％位置に後部補助桁をもつ、単桁応力外皮式構造で、左右翼は主桁のみにて胴体内を貫通して連結し、胴体第1番肋骨下部に、左右4本のボルトで主桁を、第4番肋骨に左右2本のボルトで後部補助桁を結合して組み立てられ、完成後は胴体との分離は不可能とされた。

主桁は、零戦が初めて用いた超々ジュラルミン、すなわちESD材によるI型板張り式で、上、下縁材はT型のESD押し出し型材を機械加工したものを用い、紫電では胴体中心より

４５３０㎜まで、紫電改では３８００㎜位置までを一本の縁材とし、それより外方は別にＥＳＤ押し出し型材により継ぎ足すという工法を採っている。

外鈑は、０・５～１・２㎜厚のＳＤＣＨ鈑を用い、主桁付近のみＳＤ押し出し型材、その他は板曲げ型材の縦通材にて整形、補強してある。むろん、外鈑の固着は沈頭鋲（２・５φ）を用いて行なっている。

小骨は第１～19までの19本あり、ゴムプレスにて製作した、１枚板有孔小骨と称するものである。下に示した断面図により、〝ＬＢ翼〟の層流翼型が具体的に把握できよう。

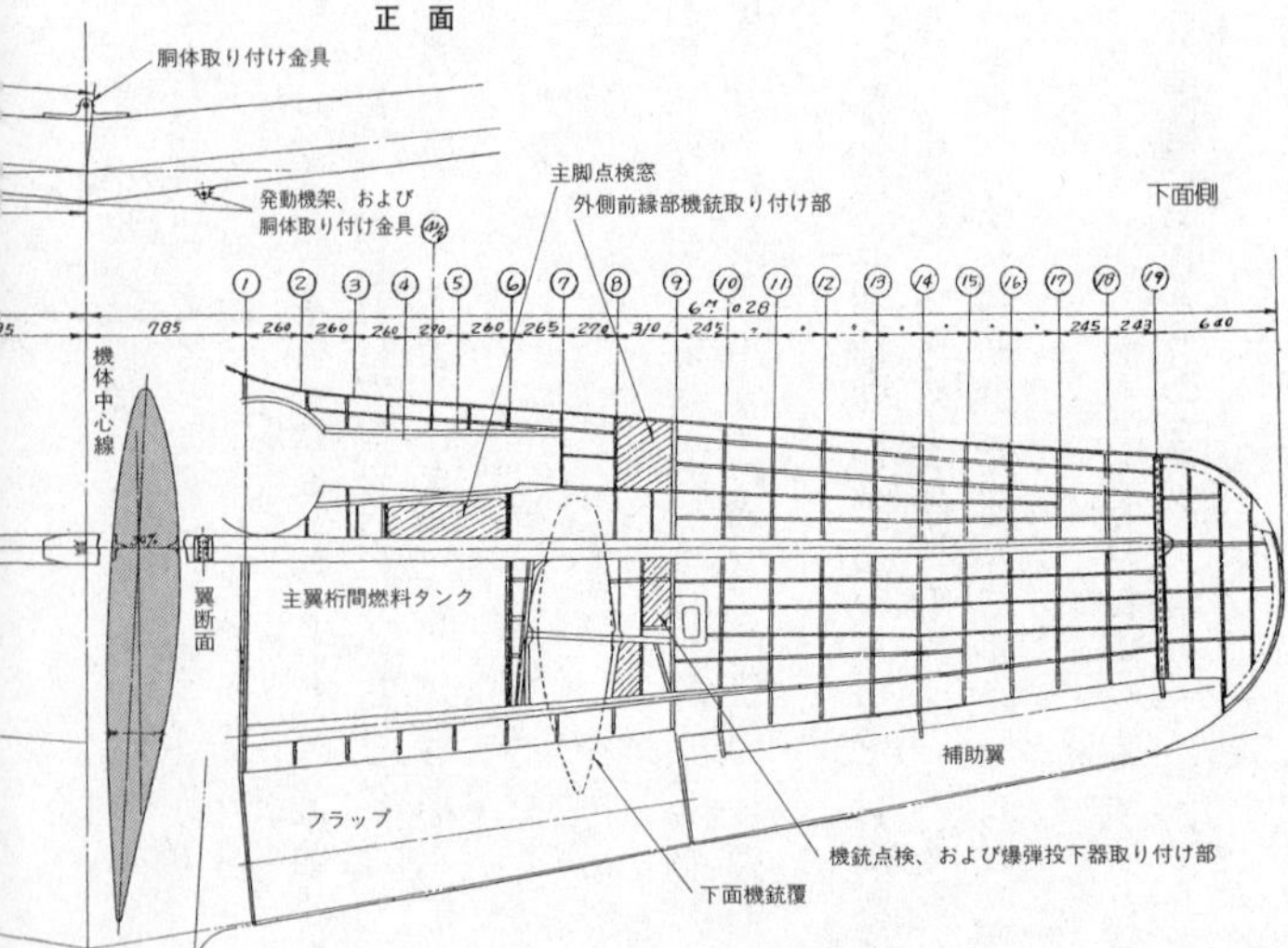

第1~9小骨間の後縁にフラップ、9~19小骨間、および翼端部の後縁に補助翼が取り付けられる。

なお、前縁の振り下げ、後縁の上反角変化については、基本的に強風と同じ。

紫電改では、二十粍機銃がすべて翼内装備となったため、第1~9番までの各小骨間寸度が変わり、全体に機体中心線寄りに少し移動した。

当然ながら、兵装関係のパネル分割も変わっている。

尾翼

水平尾翼は、P.185~186図に示すように左右一体に造

主翼骨組み図（寸法単位：mm）　**K1-J**

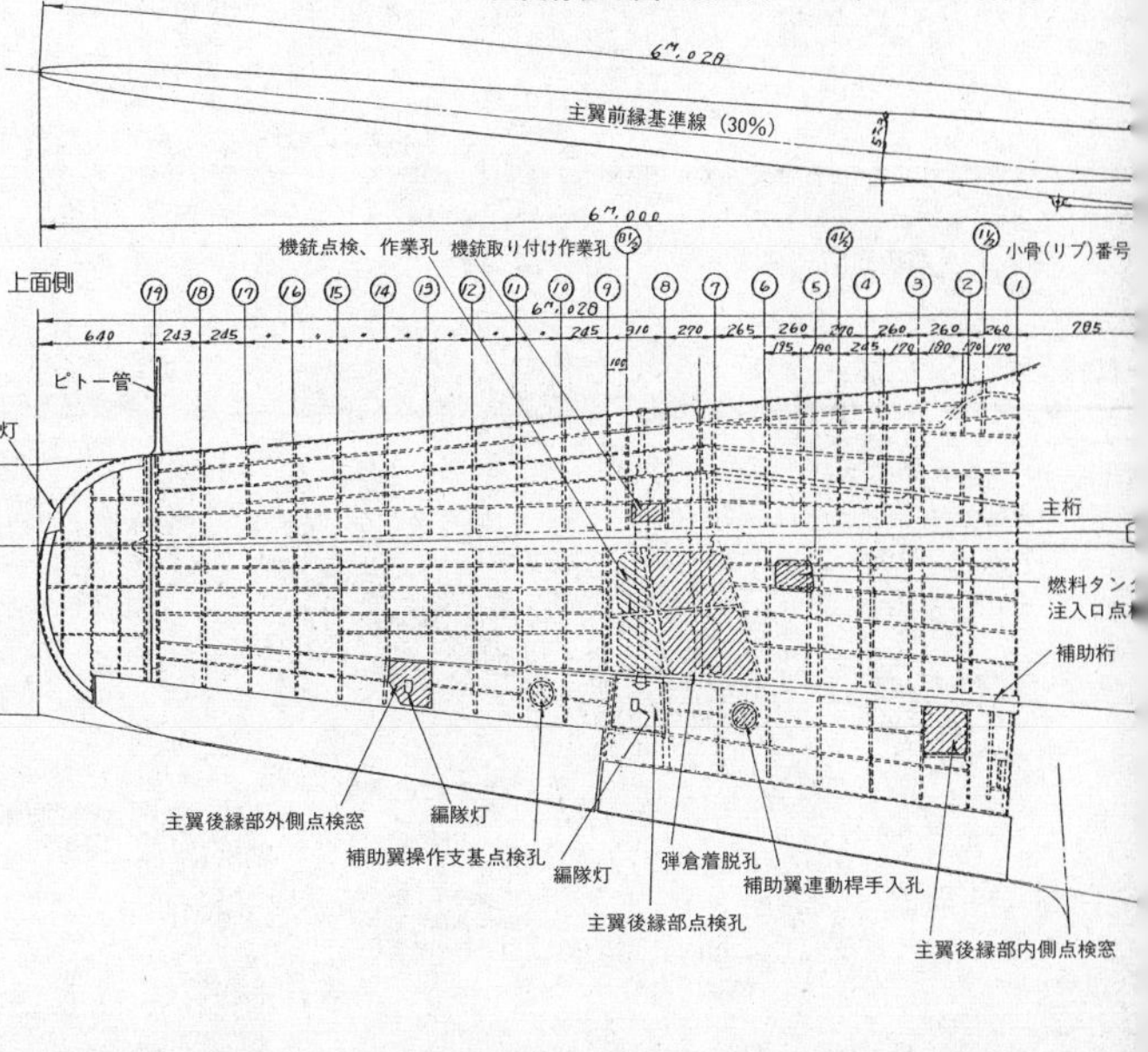

K2-J

主翼骨組み（寸法単位mm）

後方正面

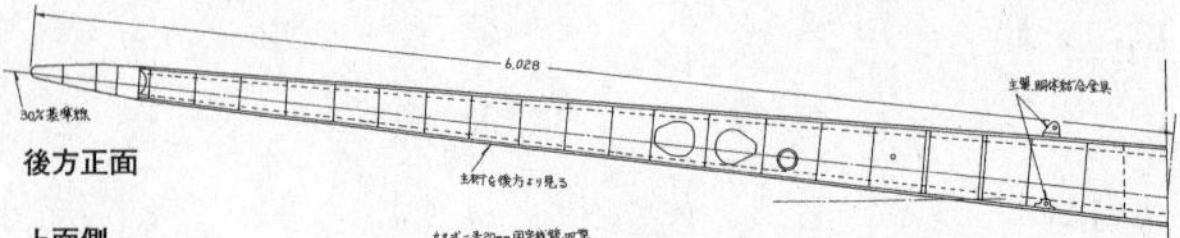

上面側

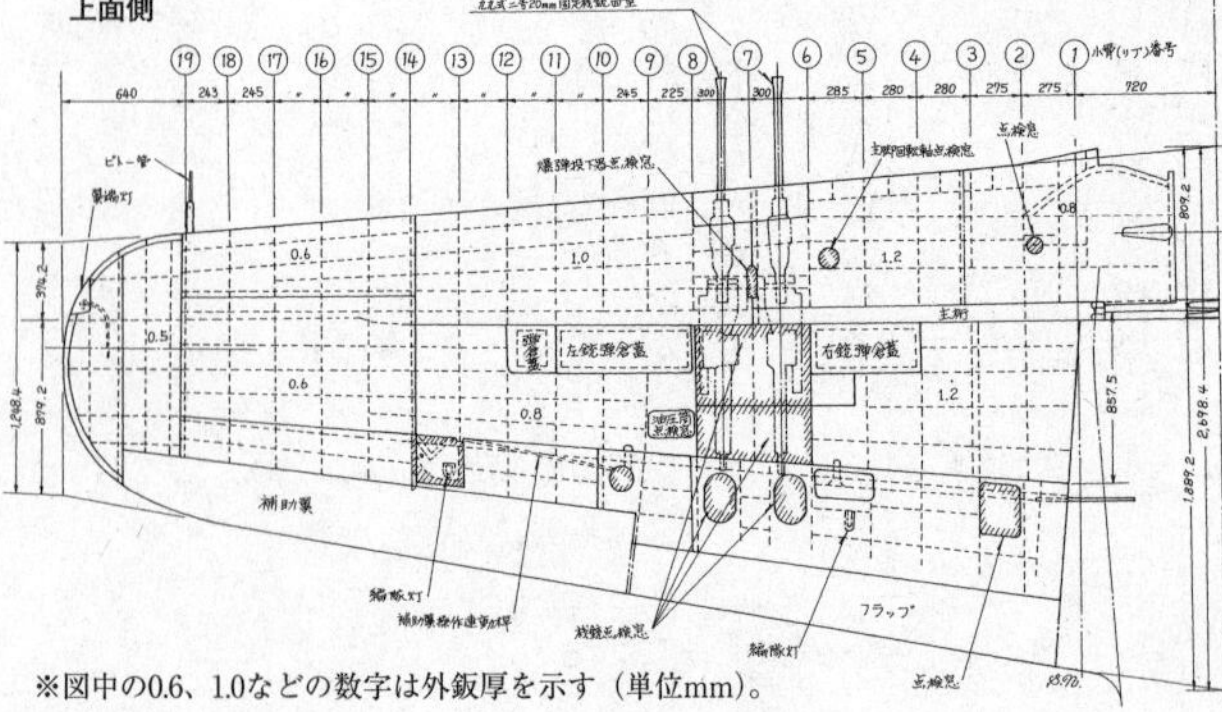

※図中の0.6、1.0などの数字は外鈑厚を示す（単位mm）。

K2-J 主翼構造図

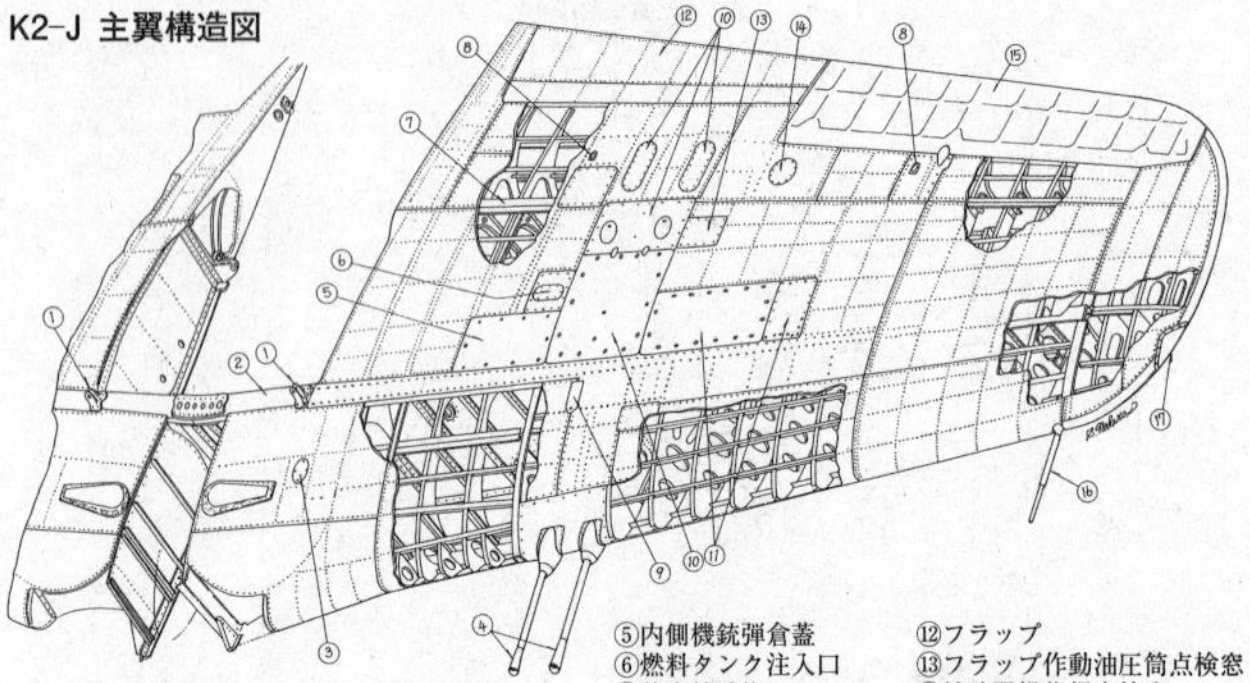

①胴体、主翼取り付け金具
②主翼主桁
③主脚点検窓
④九九式二十粍二号機銃四型
⑤内側機銃弾倉蓋
⑥燃料タンク注入口
⑦後方補助桁
⑧編隊灯
⑨爆弾投下器点検窓
⑩機銃点検窓
⑪外側機銃弾倉蓋
⑫フラップ
⑬フラップ作動油圧筒点検窓
⑭補助翼操作桿点検窓
⑮補助翼
⑯ピトー管
⑰翼端灯

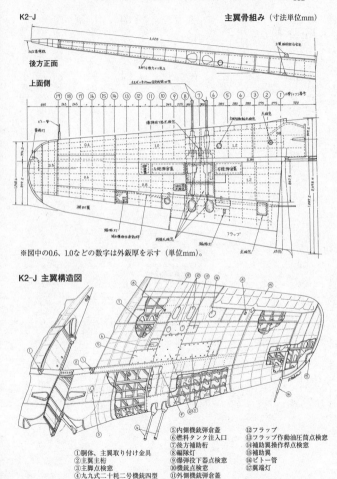

K1-J 機体主要部詳細

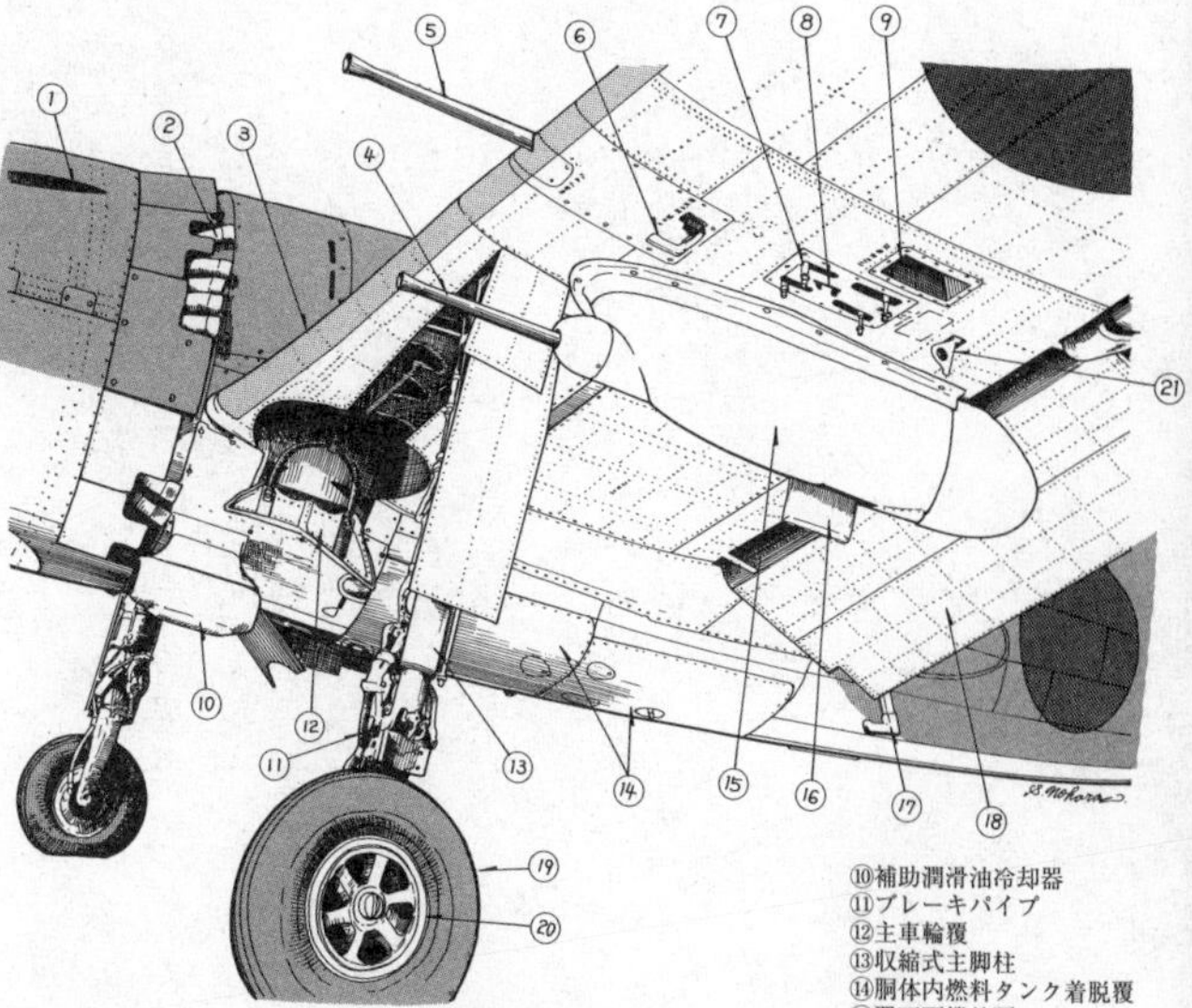

①七粍七機銃発射口
②推力式単排気管
③わずかに屈折する主翼付け根前縁
④翼下面九九式二十粍二号固定機銃三型
⑤翼内九九式二十粍二号固定機銃三型
⑥前方風車抑え金具
⑦爆弾懸吊時の振れ止め金具
⑧爆弾懸吊具
⑨翼内九九式二十粍二号固定機銃用打殻放出孔
⑩補助潤滑油冷却器
⑪ブレーキパイプ
⑫主車輪覆
⑬収縮式主脚柱
⑭胴体内燃料タンク着脱覆
⑮翼下面機銃覆
⑯点検扉（開状態を示す）
⑰足掛け
⑱フラップ
⑲主車輪（600×175mm）
⑳ホイールハブ
㉑後方風車抑え金具

K1-J 補助翼骨組み図

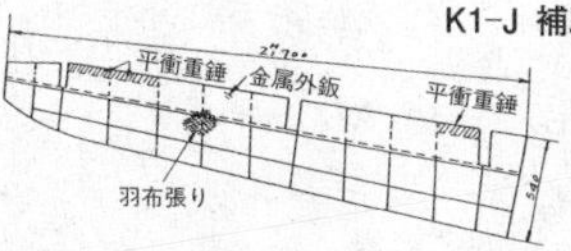

補助翼断面図（ヒンジ部）

K1-J フラップ骨組み図

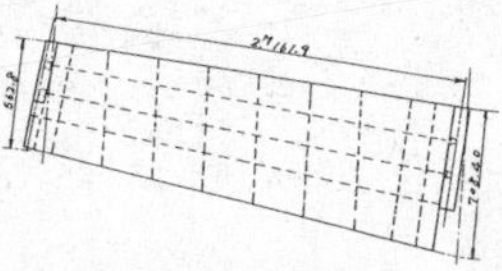

フラップ断面図（一般小骨）

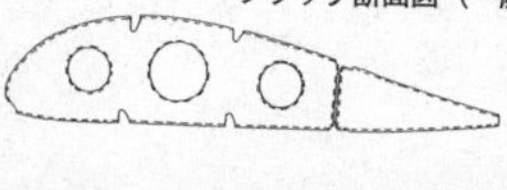

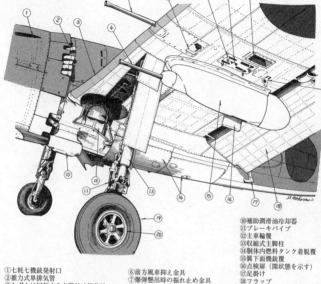

K2-J 補助翼構造図

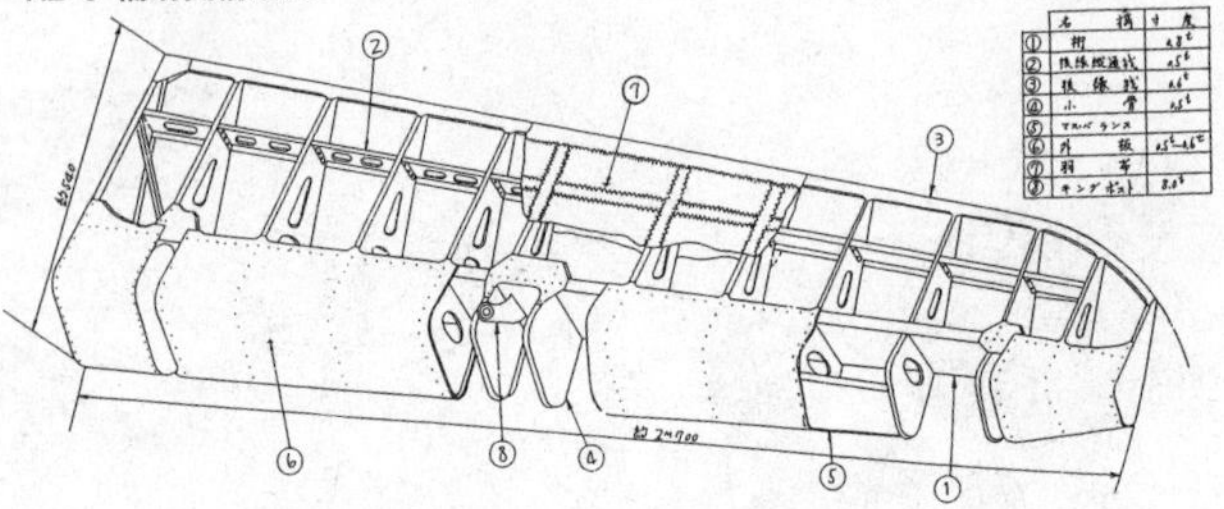

K2-J フラップ構造図

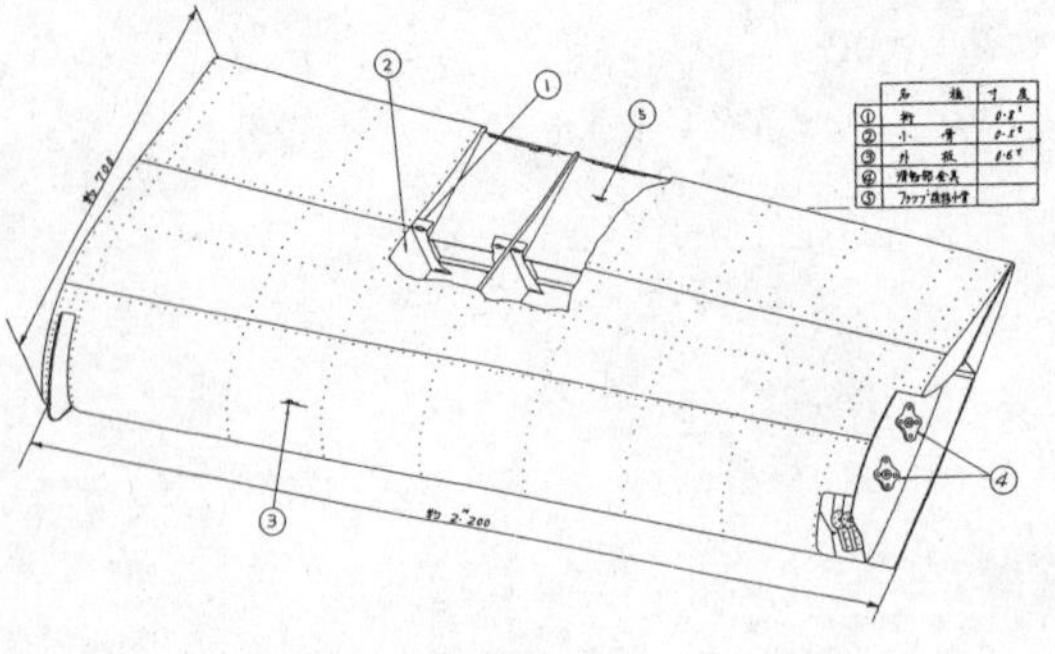

られ、胴体後端より前方に差し込み、前縁部と後桁部の左右4ヵ所にて胴体に結合される。垂直安定板は胴体と一体造りで、分離不可能。

水平安定板は、片持ち式張殻構造で、後部に左右一体の桁をふくむ板張り式の箱型梁を配してある。翼端部を除く桁上、下面縁材はＥＳＤ押し出し型材Ｌ型を機械加工したものを用い、これに縦壁板を張った造り。小骨は、主翼のそれと同様、主としてゴムプレス製の１枚板有孔小骨を用いている。外板はＳＤＣＨ鈑張りで、

垂直尾翼（寸法単位：mm）

K1-J
左側面図

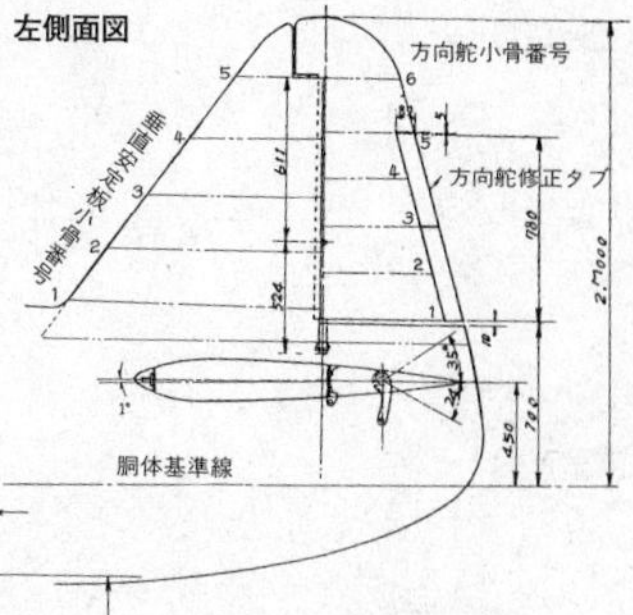

K2-J
左側面図

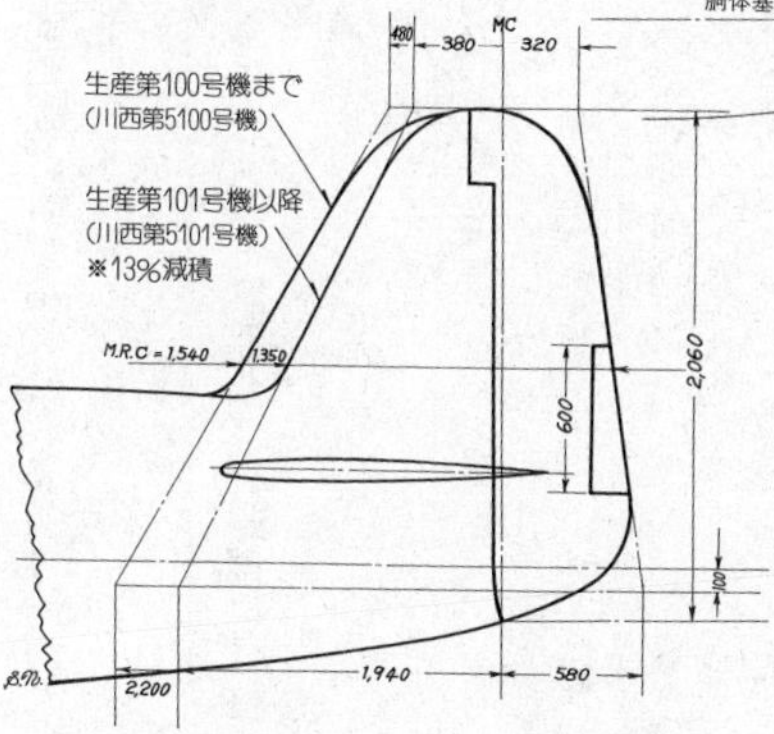

尾翼全体配置寸法図

K1-J

正面図

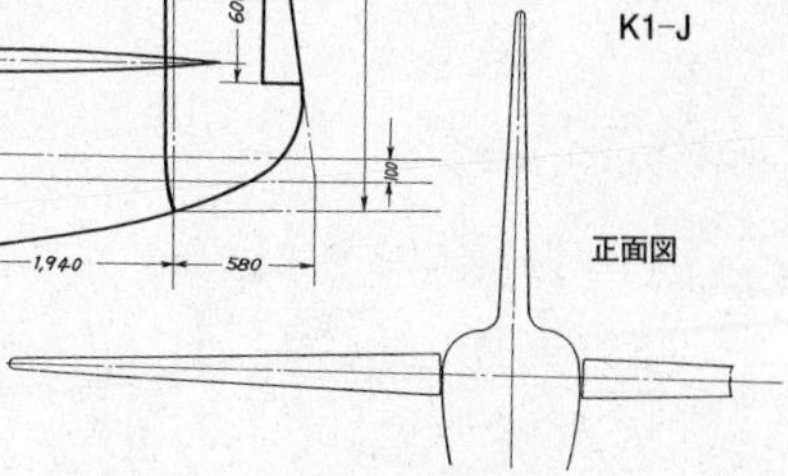

平面図

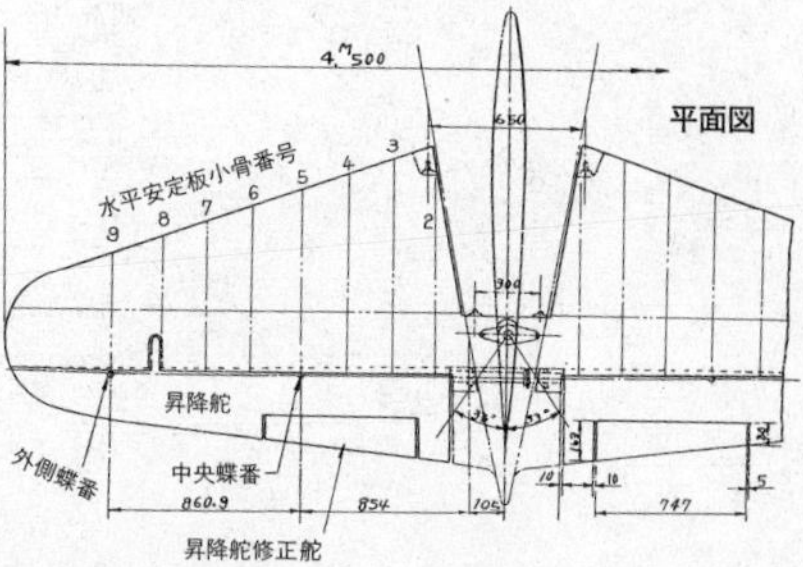

ＳＤ押し出し型材の縦通補強材を、小骨に取り付けたのち、鋲打ち（リベット）にて止めてある。

昇降舵、方向舵は、ＳＤ管桁を用い、前縁部を箱型にして、ほかを羽布張り外皮としてある。それぞれ、後縁部には修正

垂直尾翼

K2-J

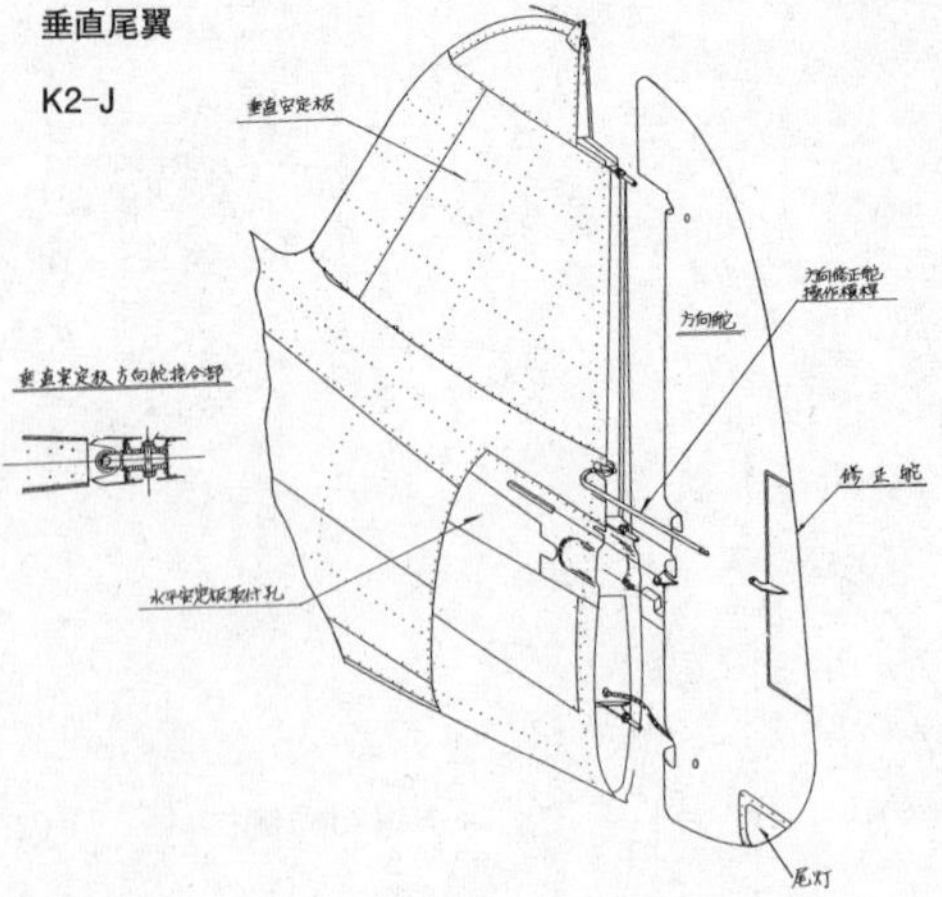

K2-J　昇降舵取り付け要領

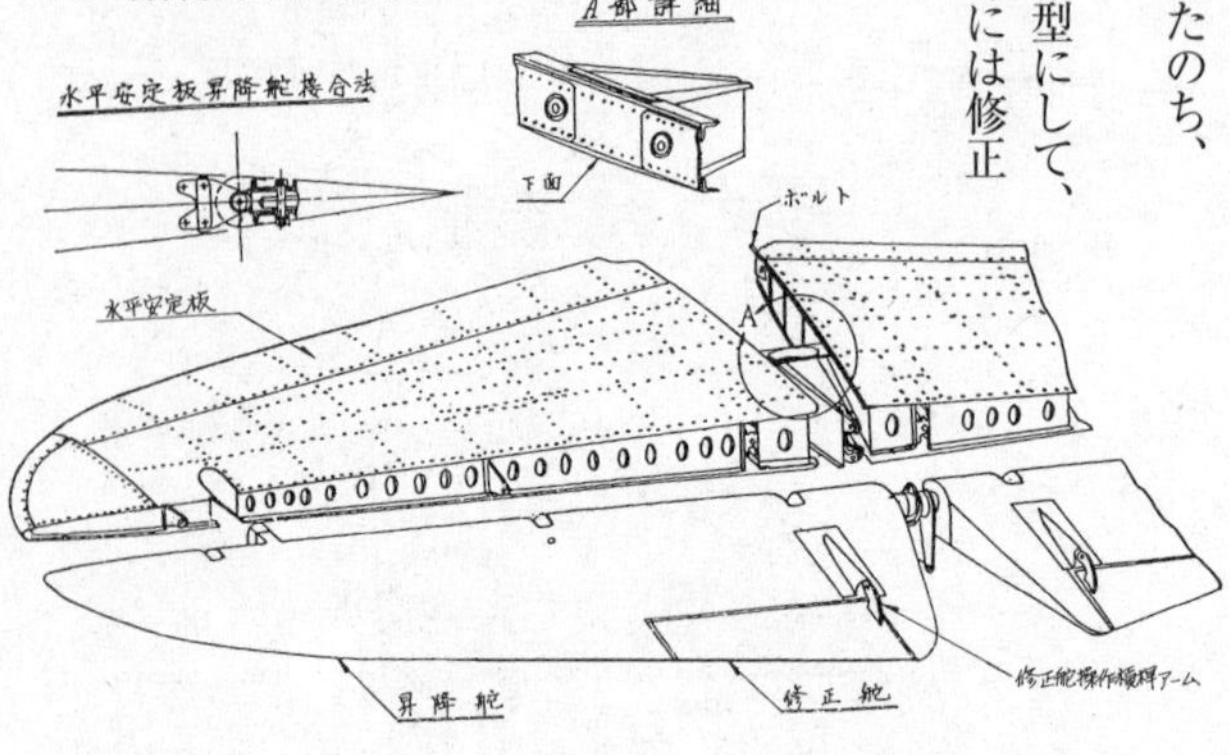

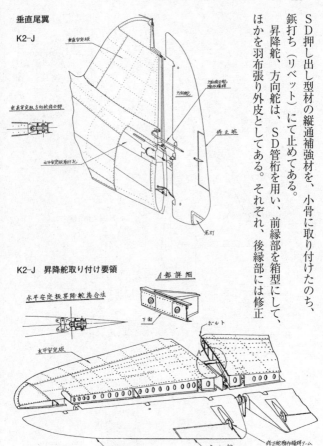

舵を有し、操縦室の操作輪により索、槓桿を用いて操作された。

紫電改では、垂直尾翼の形状が一新され、方向舵は胴体下面まで延長され、これにともない、昇降舵の内側端が接触しないよう斜めに切り欠かれるなど、紫電に比べて、かなりの変更が加えられている。ただし、骨組み構造などには大きな変化はなかった。

なお、紫電改の生産第101号機（製造番号、川西第5101号）以降では、方向安定強すぎの傾向を直すために、P.185図に示したごとく垂直安定板前縁部が削られ、面積が13％減じている。

自動空戦フラップ関係各装置配置図

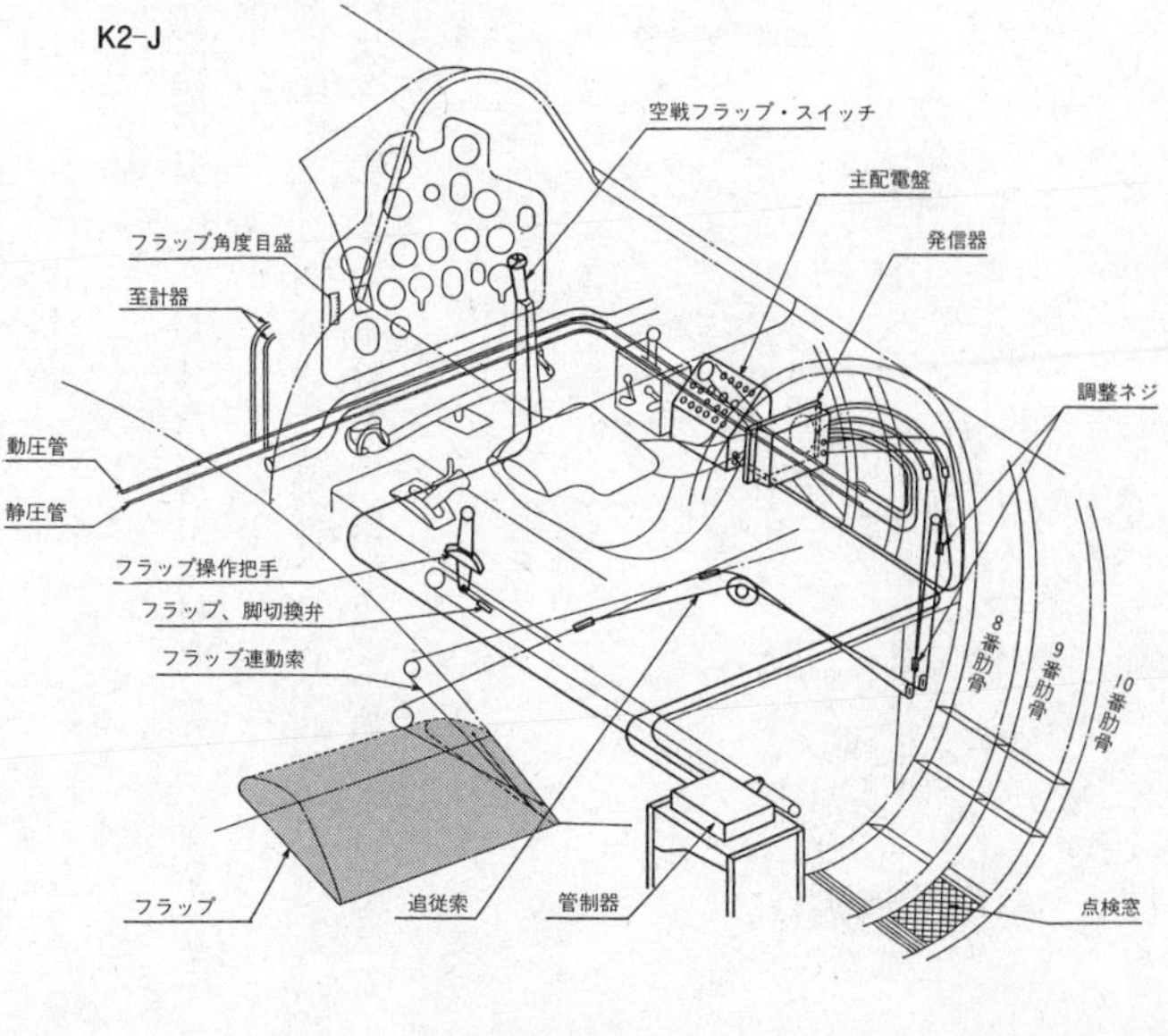

操縦系統

強風もそうだが、紫電、紫電改の機体構造のなかで、かならず触れなければならないのが、その独創的な操縦系統であろう。

まず、格闘戦を重視した日本海軍戦闘機隊が、零戦の軽快な運動性を良否の判断基準にしていたなかで、全備重量が零戦五二型に比べて約1tも重い紫電、紫電改に、相応の運動性

自動空戦フラップ装置全体概念図

K2–J

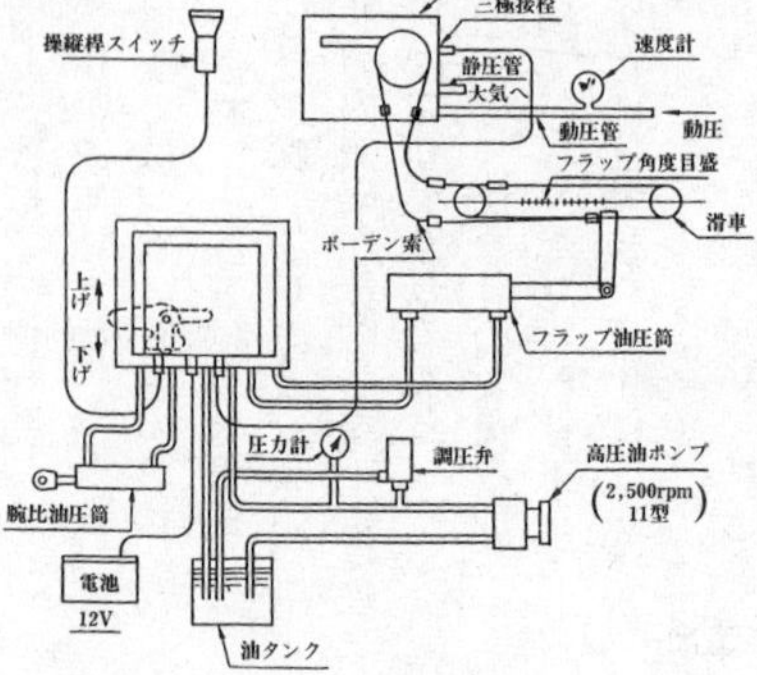

水銀式発信器（センサー構造）

K2–J

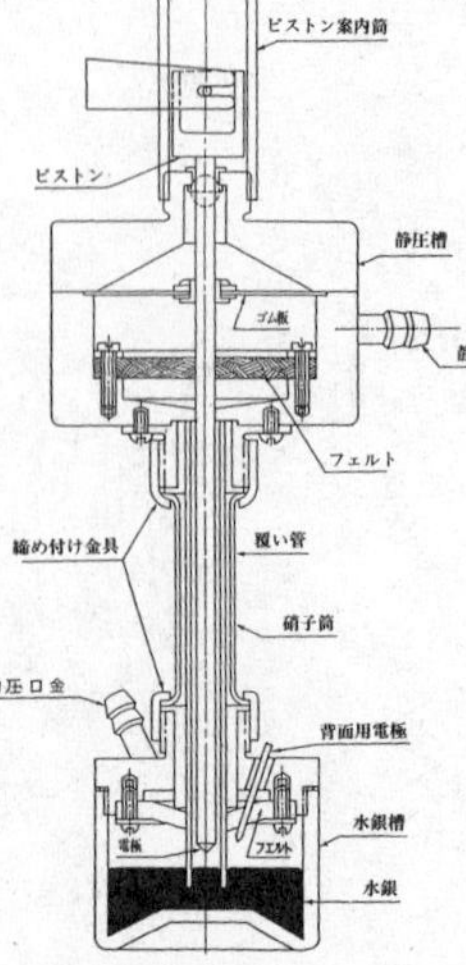

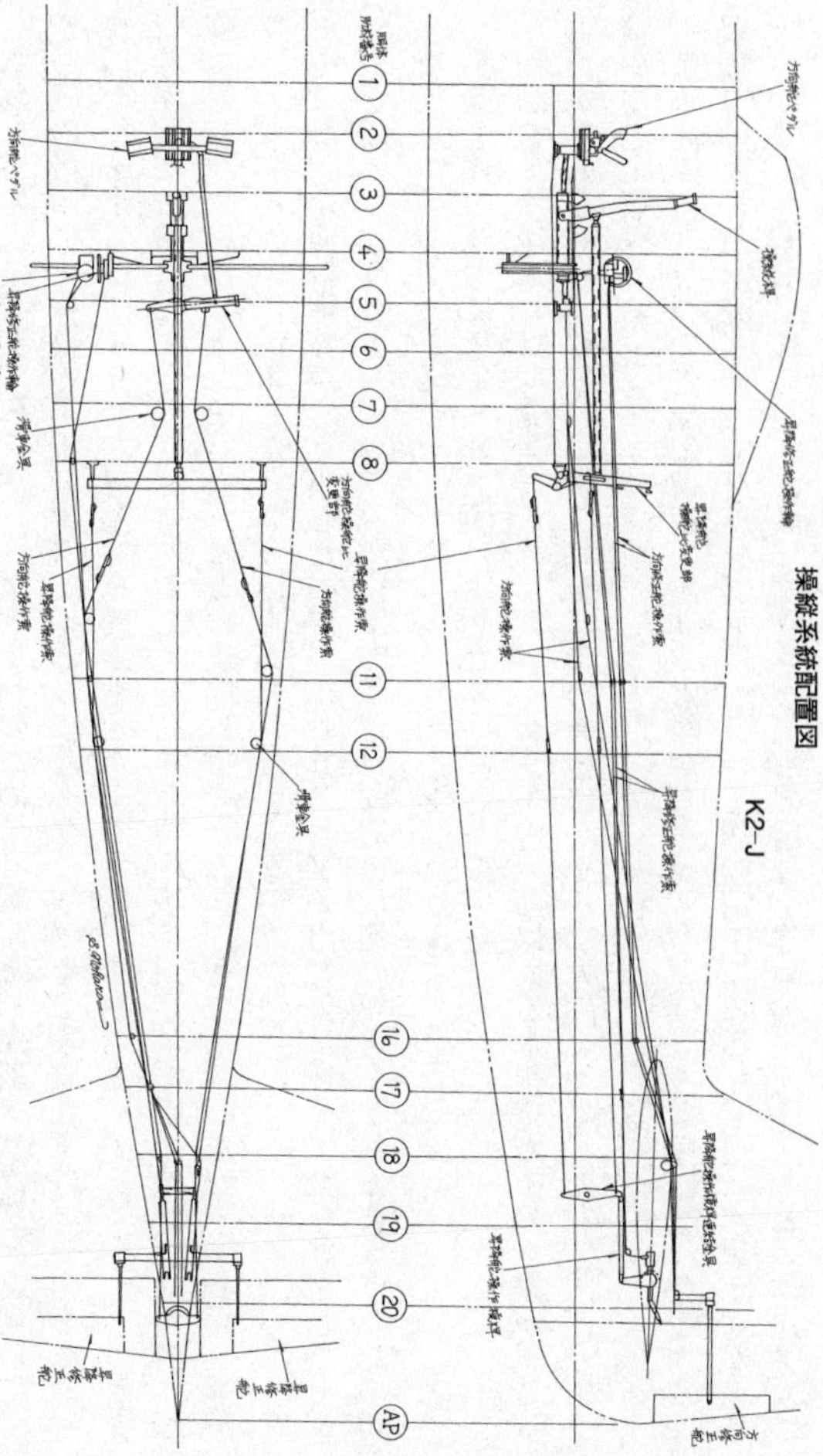
操縦系統配置図
K2-J

を持たせるために考案されたのが、自動空戦フラップ。

これは、中島飛行機（株）が、陸軍のキ44のために考案した〝蝶型フラップ〟を真似て、空中戦の最中に、操縦桿頂部のボタン操作により、フラップを2段階に下げて揚力を高め、旋回半径を小さく、すなわち運動性を向上させたのが手始めであった。

しかし、一瞬にして状況が目まぐるしく変化する空中戦の最中に、搭乗員がマニュアル操作でフラップの出し入れを行なうことは実際にはほとんど困難であり、キ44、キ43が〝蝶型フラップ〟を大いに活用したという話もあまり出てこない。

そこで、川西技術陣が考え出したのが、このフラップの出し入れを、水銀を利用したセンサーを用い、速度と重力（G）の変化に応じ、自動的に最適の舵角をとれるようにしたのが、自動空戦フラップである。

装置全体の概念はP.188上図に示したようになっている。

作動のメカニズムは、発信器と称した、センサーの下部にある水銀槽の中の水銀が、ピトー管から入る静圧、動圧、および、旋回時の機体にかかる重力によって、上方に伸びる硝子筒の中を上下動する。

硝子筒内には2つの電極が備えてあり、水銀が上がって高い位置の電極に触れたときには、水銀内に流した電流が通ってフラップ下げの信号を作動油圧筒に送り、逆に水銀が下がって低い位置の電極に触れたときには、フラップ上げの信号を作動油圧筒に送るという仕組みである。なお、フラップの最大下げ角は30度で、零戦の60度に比べると半分しかない。

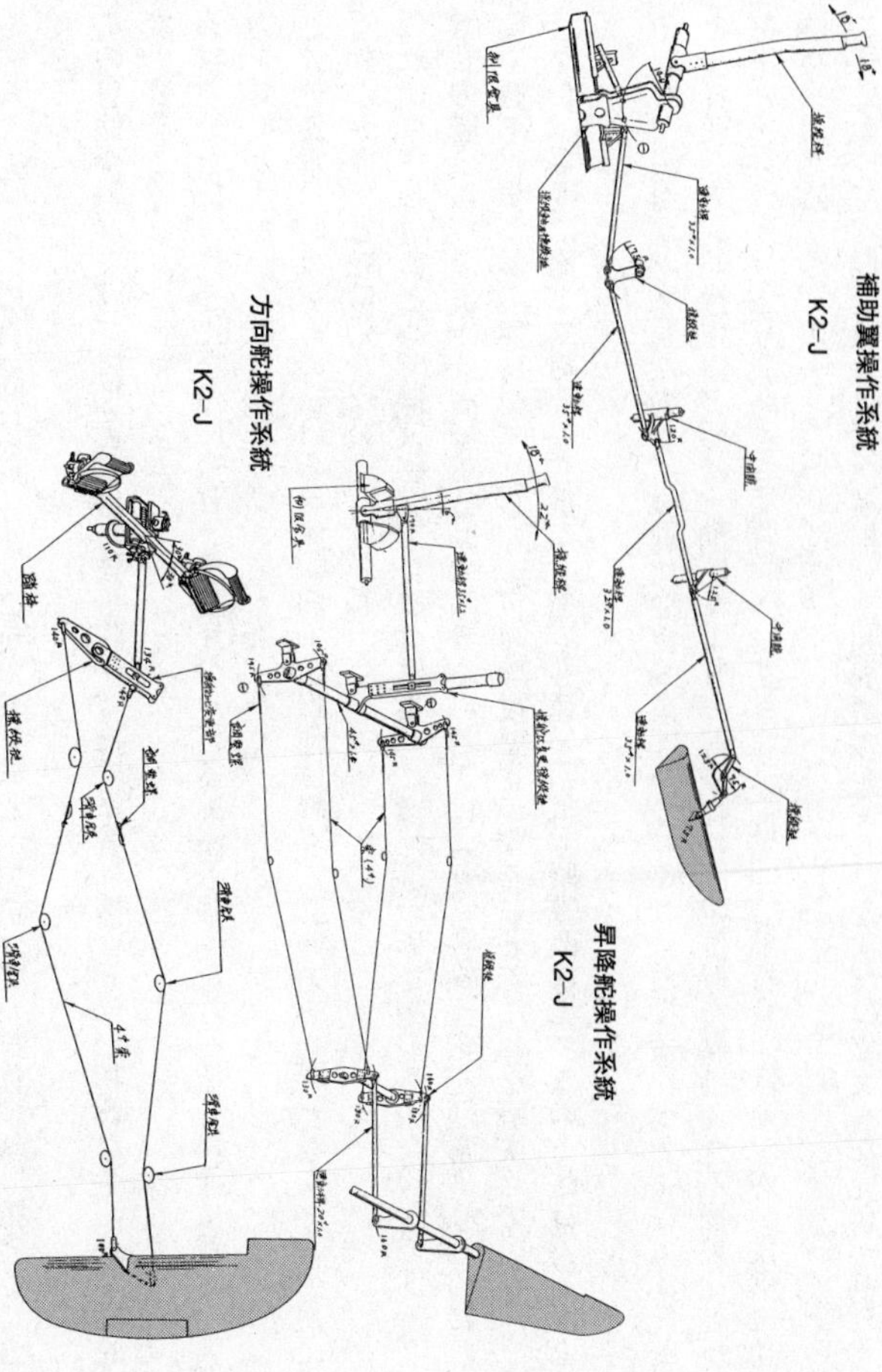
補助翼操作系統
K2-J
昇降舵操作系統
K2-J
方向舵操作系統
K2-J

もちろん、通常の離着陸時にはスイッチをOFFにし、マニュアル操作に切り換えることができる。

この自助空戦フラップに加え、川西技術陣が、操縦系統に採り入れた斬新な手法が、操舵比変更装置と呼ばれたメカニズム。

通常、飛行機は高速になるにつれ、各動翼のうける風圧も強くなり、その操作は重く、強い力を必要とするが、舵は少しの動きでもよく効く。逆に低速飛行時は、舵のうける風圧が弱く、操作は軽く、強い力を必要としないが、逆に多く動かさないと舵は効かない。

これは、搭乗員にとって操縦感覚を身につけるうえで、きわめてやっかいな現象である。零戦の場合は、設計主務者堀越技師の〝ひらめき〟により、各操縦索を通常より細めにし、剛性を低下、すなわち伸びやすくし、一定の操縦感覚にすることでこれを解決していた。しかし、零戦に比べて約1ｔも重く、速度も速い紫電、紫電改には、この方法は不適であった。

そこで、川西が考案したのが、操舵比変更装置である。これは、操縦桿、および方向舵踏棒と昇降舵、方向舵操作索の間に、油圧により、連動桿の固定位置を移動できる操舵比変更部を組み込み、フラップの動きに連動し、離着陸時（低速）、飛行時（高速）の２段階に切り換わるようにした（P.191図参照）。

これによって、低速飛行時は操縦桿、方向舵踏棒を少し動かすだけで大きな舵角がとれ、高速飛行時はこの逆になり、理想的な操舵感覚が得られるわけである。

この自動空戦フラップ、操舵比変更装置は、当時の欧米各国にも例がなく、技術面に関し、総じて独創的なものが少なかった日本航空界にあって、大いに誇れるものであった。

降着装置

川西にとって、ほとんど経験がなかった陸上機、しかも、中翼配置の機体で長い主脚にならざるを得なかったという、二重のハンディを背負ったことで、紫電の降着装置は、最初からトラブルの種になる運命だったのかもしれない。

この長い主脚を、零戦、雷電などのように、胴体中心線近くに左右車輪が収納できる位置に取り付けられればよかったのだが、あいにく紫電の胴体前部下方は、前後2つの燃料タンク・スペースになっており、それは叶わない。

かといって、主脚取り付け位置をむやみに外側にするのも、トレッドが広くなり過ぎてまずい。

窮余の策として川西設計陣が考えたのが、例の伸縮式主脚柱であった。

これは、収納の際に、オレオ脚柱の下部を、油圧により最大伸長時に対し385㎜収縮するようにしたもの。

しかし、見るからに複雑な主脚は、故障が多くて整備にも手間がかかり、長いために機体重量に対する強度も不足したうえ、ブレーキの〝かみつき〟傾向（ガックン、ガックンとな

主脚全体図

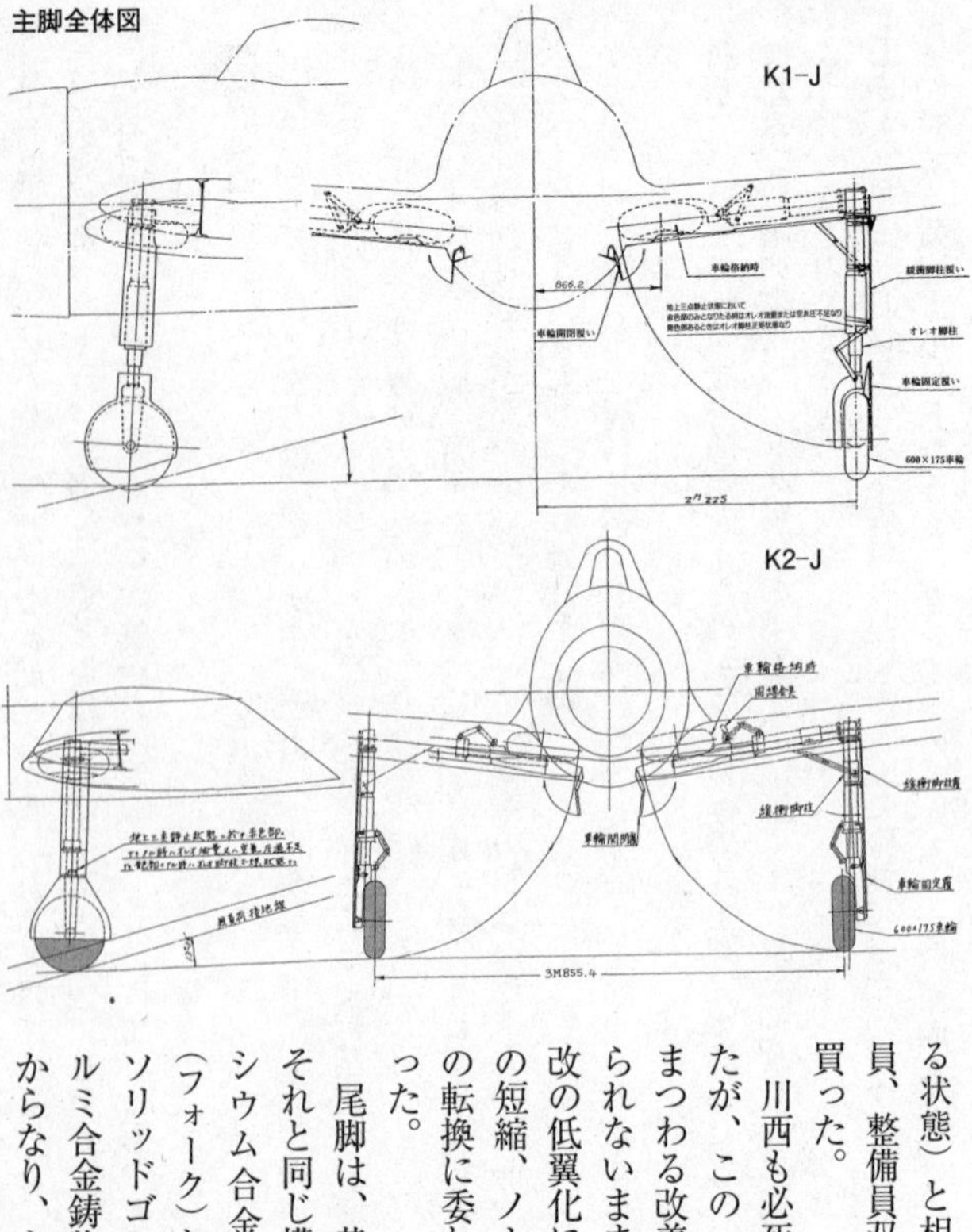

る状態）と相俟って、搭乗員、整備員双方から不評を買った。

川西も必死の改修に務めたが、この〝収縮主脚〟にまつわる改善はほとんどみられないまま、結局は紫電改の低翼化にともなう長さの短縮、ノーマルな機構への転換に委ねるほかはなかった。

尾脚は、基本的に零戦のそれと同じ構成で、マグネシウム合金鋳物製の架構（フォーク）とオレオ緩衝筒、ソリッドゴム製タイヤ、アルミ合金鋳物製のホイールからなり、主脚と連動し、油圧により出し入れされる。

尾輪は、制限装置により左右45度の範囲内で回転し、これを超えると制限レバーが外れ、360度自由回転するようになっている。

操縦室

主車輪、および制動器（ブレーキ）

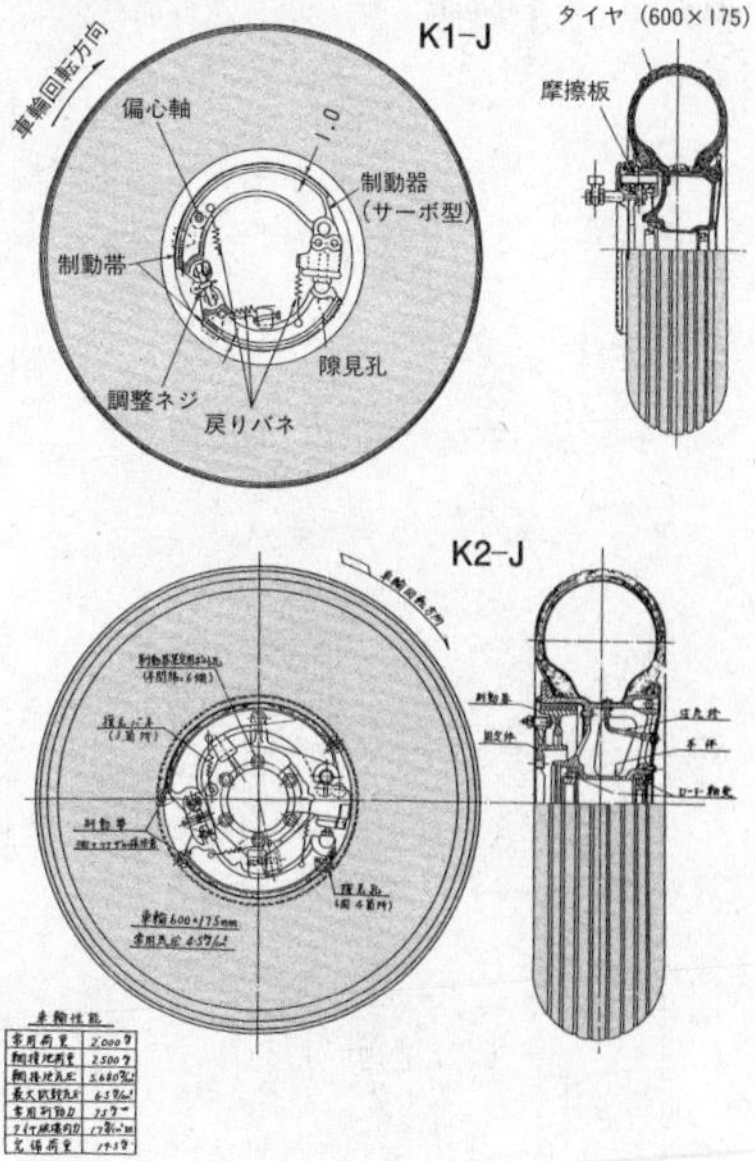

乗降用手掛け、足掛け位置

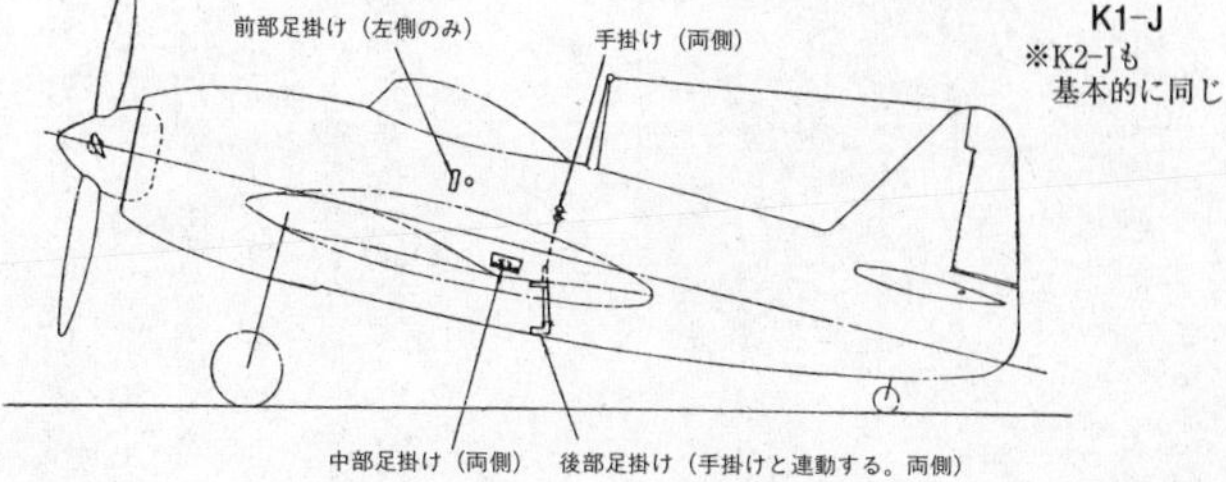

尾脚、および尾輪制限装置（寸法単位：mm）

K1–J

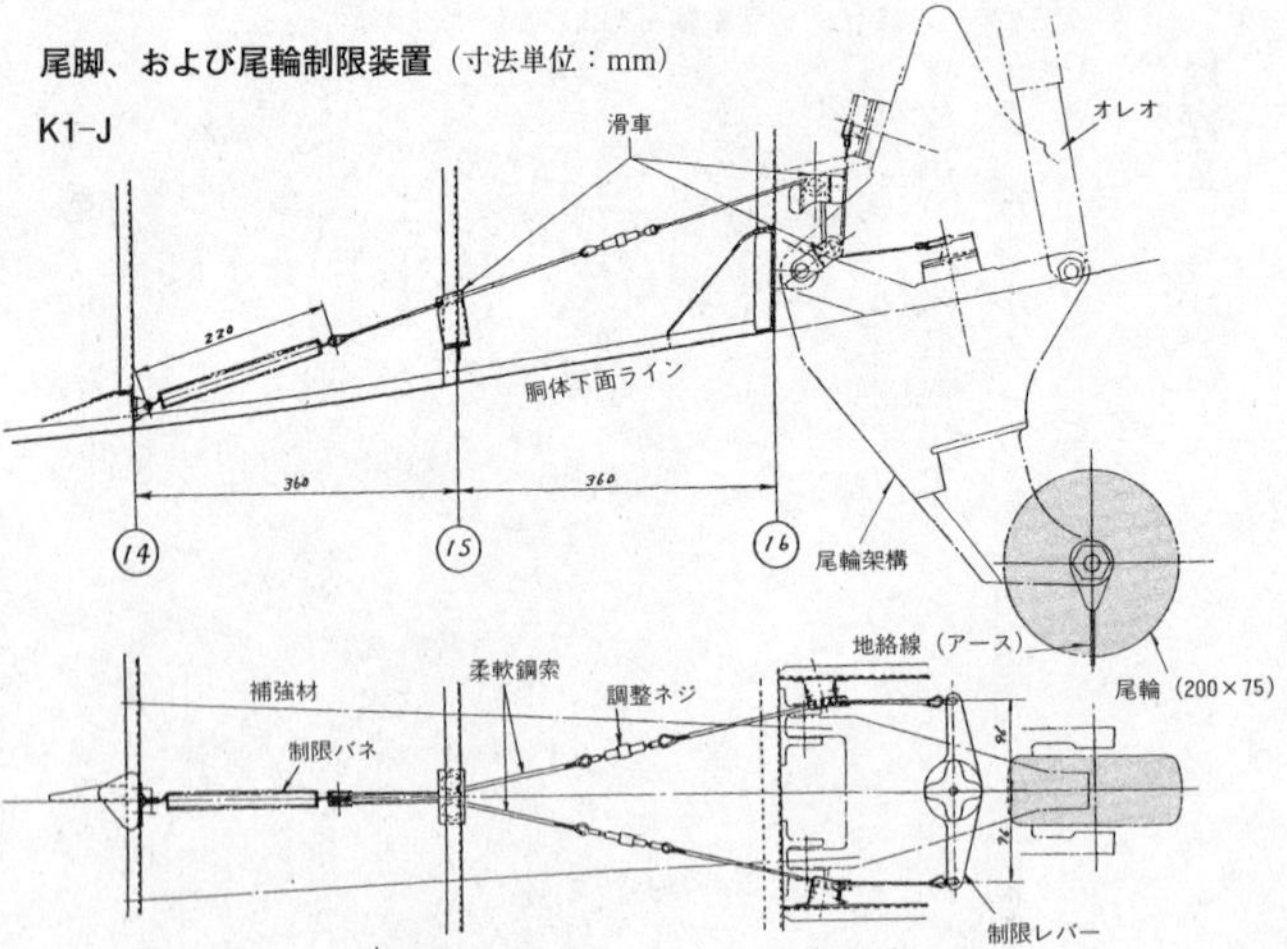

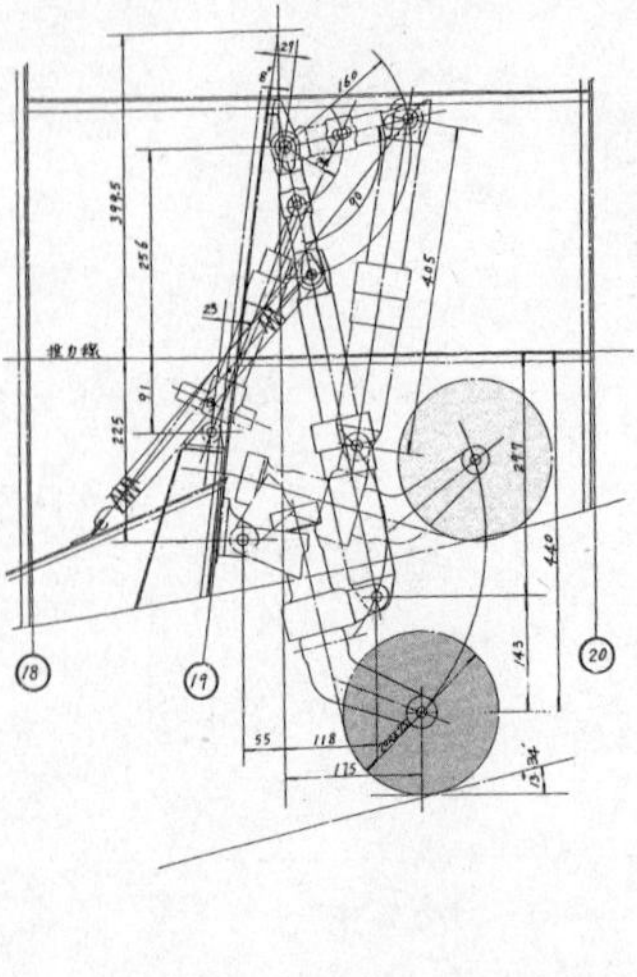

尾脚取り付け図（寸法単位：mm）
K2–J

零戦よりも、さらに視界の良好な突出型の風防は、前方固定部、中央滑動部、後方固定部の3部品よりなり、枠（フレーム）はSDH鈑を主材とし、SDCH鈑を併用して造られている。

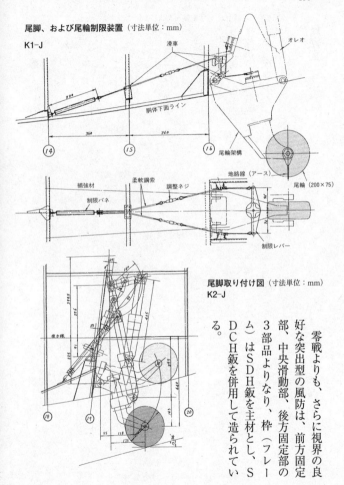

K2-Jの風防構成図（寸法単位：mm）

※K1-Jも共通

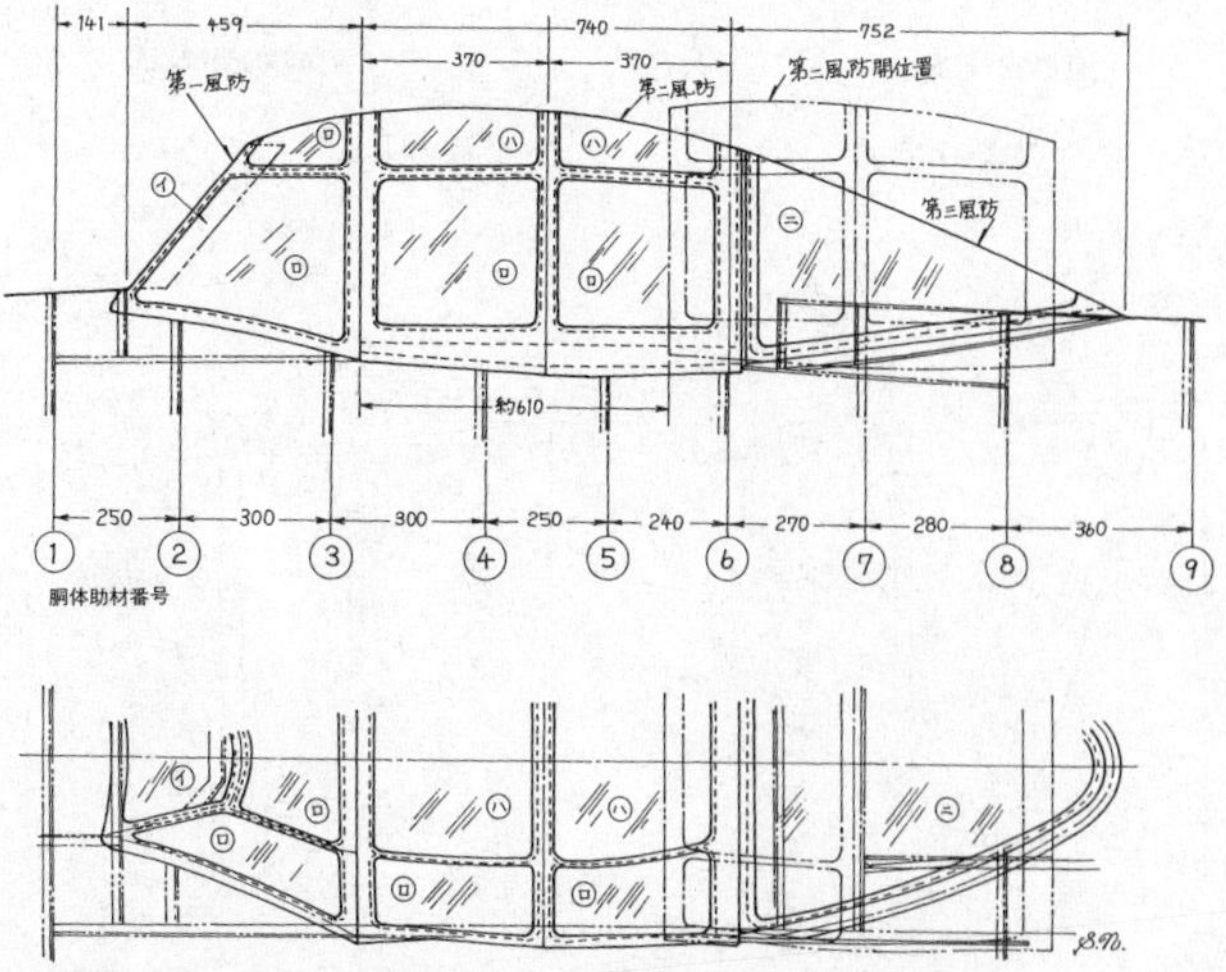

㋑防弾ガラス（70mm厚）㋺完全強化磨ガラス（6mm厚）㋩有機ガラス（6mm厚）
㊁有機ガラス（5mm厚）

前方固定部の正面ガラスは、厚さ6㎜の半強化磨合わせガラス、同側面、天井、および中央滑動部は厚さ6㎜の有機ガラス、後方固定部は厚さ4㎜の有機ガラスをそれぞれ使用している。

紫電の、製造番号川西第559号機（一一型）以降は、前方固定部の正面ガラスが、厚さ70㎜の防弾ガラスとなり、これはそのまま紫電改にも受け継がれた。

操縦室内の主計器板は、紫電が強風のそれをほぼそのまま引き継いだようなアレンジだったのに対し、紫電改では全面的に刷新され、計器類の配置もかなり変化した。

紫電改の場合は、左右に副計器板が別途設けられており、生産第

『紫電』——甲型の操縦室内冷房、換気用空気取り入れ口の相違

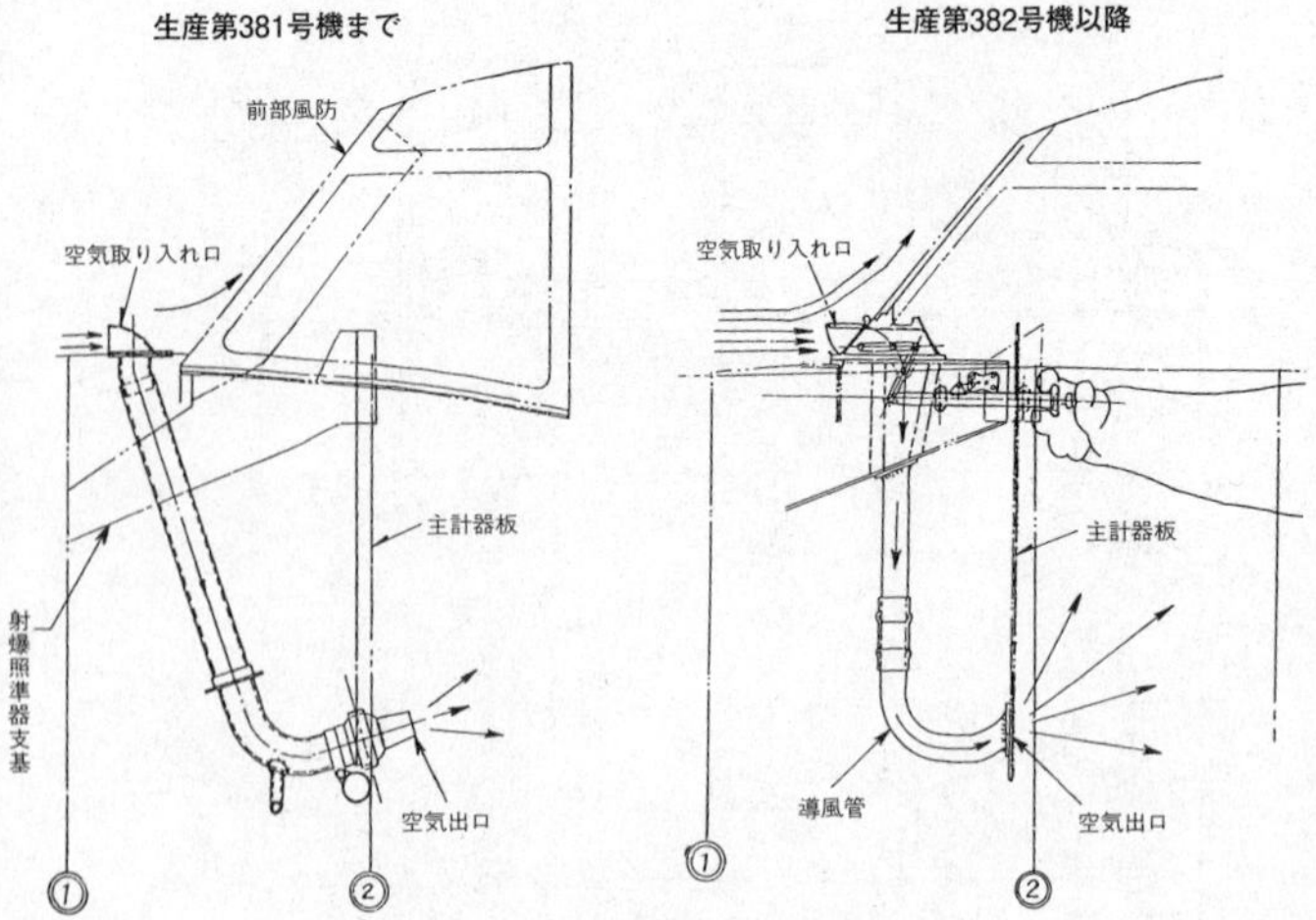

100号機までは、これが主計器板と面一になっていたが、後期(おそらく101号機以降)では、見やすいように、左副計器板が3度内側に角度をつけて固定された。これとあわせ、後期生産機では、主計器板右上の航路計、大気温度計、航空時計(秒時計)の位置が変更されたようだ。

零戦の場合、操縦室内冷房、および換気用空気取り入れ口は、右主翼前縁に開孔していたが、紫電、紫電改では前方風防の直前にこれを設けていた。紫電では、生産第382号機を境に、開口部と導風管のアレンジが変わり、紫電改ではふたたび紫電382号機以前に近いアレンジに戻すなど、意外にマイナーな部分で試行錯誤している。

『紫電』——甲型の操縦室配置

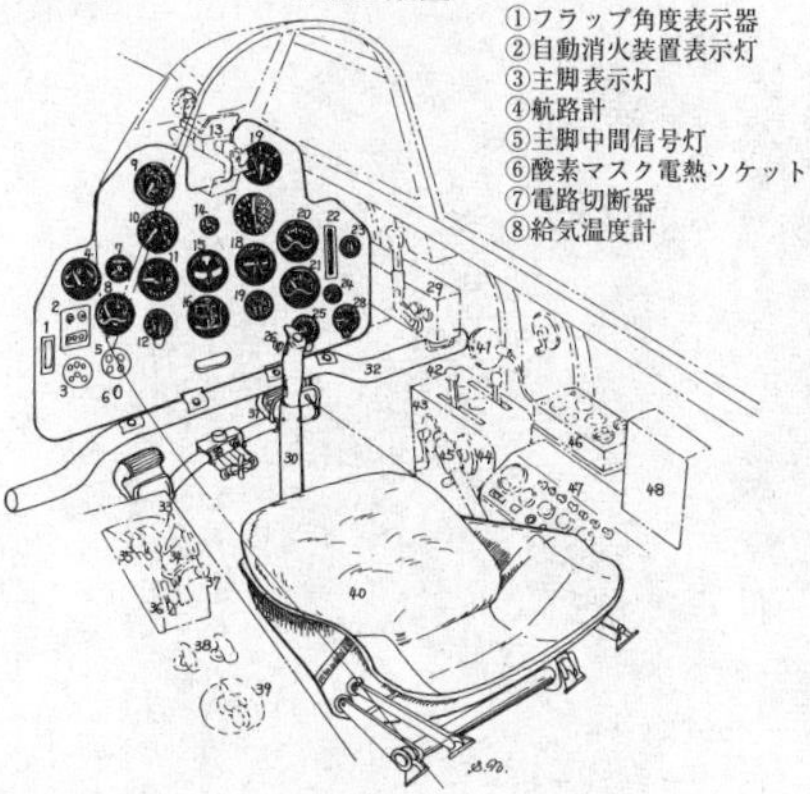

①フラップ角度表示器
②自動消火装置表示灯
③主脚表示灯
④航路計
⑤主脚中間信号灯
⑥酸素マスク電熱ソケット
⑦電路切断器
⑧給気温度計
⑨速度計
⑩高度計
⑪昇降度計
⑫酸素調整器
⑬九八式射爆照準器
⑭航空時計
⑮旋回計
⑯航空羅針盤
⑰ブースト計
⑱水平儀
⑲油圧計
⑳シリンダー温度計
㉑排気温度計
㉒前後傾斜計
㉓メタノール圧力計
㉔油温計
㉕胴体タンク燃料計
㉖胴体タンク燃料計切り換えコック
㉗主翼タンク燃料計切り換えコック
㉘主翼タンク燃料計
㉙機首七粍七機銃
㉚操縦桿
㉛方向舵/ブレーキペダル
㉜七粍七機銃後方取り付け桿
㉝機銃発射レバー
㉞スロットルレバー
㉟高度弁レバー
㊱自動高度弁レバー
㊲過給器切り換えレバー
㊳爆弾投下レバー
㊴燃料切り換えコックレバー
㊵座席
㊶紫外線灯
㊷給気温度調整レバー
㊸潤滑油冷却器シャッター開閉ハンドル
㊹シリンダー温度調整ハンドル
㊺降着装置操作レバー
㊻三式空一号無線機操作箱
㊼主配電盤
㊽空戦フラップ用継電器箱

『紫電』——甲型の操縦室操縦関係装置図

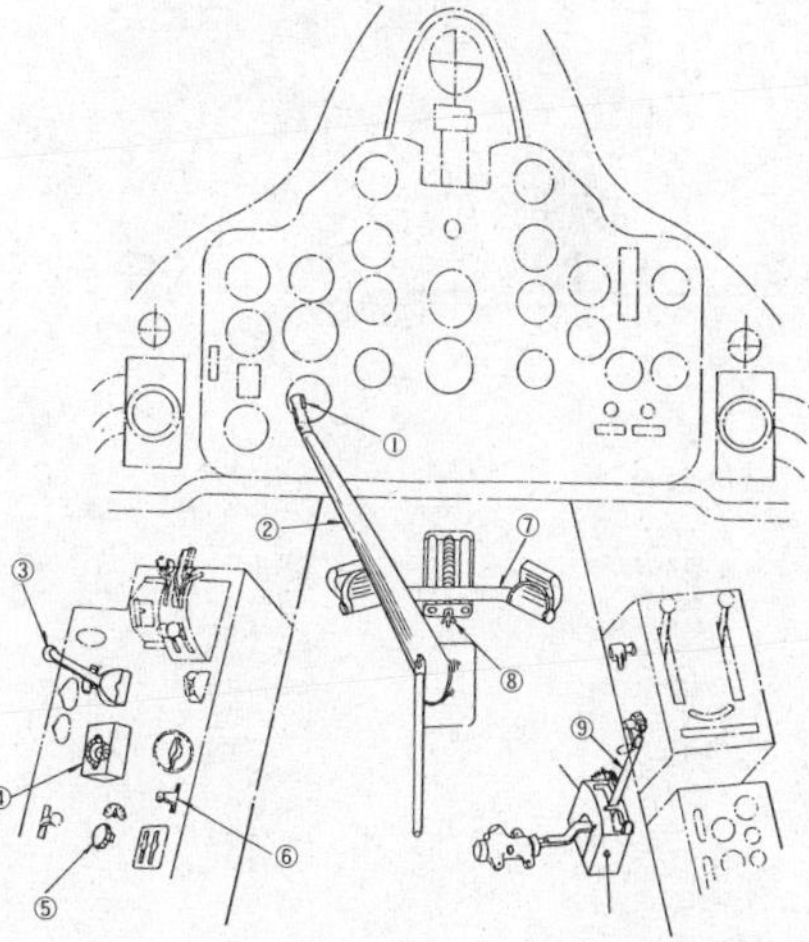

①自動空戦フラップ操作ボタン
②操縦桿
③フラップ操作把手
④昇降修正舵操作輪
⑤方向修正舵操作輪
⑥離着陸/空戦フラップ切り換え把手
⑦方向舵踏棒
⑧方向舵踏棒位置調整金具
⑨降着装置操作把手

『紫電』ニ一型の操縦室内配置図（第5101号機以降）

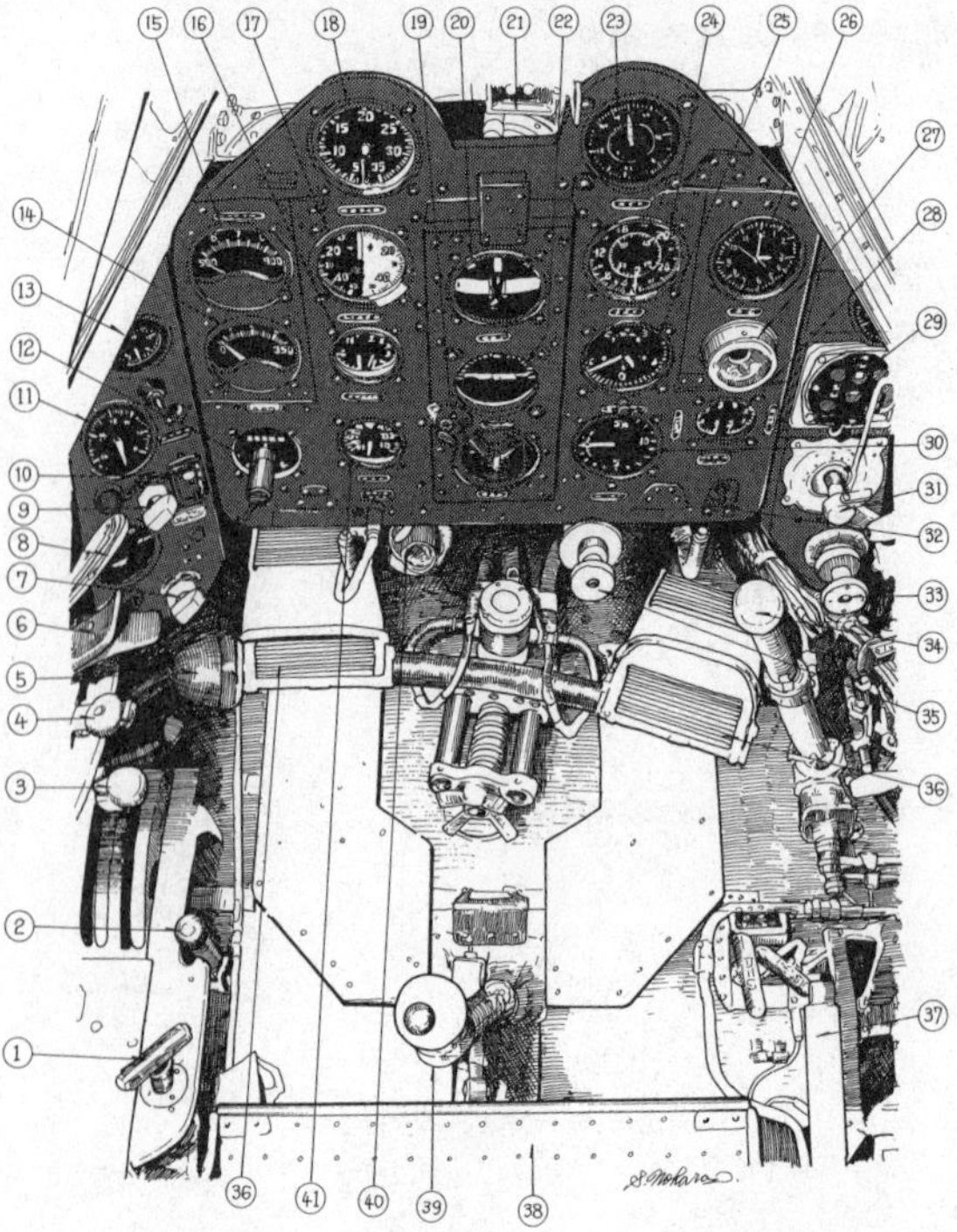

①起動燃料タンク排油レバー
②手動燃料ポンプ
③燃料切り換えコック
④プロペラピッチ・レバー
⑤紫外線灯
⑥スロットル・レバー
⑦翼内タンク燃料切り換えコック
⑧翼内タンク燃料計
⑨胴体タンク燃料切り換えコック
⑩燃料管制表示灯
⑪胴体タンク燃料計
⑫主切断器
⑬酸素調整器
⑭シリンダー温度計
⑮排気温度計
⑯耐寒油圧計
⑰ブースト計
⑱回転速度計
⑲航空羅針儀
⑳旋回計
㉑射爆照準器取り付け基部
㉒水平儀
㉓航路計
㉔速度計
㉕高度計
㉖航空時計
（5100号までは大気温度計）
㉗携帯航空時計固定ゴム
㉘水メタノール圧力計
㉙脚位置表示器
㉚昇降度計
㉛潤滑油冷却器シャッター
開閉ハンドル
㉜昇圧機スイッチ
㉝プロペラ防氷装置用
不凍液注射ポンプ
㉞作動油手動ポンプ
㉟燃料注射ポンプ
㊱方向舵ペダル
㊲座席調節レバー
㊳座席
㊴操縦桿
㊵冷気吹き出し口
㊶潤滑油温度計

『紫電』二一型の主計器板（川西第91～5100号機まで）

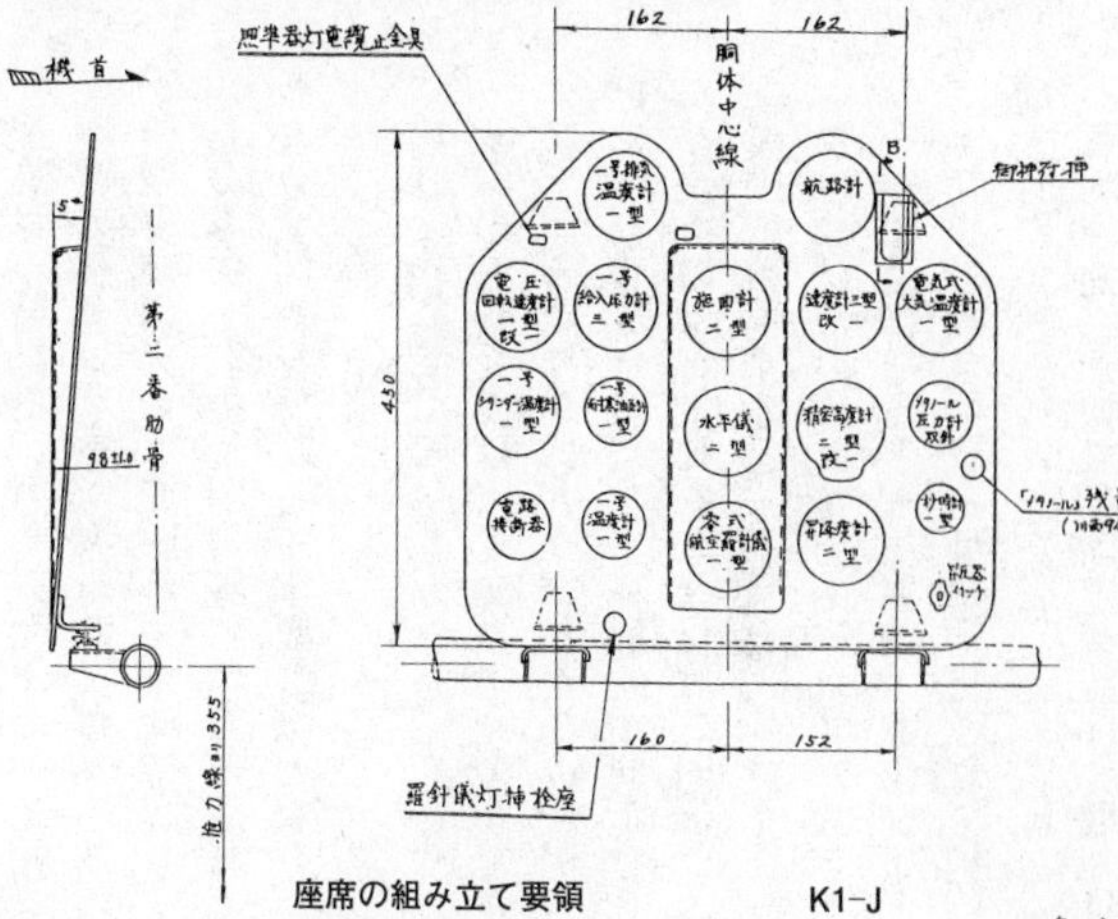

座席の組み立て要領

K1-J

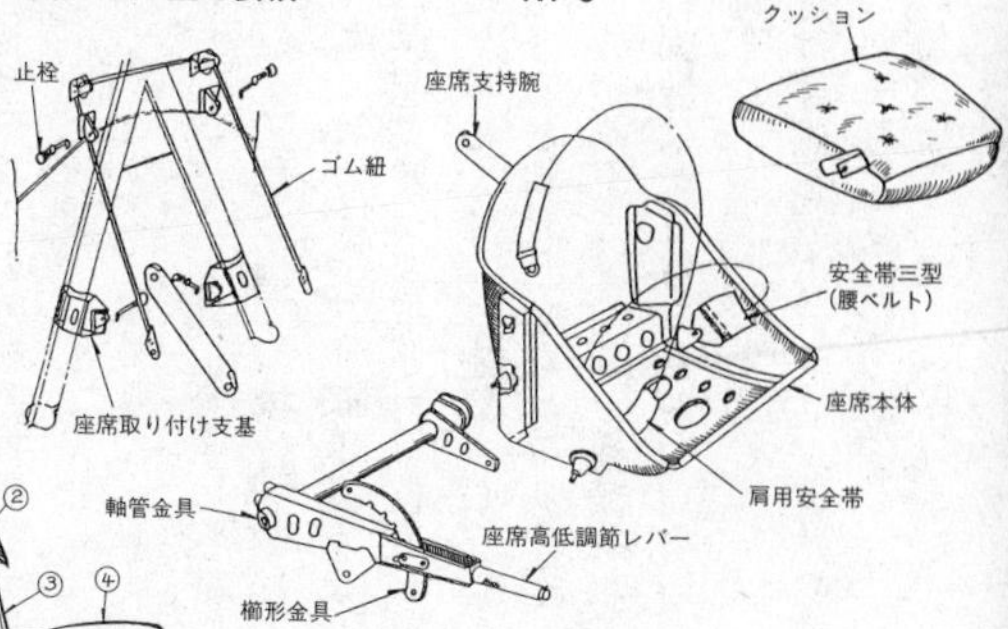

K2-J

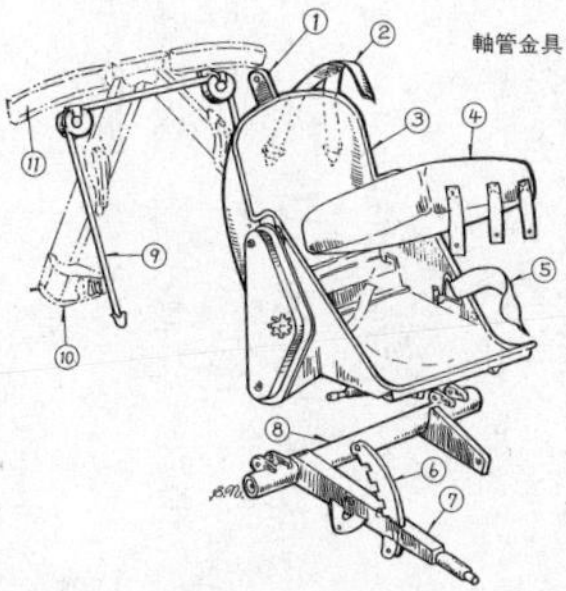

①座席支持腕
②肩ベルト
③座席本体
④クッション
⑤腰ベルト
⑥櫛状金具
⑦高低調節レバー
⑧取り付け軸管
⑨支持用ゴム紐
⑩取り付け金具
⑪胴体第6 1/2肋骨

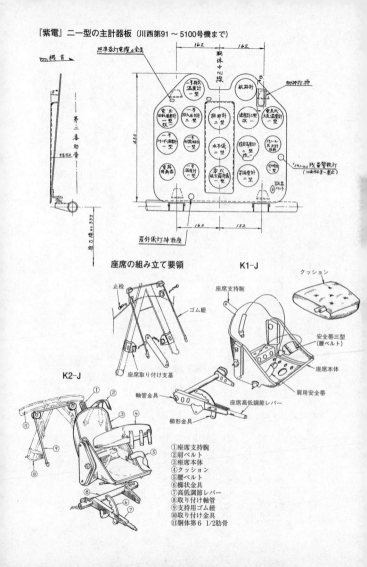

座席は、時期的に背負式落下傘の着用に対応した造りで、背当てが深い。

座席の造りは紫電、紫電改とも基本的に同じであるが、後者では側板、肉抜き孔などに若干の変更が加えられている。

ちなみに、取扱説明書等には記述されてはいないが、紫電改の主計器板は、戦争末期のアルミ合金節約を反映して木製合板となり、操縦席後方の転覆時保護支柱も同様であった。

射撃、爆撃兵装

紫電の射撃兵装は、生産型一一型までが、機首に九七式七粍七固定機銃2挺、主翼内、および下面のポッドに九九式二十粍一号固定機銃三型4挺で、携行弾数は七粍七固定機銃が1挺につき550発、二十粍機銃が同100発であった。二十粍機銃が最初からポッド式装備になったのは、主脚を取り付ける関係で、強風に比べて取り付け位置が外側に移り、そのまま翼内に装備すると、ドラム式弾倉をクリアするために、上下面に2挺分のバルジを張り出さなければならず、空力的にロスが大きくなると判断したためであろう。

一一甲型になると、主翼内、および下面のポッド式装備二十粍機銃が、銃身の長い九九式二十粍二号固定機銃三型に変更され、携行弾数は100発と変わらないが、初速、弾道性が向上した。

翼内装備二十粍二号固定機銃は、取り付け位置を前方に寄せ、機銃の横方向の向きを傾けて、ドラム弾倉が下面のポッド内に上手く収まるようにしてある。

なお、この一一甲型の七粍七機銃は、通常は取り外され、訓練のときなどにのみ、オプションとして取り付けたとされているが、取扱説明書には、すべて装備した状態で図示されている。

現存する紫電の写真、というより、一一型、試作／増加試作機をふくめて、九九式二十粍一号固定機銃を装備している状態のものが1枚もないのはどうしてなのだろう。取扱説明書には、図に示したように、九九式二十粍一号固定機銃三型の装備図が記載されている。

一一乙型では、二十粍機銃がベルト給弾式の九九式二号四型に更新され、すべてが翼内装備となった。当然、これにともなって、第6～12小骨間の内部、および主翼上、下面のパネル配置も変更されている。ベルト給弾化により、携行弾数は、内側銃100発、外側銃200発、4挺合計で600発と大幅に火力強化された。

この一一乙型では、カウリングの七粍七機銃発射口がカウルフラップに半分かかる位置まで後退しているのが興味深い。

射爆照準器は、紫電の各型を通じて、零戦と同じ九八式射爆照準器であったが、三四三空などに配備された一一甲型、一一乙型の一部には、新型の四式射爆照準器に更新したものもあったようだ。

紫電の爆撃兵装は、両主翼内の第8～9小骨間に装備した小型爆弾投下器に、三番（30kg）爆弾各1発が基本で、2000馬力級戦闘機としては、極端に小さな携行量であった。

取扱説明書には、六番（60kg）爆弾の懸吊も可能になるよう改造中とも記されており、一

K2-Jの操縦室内冷房、および換気用空気取り入れ装置

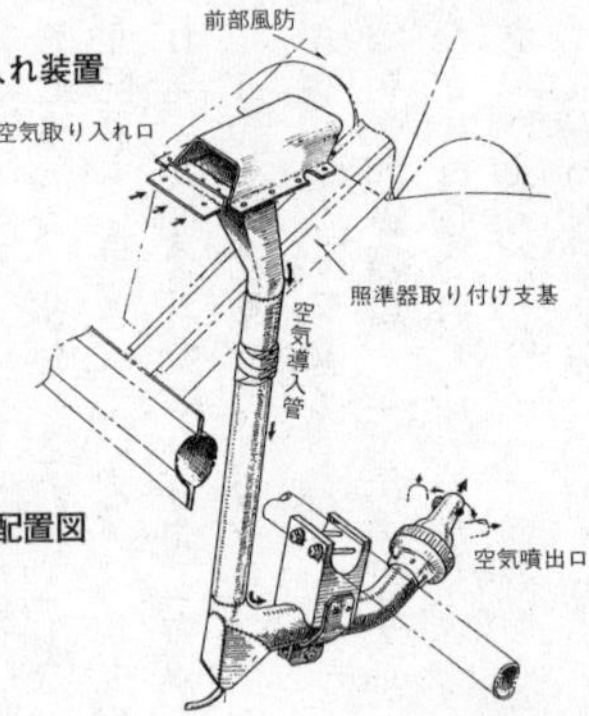

K2-Jの操縦室内電気装備配置図

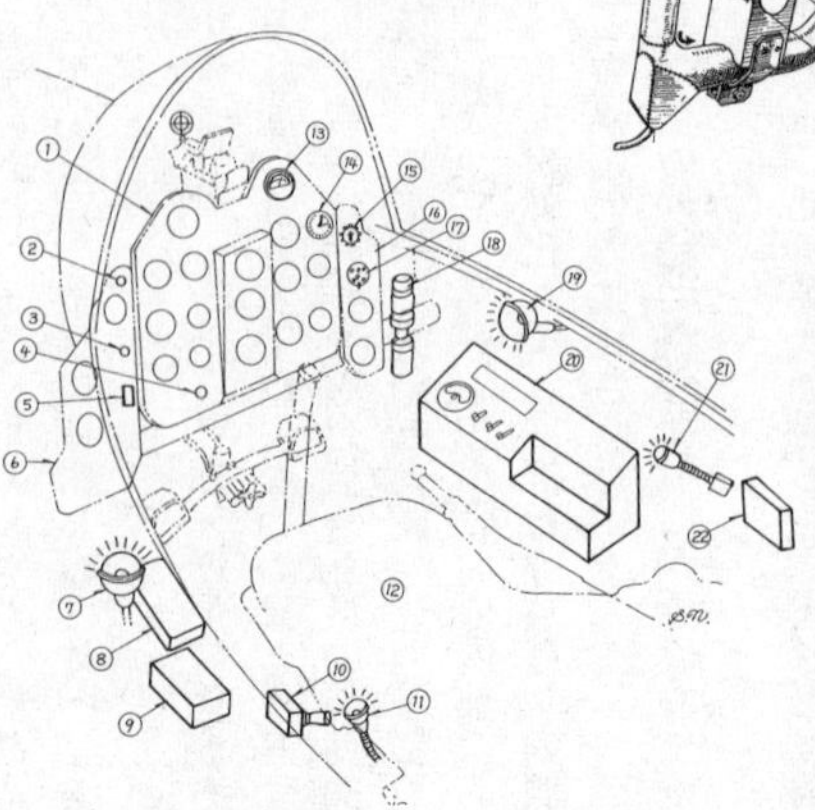

①主計器板
②照準器灯挿栓座
③酸素マスク電熱挿栓座
④羅針儀灯挿栓座
⑤燃料管制標示灯
⑥左側副計器板
⑦左側紫外線灯
⑧制御筐
⑨機銃発射管制スイッチ筐
⑩電熱飛行服スイッチ筐
⑪左側座席灯
⑫座席
⑬航路灯
⑭大気温度計
⑮降着装置揚降抵抗器
⑯右側副計器板
⑰降着装置信号灯
⑱空戦フラップ発信器
⑲右側紫外線灯
⑳主配電盤
㉑右側座席灯
㉒空戦フラップ継電器筐

K2-Jの酸素吸入装置

※K1-Jもほぼ同じ

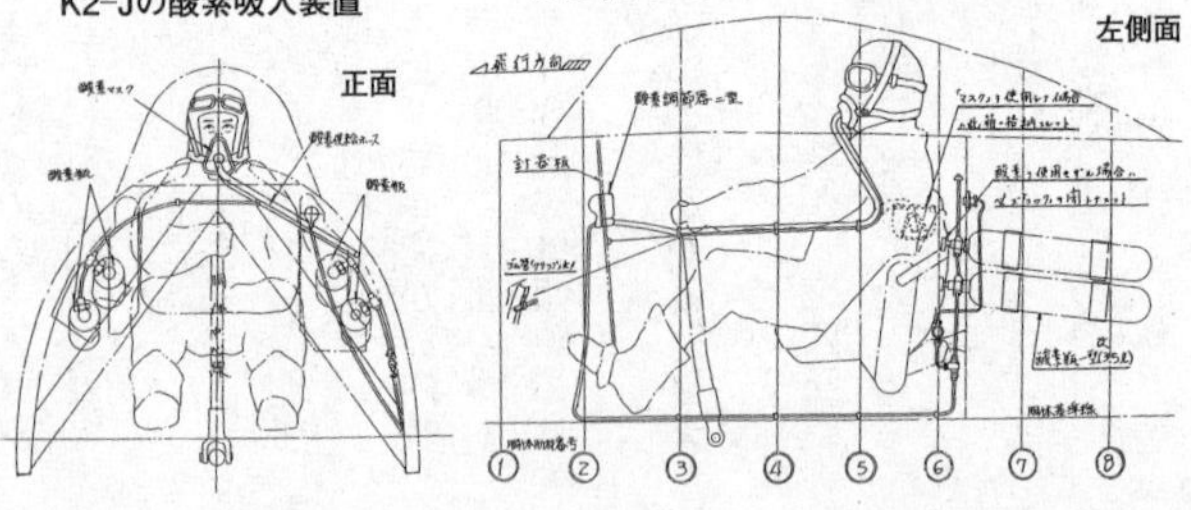

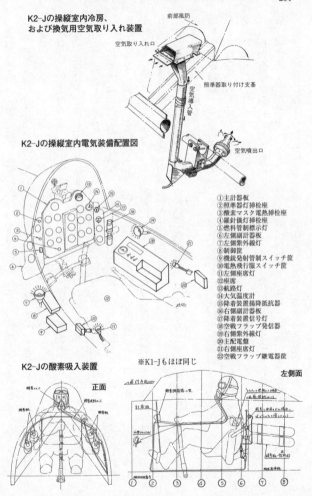

一甲、乙型では六番2発となったのであろう。

紫電改の射撃兵装は、基本的に紫電一一乙型のそれを踏襲したものだが、翼内の弾倉部が拡大され、内側銃は200発、外側銃は250発、4挺合計で900発とさらに強力になっていた。

生産第201号機以降の紫電三一型（紫電改一）は、発動機架を前方に150㎜延長したうえで、三式十三粍固定機銃2挺を追加しており、防弾装備の強固な米軍機に苦労した様子がうかがい知れる。

紫電改の射爆照準器も、初期の生産機は九八式射爆照準

K1-Jの射撃兵装全般配置図

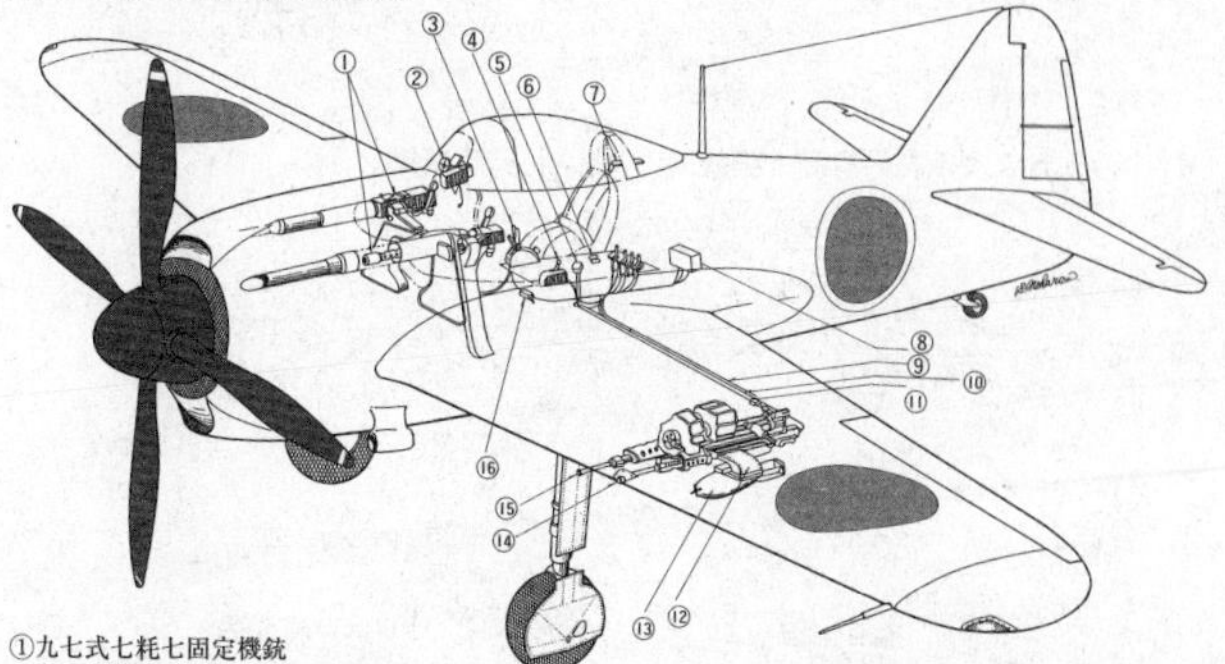

①九七式七粍七固定機銃
（一一型のみ装備、ほかは訓練時など）
②九八式射爆照準器
③機銃発射レバー
④打殻放出口防塵レバー
⑤爆弾投下レバー
⑥吹流し離脱レバー
⑦水平検出台（弾道調整用）
⑧機銃電気発射管制ボックス
⑨二十粍機銃弾装填用油圧管
⑩二十粍機銃発射用電気ケーブル
⑪爆弾投下索
⑫打殻放出筒
⑬三番（30kg）爆弾
⑭翼内装備二十粍機銃
⑮翼下面装備二十粍機銃
⑯索開閉器

九八式射爆照準器取り付け要領

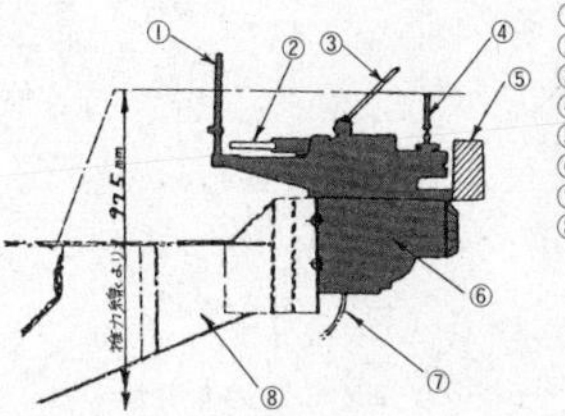

①予備照門
②フィルター
③反射ガラス
④予備照星
⑤顔面保護パッド
⑥照準器本体
⑦電源コード
⑧照準器取り付け支基

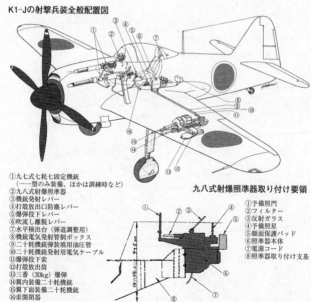

K1-Jの九九式二十粍一号固定機銃三型（翼下面）装備要領

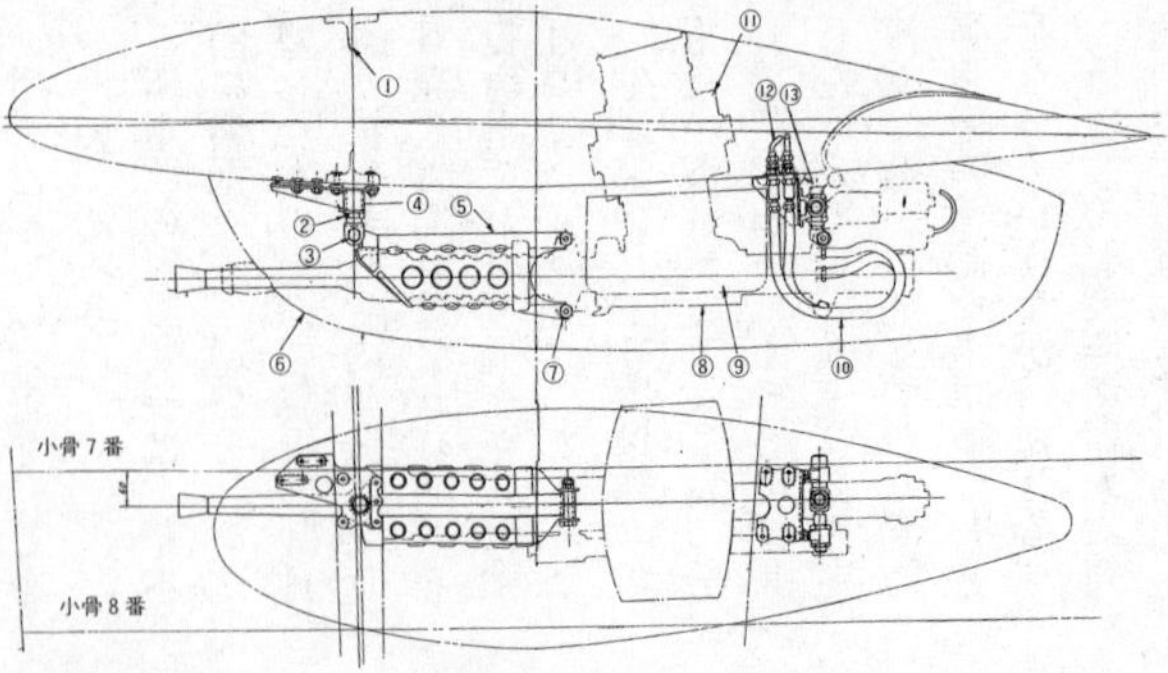

①主翼主桁
②固定ネジ締め付けからげ線
③結合ボルト
④前方取り付け支基
⑤機銃取り付け筒
⑥機銃覆
⑦前方取り付けボルト
⑧九九式二十粍一号固定機銃三型
⑨機銃側面点検窓
⑩油圧管
⑪ドラム式弾倉（100発入）
⑫自動装填接手
⑬自動装填接手覆蓋

K1-Jの九九式二十粍一号固定機銃三型（翼内）装備要領

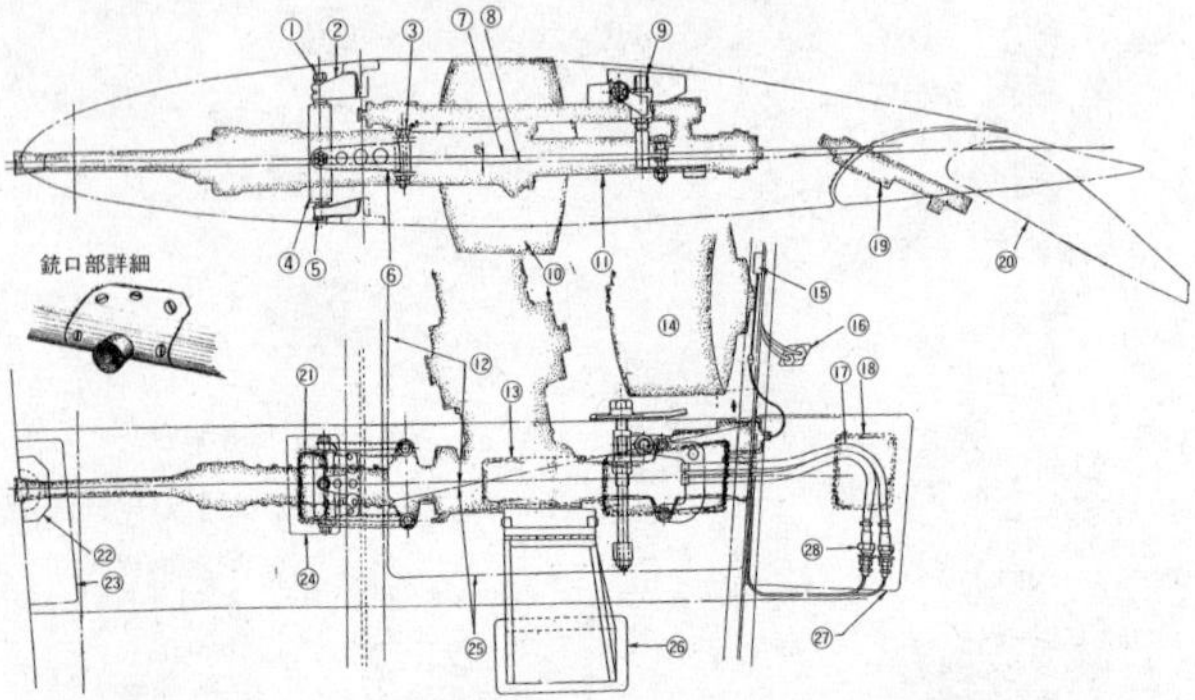

①前方結合栓（上）
②前方取り付け支基
③前方取り付けボルト
④環状金具
⑤前方結合栓（下）
⑥取り付け腕
⑦機銃中心線
⑧主翼断面中心線
⑨後方支基
⑩ドラム式弾倉（100発入）
⑪九九式二十粍一号固定機銃三型
⑫弾倉装換孔
⑬翼下面点検孔
⑭翼下面機銃用弾倉位置
⑮電気発射翼内接続筺
⑯装填油圧管下面への貫通部
⑰油圧管
⑱機銃尾栓抜き取り窓
⑲尾栓抜き取り要領
⑳尾栓を抜く際はフラップを下げる
㉑下部挿栓孔
㉒銃口部小蓋
㉓機銃着脱部前縁窓
㉔上部挿栓孔
㉕機銃点検孔
㉖打殻放出孔
㉗点検孔
㉘自動装填油圧管分離部

K1-Jの爆弾懸吊要領

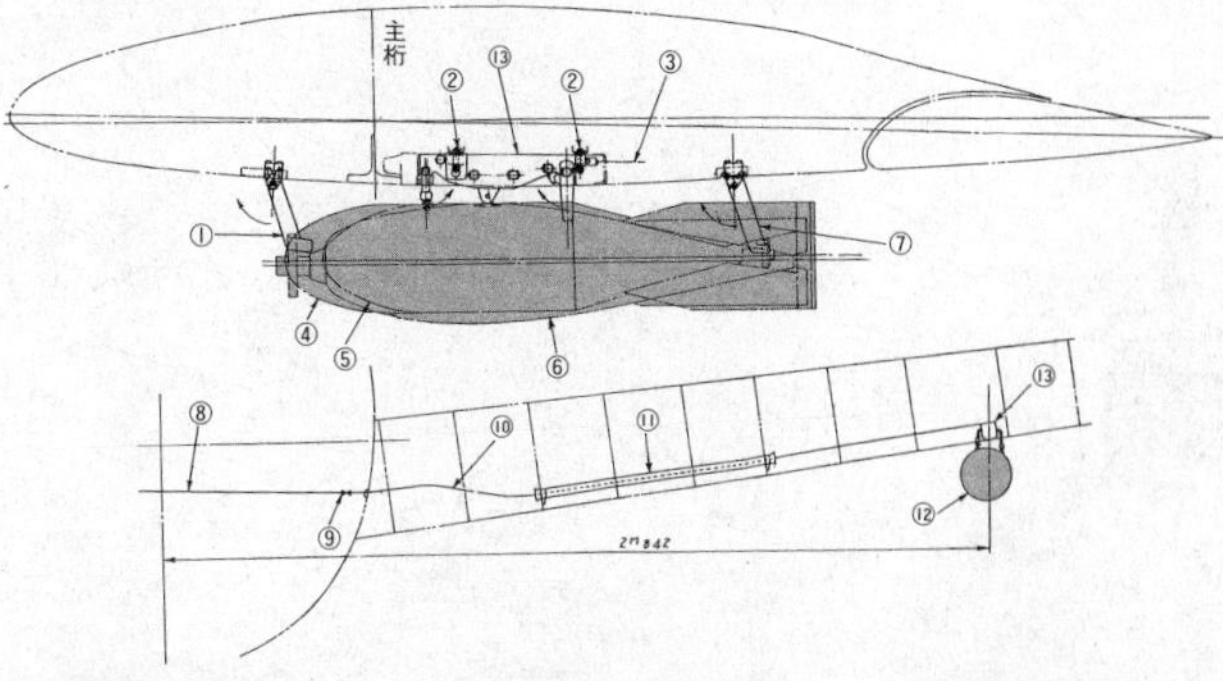

①三番（30kg）欺爆弾二型改三懸吊時の前方風車抑え位置
②6φボルト4本二重母線
③操作索
④九九式三番（30kg）演習爆弾
⑤三番（30kg）演習爆弾
⑥三番（30kg）欺爆弾二型改三
⑦九九式三番演習爆弾、および三番演習爆弾一型懸吊時の後方風車抑え位置
⑧15φ柔軟鋼線
⑨調整ネジ
⑩ボーデン外皮使用
⑪投下索誘導管
⑫爆弾
⑬爆弾投下器

器であったが、昭和20年に入ると四式射爆照準器が優先的に装備された。なお、取扱説明書では、九八式を装備する際には、防弾ガラスに接触しないよう、予備照門、フィルターをふくめた前部を切り落とすよう図示してある。

紫電改の爆撃兵装は、当初は内、外二十粍機銃の間の主翼内（第7番リブ）に、投下器を備え付け、三番、六番、二五番（250kg）いずれか1発ずつを懸吊可能にしていたが、生産第101号機以降では、この投下器を九七式甲型改一に更新し、電気投下式となった。

発動機

紫電、紫電改が搭載した、中島の『誉《ほまれ》』は、日本海軍が、太平洋戦争中の新規開発機のほとんどに搭載を命じた、いわば海軍航空の生

K2-Jの射撃兵装全般配置図

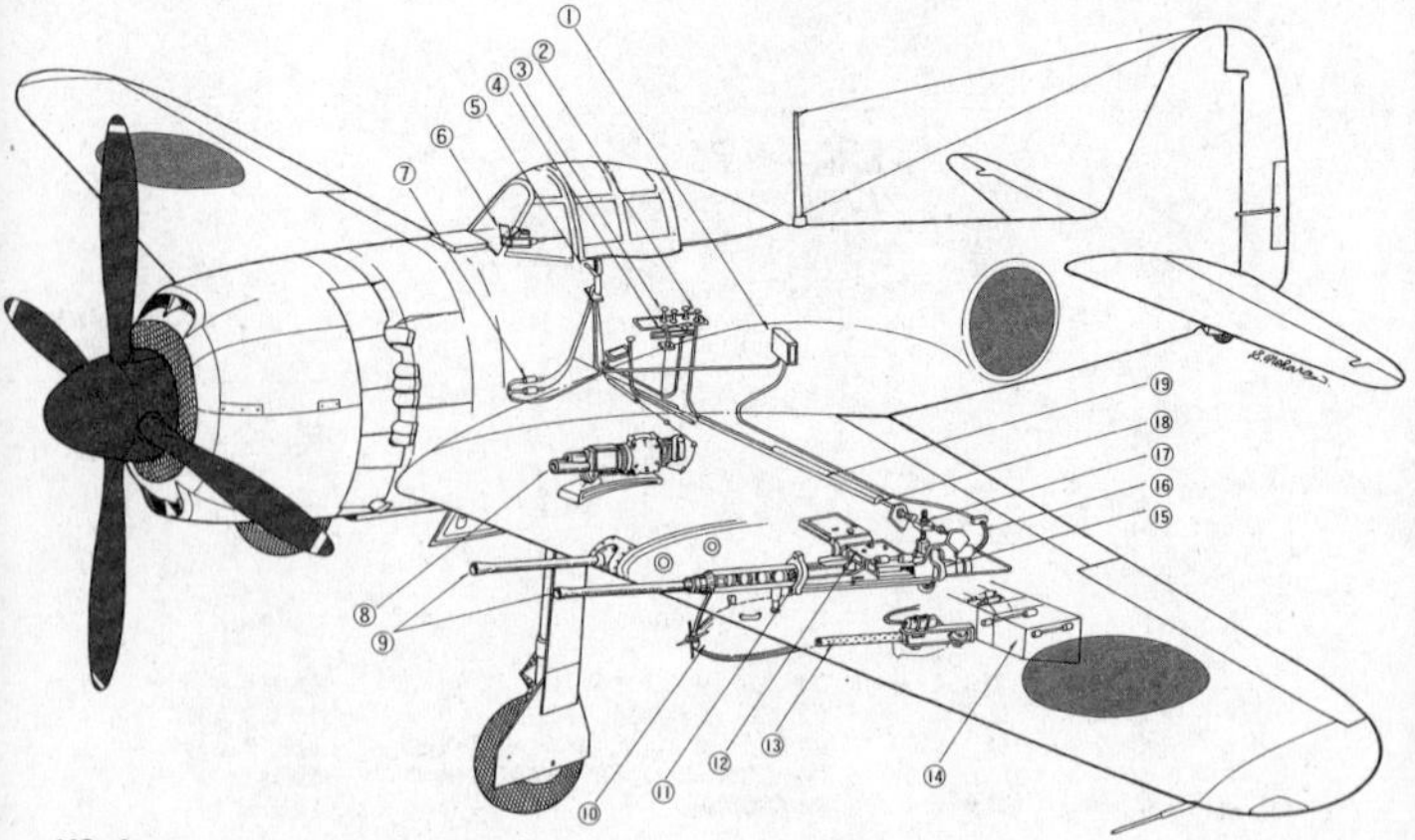

K2-J
射爆照準器、通風装置
取り付け要領（川西第51号機以降）

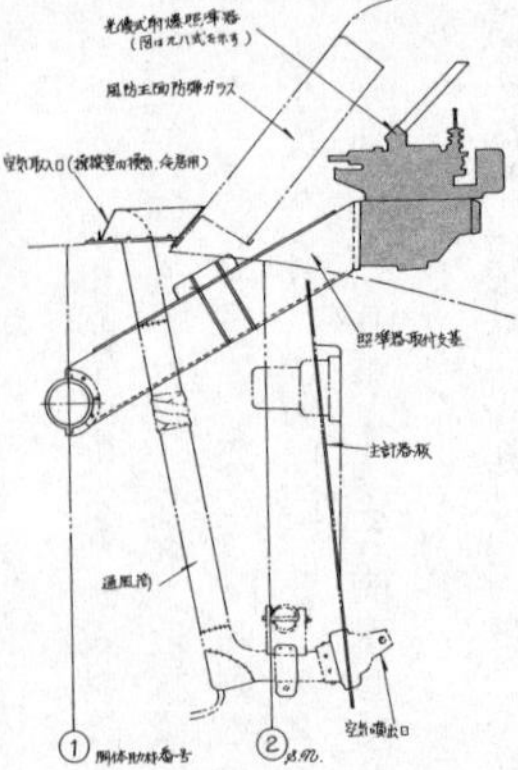

①二十粍機銃電気発射管制箱
②吹流し切断レバー
③爆弾投下レバー
④機銃発射管制レバー
⑤機銃発射レバー
⑥九八式または四式射爆照準器
⑦索開閉器
⑧八九式活動写真銃（ガン・カメラ）
⑨九九式二十粍二号固定機銃四型
⑩爆弾（1kg演習弾、30kg、60kg、250kgのいずれか）
⑪二十粍機銃前方支基
⑫二十粍機銃給弾筒
⑬九七式七粍七固定機銃（訓練時のみ装備）
⑭外側二十粍機銃弾倉（250発入）
⑮二十粍機銃手動装填装置
⑯二十粍機銃発射用電気ケーブル
⑰二十粍機銃後方支基
⑱爆弾投下用索
⑲索誘導管

四式射爆照準器

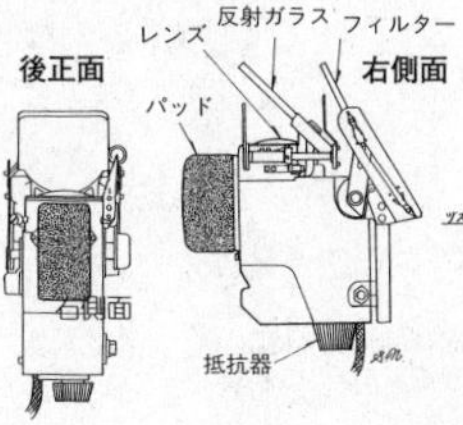

K2-J主翼内二十粍機銃弾倉詳細

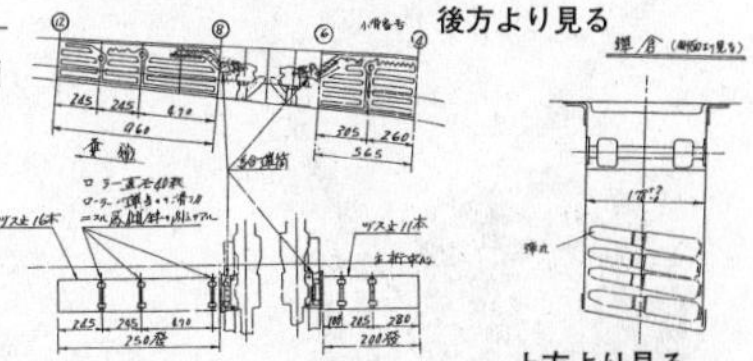

上方より見る
※左主翼を示す
（寸法単位：mm）

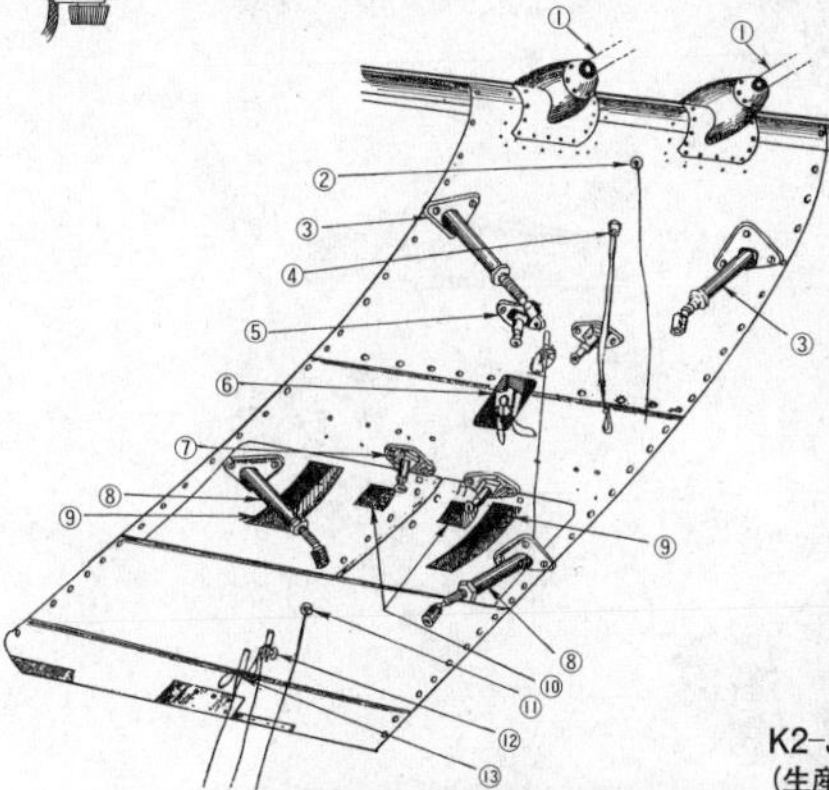

K2-J生産第100号機（川西第5100号機）までの主翼下面兵装部

①二十粍機銃
②二五番爆弾懸吊時の前方風車抑え
③二五番爆弾懸吊時の弾体抑え
④起動索
⑤三番、六番爆弾懸吊時の弾体抑え
⑥爆弾投下（懸吊）器
⑦三番、六番爆弾懸吊時の後方弾体抑え
⑧二五番爆弾懸吊時の後方弾体抑え
⑨二十粍機銃用打殻放出孔
⑩二十粍機銃用装弾子放出孔
⑪二五番爆弾懸吊時の後方風車抑え
⑫二五番、三番三号爆弾懸吊時の後方風車抑え
⑬二五番、三番爆弾懸吊時の後方風車抑え

K2-J主翼下面兵装部詳細（生産第101号機以降）

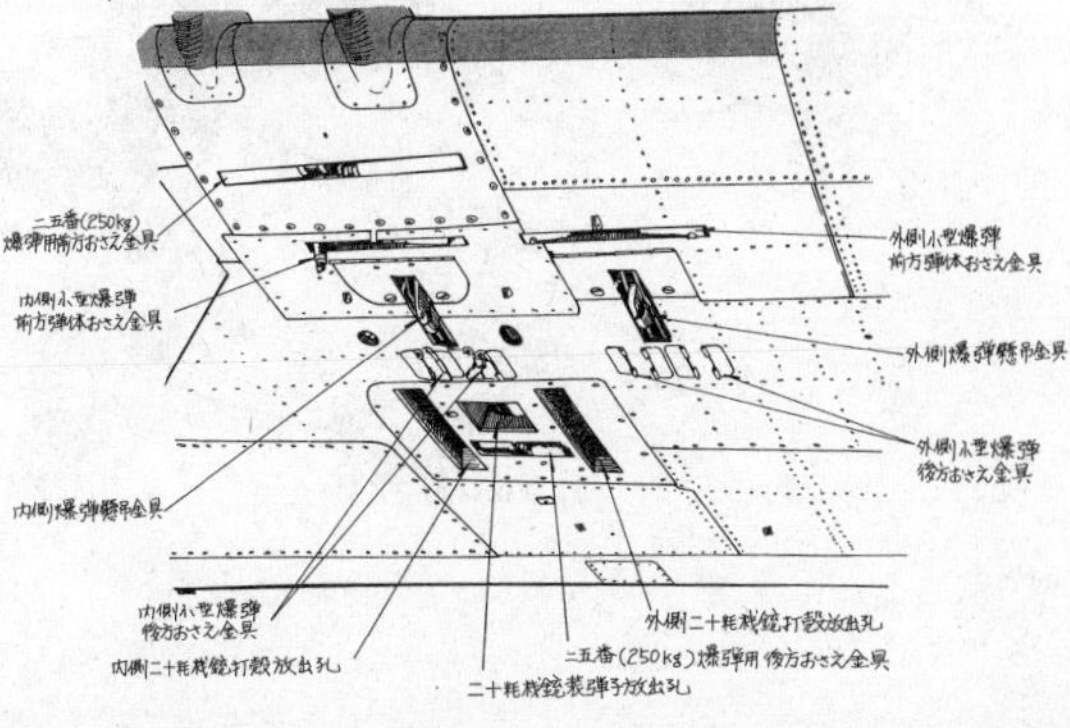

K1-Jの機首変遷

◀一号局戦試作２号機

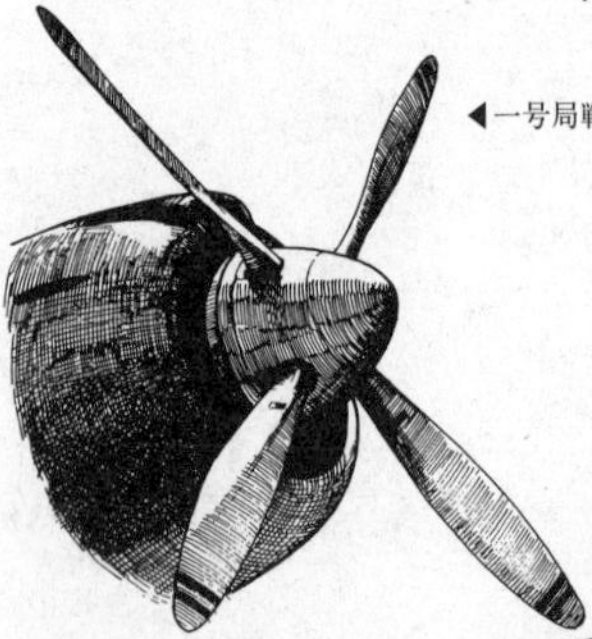

▼一号局戦増加試作機
『試製紫電』川西515号機

▼一号局戦増加試作６号機
『試製紫電』

『紫電』一一型生産機▶

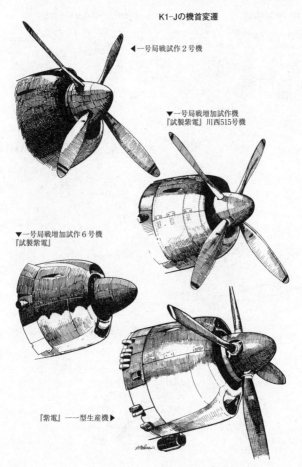

K1-Jの整流環（カウリング）構成

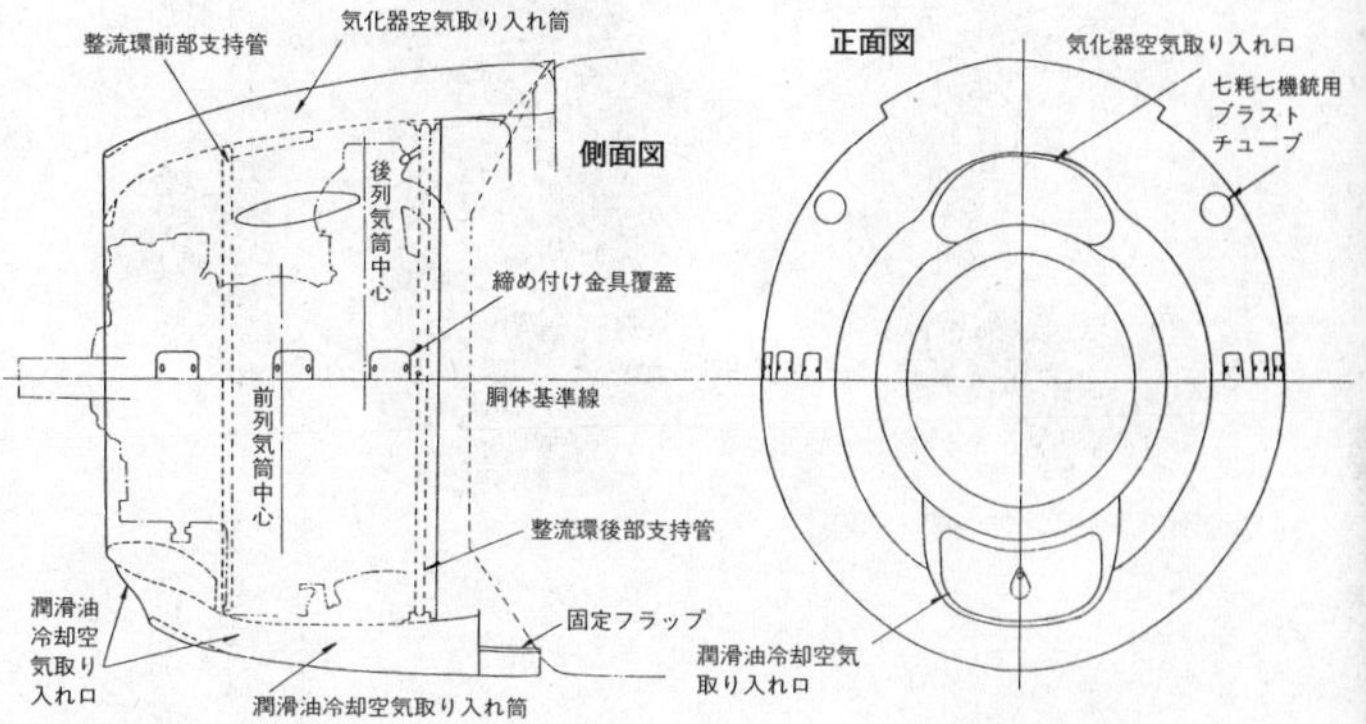

K1-J 推力式単排気管配列
（正面より見る）

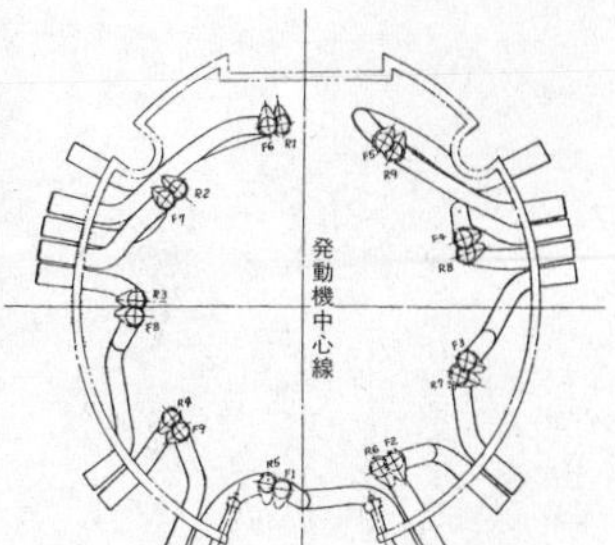

※F1、R5などはシリンダー番号を示す。
Fは前列、Rは後列を示す記号。

死を託した発動機であった。

たしかに、高出力のわりに軽量、小型で、当時の空冷星型複列18気筒発動機としては、設計的に、列強各国の同級と比べても遜色のないものであった。

しかし、芸術品のように精緻を極めた反面、誉がカタログ・データどおりの出力、実用性を発揮するには、高水準の製造技術、良質のハイオクタン価燃料、熟練した整備員などの条件が不可欠で

中島『誉』二一型発動機

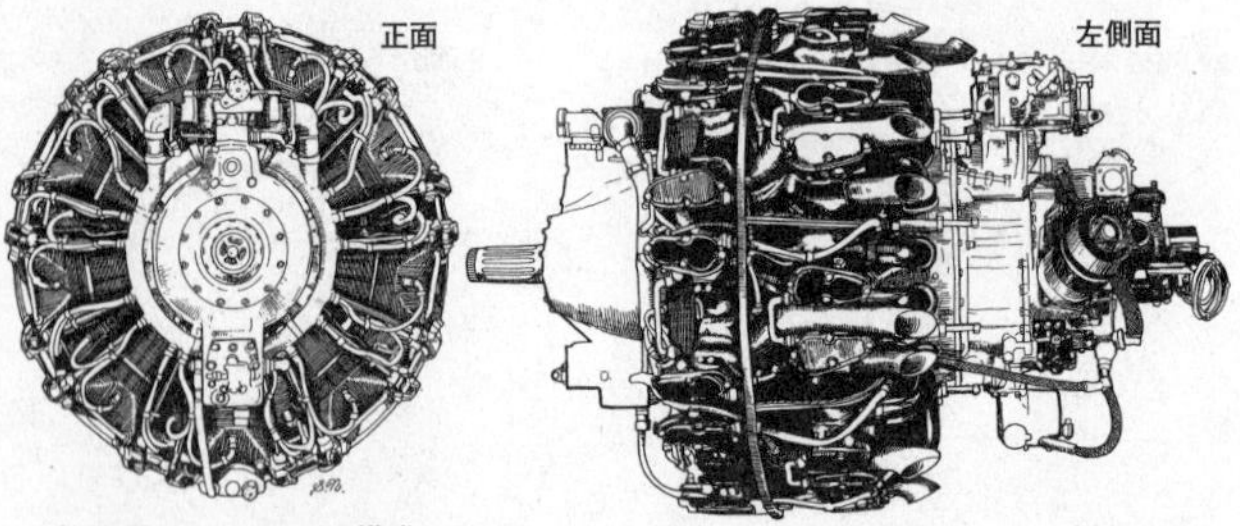

整流環（カウリング）構成　K2-J

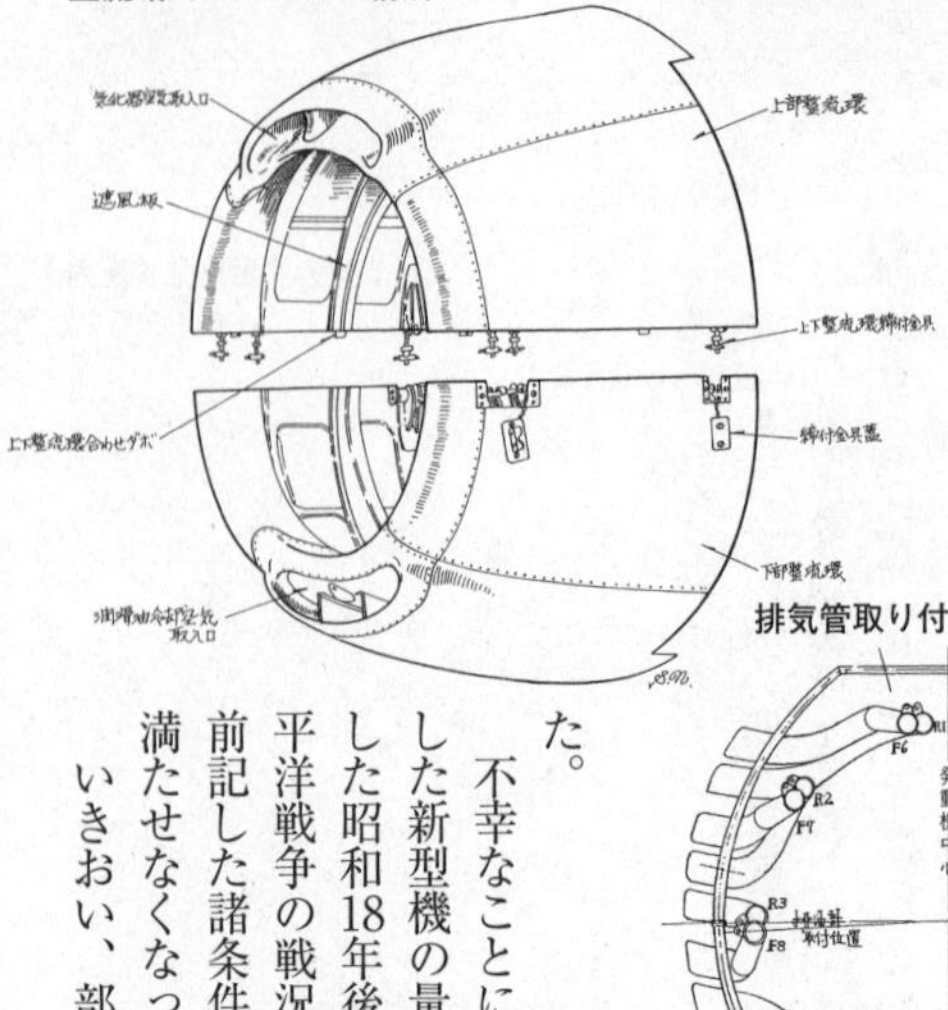

ありいってみれば、当時の日本の実情をまったく考慮せずに、理想ばかり追求して誕生した発動機であった。

不幸なことに、誉を搭載した新型機の量産が本格化した昭和18年後半には、太平洋戦争の戦況が悪化し、前記した諸条件のすべてが満たせなくなっていた。いきおい、部隊配備はさ

排気管取り付け要領（正面より見る）　K2-J

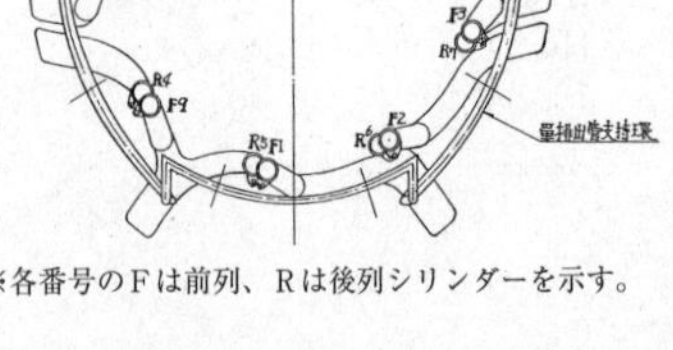

※各番号のFは前列、Rは後列シリンダーを示す。

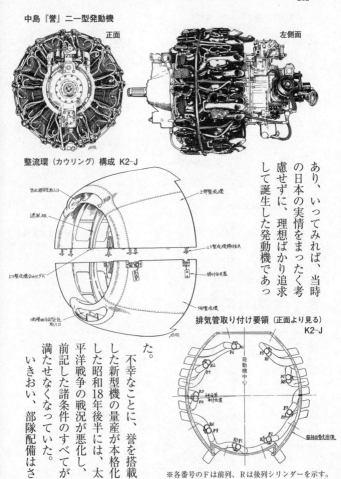

住友/VDMプロペラ・ハブまわり

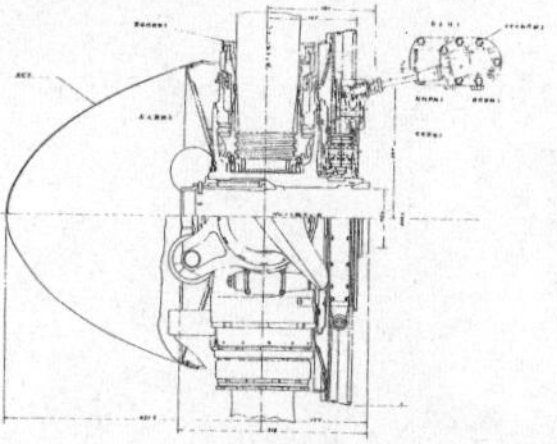

住友/VDMプロペラ・ハブ部品構成

住友/VDMプロペラ内部構造

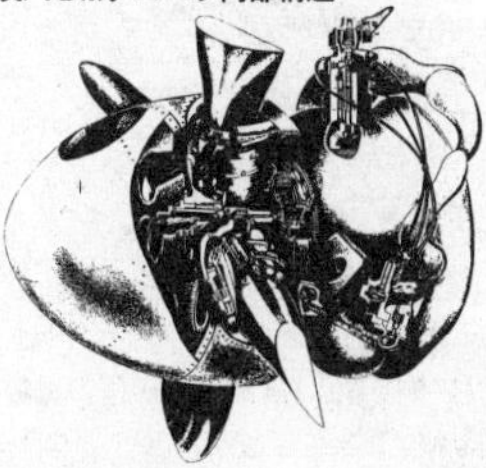

住友/VDMプロペラ用スピナー

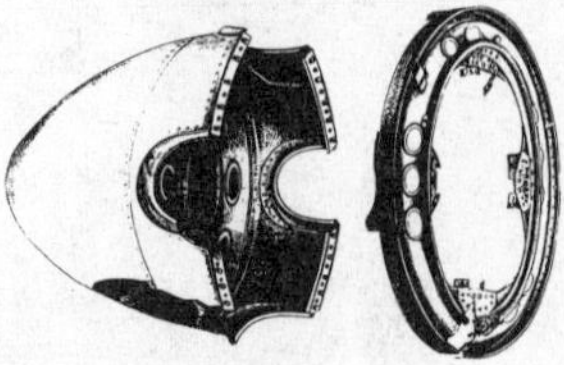

落下増槽装備要領

K2-J　※K1-Jも基本的に同じ

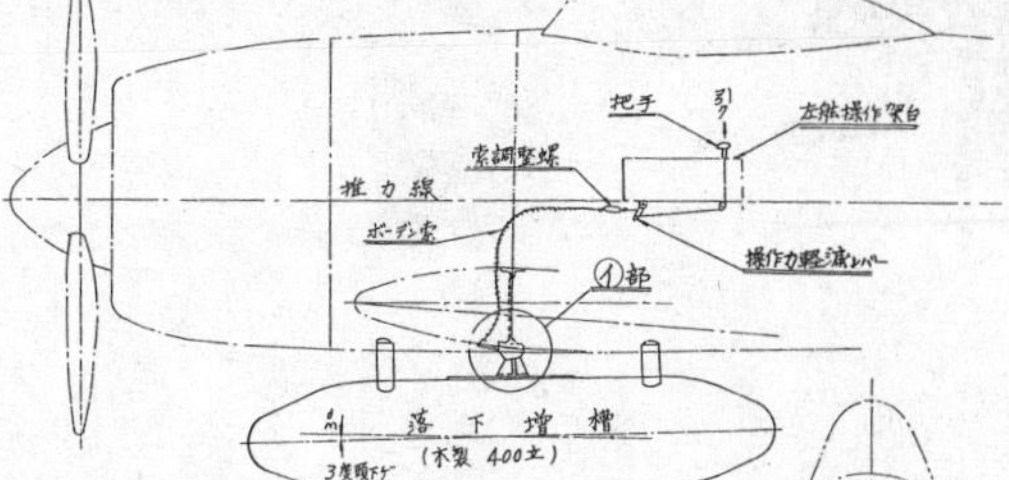

①部(投下器)詳細

取付時

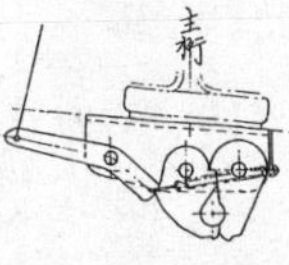

投下時

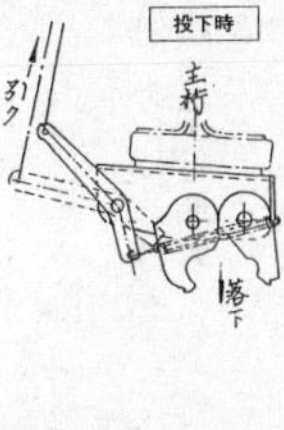

正面図

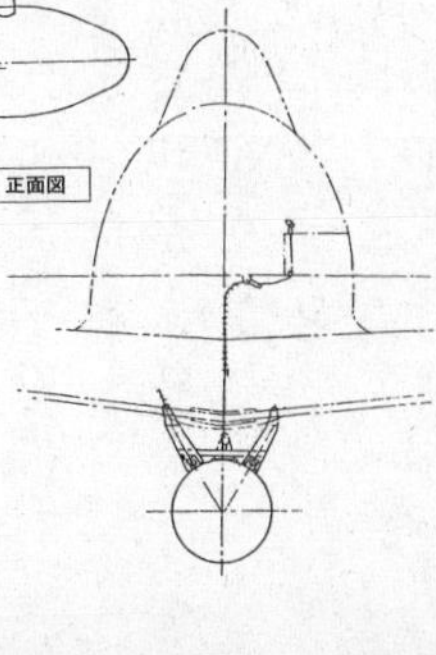

潤滑油冷却器、および通風筒詳細

K2-J

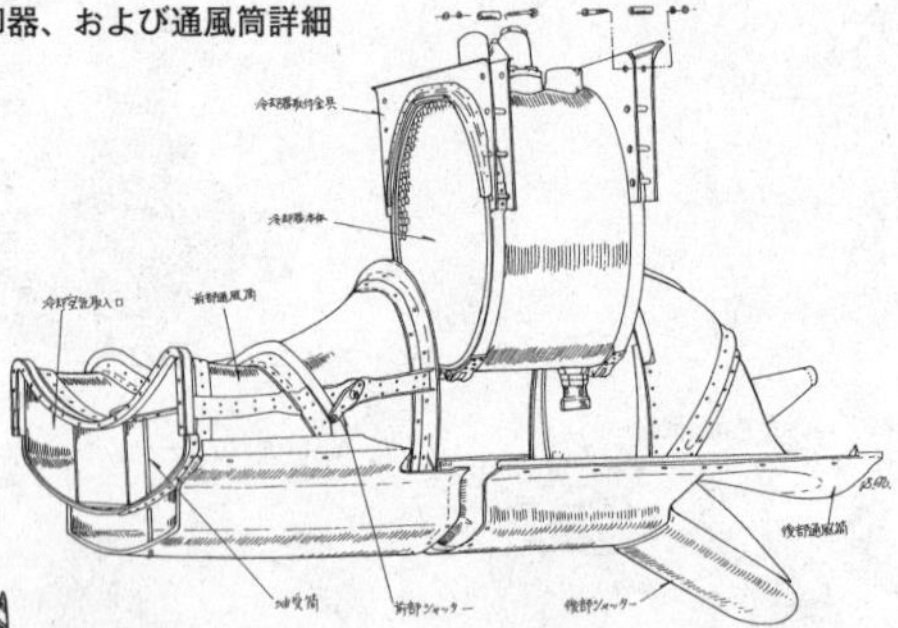

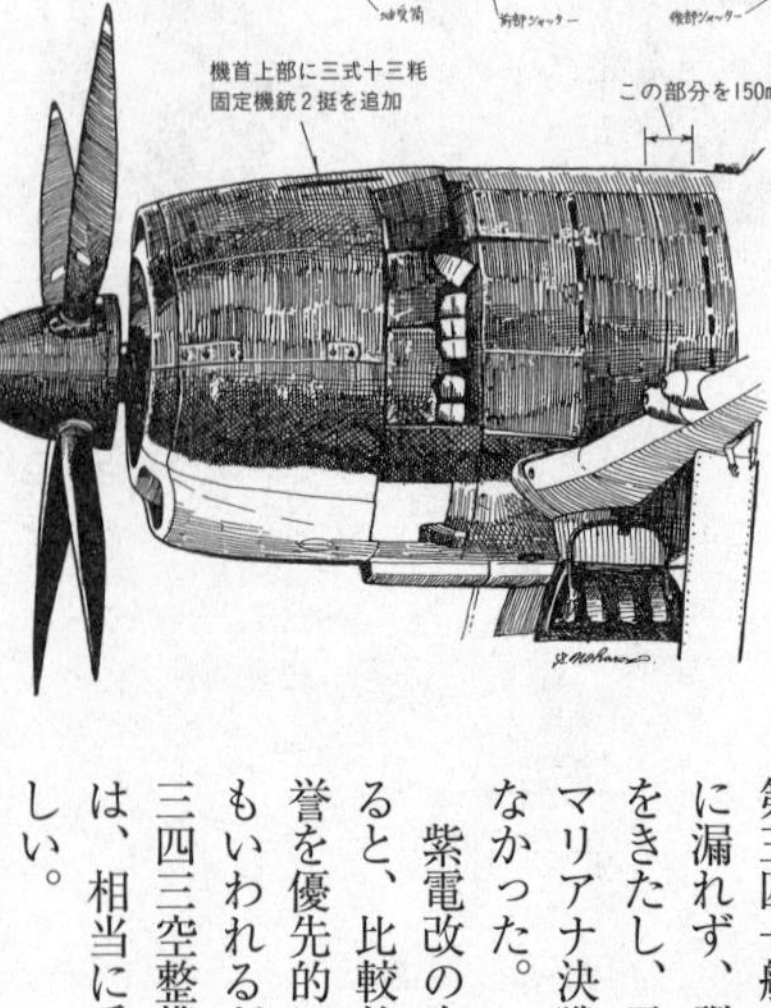

『紫電』三一型の機首周り

れたものの、誉の故障、不調が一気に表面化し、性能、稼働率の低下は目を覆うばかりとなった。

　紫電を最初に受領した第三四一航空隊もその例に漏れず、訓練にも支障をきたし、予定していたマリアナ決戦に参加できなかった。

　紫電改の生産がはじまると、比較的調子の良い誉を優先的に搭載したともいわれるが、それでも、三四三空整備員の回想では、相当に手を焼いたらしい。

　いずれにしろ、誉がカ

三式空一号無線電話機装備図

K1-J

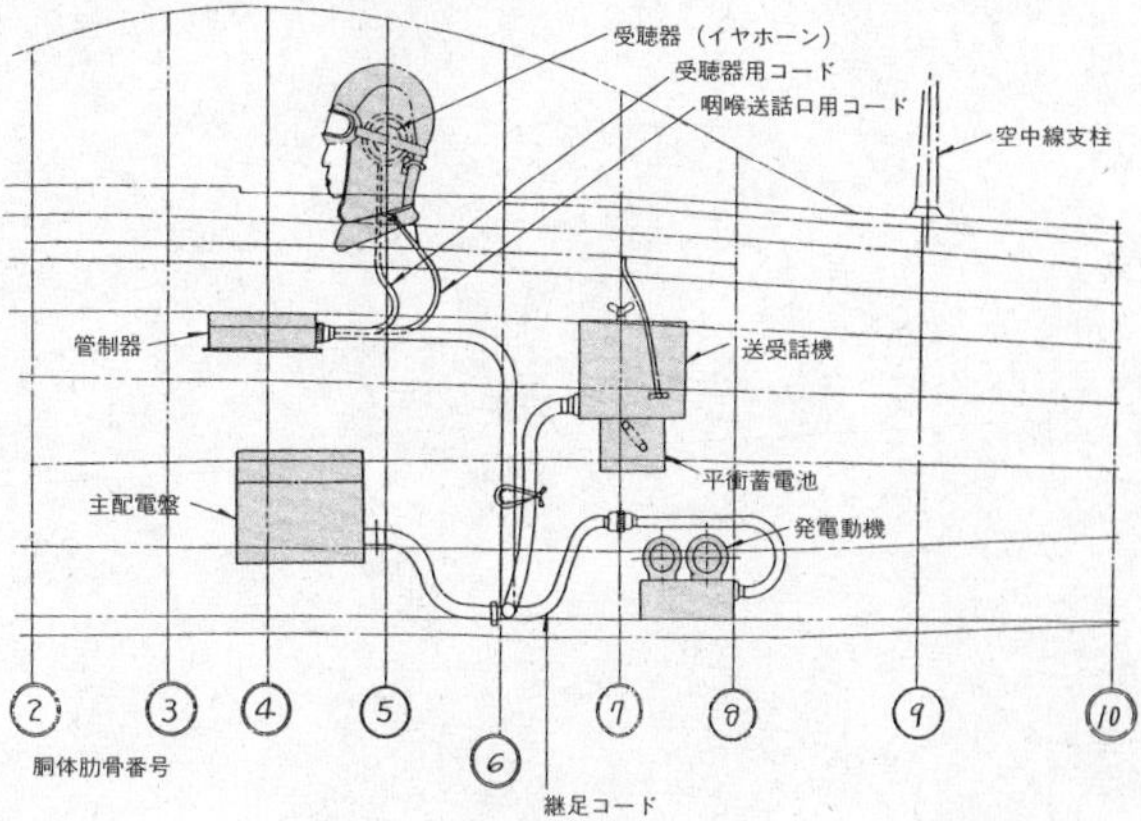

一式空三号無線帰投方位測定機装備図

K1-J

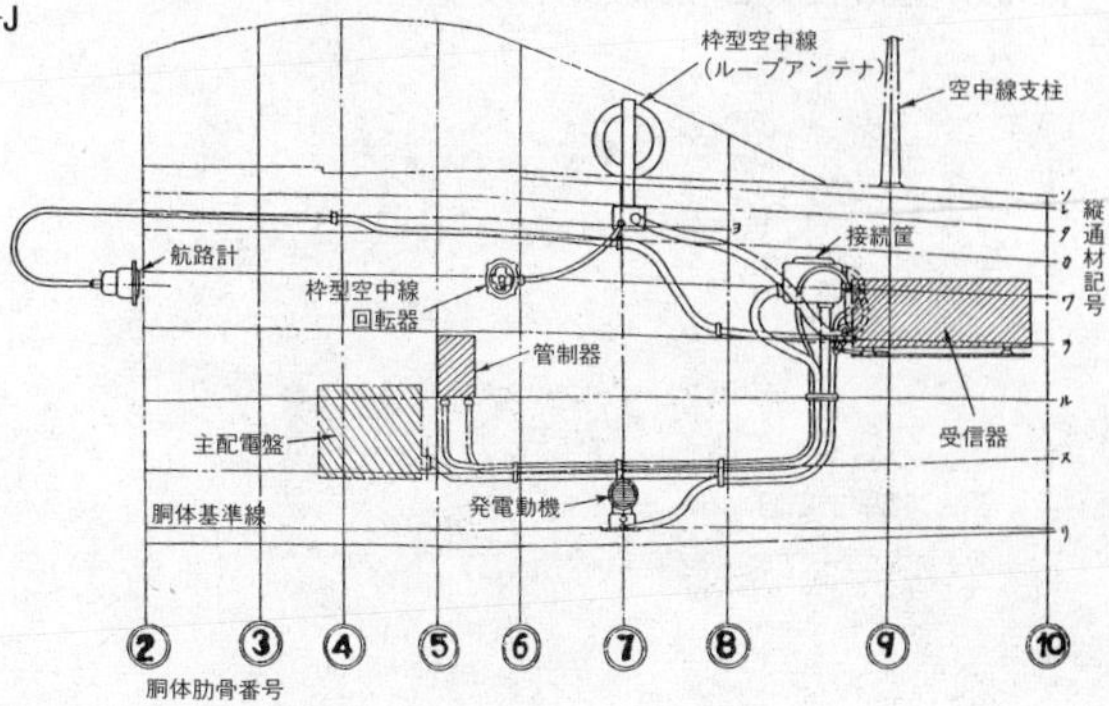

K2-Jの三式空一号無線電話機装備図

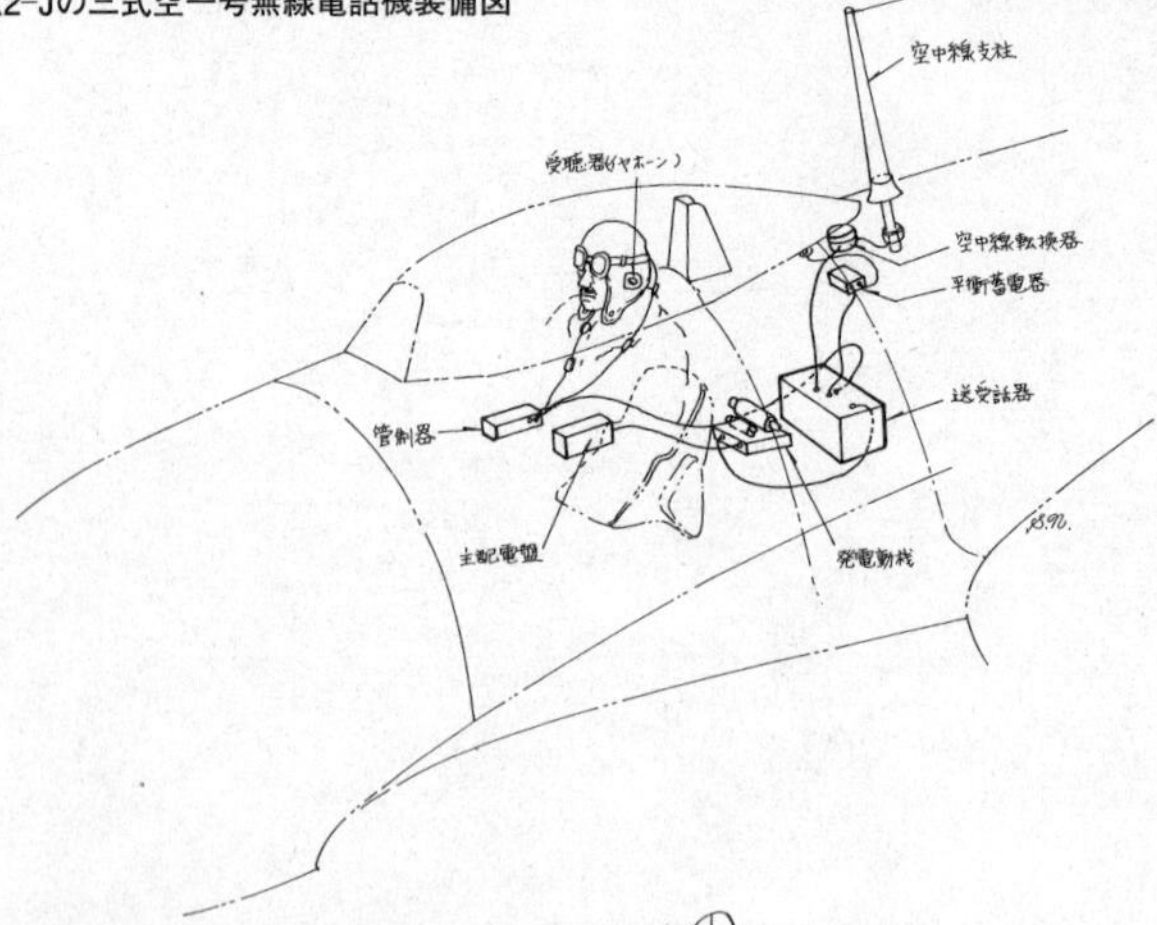

K2-Jの発動機地上運転時尾部揚力減殺装置

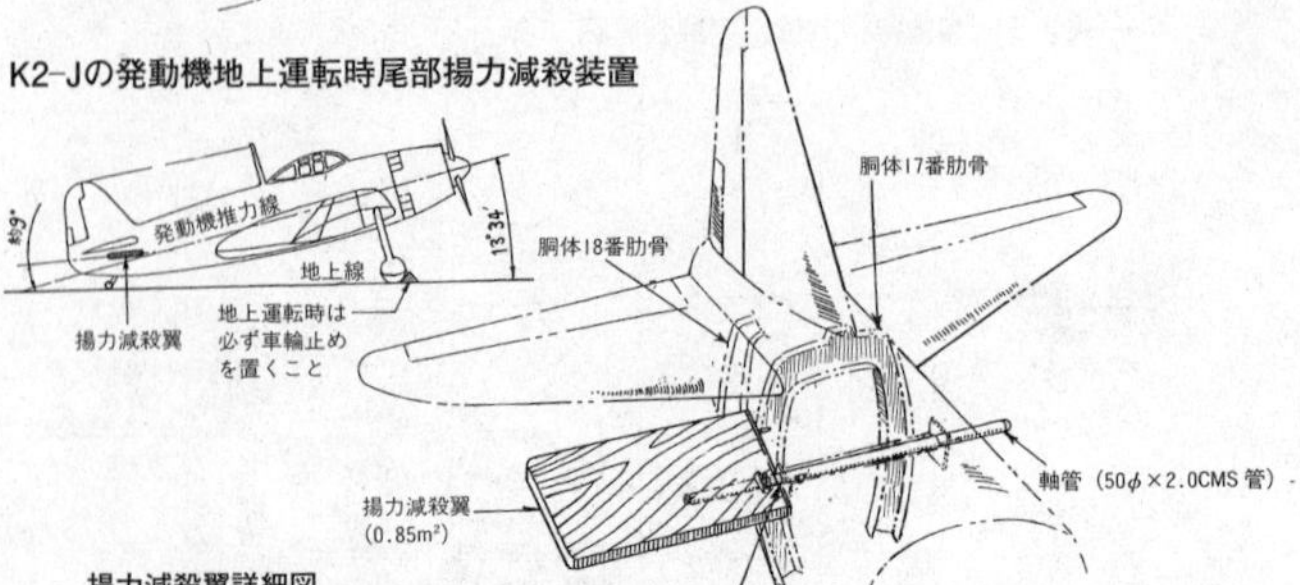

揚力減殺翼詳細図

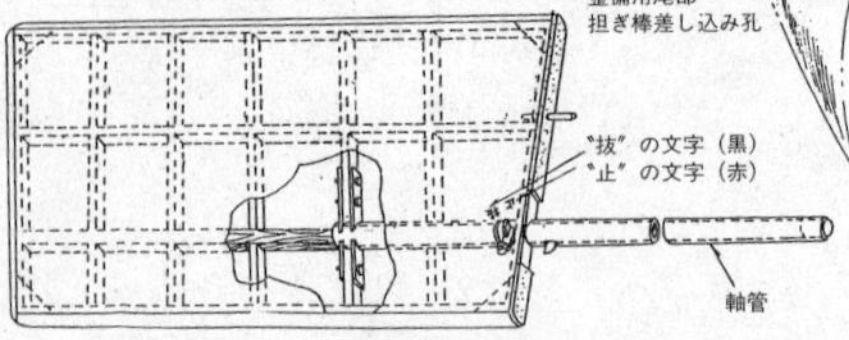

タログ・データどおりの出力と、実用性を発揮すれば、紫電、紫電改の性能はもう一段向上し、また稼働率も上がって、実戦での威力を増したであろうが、しょせん当時の日本では、ないものねだりに等しい〝夢〟であった。

諸装置

紫電、紫電改の無線機セットは、零戦五二型以降と同じく、戦争後期の海軍単座戦闘機用標準の三式空一号無線電話機で、各ユニットの配置要領はP.216上図に示したとおり。旧型の九六式空一号無線電話機（取扱説明書では、紫電の生産18号機までが搭載したと記されている）に比べれば、いくらか改良されているとはいえ、その信頼性は依然として低く、昭和20年2月以降、本土空襲に飛来して撃墜された、米海軍艦載機（F6Fと思われる）の無線機を調査し、そのアース要領を学んで改良を施すまで、実戦においてはほとんど役に立たなかったというのが実情であった。

ただし、紫電改を装備した三四三空は、この〝恩恵〟をうけて、無線電話機を有効に活用し、あの3月19日の華々しい空中戦デビューを飾ることになった。

本来、海軍戦闘機には必須装備であるはずだったもうひとつの無線システム、帰投方位測定機については、紫電、紫電改ともに、取扱説明書では、一式空三号無線帰投方位測定機改一を装備することになっていたが、局地戦闘機という性格上、長距離洋上飛行の可能性が低かったため、実際には装備しなかった。現存する写真でも、枠型空中線（ループ・アンテナ）を付けた機体は確認できない。
ただ、フィリピン航空戦に参加した三四一空の紫電、九州移動後の三四三空の紫電改は装備した可能性もある。

諸装置のなかで、零戦、雷電などには見られなかったユニークなもののひとつが、〝地上運転用尾部揚力減殺装置〟と、いかめしい名称のついた仕掛け。

ようするに、地上で発動機試運転を行なう際、回転を上げたときに、揚力が高まって尾部が浮き上がってしまうのを抑える〝当て舵〟のことである。

装置というほどの大袈裟なものではなく、格子状の木製骨組みの上、下面に板を貼り、それに支持棒を付けただけのものだ。その支持棒を水平尾翼下方の胴体側面にある、整備用担ぎ棒差し込み孔に挿入し、ピンで止めるだけ。この際、板の角度は下向き約9度にするよう図示してある。

いずれにせよ、誉発動機が2000馬力（カタログ上で）という高出力だったために必要になったものだ。

第三章　三菱　十七試局地戦闘機『閃《せん》電《でん》』

第三の局戦

十四試局戦、一号局戦に次ぎ、日本海軍が三番目の局戦として、三菱に試作発注したのが十七試局地戦闘機『閃電』〔J4M1〕である。

海軍から三菱に対し、正式に閃電の試作発注が出されたのは、太平洋戦争が始まって約半年後の昭和17年6月だが、すでに三菱社内では、前年から社内名称『M-60』として、種々の設計構想を練っていた。

閃電の設計主務者に任ぜられたのは、かつて零式観測機を手掛けた佐野栄太郎技師である。

閃電に対する海軍の要求スペックは、高度8000mにて最大速度380ノット（703km／h）、上昇力は高度8000mまで15分、実用上昇限度1万1000m、航続力は全力30分+巡航速度250ノット（463km／h）にて2時間、武装は三十粍機銃一挺（弾数100発）、二十粍機銃二挺（弾数400発）というもので、当然のことながら、十四試局戦当時とは比較にならぬほどレベル・アップしていた。

苦肉の奇策

十四試局戦もそうであったが、要求性能実現のための大馬力発動機という見地から、自社で試作中のA-20（のちのMK9D――ハ四三／四一――2200hp）を選定したが、通常の搭載法では、十四試局戦の二の舞の太い胴体となり、射撃兵装の装備上からも、これは難しい。

双発機にすればこれを解決できるが、機体は大型、大重量となり、空戦性能はまったく期待できなくなってしまう。

そこで、佐野技師らが苦慮のすえに採用したのが、当時、欧米各国でも試作が行なわれていた、単発双胴推進式形態だった。

大きくかさばるMK9D発動機は、短くした胴体の後部に収め、プロペラはその後端に配置する。プロペラのピッチは通常機のそれとは逆になり、機体をあと押しする形で飛行するわけだ。当然、通常機が牽引式と呼ばれるのに対し、推進式と呼ばれる。

発動機がない機首は、ずっと細く絞り込むことができ、射撃兵装もこの内部に集中して装備できるから、命中精度という面からも、主翼内装備に比べて格段に勝る。

尾翼は、左、右主翼から後方に伸ばした細いブームの後端に配置した。

ここまでは、よいことずくめなのだが、問題は空冷のMK9D発動機を、どうやって冷却するかであった。素人目に見ても、前方を操縦室などで塞がれた発動機室は、側面に空気取入口を設け、ここから冷却空気を採り入れるしかない。

しかし、空冷発動機は、シリンダーが放射状に配置されており、加えて二重星型ともなれば、後列（発動機自体が後ろ向きなので実際には前列）シリンダーの〝風当り〟は当然悪く、全てのシリンダーを均等に冷却するのは難しい。欧米のこの種形態機が、ほとんど液冷発動機を搭載していたのは、こうした理由からだ。

十七試局地戦闘機『閃電』〔J4M1〕推定三面図

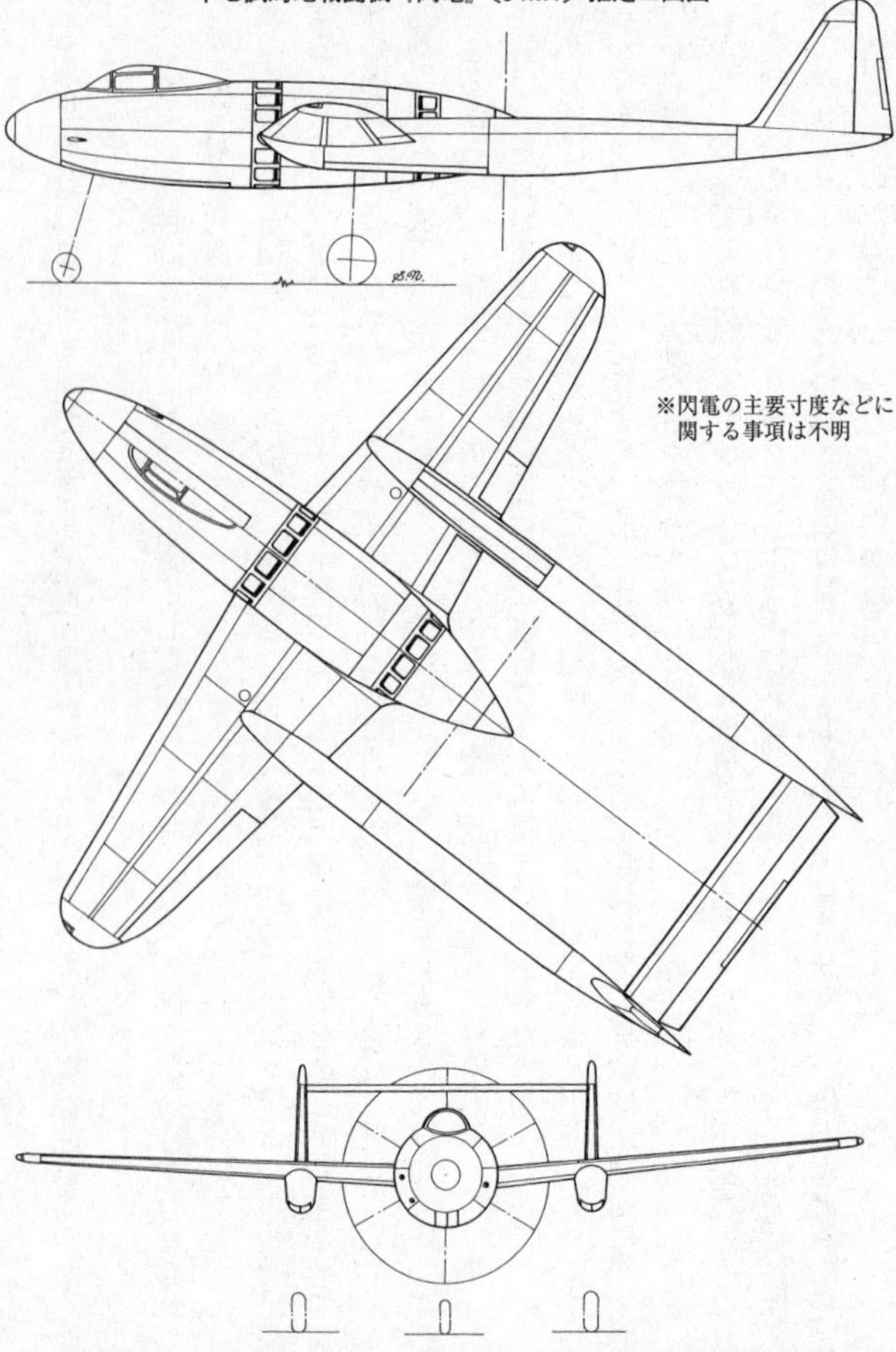

※閃電の主要寸度などに
関する事項は不明

佐野技師ら設計陣は、発動機室の前方に、真円断面の胴体全周にまたがった空気取入口、同室後部に同様の空気出口を配置し、過給機用空気取入法も含めた冷却問題をクリアすることにした。

昭和19年に入り、この設計に基づいた発動機冷却実験用の胴体を製作し、実際にMK9Dの試作品を搭載して運転テストを行ない、概ね実用できる見通しが立ったといわれるが、実機が未完成のまま終わったので、何ともいえない。

双発ではあるが、同様の形態を採ったアメリカ陸軍のP-38戦闘機も悩まされたが、プロペラ後流がまともに当たる閃電の水平尾翼の振動も、設計陣にとっては頭の痛い問題で、取付位置を移動するなどしてみたが、根本的な解決法を見いだすのは難しかった。

試作中のMK9Dにも、改修すべき問題点が多々あったうえ、ますます激化する戦争は、三菱設計陣に、実用機の火急対処事を次々と課してきたことなども重なり、閃電の試作は遅れ気味になった。

昭和19年7月、佐野技師が束ねる第三設計課に、零戦五二丙型〔A6M5c〕の改修設計が命じられるにおよんで、閃電の試作作業は事実上、中断状態となった。

そして、同年10月、戦況の悪化に鑑み、海軍は早急に実現不可能な試作機は整理することを決定、閃電もその対象となり、開発中止が通告された。こうして、前例のない単発双胴推進形態機閃電は、陽の目を見ずに消え去った。

なお、閃電が葬り去られた背景には、当時、九州飛行機が試作していた、これまた前例のない前翼（エンテ）型形態局戦、『震電』〔J7W〕の成功が、確実視されたからともいわれる。

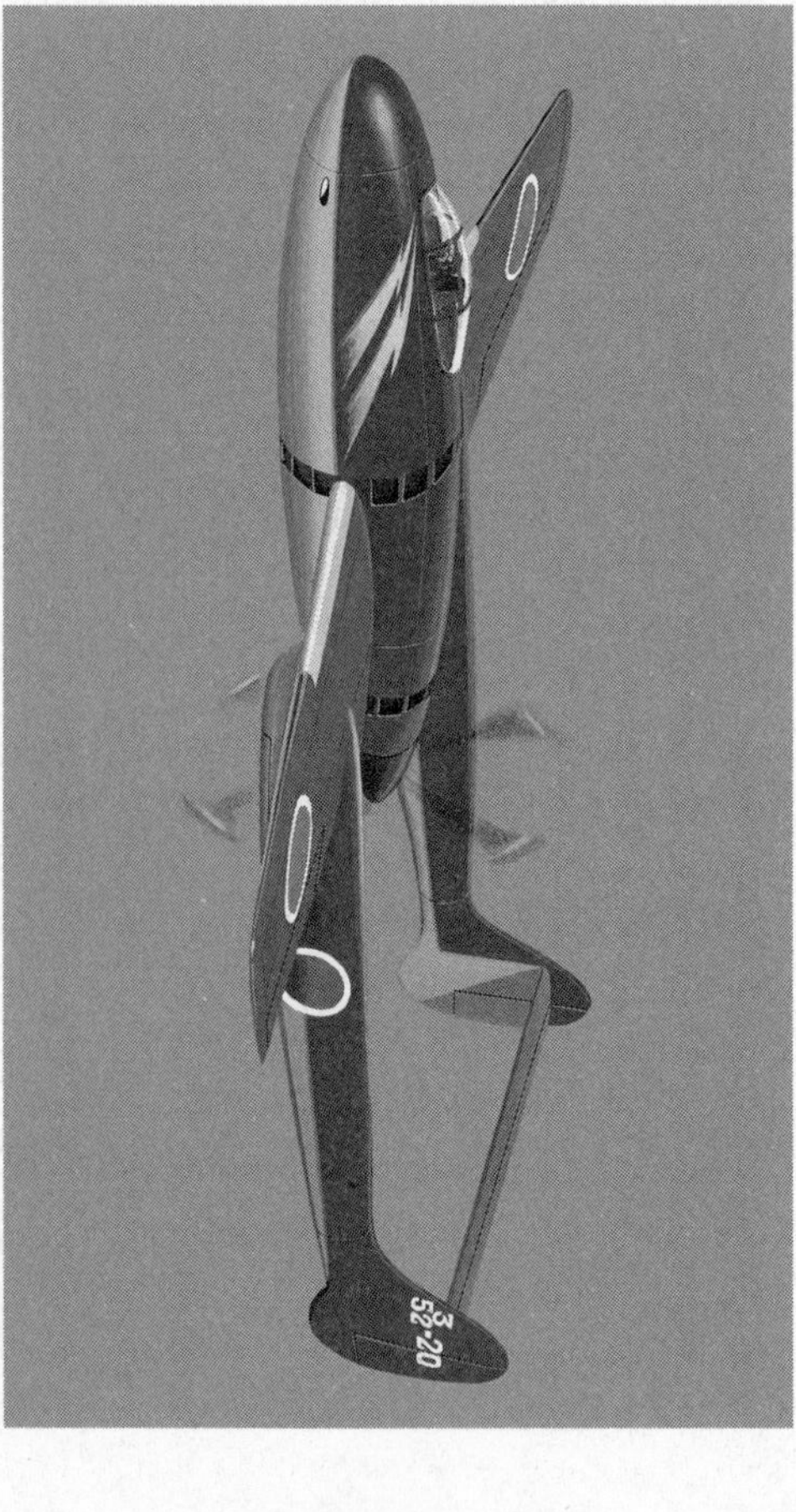

「閃電」飛行想像画

第四章　中島　十八試局地戦闘機『天《てん》雷《らい》』

本格的双発重戦への挑戦

海軍が、三菱に十七試局戦『閃電』の試作発注をした当時、同機の主たる対戦相手は、アメリカ陸軍のB-17、B-24両重爆クラスが、漠然と意識されていた。

しかし、昭和18年を迎える頃には、それらを数段も上まわる高性能の、B-29に関する情報が多く入るようになり、海軍としても、本機を意識した局地戦を開発する必要に迫られた。

こうして、年明け早々の1月、中島飛行機に対して試作発注されたのが、十八試局地戦闘機『天雷』〔J5N1〕である。のちに、海軍の戦闘機が甲、乙、丙に分類されると、局戦は乙戦闘機になり、天雷を十八試乙戦闘機とも呼称した。

海軍が、天雷に要求した性能スペックは、高度6000m付近にて最大速度360ノット（667km/h）、高度6000mまでの上昇時間6分以内、同8000mまで8分30秒以内、実用上昇限度1万1000mで、前述した閃電よりも、むしろ低めに押さえられており、B-29を意識した割には、少々〝手ぬるい〟感じがする。

▶天雷の、主たる迎撃対象と目された、アメリカ陸軍航空軍のB-29超重爆。

社内名称『N-20』と呼ばれた天雷の搭載発動機は、もう最初から決まっていたようなもので、躊躇なく自社製『誉《ほまれ》』があてがわれた。

誉は、このころ量産品が出始めた、日本最初の2000hp級発動機で、欧米の同級に比べ、はるかに軽量、かつ小型で、海軍もそのカタログ・データに〝ぞっこん〟だった。そのため、天雷に限らず、昭和17年度以降の海軍試作機のほとんどが、本発動機の搭載を命じられることになる。

誉の出力からすれば、天雷は単発でもよさそうだったが、中村勝治技師（ほどなく大野和男

胴体内部主要部品配置図

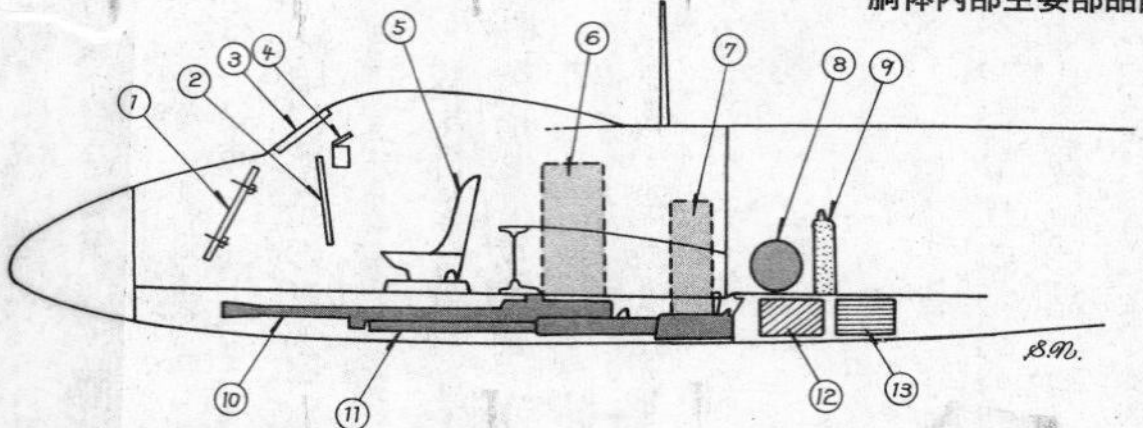

①20mm厚防弾鋼板、②主計器板、③70mm厚防弾ガラス、④光像式射撃照準器、⑤座席、⑥三十粍機銃弾倉、⑦二十粍機銃弾倉、⑧油圧タンク、⑨酸素ボンベ、⑩三十粍機銃、⑪二十粍機銃、⑫一式空一号無線機、⑬一式空三号無線帰投方位測定器

主翼内各タンク配置図

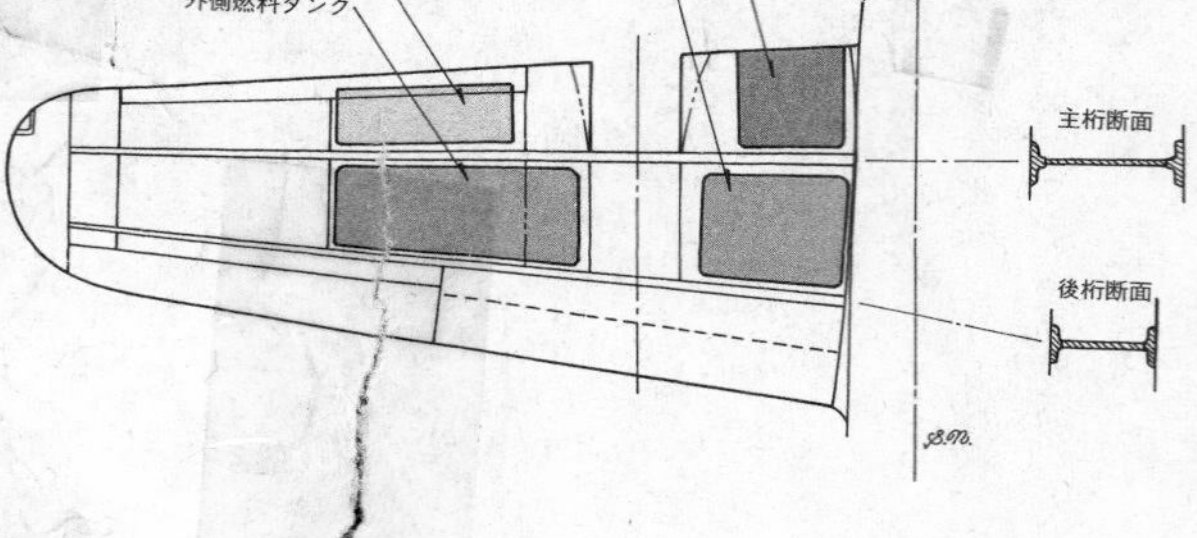

技師に交代)を主務者とする中島の設計陣は、速度、上昇力の向上、被弾、故障時の安全性、三十粍、二十粍機銃各二挺の重武装を、機首に集中装備可能とするなどの見地から、敢えて双発形式を採ったのである。

機体設計の基本ポリシーは、もちろん高速と高上昇力を狙うための、徹底した軽量、小型化で、全幅14m、全長11mという寸度は、単発の三菱十七試艦戦（烈風）とほぼ同じだから、双発機としては異例の小型機である。

ただ、軽量化という点に関しては、設計陣も、取付金具類の整理統合など、相応の意は払ったのだが、2000hp級『誉』発動機搭載、重武装、防弾装備の充実など、従来機とは異なった重量増不可避項目も多々あり、結局のところ、自重5390kg、全備重量7300kgと、サイズ的にはひとまわり大きい『月光』夜戦よりも重くなってしまった。

外形ラインは、これといって斬新な手法は採らず、ごく一般的な双発機形態としたが、太目の左右発動機ナセルに比べて、不釣合なほど細く引き絞まった形の胴体が、本機の性格を表わしていた。

戦時下の試作機ともなれば当然のことではあるが、天雷は、生産性向上という面に大きな意を払っていたのも特徴で、前述した、軽量化のための取付金具類整理統合をはじめ、外鈑を厚くして内部骨組み構造材を少なくし、機械部品、熔接、鋳物、鍛造品のかわりに板金加工品を用い、性能上差しさわりのない部品、例えば、操縦桿、座席、方向舵／ブレーキ・ペダルなどは零戦のそれを流用、もしくは小改良して使うようにした。

天雷響かず

戦況が厳しくなる一方という情勢のなか、中島設計陣は天雷の試作に打ち込み、昭和19年6月20日、1号機の完成にこぎつけた。実質的な作業スタートとなった、18年4月17日の第一回官民合同研究会からわずか1年2ヵ月後、双発戦闘機ということを考えれば、これは異例ともいえる短期開発だった。

すでに、5日前の深夜には、天雷の主たる対戦相手と目された、アメリカ陸軍航空軍B-29超重爆により、北九州の八幡・小倉地区が初めて爆撃をうけており、海軍の、天雷に対する期

▲昭和19年8月、中島飛行機・小泉工場に隣接する飛行場で初飛行した直後の『天雷』試作2号機。成功を祝って、左主翼下面に取り付けたクス玉が割られている。不釣合なほどに小直径のプロペラが実感できよう。

発動機ナセル内部配置図

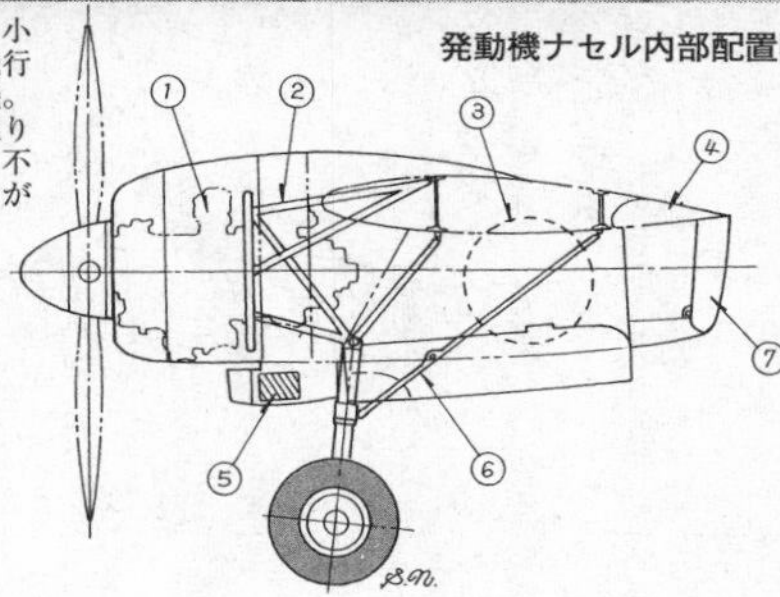

①『誉』二一型発動機
②発動機取付架
③主車輪収納位置
④フラップ
⑤潤滑油冷却器
⑥主脚出し入れ槓桿
⑦フラップ作動槓桿

十八試局地戦闘機『天雷』〔J5N1〕三面図

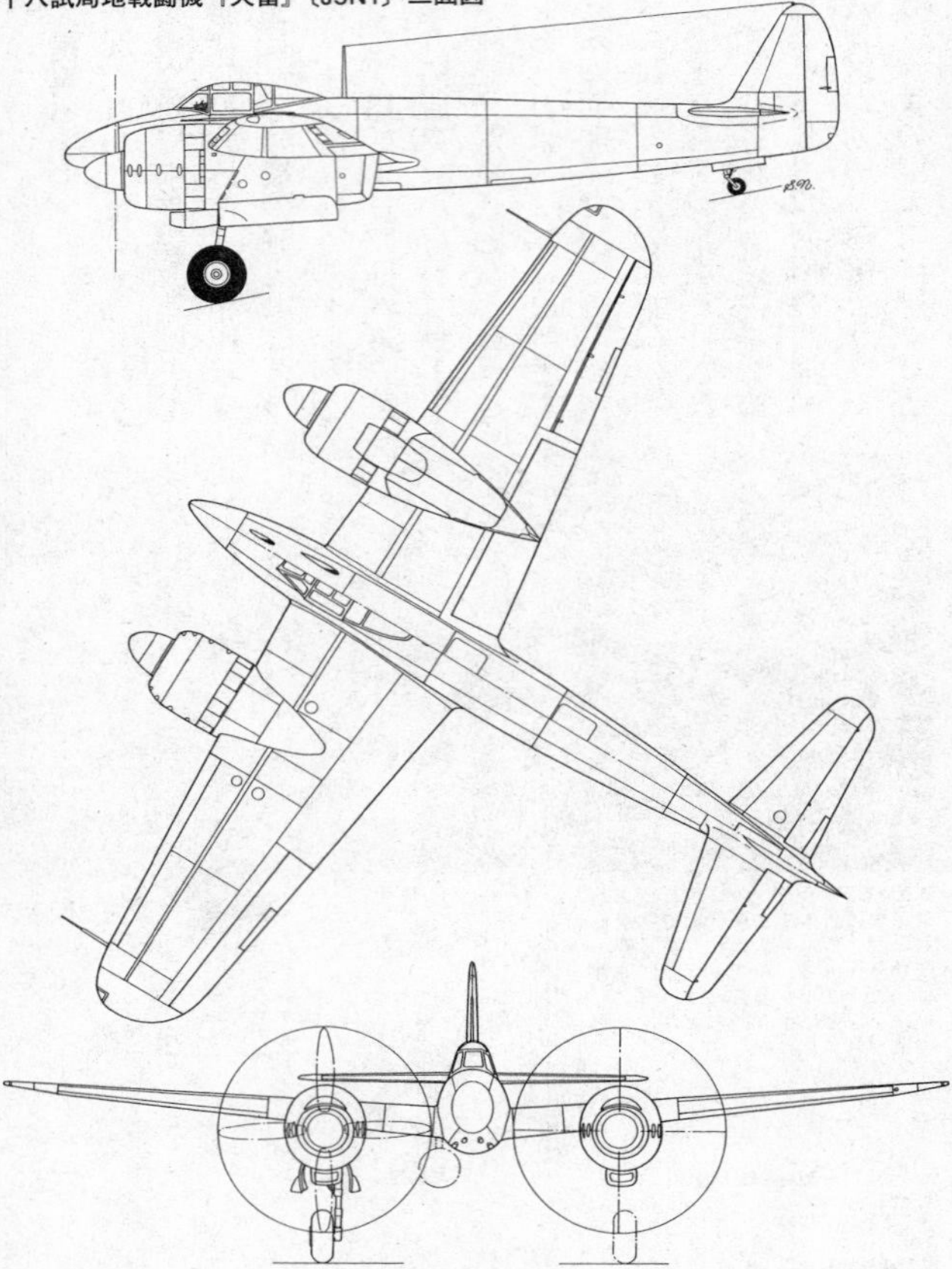

待がいかほどのものであったか、察しがつこう。

1号機は7月8日、中島飛行機・小泉工場（群馬県）に隣接する飛行場で初飛行に成功し、さっそく社内テスト飛行に移った。ところが、危惧されたことが現実になり、誉発動機が不調をきたして、満足なテストが行なえない。そうこうするうち、1号機は8月18日のテスト飛行で脚が降りず、止むなく胴体着陸して損傷する不運に見舞われる。

中島は、これと前後して完成した2号機を使い、急ぎテスト飛行を再開したが、最大速度は、何回計測しても、計画要求値にほど遠い322ノット（596㎞／h）以上は出ず、上昇性能も高度6000mまで6分という要求値に対して、2分も遅い8分を要するなど、海軍の期待を裏切った。

操縦性や離着陸性能は良好といっても、局戦として肝心の速度、上昇力がこのていたらくでは、話にならない。

折りしも、試作機種の整理をすすめていた海軍にとって、天雷はもはや望み薄となり、10月に至ってその対象にすることを決定、海軍最初の本格的双発防空戦闘機もオクラ入りが確実になった。

天雷の、予想外の低性能の主たる原因は、他の誉搭載機と同様、発動機出力が定格どおり出なかった（実質的に高度6000mにおいて1625hpのはずが、1300hp程度）ことと、後述するプロペラ直径の過小にあったが、機体設計にも問題があったことは確かである。

太い発動機ナセルの後端を、スパッと切り落としたような寸詰まりの形状、主翼への取付

『天雷』諸元性能表（中島飛行機作製）

形式		中翼双発単発戦闘機
乗員数		1名
主要寸度	全幅	14.000m
	全長	11.500m
	全高	3.610m
	接地角	11°38′
	折畳時 最大巾	——
	折畳時 最大高	——
主翼	翼型断面	K241 K249
	翼面積	32.000㎡
	翼弦	3.180m (端) 1.430m
	翼厚	(根) 155% (端) 9.3%
	振角	——
	縦横比	6.13
	取付角	——
	上反角	5.0°
	後退角	30%ニテ0°
	下翼面積	2.26㎡×2
	補助翼面積	0.945㎡×2
尾翼	水平安定板面積	5.875㎡
	取付角	1.5°
	昇降舵面積	1.300㎡
	縦横面積	2.176㎡
	取付角	0°
	方向舵面積	0.876㎡

タンク容量	燃料		1,230ℓ
	潤滑油		120ℓ
	メタノール		250ℓ
重量	自重		5,450kg
	搭載量		1,900kg
	正規重量		7,350kg
	搭載量／正規重量		——
	過荷重		——
重心点	自重	前右	——
		上下	——
	全備	前右	——
		上下	——
		相当弦ニ対	——
兵装	機銃		20mm×2 30mm×2
	爆弾		——
	魚雷		——
	無線		——
降着装置	車輪型式		高圧油圧制動
	車輪寸度		800×320mm
	車輪間隔		4.574m
	尾輪寸度		350×140mm
荷重	翼面荷重		229.5kg/㎡
	馬力荷重		2.26kg/hp
	翼面馬力		101.5hp/㎡
	高度		6,100m

発動機	名称		『誉』二一型
	基数		2
	馬力	離昇	1,990hp
		公称	1,625hp／6,100m
	回転数	離昇	3,000r.p.m
		公称	〃
	ブースト		±350
	減速比		0.5
プロペラ	型式		4翅恒速
	直径		3.100m
	ピッチ		——
性能（計画値）	最高速及其他	地上最高	300節 555.6km／h
		最高／高度	358／6,500m 663km/h
		巡航／高度	250節／4,000m 277.8km／h
		着速	150km/h 81.2節
	上昇力	上昇率／高度	177m／分 0m
		上昇時間／高度	9′27″/8,000m
		実用上昇限度	11,300m
	離昇	秒時	——
		距離	274m
	航続	状態	全力30分燃料
		時間	1.84時
		距離	388浬 (717.8km)

位置の不適切などが、空力的なロスを招いたと考えられる。

前述のプロペラ直径の設定が過小という問題は、天雷に限ったことではなく、日本軍用機、とりわけ戦闘機に共通する欠陥だった。

雷電、紫電／紫電改、烈風もその例に漏れないが、出力2000hpの誉クラスでは、4翅でも直径3・8m以上が望ましい。ところが、雷電、紫電／紫電改はわずかに3・3m、烈風でも3・6mどまりである。アメリカ海軍のF6F、F4U両艦戦は、いずれも4mの3翅プロペラを用いており、F8Fの4翅プロペラでさえ3・84mはあった。

ひるがえって、天雷の4翅プロペラはどうかと見れば、なんと雷電、紫電／紫電改よりも小さい3・1mしかない。プロペラ直径大小の影響が、最も強くあらわれるのは上昇力とされており、速度もさることながら、天雷の予想外の性能不振は、このプロペラ直径設定のミスにあったと言っても過言ではない。

筆者が思うに、日本の航空機設計者は、飛行性能に及ぼすプロペラ直径大小の影響について、確固とした認識がなかったのではないか。雷電の紡錘形胴体の空力的有利という誤認識もそうだが、アメリカのNACA（現在のNASAの前身で、国立航空諮問委員会の略）のような、専門の公的空気力学研究機関が存在しなかった日本では、いたしかたのないことではあったが、戦闘機設計に計り知れないハンディを背負っていたことは事実だった。

天雷のその後

19年10月の整理対象機に指定された天雷だが、これで全てが終わったわけではなかった。発注された6号機までの組み立ては続けることにされ、20年2月にその6号機が完成したあと、3、5号機を含む3機は、機首武装を撤去して操縦室を複座化し、その後方胴体内に2～4挺の斜銃を装備し、夜間戦闘機としての可能性をテストされた。

しかし、結論を出すこともないまま敗戦となり、整理対象を覆すには至らなかった。

結果論ではあるが、仮に天雷が計画性能をクリアして制式兵器採用されたとしても、生産機が部隊配備されたであろう20年夏頃には、当の対戦相手のB-29には、強力な護衛戦闘機P-51マスタングの随伴が日常化していたので、どのみち昼間迎撃は不可能になっていただろう。

陸軍が血道をあげた、一連の川崎製双発防空戦も、天雷と同様、

▼◀〔下、および次ページ２枚とも〕敗戦時点において、６号機とともに飛行可能状態にあった、天雷の試作３号機。６機つくられた試作機のうち、１号機は胴体着陸損傷、２号機は墜落大破、４号機は20年７月10日の米軍機空襲により破壊、５号機もまた胴体着陸損傷してしまっていた。下、および次ページ上は、戦後、調査・研究対象として米国に搬送されるため、神奈川県・横須賀の旧海軍追浜基地に並べられた際のもので、プロペラが外されている。次ページ下は米国に搬送された後のもので、画面右奥には、同じ中島製のジェット攻撃機『橘花』２号機の一部が写っている。

たとえ戦力化できたとしても、もはや役に立つことはなかった。ヨーロッパ戦もそうだが、対爆撃機迎撃のための双発防空戦闘機は、P－51のごとき高性能単発護衛戦闘機が随伴できるようになった状況下では、いかに高性能とはいえ、もはやその存在価値がなかったのだ。

夜間戦闘機としての実用試験に使われた、天雷の試作6号機。

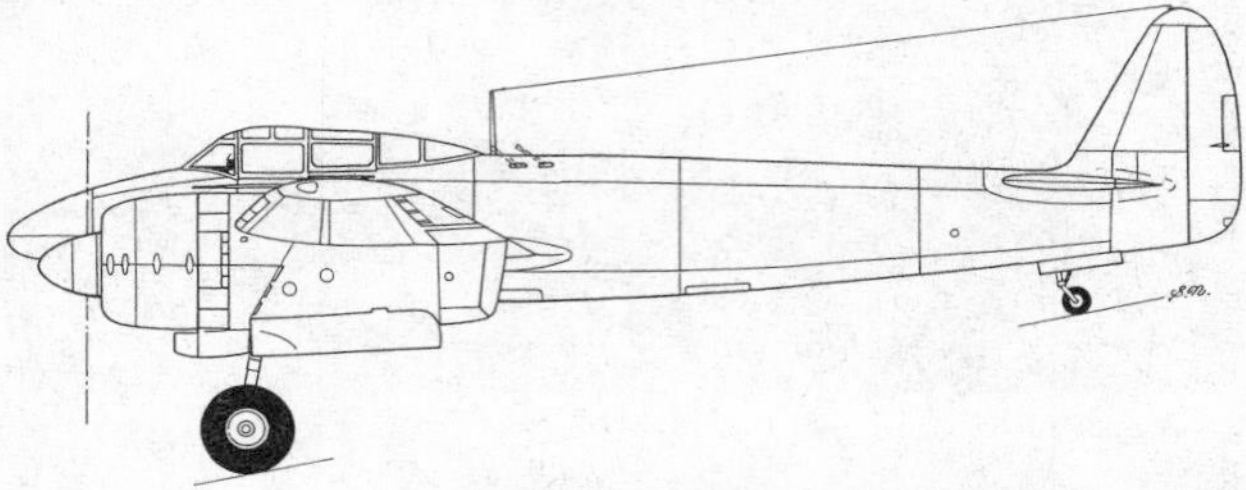

▼P.234写真と同じ場所を、上空から俯瞰したショット。中央手前が『天雷』試作6号機、その向こうが同3号機。複座化されて前後に長くなった操縦室風防、その直後に追加された斜銃用の貫通孔が、夜間戦闘機としての実用テストを裏付けている。よく見ると、単座のままの3号機の風防後方にも、6号機と同じ斜銃貫通孔があり、同様に夜戦テストをうけていたようだ。右上の大型機は一式陸攻二四型、3号機の向こうに『彗星』、『月光』が写っている。

第五章　九州　十八試局地戦闘機『震電《しんでん》』

鶴野技術大尉の慧眼

第二次世界大戦が勃発した頃、各国の軍、民間航空技術者たちは、将来、通常の牽引式形態プロペラ戦闘機の速度向上は、空気力学上の問題から、700km／hを超えたあたりで、限界に達するかもしれぬと考え始めた。

そこで、空気抵抗を少しでも小さくできる様々な形態が考えられ、そのひとつが、通常機の前、後を逆にした、すなわち、エンジンを胴体後部に後ろ向きに置き、前方に小翼、後方に主翼を配置する、いわゆる推進式のエンテ（ドイツ語で鴨の意）型と呼ばれる形態だった。

エンテ型は、プロペラの後ろに空気抵抗物が何もないので効率が高く、かさばるエンジンがなく、思いっきり細く絞り込める機首により、正面空気抵抗は、通常牽引式形態機に比べて格段に小さくできると考えられた。

広い意味で言えば、航空機の始祖であるライト兄弟の複葉機もエンテ型と呼べるが、近代軍用機として最初にこのエンテ型を適用したのは、イタリア空軍のS．A．I．（アンブロシーニ）SS4戦闘機で、1938年に試作着手され、翌年5月に完成している。

次いで、1939年には、アメリカ陸軍のカーチスXP-55〝アセンダー〟が試作に入り、1943年7月に初飛行した。しかし、両機とも搭載エンジンの出力が不足していたうえ、設計的に未熟なところが多々あり、既存形態機に比べ、エンテ型の利点を証明するほどのものではなく、実験機の域を出なかった。

翻って、日本にもただ一人、このエンテ型に強くひかれた技術者がいた。海軍航空技術廠

（以下、空技廠と略記）飛行機部設計係に属する、鶴野《つるの》正敬《まさよし》技術大尉がその人である。

　空技廠は、海軍技術者のエリート集団であり、自ら航空機を設計するノウハウも備えていて、艦爆『彗星』、陸爆『銀河』なども同廠が設計したものである。

　鶴野大尉は、昭和14年（1939）年に東京帝国大学（現東京大学）工学部航空学科を卒業し、海

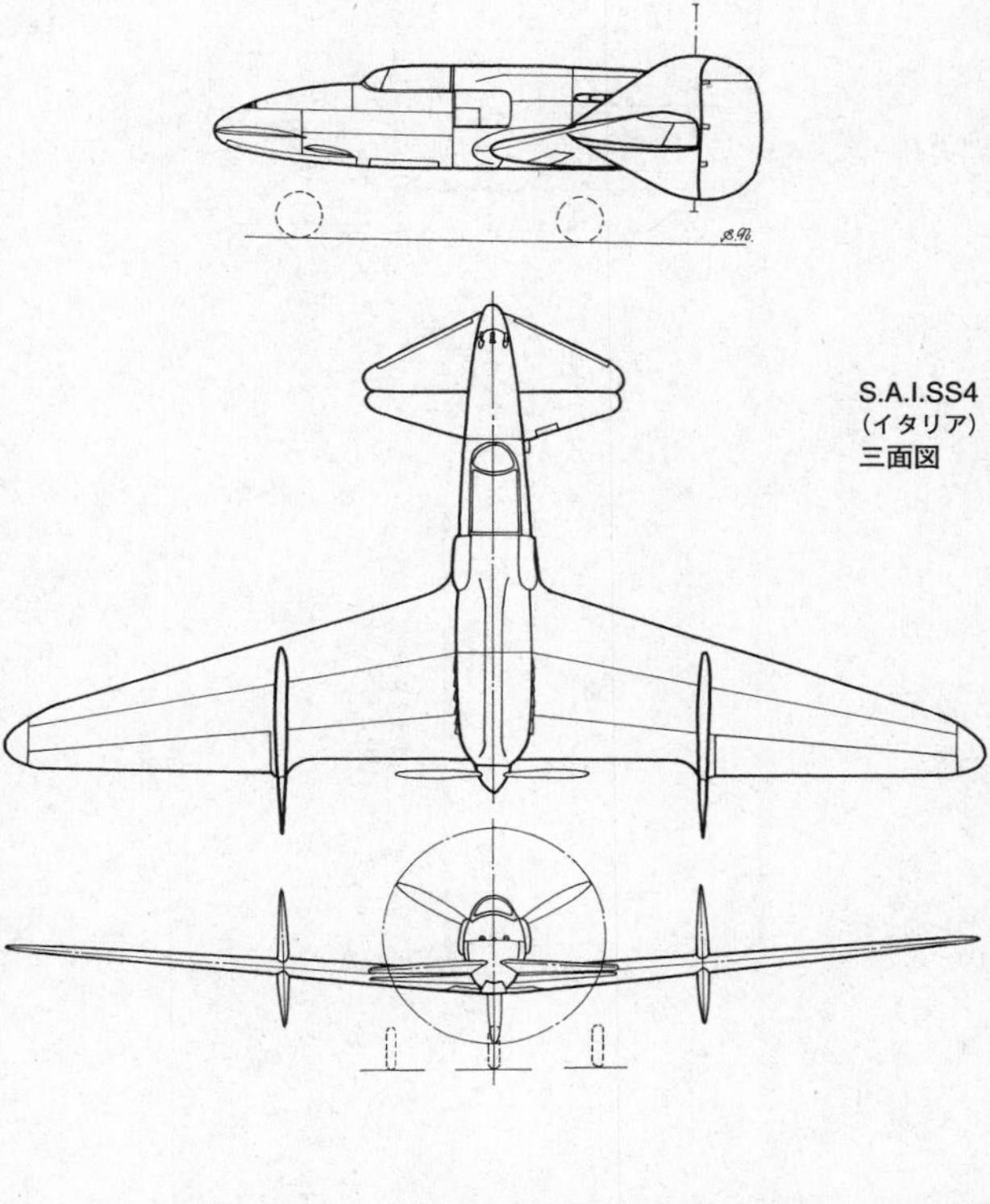

S.A.I.SS4
（イタリア）
三面図

軍に造兵中尉として任官、同年秋に空技廠における実習中にエンテ型に着目したという。

　その学歴からして、当時としては超エリートだったのだが、民間の航空機会社に入社してしまうと、営利が優先するだけに、ある意味で、異端的な着想を具現化することはきわめて難しいから、海軍に入隊したというのが、後になって鶴野大尉の才能を生かせたといえる。

　その後、鶴野大尉は

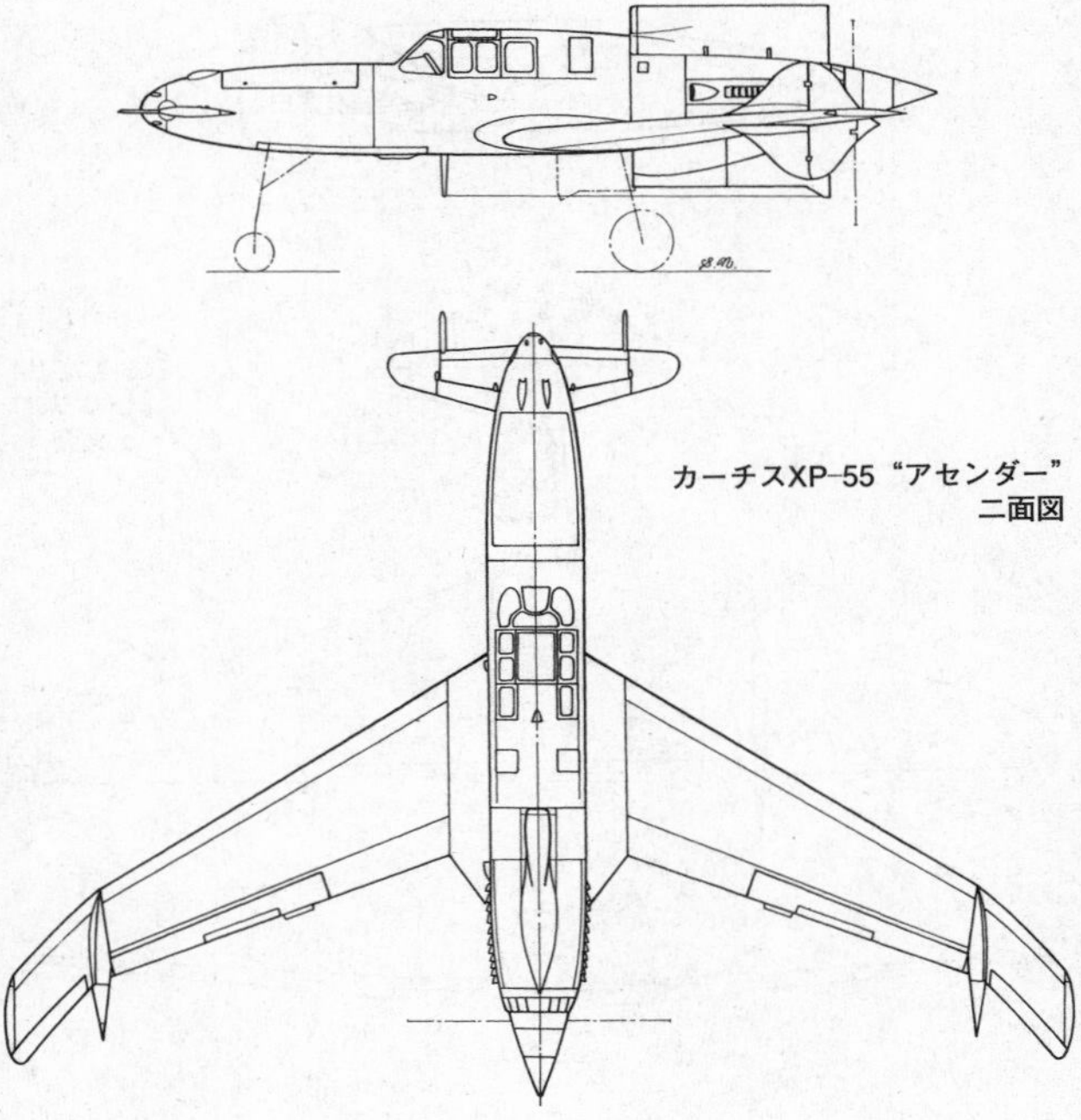

カーチスXP-55 “アセンダー”
二面図

十五試陸爆（のちの銀河）の強度計算を担当、16（1941）年7月から一年間は、練習航空隊に派遣されて戦闘機操縦技術を習得、わが国におけるパイロット・エンジニアの草分けの一人になった。この間も、大尉の頭の中で、エンテ型機実現の執念が途切れることはなかったという。

エンテ型機実現へ

パイロット・エンジニアとなって、再び空技廠飛行機部設計係に復帰した鶴野大尉は、午前中を〝本職〟の各種機体飛行テスト、午後は設計室にこもって、エンテ型機実現のための、本格的な研究に打ち込んだ。

鶴野大尉にとって幸いだったのは、エンテ型の利点を疑問視する声が多かった空技廠内で、上司、同僚の理解と協力が得られたことで、昭和18（1943）年3月には、エンテ型機の空

▼前翼型形態機の空力特性を確かめるために、鶴野大尉案をもとに、空技廠の山本晴之技師が主務者となって設計、民間の茅ヶ崎製作所に発注して2機つくられた、MXY-6モーター・グライダー。自力で離陸することができないので、九七式艦攻などに曳航され、高度500～800mで切り離し、緩降下しながら各種テスト飛行を行なった。

りた。

力特性をテストするための、MXY-6と称するモーター・グライダー2機製作の許可がお
MXY-6は、出力わずか32hpの空冷2気筒発動機を搭載した、木製骨組みに合板、羽布張り外皮という簡易な機体だったが、寸度、形状ともに、のちの『震電』とほとんど同じで、すでにこの時点において、鶴野大尉の頭の中で、エンテ型戦闘機の基本形態が固まっていたといえる。

昭和19(1944)年1月、千葉県の木更津基地において、MXY-6の飛行テストが開始され、鶴野大尉も自ら操縦して積極的に飛行した。

その結果、空力特性は通常の牽引式形態機に比べて大きく異なることはなく、実用機として充分に通用するとの判定が出た。

折りしも、太平洋戦争は日本側にとってますます不利な形勢となり、とりわけ、近い将来に本土来襲が予想される、米陸軍航空軍B-29超重爆を迎撃できる、高性能局地戦闘機の実現は最優先課題となっていた。

雷電、紫電は期待外れ、紫電改はようやく実用テストが始まったばかり、天雷はいまだ1号機すら完成していないという、海軍の〝局戦事情〟はまことにお寒い限りである。

そんな状況のなか、鶴野大尉が主張する〝エンテ型戦闘機なら400ノット(740㎞/h)以上も可能〟という持論に、海軍航空本部が飛びつくのも当然だった。

前翼型『震電』の試作開始

MXY-6の飛行テストが始まって1ヵ月後の昭和19年2月、海軍航空本部は、鶴野大尉にエンテ型形態戦闘機の設計試作を内示、数回の審議会を経て、5月に正式な試作発注を出した。

日本海軍は、エンテ型を正式には〝前翼型〟と呼称することにし、試作名称は十八試局地戦闘機『震電《しんでん》』〔J7W1〕と決定した。昭和19年度発注なのに十八試というのも変だが、試作内示が2月で、会計年度からすれば18年という解釈だったのであろう。もっとも、計画説明書などの書類上では、十八試局地戦闘機という呼称は使われず、単に個有名称の震電に試製を付けた、〝試製震電〟で通していたが……。

試作発注を出したといっても、鶴野大尉がすべて一人で設計をまかなえるわけではなく、空技廠自体も機体の製作、組立を請け負えるほどの余裕はなかった。

そのため、海軍機メーカーとしては大手ではなかったが、当時、比較的手があいていた、九州飛行機（株）が請け負うことになった。

九・飛における震電試作の責任者は、設計部長の野尻康三氏で、本機専門の第一設計課（総勢140名）を新設し、空技廠から〝出向〟してきた鶴野大尉、広田技手の指導のもと、6月から昼夜をいとわぬ突貫作業に入った。

海軍が、震電に要求した性能スペックは、高度8700mにて最大速度400ノット（740km/h）以上、上昇力は高度8000mまで10分30秒内、実用上昇限度1万2000m

試製震電　計画説明書

昭和19年8月7日　九州飛行機株式会社

※筆者注　震電に関する九州飛行機の設計図などは、敗戦時に焼却処分されたりしてしまい、ほとんど残っていないが、幸い一部の関係者の手により、個人的に保存されていた胴体艤装図、海軍航空本部作製の計画要求書の類が残っていて、構造の概要は知ることができる。さらに、筆者は近年、九州飛行機が作製した計画説明書のコピーを入手でき、基本的な事項をほぼ把握できた。本機の概要を知るには、この九・飛作製の計画説明書が最も適していると思われるので、冒頭の説明文の部分を、以下に原文どおり全文を掲載しておきたい。なお、本項に掲載した図版の多くも、この計画説明書のそれを筆者がトレースしたものである。

(イ) 計画概要

(1) 計画方針

本機ハ前翼型ノ乙戦ニシテ機体型式・兵装・性能ニ於テ眞ニ画期的ノモノニシテ、世界ニソノ類例ヲ見ザレバ特殊ノ工夫ヲ必要トスル個所極メテ多ク、従ツテ本機ヲ大ナル難点無ク纏ムルコトヲ第一主眼トシ且ツ速カニ本機ヲ実用ニ供セシメウル如ク時間的要素ヲ多分ニ考慮ス。細部計画方針ハ簡潔化ヲ第一トス。

(2) 主要々目

(i) 主要寸度

全幅　11.114m

全長　9.660m

全高　地上静止姿勢（迎角5°）3.920m

　　　地上水平姿勢（〃 0°）4.430m

主翼　面積　20.5m²

　　　翼幅　11.114m

　　　縦横比　6

前翼　面積　2.4m²

　　　翼幅　3.8m

　　　縦横比　6

側翼　面積　1.6m²×2

　　　翼幅　2.2m

　　　縦横比　3.02

(ii) 有効翼面荷重　207kg/m²

(iii) 発動機

名称　「ハ四三」四二型

離昇　2,130馬力

公称　1,660馬力（高度 8,700m）

延長軸　約900mm

(3) 重量重心（概略見積）

自重ノ部

主翼　450kg

側翼　30

前翼　60

胴体　165

風房　40

操縦装置　65

降着装置　260

発動機（含延長軸関係）　1,155

プロペラ（含変節機構関係）　310

動力艤装（含ペラ離脱装置）　426

油圧関係　77

電気装備　30

防弾　ゴムタンク　175

　　　甲　鈑　65

　　　防弾ガラス　19

艤装一般及予備重量

（含自消及防氷装置）138

自重合計　3,465kg

搭載量ノ部

十七試三十粍一型　4挺　280

同上弾薬包及装弾子　195

一式電気発射管制器二型　2

十七試射爆照準器　2

三式空一号無線電話機　30

空三号電池　38

酸素瓶　4本　36

救命筏　9

搭乗員　75

九七式落下傘一型　9

燃料　553

メタノール　141

潤滑油　63（140立）

予備重量　30

重　心　1,463kg

	重量kg	平均弦	胴体先端ヨリ	基準線下方
正規	4,928	−12.6%	5.903m	0.167m
過荷	5,228	−9.95%	5.956m	0.209m

(4) 推算性能

	推算	要求
最高速度	403節　7/Cx＝36.2 (746.3km/h)	400節 (740km/h)
上昇力	10分40秒/ 8,000m	10分30秒/ 8,000m
上昇限度	12,000m	12,000m 以上
離陸滑走距離	552m	500m以内
着速	93節（172km/h）姿勢12° Cz＝1.69	93節(172km/h) 以内
着陸滑走距離	580m	

(5) 視界

正前下方照準視界　10°

(ロ) 各部寸度・構造・機構及使用材料

(1) 胴体

全金属製ニシテ極メテ小型ナル胴体ニ射撃兵装始メ各種ノ艤装品ヲ収納スル為特殊ノ構造様式ヲ考案シ兵装・艤装ノ容易化・工作ノ簡易化ニツトメタリ。

(2) 主翼

全金属製ニシテ三本桁板骨式ヲ採用ス。

補助翼ハ「フリーズ」型ニシテ全金属製ナリ。

下ゲ翼ハスプリット下げ翼ナリ。

500節7Gノ制限ニ対スル為充分ナル捩リ剛性ヲ与ヘ得ルゴトク慎重ニ設計ス。

(3) 側翼

全金属製ニシテ二本桁式トス。通シボルト一本ニテ主翼ニ取付ク。
(4) 前翼
全金属製ニシテ二本桁式トス。前翼ハ本機ノ生命ニシテ荷重極メテ大且ツスラツト親下ゲ翼昇降舵ヲ有シコレラノ操作機構ヲ極メテ小ナル容積ニスル為特殊ノ構造ヲ採用ス。
(5) 降着装置
三車輪降着装置ナリ
(i) 主脚
主脚オレオ車輪等ハ概ネ『彩雲』ノモノト同等ニシテ『彩雲』ノ主脚ト互換性アル如ク計画ス。但シブレーキ能力ハ彩雲ノモノハ極メテ小ニシテ本機ノ使用ニ到底堪ヘザル故車輪ハ別箇ノモノヲ製作ス。但シ本機用車輪ハ『彩雲』ニ装着シ得ル予定ナリ。
主輪要目　725×200㎜×5.0気圧
(ii) 前脚
前脚求心機構、シミー防止ダンパー等ハスベテ試製『景雲』ト同一ノ計画ニヨル
前輪要目　550×150㎜×4.5気圧
(iii) 揚降機構
油圧式
(6) 操縦装置
(i) 昇降舵　桿式
(ii) 補助翼　〃
(iii) 方向舵　索
(iv) 修正舵　昇降舵ノミ
方向舵ニ従来機ニ比シ操舵力ハ⅓限度ニシテ離陸上昇時ノ回頭癖モ殆ンド無キ故修正舵ハ設ケズ
(v) 主翼フラツプ前翼フラツプ運動、桿式
(7) 油圧装置
油圧ハ60気圧ヲ使用ス。
油圧ニヨリ作動セシムルモノ次ノ通リ
主脚作動筒　　ブレーキ
前脚作動筒
フラツプ　　（包絡線型空戦フラツプ管制装置）
機銃装置
作動筒数　　5
(ハ) 動力装置
(1) 発動機
本発動機ハ「ハ四三」四二型ニシテ推進型延長軸空冷ナリ。減速比0.412地上冷却用フアン附本体ト減速筐部トハ特殊ノ創案ニヨル発動機架ニテ連絡支持サル。
(2) プロペラ
VDM式　6翅　直径　3.4m
変節速度　4.87°／sec
(3) 発動機架及発動機房
発動機架ハ特殊ナモノヲ考案セリ。スナハチ飛行中ノ荷重ニヨリ発動機本体ト減速筐部トノ間ニ相対的ノ撓ミヲ全然又ハ極メテ少量シカ生ゼザル如クシ長軸ノ焼付ノ心配ヲ皆無ナラシメ且ツ各種振動ニ対シ極メテ有利ナル如キ発動機架構造ヲ案出採用セリ。シカシテ発動機プロペラノ全重量ハ主翼ニ直接カカル如ク計画セリ。

発動機房ハ固定部ト取外シ部トニ分チ取外シ部ハ装備ノ為取外シ容易ナル如クス。

後部ニハ潤滑油冷却器ヲ固定房ノ一部ニ取付ケ其他排気誘導冷却用ダクト等ヲ設ク。房全般ハ機体ニ固着セシムル最後端部ノミハ減速筐ニ取付ケ冷却フアント房トノ間隙ヲ極力小ナラシム。
(4) 排出管
排出管ハロケツト単排出管トナシソノ排気エネルギーノ一部ヲ利用シテ潤滑油冷却風ヲ誘導シ且ツ残余ニテ発動機本体ノ冷却ヲ援助セシム。
(5) 燃料装置
燃料タンク防弾ゴムタンクニハ各々電燃「ポンプ」ヲ設ケ各タンク一個ヅツ使用スル如クス。手動「ポンプ」ニテハ力量タラザル為汲換ポンプヲ使用ス。落下増槽ハ左舷一個400立入ノ標準槽ヲ用フ。
(6) 潤滑油装置
潤滑油槽ハ容積140立入ノモノ一個ヲ装備ス。

滑油冷却器ハ発動機本体ト減速筐トノ間ニ装備シ両舷二個ニ分レ直列ニ油ヲ流ス。冷却風ハ排気エネルギーヲ利用シ誘導ス。
(7) 冷却
潤滑油冷却ハ上記ノ通リナルモ発動機本体ノ冷却ハ飛行中ハ発動機房前面ノ動壓ヲ利用シコレニ排気エネルギーノ一部ヲ利用シタル誘導式冷却ヲ併用シモツテ筒温ノ分布ヲ良好ナラシムルゴトクス。地上運転ノ為冷却フアンヲ設ク。
(8) 起動装置
電動起動装置ヲ主用シ手動ヲ補助トス。起動用燃料槽ヲ設ク。
(9) 動力操作装置
動力操作装置ハ次ノモノヲ設ク。

絞弁把柄。「ピツチ」把柄。A.Cフルカン油量調節冷却風洞部用シヤツター。滑油シヤツター。
(ニ) 兵装
(1) 射撃兵装
主兵装ハ胴体・操縦席前方ニ搭載セル十七試30粍機銃4挺ニシテ油圧装塡電気発射トス。弾倉ハ交換弾倉式ニテ各弾倉ハ共通ノモノナリ。胴体側面ヨリ抽斗式着脱ヲ行フ。

他ニ訓練用7.9粍機銃2挺又ハ写真銃1挺ヲ機首部ニ収納ス。

胴体後端ニプロペラガアル故装弾子及薬莢ハスベテ胴体内ニ収納シ機外ニハ放出セズ。
(2) 爆撃兵装
計画要求書ニ指示ノモノヲ主翼ニ装備ス。装備位置ハ脚、側翼、燃料、メタノール槽、落下増槽等ノ関係上止ムヲ得ズ相当外方ニセリ。

補助翼ノ振動ノ問題及重心位置ノ変化ヲ考ヘ極力前縁部ニ装備スル如ク計画セリ。

懸吊鈎リハ主翼ニ埋メ込ミ鈎部ノミ翼下面ニ突出ス。弾体制止、風車抑ヘ等ハ簡単ニ取外シ得ル取外シ式トセリ。
(3) 無線兵装
送受信機ハ右翼ニ収納シ主脚ヲ下シタル場合下面開口部ヨリ調整シウル如ク計画セリ。

アンテナハ右舷前翼々端ヨリ右舷側翼ニ向ケテ張リアンテナ取入部ヨリ送受信機迄ノ距離ヲ極力縮少セリ。且ツ風圧ニヨリアンテナガ切断スルモプロペラニ当ラザル如クセリ。

送受信機ヨリ管制筐迄ノ距離ハ4m程度トナル。兵器ノ電線ニテハ長サ不足ノ為不足部ニ対シ機体附属ノ電線ヲ設ク。
(ホ) 一般装備
(1) 計器装置
(2) 座席装置
(3) 電気装置
(4) 防御及保安装置
燃料油タンクハスベテ22㎜防弾ゴムタンクトシ自動消火装置ヲ併用ス。

弾倉前面ニ操縦者ノ防弾ヲ兼ネ16㎜甲鈑ヲ設ケ操縦席ニ70㎜防弾ガラスヲ設ク。

操縦席後部ニハ転覆保護支柱ヲ設ク。

可動風房ニハ応急離脱把手ヲ設ケ可動風房ヲ危急時外シウル如クス。可動風房閉ノ位置ニ於ケル可動風房応急離脱把手ニ近ク前方固定風房ニプロペラ応急離脱把手ヲ設ケ該把手ヲ引ク時ハプロペラ及減速筐ハ火薬力ニヨリ機体後方ニ押シ離サレ落下傘脱出ヲ容易ナラシム。

機体トプロペラノ離レル相対速度ハ約10m/secナリ。

コノ際ノ水平方向ノ荷重ハ約35Gナリ。
(5) 耐熱寒装置
耐熱装置トシテハ各防弾燃料タンクハ夫々電燃「ポンプ」ヲ装備シベーパーロツクヲ防止ス。

耐寒装置トシテハ電熱被服装置、電熱「ピトー」管、氷結防止装置ヲ有ス。　以上

以上という、それまでの通常牽引式形態機では、とうてい望めない値だった。

その主目的は、〝敵重爆撃機ノ撃墜ヲ主トスル……〟と明記されており、そのための三十粍機銃4挺という武装も、日本海軍単発戦闘機としては空前の重火力である。

試作にあたり、空技廠実験部からは、敵戦闘機との空中戦も考慮し、自動空戦フラップの装備が望ましいなどの要求も出たらしいが、震電の第一目標は400ノット以上の高速を実現することにあり、二義的要求は控えるべき、との実験部長発言により、シンプルな要求に落ち着いたといわれる。

革新の構造

前述したように、すでに実験機MXY-6の製作時点において、鶴野大尉の頭の中では、震電の基本形態は固まっており、8月7日付けで九・飛が作製した『試製震電計画説明書』には、翌年6月に完成することになる、試作1号機とほとんど変わらぬ各部構造図までが記載されており、その手際のよさを改めて感じさせられる。

『試製震電』〔J7W1〕四面図

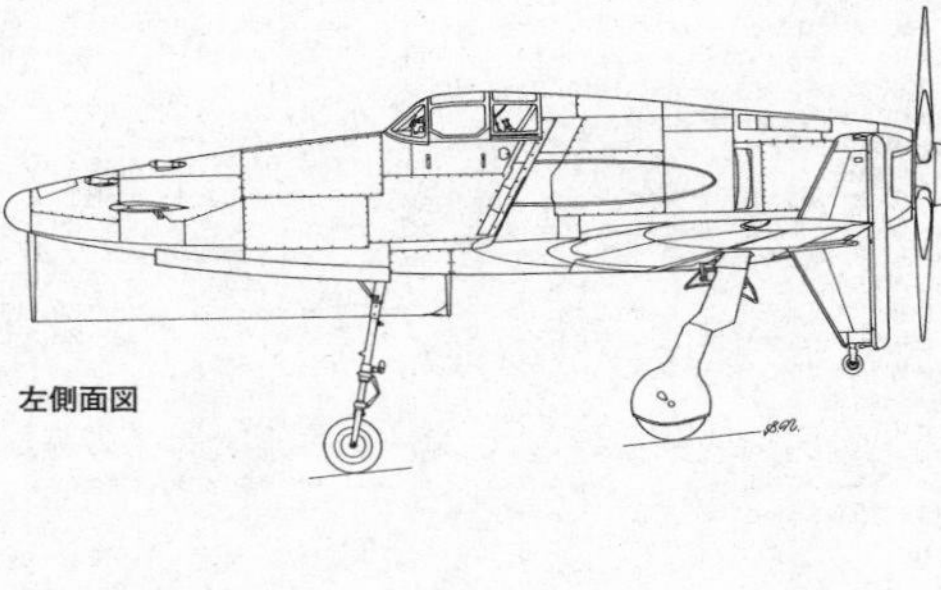

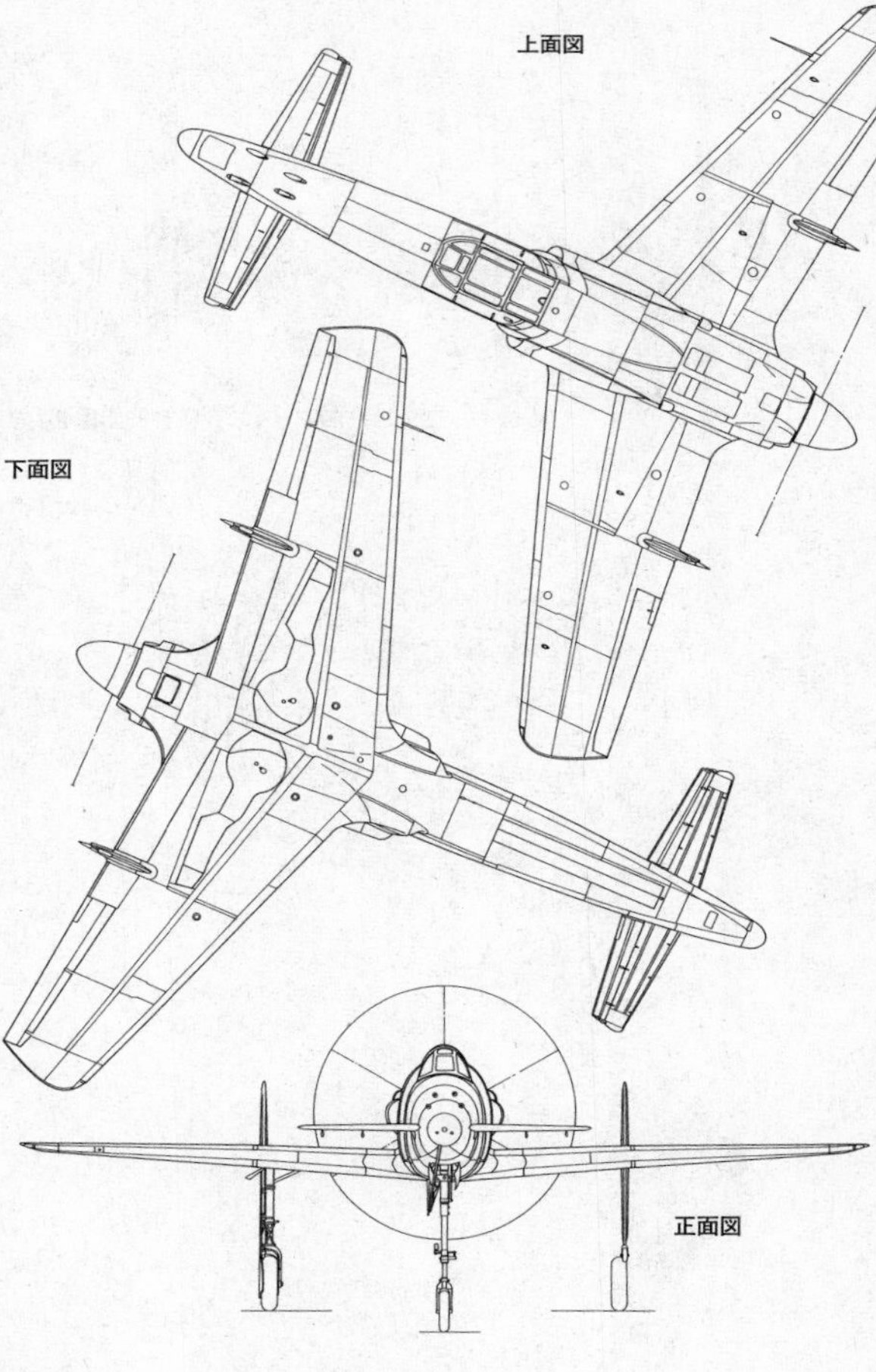
上面図
下面図
正面図

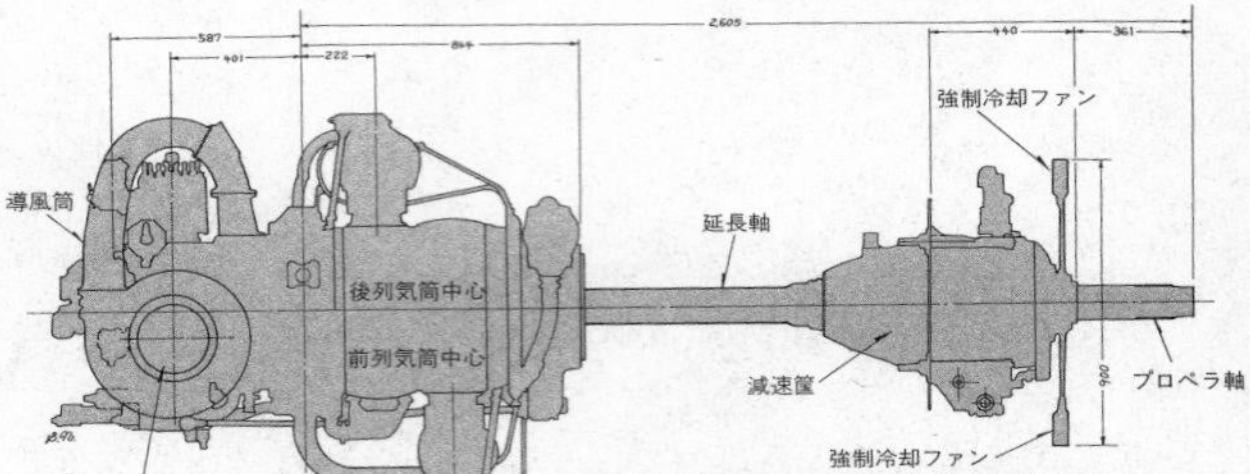

三菱「ハ四三−四二」発動機関係図

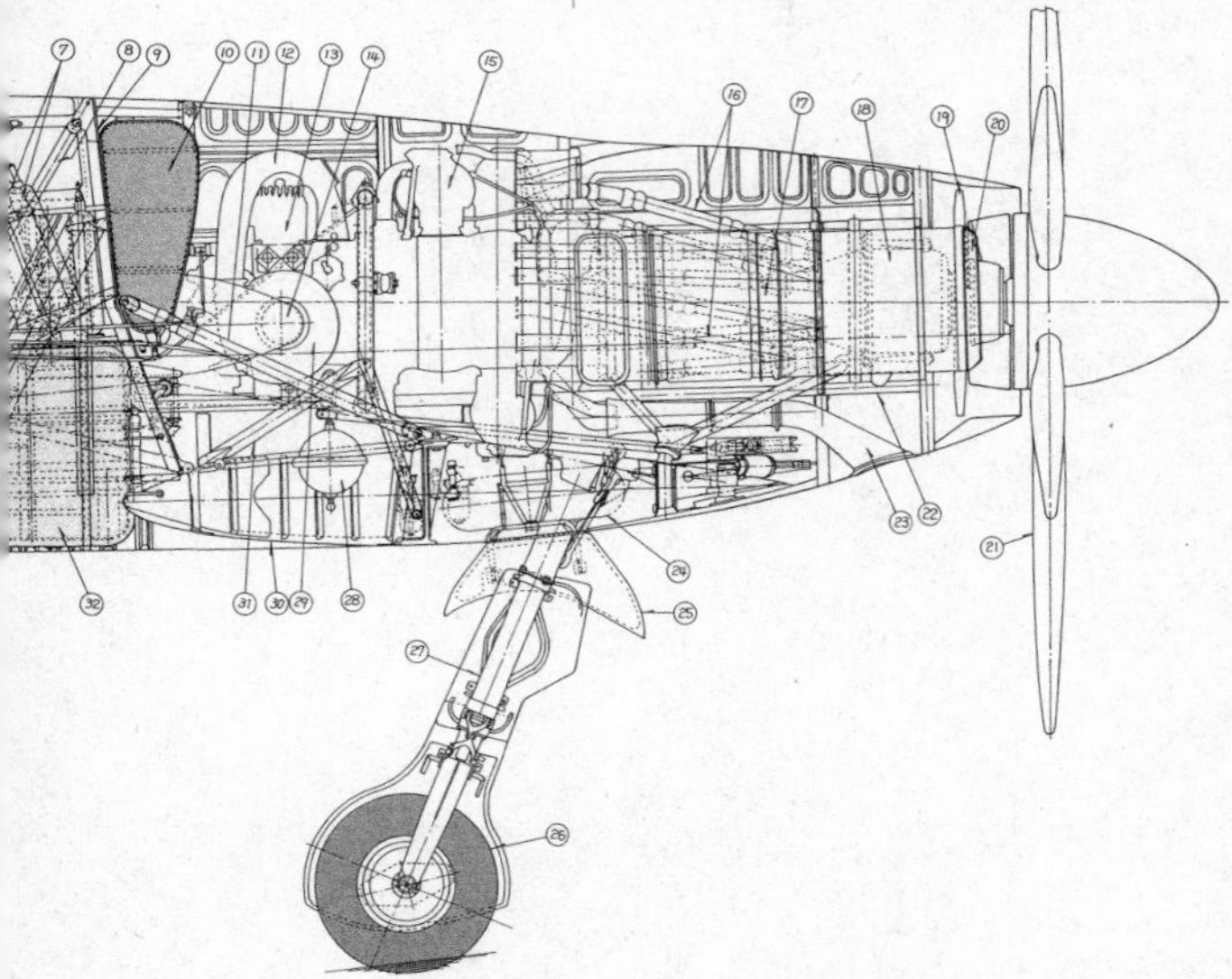

４００ノットの高速を実現するために、まず何よりも重要な搭載発動機だが、鶴野大尉らは、躊躇なく三菱『ハ四三・四二』を選んだ。額面馬力だけなら、当時、海軍新型機には〝定番〟ともいうべき中島『誉』でもよかったのだが、なにせ同発動機は故障、不調を頻発し、その額面どおりの出力が出ないという風評がなかば公然化していたし、形態の斬新さに見合う新しい発動機を……という意向もあって、ハ四三・四二を選んだのだろう。

　ハ四三・四二は、前掲の『閃電』が搭載予定にしたMK９D——当時の三菱社内名称——の小改良型で、空冷星型複列18気

胴体内部構造配置図

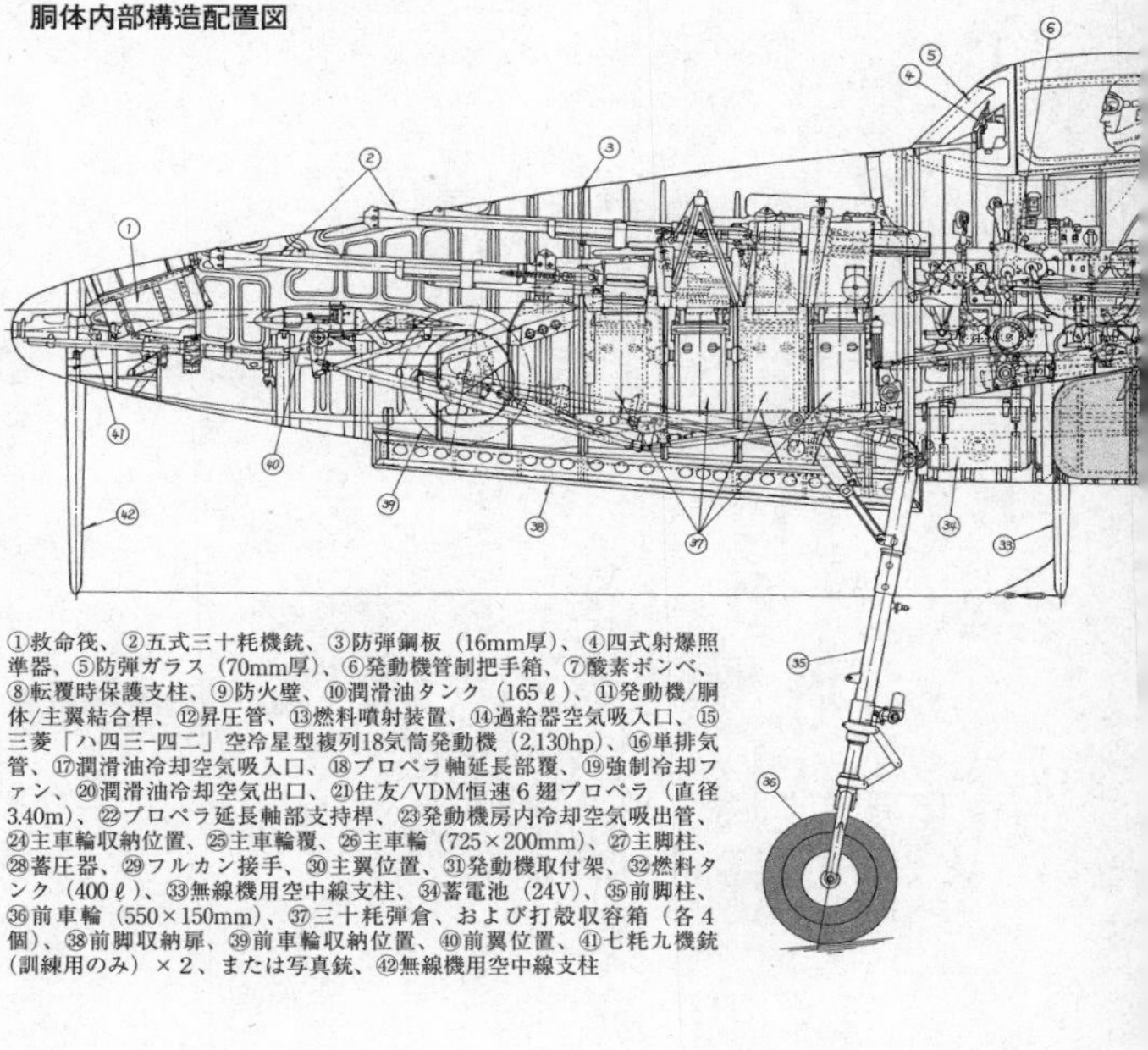

①救命筏、②五式三十粍機銃、③防弾鋼板（16mm厚）、④四式射爆照準器、⑤防弾ガラス（70mm厚）、⑥発動機管制把手箱、⑦酸素ボンベ、⑧転覆時保護支柱、⑨防火壁、⑩潤滑油タンク（165ℓ）、⑪発動機/胴体/主翼結合桿、⑫昇圧管、⑬燃料噴射装置、⑭過給器空気吸入口、⑮三菱「ハ四三−四二」空冷星型複列18気筒発動機（2,130hp）、⑯単排気管、⑰潤滑油冷却空気吸入口、⑱プロペラ軸延長部覆、⑲強制冷却ファン、⑳潤滑油冷却空気出口、㉑住友/VDM恒速６翅プロペラ（直径3.40m）、㉒プロペラ延長軸部支持桿、㉓発動機房内冷却空気吸出管、㉔主車輪収納位置、㉕主車輪覆、㉖主車輪（725×200mm）、㉗主脚柱、㉘蓄圧器、㉙フルカン接手、㉚主翼位置、㉛発動機取付架、㉜燃料タンク（400ℓ）、㉝無線機用空中線支柱、㉞蓄電池（24V）、㉟前脚柱、㊱前車輪（550×150mm）、㊲三十粍弾倉、および打殻収容箱（各４個）、㊳前脚収納扉、㊴前車輪収納位置、㊵前翼位置、㊶七粍九機銃（訓練用のみ）×２、または写真銃、㊷無線機用空中線支柱

筒、燃料噴射式で、過給器は無段階変則可能な、いわゆるフルカン接手としていた点が特徴だった。離昇出力は２１３０hp、高度８７００ｍにて１６６０hpを維持できると計算されていた。

ＭＫ９Ｄとのいちばんの違いは、その特殊な搭載法のため、長さ約１ｍの延長軸をもち、その先端に減速比０・４１２の減速筐を取り付け、地上運転時の発動機冷却を充分ならしめるための強制冷却フ

胴体骨組および外鈑構成図
（寸法単位mm）

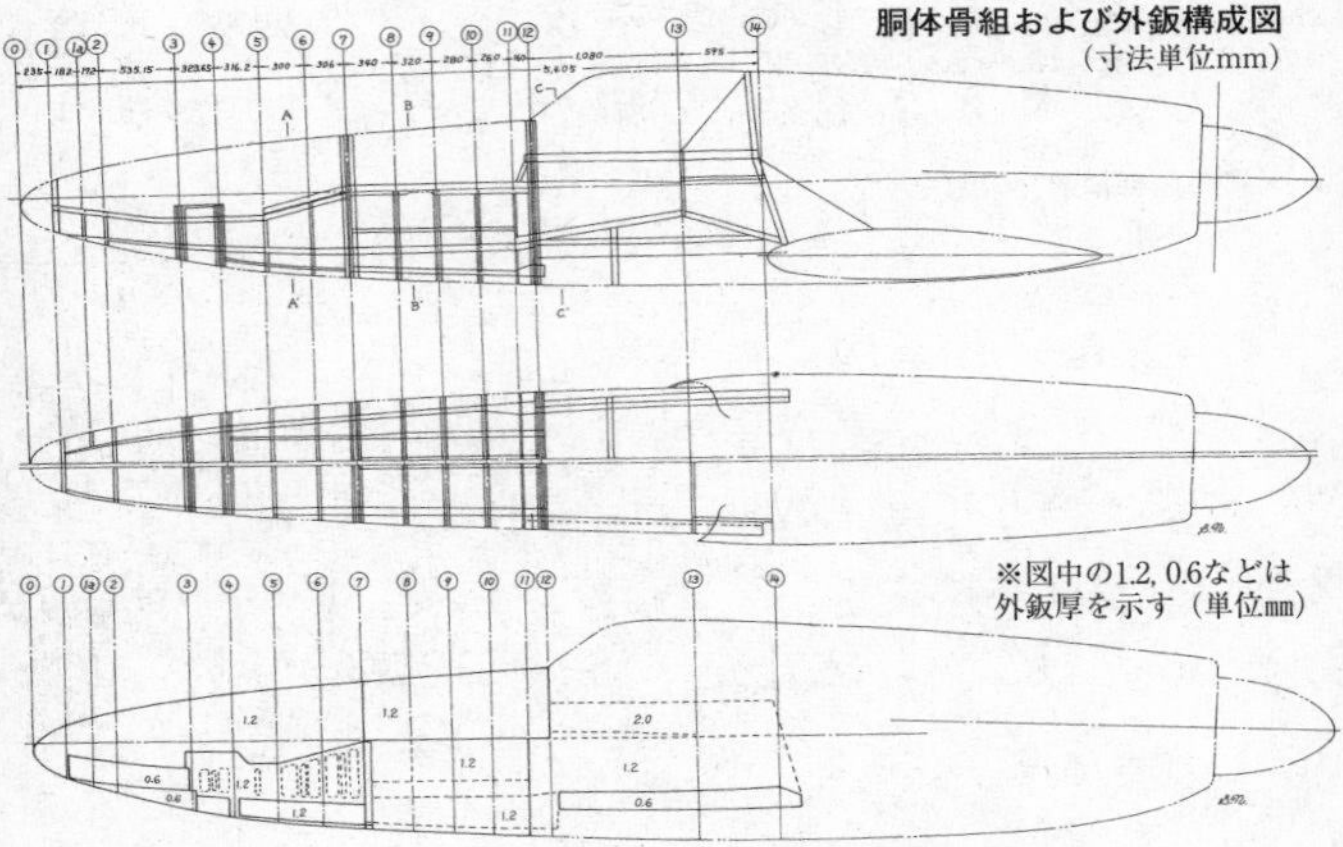

※図中の1.2, 0.6などは外鈑厚を示す（単位mm）

胴体断面図

第⑧番肋材
（防弾鋼板取付部）

第⑮番肋材
（防火壁/主翼結合部）

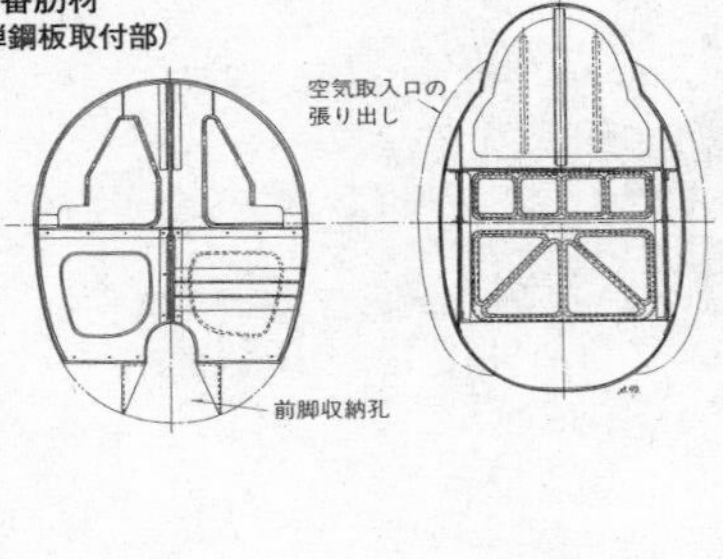

ァンを有し、その先に住友／VDM6翅プロペラを取り付けたこと。

このハ四三・四二発動機の装着法も、前翼型形態機ならではの独創的なもので、通常牽引式形態機のように、胴体から取付架を伸ばすのではなく、発動機本体、延長軸から下方に伸ばした、短いV字形槓桿で主翼の3本の桁（前、主、後桁）に固定するという方法を採った。

もちろん、これは鶴野大尉が考案したもので、長い延長軸による〝たわみ〟をほとんど生じさせることなく、各種振動も抑圧できる、きわめて

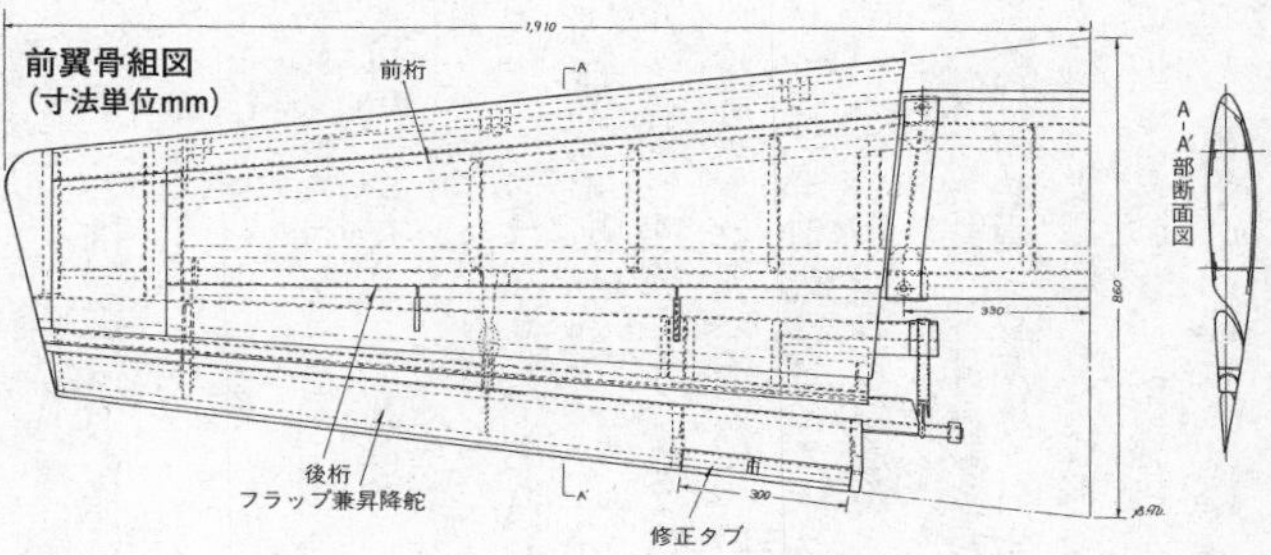

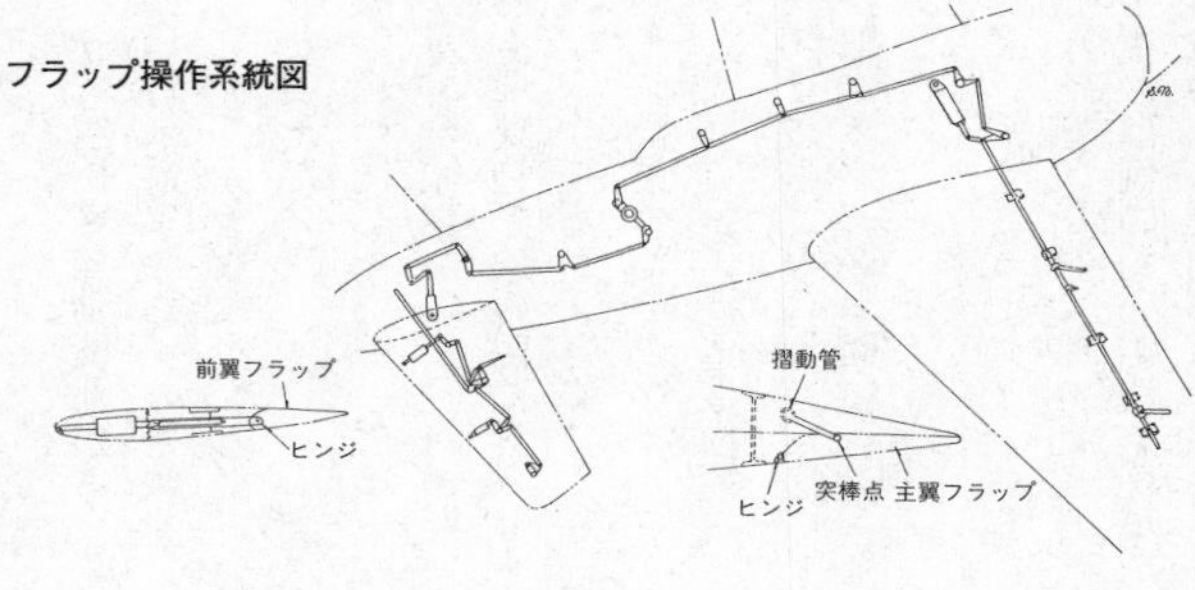

優れた着想だった。

発動機関係でもうひとつ特筆すべきことは、震電の試作にあたり、空技廠発動機部から、将来を見越し〝ガスタービン〟（ジェットエンジンのことで、当時の日本海軍呼称）の搭載を考慮して設計せよ、との指示が出されていたこと。その形態からして、大きな改造なしに、換装できたことは素人目にも容易に察せられ、この点でも画期的といえた。

震電の機体サイズは、全幅11・11ｍ、全長９・76ｍで、零戦とほぼ同じである。艦戦と局戦の違いはあるにせよ、同じ系列の発動機を搭載した『烈風』が、全幅14ｍ、全長11ｍだったことを考えれば、震電のコンパクトさは際立っており、これも前翼型形態の賜だろう。

震電の胴体は、機首内部が三十粍機銃４挺と各弾倉、中央が操縦室、後部が発動機によりそれぞれ隙間なく埋められており、通常形態機のごとき空白スペースはまったくない。

発動機は、前述したように主翼に固定されているので、厳密にいえば、胴体構造は操縦室後方の防火壁までで、それより後方は、発動機を包むだけのカウリングにすぎない。

各種装備品が隙間なく詰まっているため、それらの着脱・点検扉が多く、かつ面積も大きいので、通常のセミ・モノコック式構造では強度的に不安が生じる。

そこで、鶴野大尉、九・飛設計陣は、着脱・点検扉、外鈑ともに、厚さ１・２㎜の鈑を用い（ちなみに零戦は大部分が０・５㎜）、裏側にプレス成形の板格子を電気熔接で張りめぐらし、強度上の負荷は縦通材で受け止めるという、従来の日本軍用機には例のない手法を採用した。これは主翼も同じ。したがって震電の内部骨組みには、零戦のような胴体フレーム、主翼リブはない。

三菱『閃電』も苦労した発動機の冷却法だが、震電の場合、操縦室横の胴体両側に、上、下方向に長い、かつ浅目の空気取入口を張り出し、ダクトで導き、上、下方シリンダーにも均等に冷却空気が当たるようにする、という方法を採った。

わずか3回、計45分間の慣らし飛行をした程度で終わってしまい、全力飛行は実施しなかったので、冷却に関し、まったく問題がなかったかどうか不明だが、油温過昇の傾向はあったようなので、あるいは何らかの改良を要したかもしれぬ。

震電の、震電たる所以ともいうべき前翼は、単純に通常牽引式形態機の水平尾翼を前にもってきたという性質のものではない。というのも、通常機の水平尾翼はほとんど揚力をもたないが、震電の前翼は揚力を発生し、しかも、その揚力係数は主翼以上に大きい。

反面、それだけに胴体形状の如何による空力的干渉をうけ易く、取付位置の設定なども含め、慎重に設計した。構造は2本桁の全金属製で、前縁に引込式スロット、後縁に親子式フラップ兼昇降舵を有するが、翼厚はわずか60〜70㎜程度しかなく、内部にスロット、フラップ兼昇降舵の操作系統を収めるのに、非常な苦労を要した。

400ノットの高速を狙う機体に相応しく、震電の主翼は前縁で20度の後退角をもち、初期のジェット戦闘機並みである。翼弦長の45%位置が最大厚となる、いわゆる層流翼型断面を採用しており、これまた高速機に相応しい。

左、右一体構造で、3本の桁に片翼6本の力骨《ちからぼね》と称する強固なリブを配置し、胴体と同じ

主翼骨組図
※左主翼を示す（寸法単位mm）

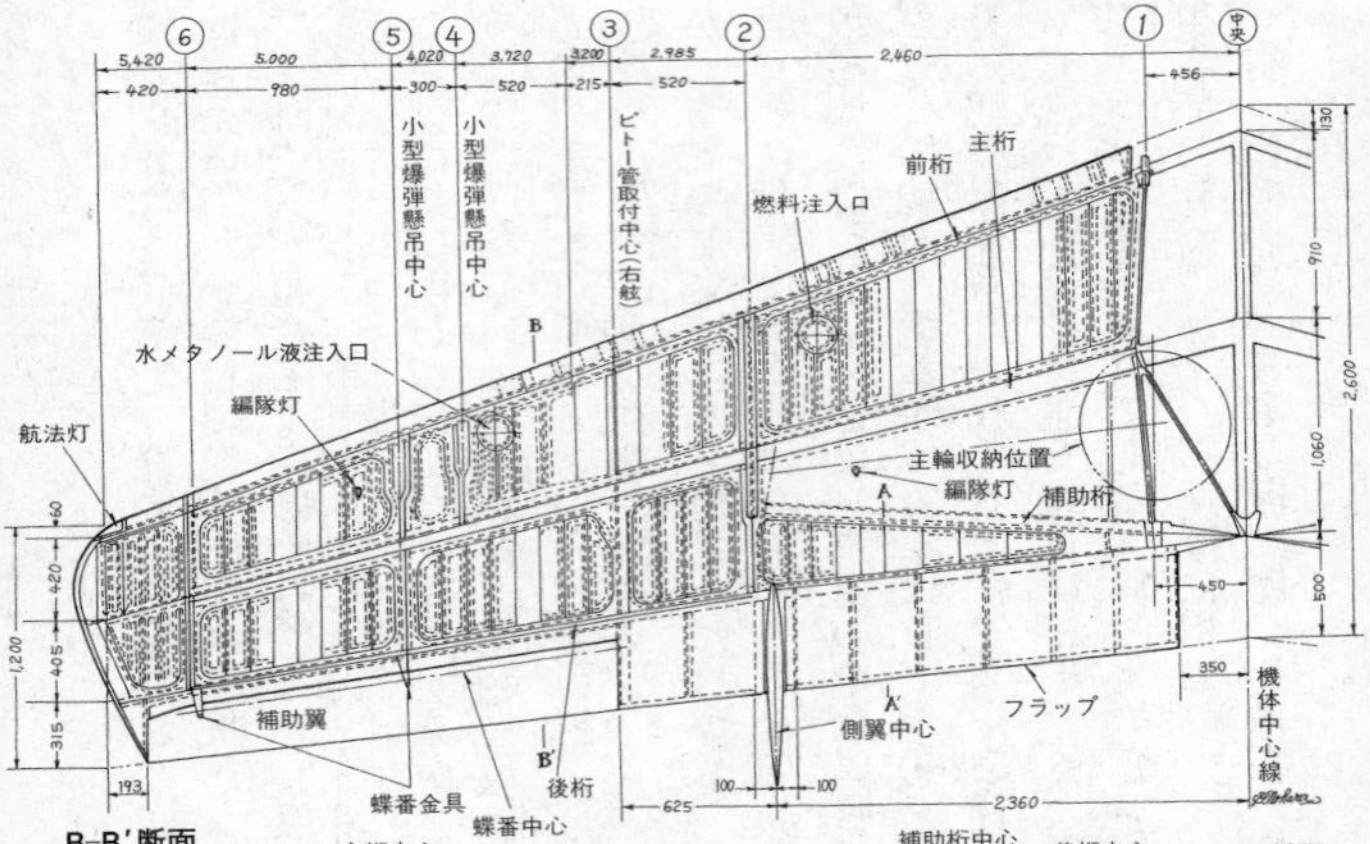

B–B′断面

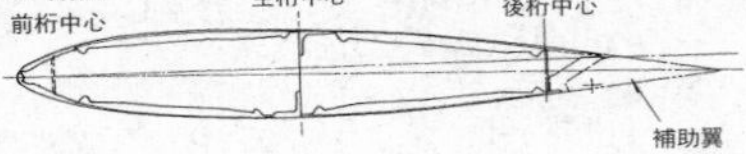

A–A′断面

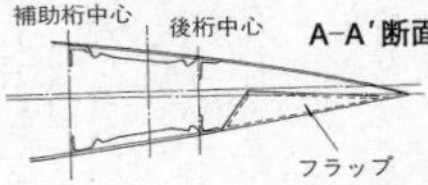

力小骨断面図

1番力骨

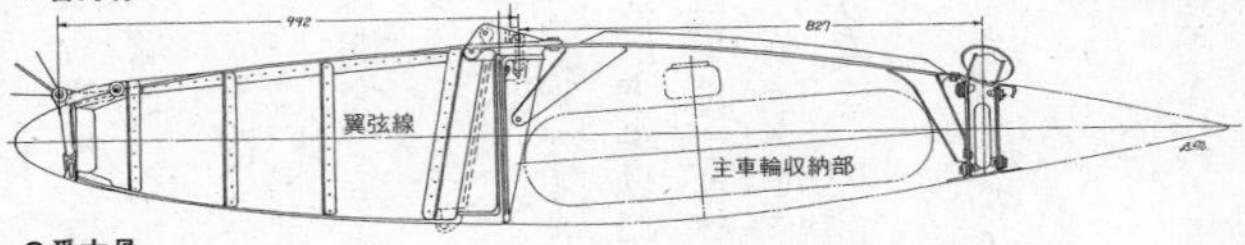

2番力骨

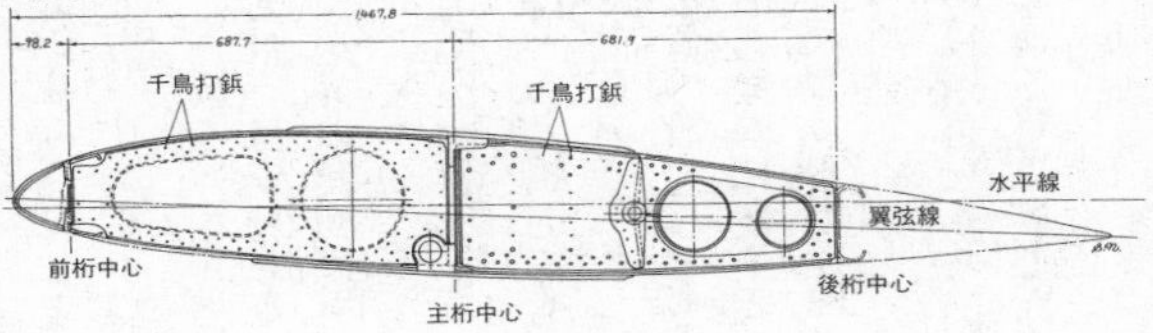

く、裏面にプレス成形の板格子を電気熔接で貼り付けた、厚めの外鈑を張った。通常の小骨、縦通材はない。

前、主桁間の、2番力骨を境いに、内側に燃料タンク（200ℓ）、外側に水メタノール液タンク（75ℓ）が収められ、2番力骨の内側、主、後桁間が主脚収納スペースに充てられた。

3番力骨を境いとする後桁の内側にフラップ、外側に補助翼が付くが、前者はシンプルなスプリット式、後者はフリーズ式で、とくに目新しい型式ではない。

フラップは、2番力骨を境いに内、外に分割され、その分割部分に、前翼機ならではの側翼が取り付けられた。通常形態機の垂直尾翼に相当する。

MXY-6では、この側翼に方向舵はなく、左、右方向への操縦は、前翼を胴体先端ごと回転させる方法を採っていたが、さすがに震電ではそうもいかず、側翼の後縁に小面積の方向舵を配置した。ちなみに、震電の各動翼（昇降舵、補助翼、方向舵）の表面外皮は、従来機のごとき羽布張りではなく、各翼本体と同じ金属鈑張りである。その高速度からして当然だったろう。

プロペラが胴体後端にくる関係上、震電の降着装置は、当然ながら前車輪式となり、この点でも実際に製作された日本海軍単発戦闘機としては最初の試みだった。しかも、通常形態

側翼骨組図

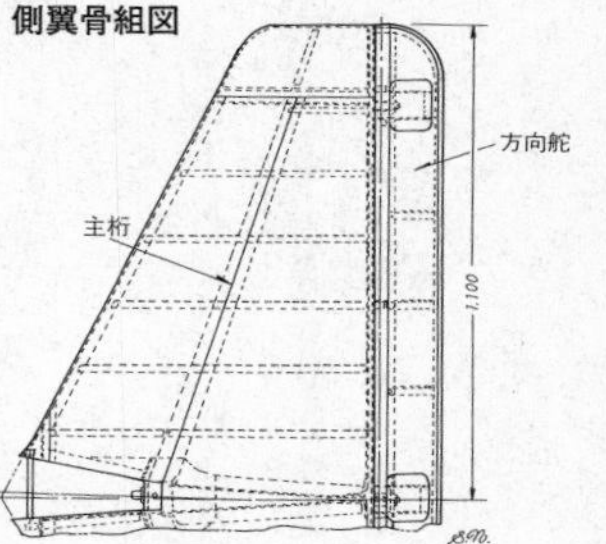

機の前車輪に比べ、前脚、主脚ともに相当な長さになる。

もともと、航空機にとって、降着装置は、発動機に次いで重量がかさむ〝部品〟である。陸軍の四式戦『疾風』が、この重量のかさむ主脚をなんとか短く、軽くおさめたいがため、結果的に性能不振を招いたプロペラ直径の切り詰めまで行なったというところに、設計者の、降着装置に対する思いがあらわれていよう。

その意味で、震電の長い前、主脚は、重量軽減という見地からして不利になったのは事実だが、これは避けられないリスクだった。前脚、主脚ともに車輪

前脚組立図（寸法単位mm）

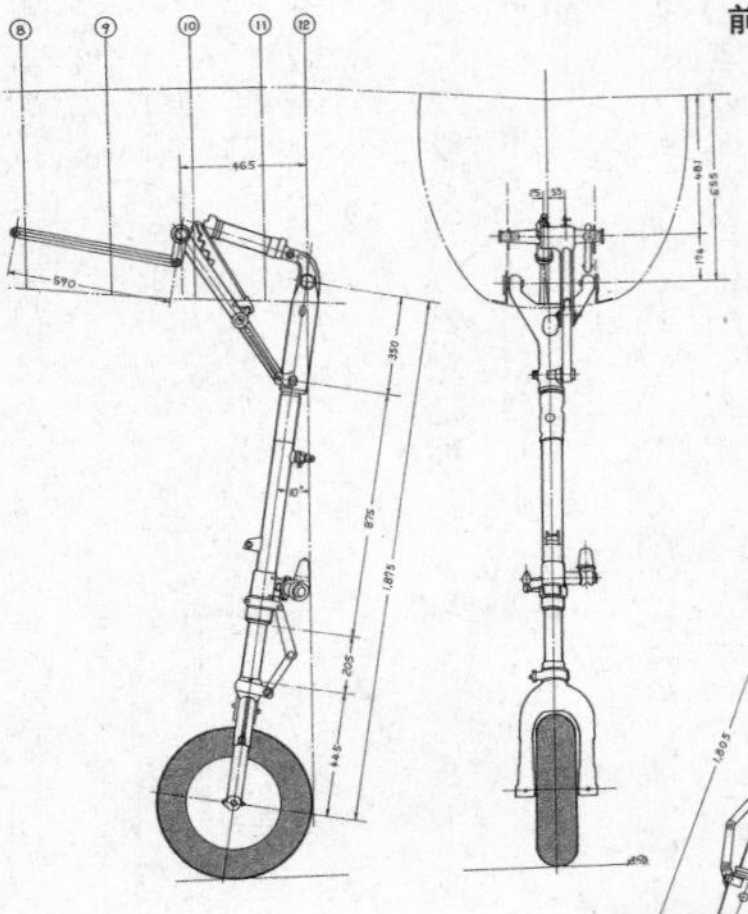

主脚組立図（寸法単位mm）

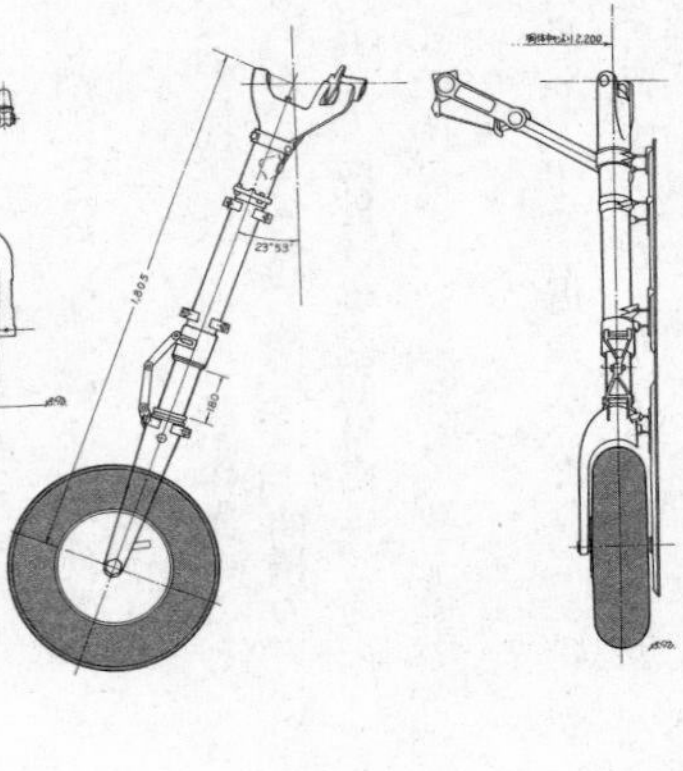

震電１号機の操縦室内配置図

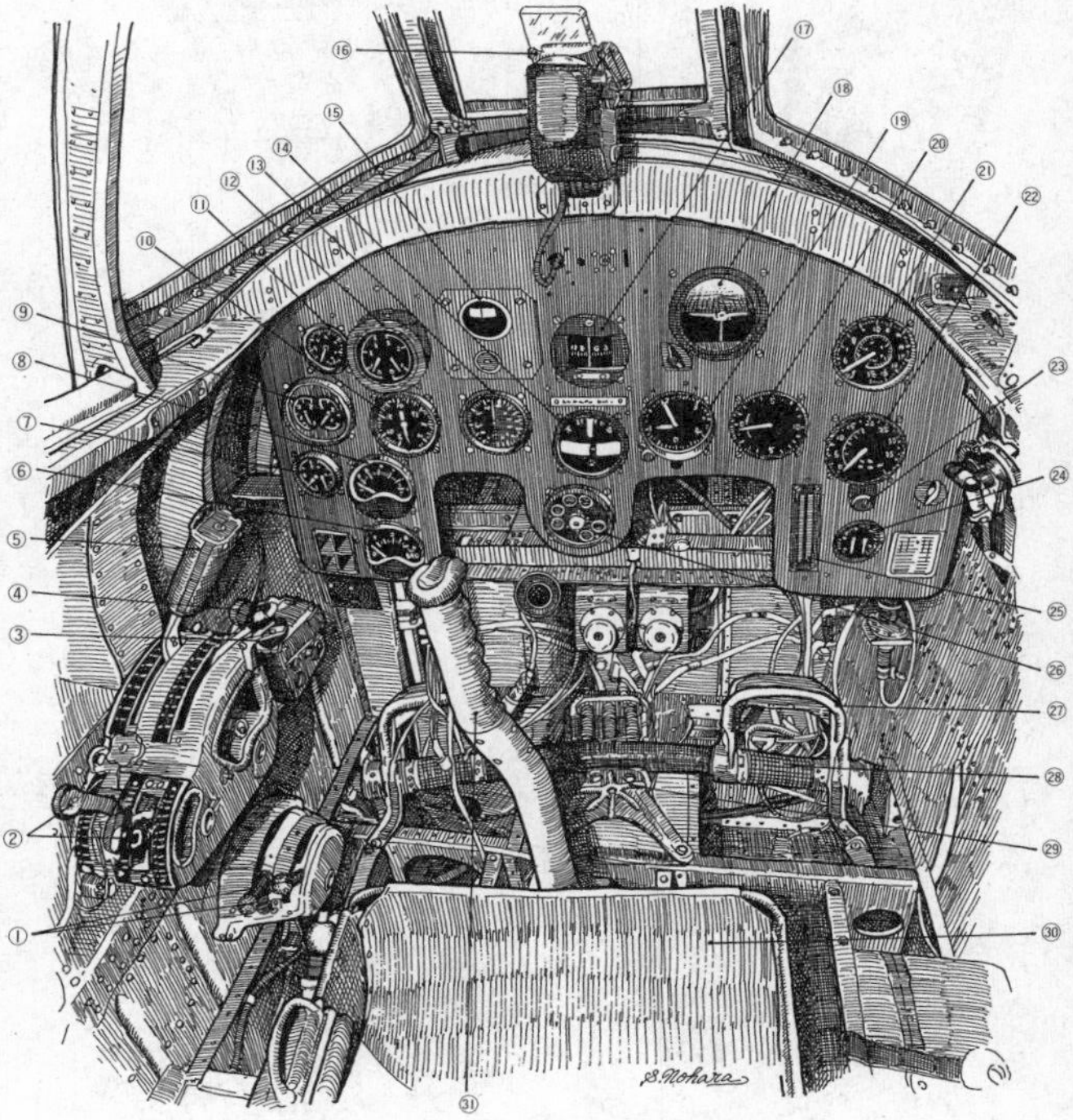

①増槽投棄レバー、②流体接手、水メタノール液噴射装置操作レバー、③プロペラ調速器操作レバー、④油温、筒温調節レバー、⑤スロットル・レバー、⑥一号排気温度計、⑦流体接手圧力計、⑧シリンダー温度計、⑨圧温計、⑩一号電圧回転計、⑪増槽燃料残量計、⑫水メタノール液圧力計、⑬吸入圧力計、⑭仮称三式旋回計、⑮仮称三式定針儀、⑯四式射爆照準器、⑰零式航空羅針儀一型改一、⑱仮称三式水平儀、⑲高度計一型、⑳昇降計二型、㉑速度計三型、㉒燃料計、㉓燃料切換コック、㉔酸素調圧器計、㉕前後傾斜計二型、㉖脚位置表示灯、㉗ブレーキ・ペダル、㉘方向舵操作桿、㉙方向舵操作桿位置調節レバー、㉚座席、㉛操縦桿

震電１号機の操縦室

右側

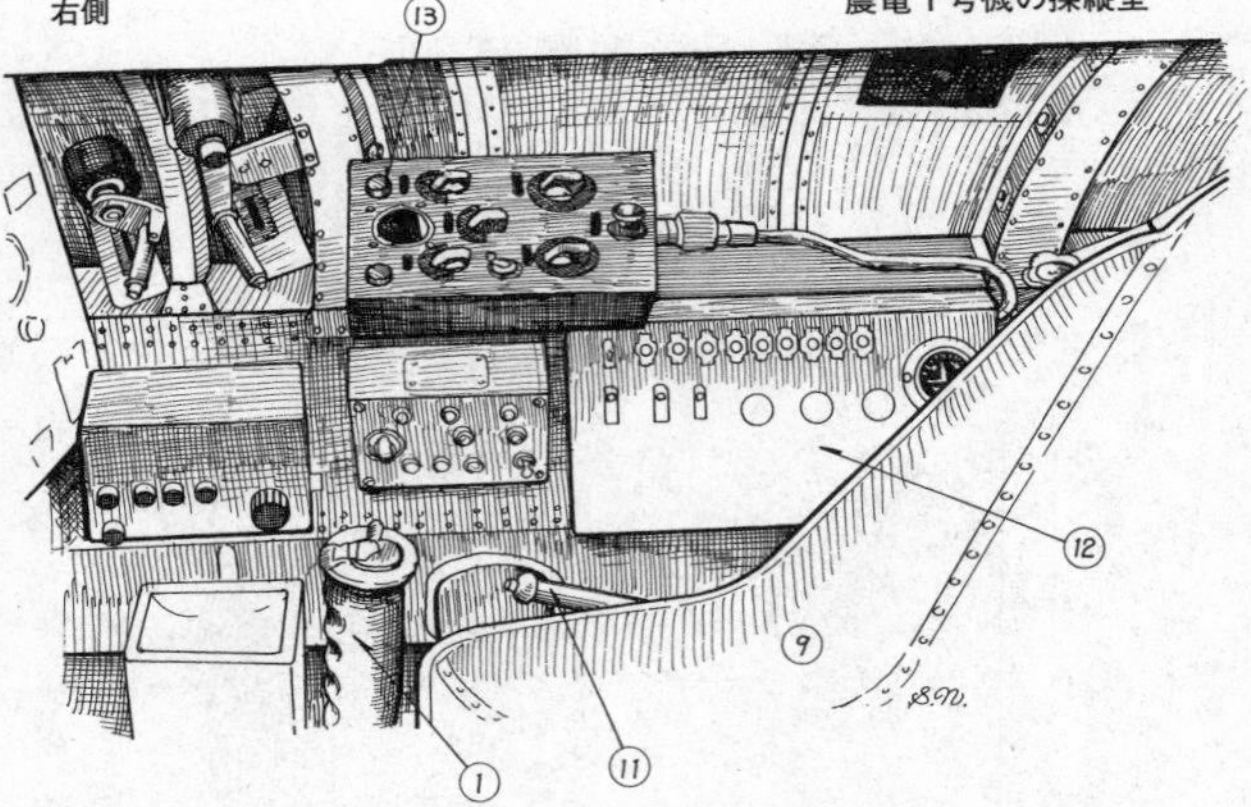

①操縦桿、②筒温調整レバー、③油温調整レバー、④プロペラ調速器操作レバー、⑤スロットル・レバー、⑥流体接手操作レバー、⑦水メタノール液噴射加減兼急停止用レバー、⑧昇降舵修正タブ操作輪、⑨座席、⑩増槽投棄用レバー、⑪座席位置調節レバー、⑫配電盤、⑬三式空一号無線機操作筐

左側

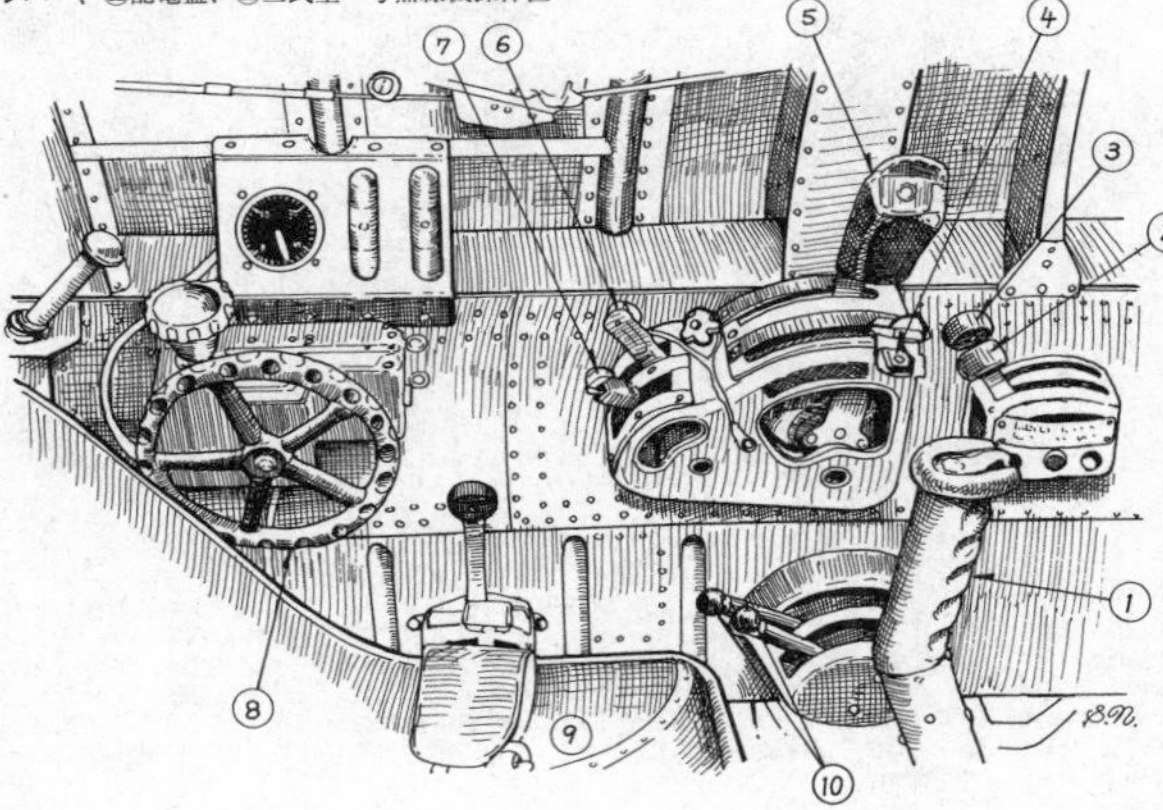

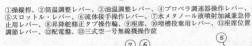

補助翼操作系統

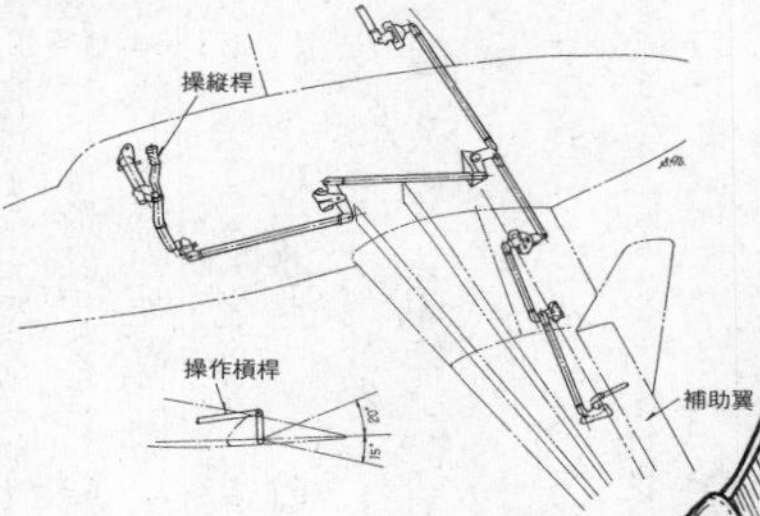

操縦座席

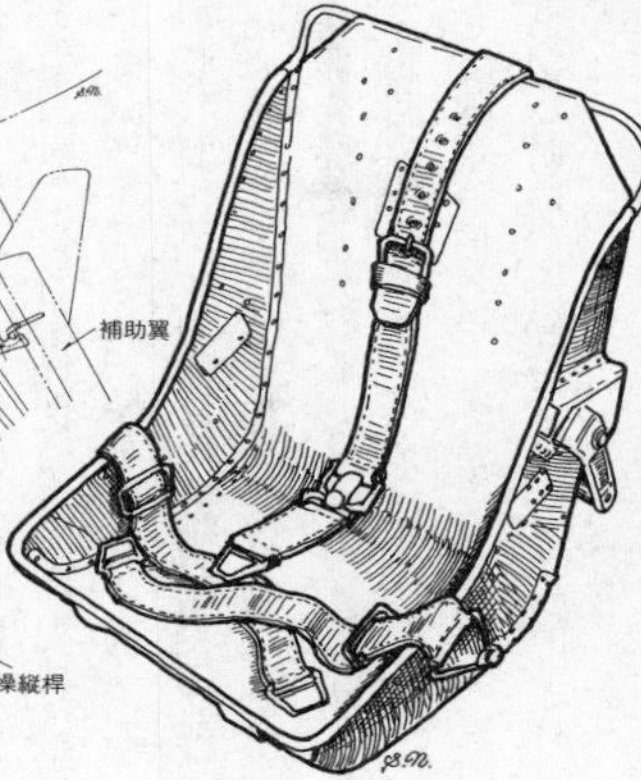

昇降舵操作系統

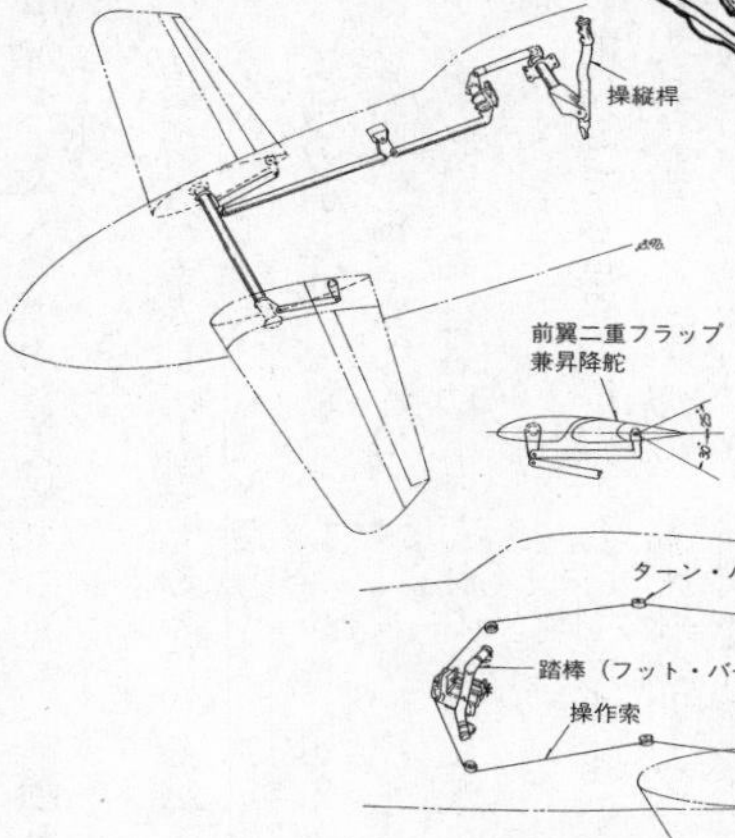

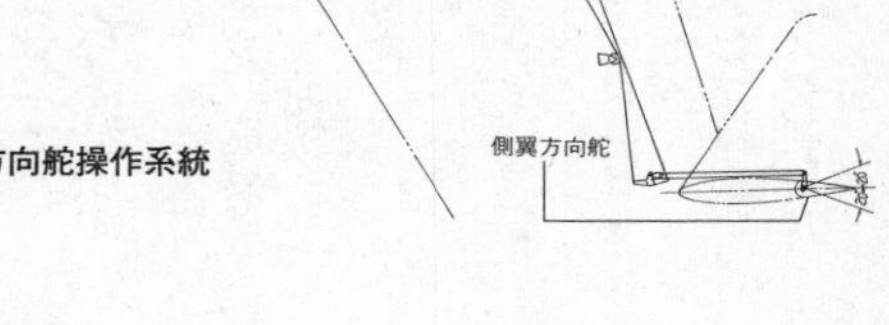

方向舵操作系統

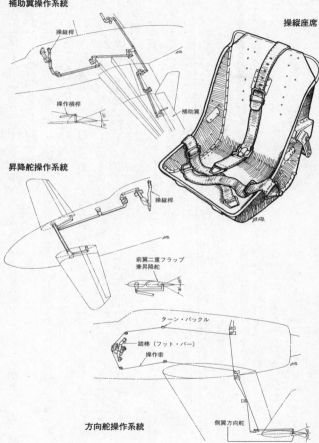

軸から脚柱上端までの長さが1・8m余と、大人の平均背丈以上もあり、前脚と左、右主脚をあわせた重量は、250kgにも達した。

この降着装置の配置に関し、図面、写真を見て素人目にも感じるのは、前脚と主脚が前、後方向にきわめて接近していて、何となく安定感に欠けることだろう。

これには理由があって、前脚を敢えて前方引込式にした（当然、取付位置が後方寄りになる）ためである。何故か？　といえば、戦闘損傷、もしくは故障により、出し入れエネルギーの油圧系統がダメになっても、自重と風圧により自然に下げられるように配慮したからに他ならない。

三十粍機銃4挺という、当時、世界的にみても単発戦闘機として空前の重武装も、前翼型の恩恵である。この三十粍機銃は、前掲の『雷電』三三型の一部が装備したものと同型で、昭和17年に試作着手され、20年5月に五式三十粍機銃の名称で制式兵器採用された。

こと射撃兵装に関する限り、敗戦に至るまで、独自開発機銃、機関砲を持てず、外国産のライセンス品、もしくは改良品に終始した日本にあって、五式三十粍機銃は、唯一といってよい独自開発品だった。

性能等に関しては、雷電の項に説明したとおりで、震電は機首上部に2挺ずつ前後、上下にズラして固定装備した。弾数は各銃60発で計240発、口径からすれば少ない数ではない。弾倉、および打殻収容箱を、前方から右、左と交互に配置され、効率的にスペースを利用した。

なお、実戦配備となったときに装備したかどうかはわからないが、設計上は機首先端下部に、射撃訓練時に用いる七粍九機銃2挺、および写真銃（ガン・カメラ）が取り付けられるようにしてあった。

防御火力の強力なB-29を相手とするだけに、震電は従来の海軍戦闘機では考えられなかった防弾対策が施され、風防正面ガラス窓は、厚さ70㎜の防弾ガラス、三十粍機銃弾倉の前の胴体第8番肋材を、16㎜厚の防弾鋼板とした他、操縦室床下、および主翼内燃料タンクもゴム被覆の防弾タンクにし、自動消火装置をめぐらすなど、欧米機並みになっていたことが特筆される。

プロペラが後方にあるということは、必然的に、搭乗員の非常時脱出を困難にするが、震電の場合、減速筐の取り付けボルトに火薬を仕込み、非常時には、搭乗員が操縦室内に設けたレバー操作によってこれを爆発させ、プロペラもろとも機体から切り離し、そのうえで搭乗員が機外に飛び出し、落下傘降下するという方法が採られた。これも、従来までの通常牽引式形態機にはない装備であった。

震電飛ぶ

前例のない革新形態、種々の新しい技術的試みなど、震電の試作は、在来型機に比べてより以上の長期を要して当然であったが、当のB-29による爆撃はますます苛烈の度を増し、海軍は一刻も早い完成を待ち望み、鶴野大尉、九・飛の設計陣、機体製作現場もそれに応えようと、文字どおり不眠不休に近い突貫作業で取り組んだ。

その結果、試作発令から13ヵ月後の昭和20年6月中旬、福岡県の雑餉隈《ざつしょのくま》に所在した九・飛の工場にて、震電1号機が完成した。戦時下とはいえ、前例のない形態機ということを考えれば、これは驚異的な短期開発だった。

完成した1号機は、ただちに工場に隣接する蓆田《むしろだ》飛行場（陸軍管轄、現：板付空港）に運ばれ、初飛行の準備にとりかかった。しかし、機体、発動機ともに不具合箇所が多くあって、これらの改修に約1ヵ月も要してしまった。

7月中旬、ようやく改修を終えて海軍の完成審査をパス、下旬に数回の地上滑走試験を行なったのち、8月3日初飛行に臨んだ。

操縦者は九・飛の宮石義喬操縦士で、燃料は胴体タンク内に380ℓ、2挺のダミー機銃、バラストを積んで離陸、脚を出したまま、高度400m付近を240〜259km／hで約15分間飛行して無事に着陸、初飛行に成功した。離陸操作は容易だが、水平飛行、着陸時とも高出力発動機によるトルクが大きいため、機体が右に大きく傾くことが指摘された。

ひきつづき、6日、8日にも各15分間ずつ試験飛行を行ない、10日すぎから本格的な性能試験に入る予定で準備をすすめていたが、15日に日本は連合国に対し無条件降伏して太平洋戦争が終結してしまった。海軍が期待した740km／hの高速は、果たして実現できたのかどうか?、日本機フリークのみならず大いに気になるところだが、残念ながら、それは永久に不明のまま終わった。

ともかく、真価はどうあれ、こと航空技術面に関し、欧米列強国に比べ、これはという独自開発のものが少なかった日本にとって、明らかに同類機を凌ぐ完成度をもつ震電を実現したことは、大いなる誇りであり、鶴野大尉、九・飛の関係者の努力は称賛に値しよう。

▼蓆田飛行場のトンネル式格納庫の中で敗戦を迎えた震電１号機は、それを嘆いた何者かによって胴体、操縦室などを破壊されたまま放置され、進駐してきた米軍に接収された。そして、調査対象機として米国に運ぶため、損傷部分の修復が命じられ、雑餉隈工場に運び込み、もと九・飛技術者の手でそれが行なわれた。写真は修復完了した１号機。

[見開きページ4枚とも] 前ページ写真から旬日を経ずして撮影された、米軍に引き渡す際の震電1号機。前ページ写真ではまだ未塗装だった、修復部分の外鈑も、きれいに塗装し直されている。上写真の、傍にいる九・飛技術者と比較すれば、本機の異例に長い降着装置と、背丈の高さが実感できよう。左上写真では、米軍兵士も驚きの目で見上げている。左下は、引き渡しに際し、震電を背に記念写真に収まった、九・飛関係者と米軍兵士。左から4人目の背広姿が、本機の生みの親とも言うべき、鶴野正敬技術少佐（敗戦時の階級）。昭和20年10月中旬の撮影。

［見開きページ５枚とも］P.264 ～ 265写真と同じ日に撮影された、記録用の各アングル写真。鮮明な画像により、震電の外観が余すところなく捉えられている。本機の、地上滑走試験、および初飛行、８月８日の３回目の試験飛行時の様子は、九・飛設計陣の手により、ムービー・フィルムに収められたものが現存しているものの、当時のこととて画像は不鮮明で、細部まで把握するのは苦しい。試作中、完成に至るまでには、九・飛、あるいは海軍側の手により、相当数の写真も撮られたと思われるが、それらは全て敗戦時に処分されて残っておらず、外観、および各部を詳しく知るための写真としては、これら米軍への引き渡しの際の一連カットが唯一のものといえる。この１号機は、もちろん三十粍機銃、無線機などの艤装品はまだ装備してなく、機首上面の発射口、アンテナ支柱なども見当らない。側翼下に付けられた小さな車輪は、もともと設計図にはなかったもので、地上滑走試験の際、機首上げ姿勢が強すぎ、プロペラが地面に接触して損傷してしまったため、応急的に『白菊』練習機の尾輪を流用して取り付けたもの。２号機以降では、もっと洗練した形に改める予定だった。正面から見たカットで、主翼が、主脚取付部を境いに、前縁が垂れ下がっているように見えるのは、この部分から振り下げ角をつけてあるため。

▶このページ3枚も、P.264～267と同じときに撮影されたカットで、右は、前翼を含む機首まわりを、左前下方から見上げたショット。昇降舵とフラップを兼ねる前翼の動翼下面には、2個の平衡重錘（マス・バランス）が付いている。胴体下面の、長い前脚用収納孔が目立つ。

▲操縦室付近の胴体右側。風防ガラス窓が付いていないのは、破壊されたパーツの予備がなく、修復できなかったため、この状態で米軍に引き渡された。風防後端角の側面を、斜めに通る筋のところが、発動機用空気取入口で、バルジ状に膨らんでいるのが、潤滑油冷却用空気取入口。

◀胴体後端、プロペラ付根、および右側翼付近のクローズ・アップ。側翼の上、下端にある魚釣りのオモリ状のものは、方向舵平衡重錘。主脚覆が不自然に屈折しているのは、同収納部のスペースに合わせるため。震電のプロペラが6翅となったのは、直径をなるべく小さくし、かつ効率を低下させぬためであったが、量産機は、一般的な4翅に変更する予定だった。

第六章　三菱　試作局地戦闘機『秋水《しゅうすい》』

第一節　秋水の開発経過

秋水の開発の端緒は、昭和19（1944）年3月、日・独軍事援助協定に基づいて、ドイツから提供された、メッサーシュミットMe163B〝コメート〟ロケット戦闘機の技術資料をもとに、日本陸海軍が協同して同機を国産化し、対B-29用防空戦闘機とする決定を下したことにはじまる。

提供された技術資料は2組で、1組は海軍の吉川春夫技術中佐、もう1組は同巌谷英一技術中佐が携えて、連絡潜水艦により日本に持ち帰ることになった。

しかし、吉川中佐が乗り込んだ「呂号501」潜水艦は、大西洋にて連合軍艦船に

▲『秋水』の原型、ドイツ空軍メッサーシュミットMe163B“コメート”。パイロットの特殊飛行服と、機体の小型ぶりに注目。

『秋水』の原型
メッサーシュミットMe163B-1a
“コメート”四面図

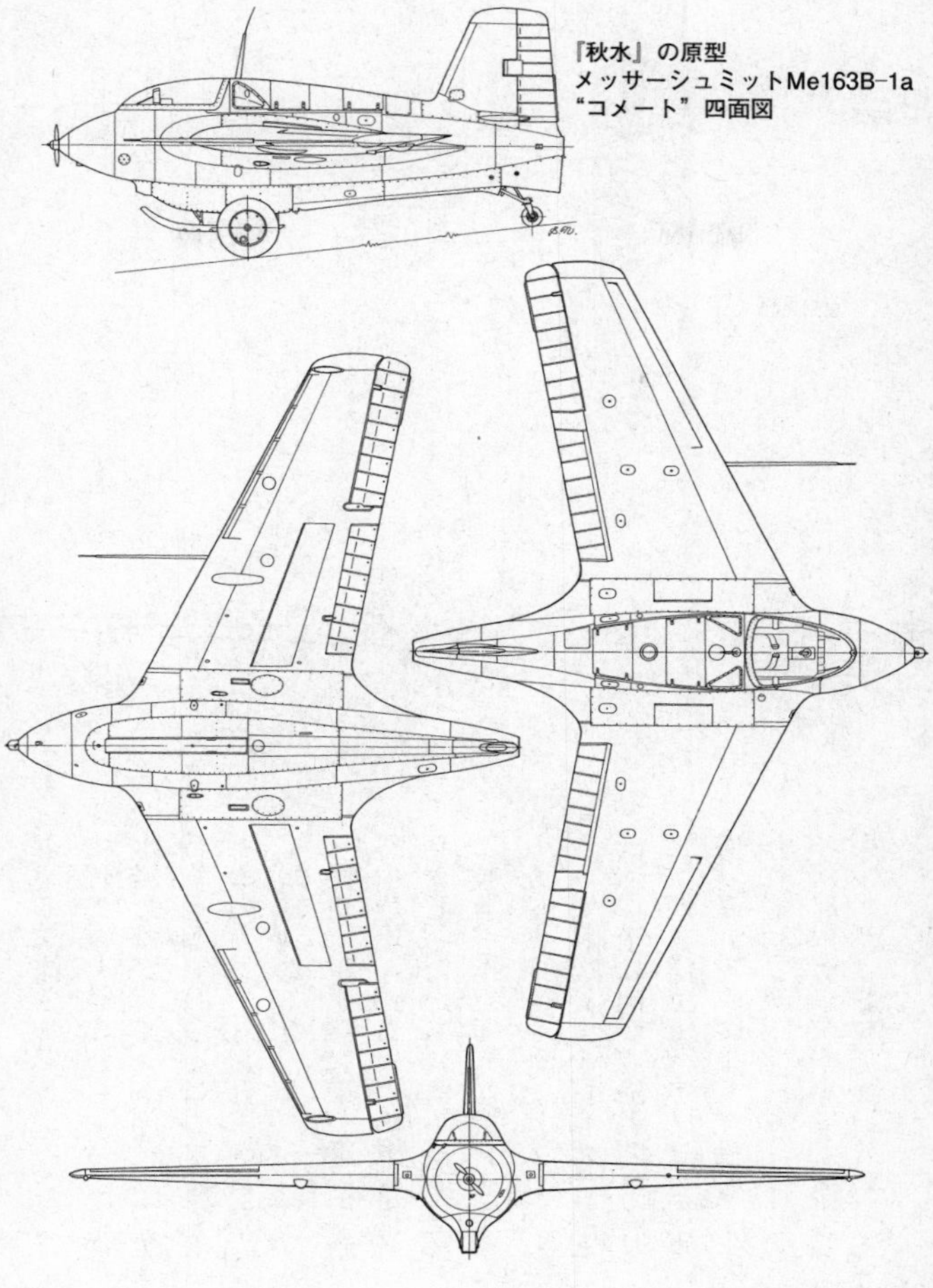

『秋水』
[キ200]
四面図

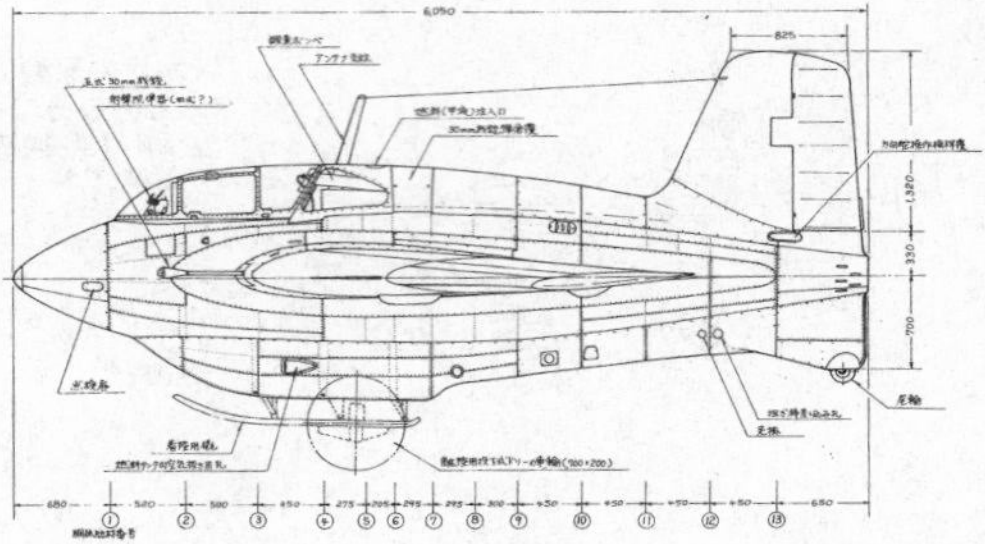

左側面図

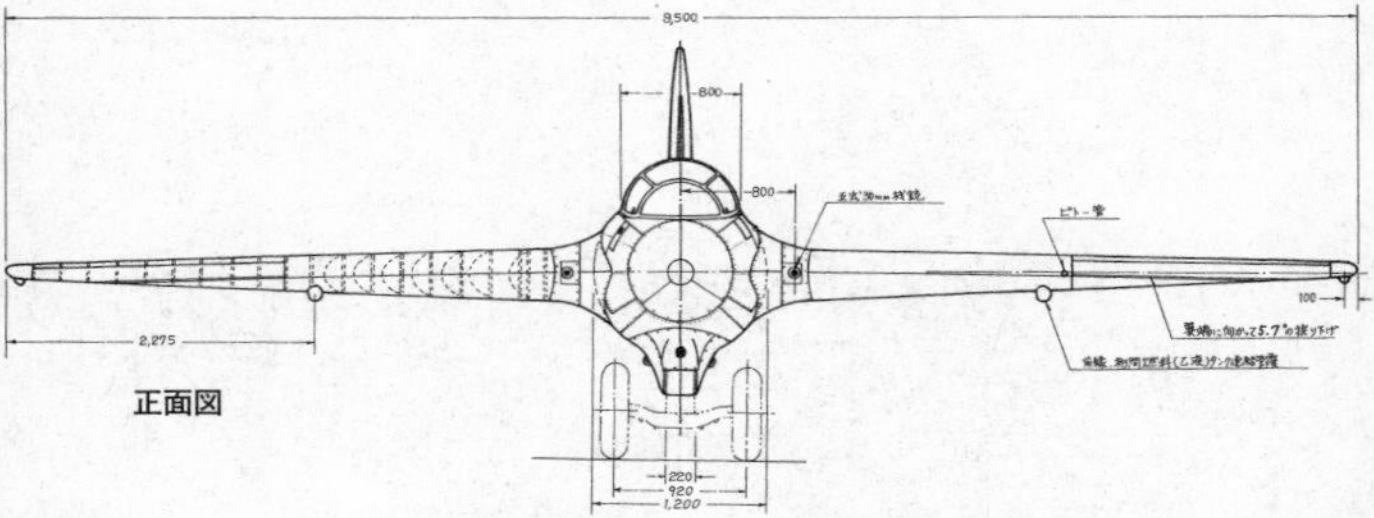

正面図

よって撃沈されてしまい、厳谷中佐の乗り込んだ「伊号29」潜水艦だけが、インド洋経由の全行程15000㎞に達する大航海ののち、7月14日にシンガポールに到着した。

同地で輸送機に乗り継いだ厳谷中佐は、19日に羽田飛行場に到着し、ただちに海軍航空本部に赴き、携えてきた資料を手渡した。だが、手荷物に入れられない資料、資材を積んだ伊号29は、本土に向かう途上、フィリピン西方洋上で、アメリカ海軍潜水艦の攻撃により沈没し、失われてしまった。

結局、海軍航空本部が入手し得たのは、機体、およびエンジ

上面図

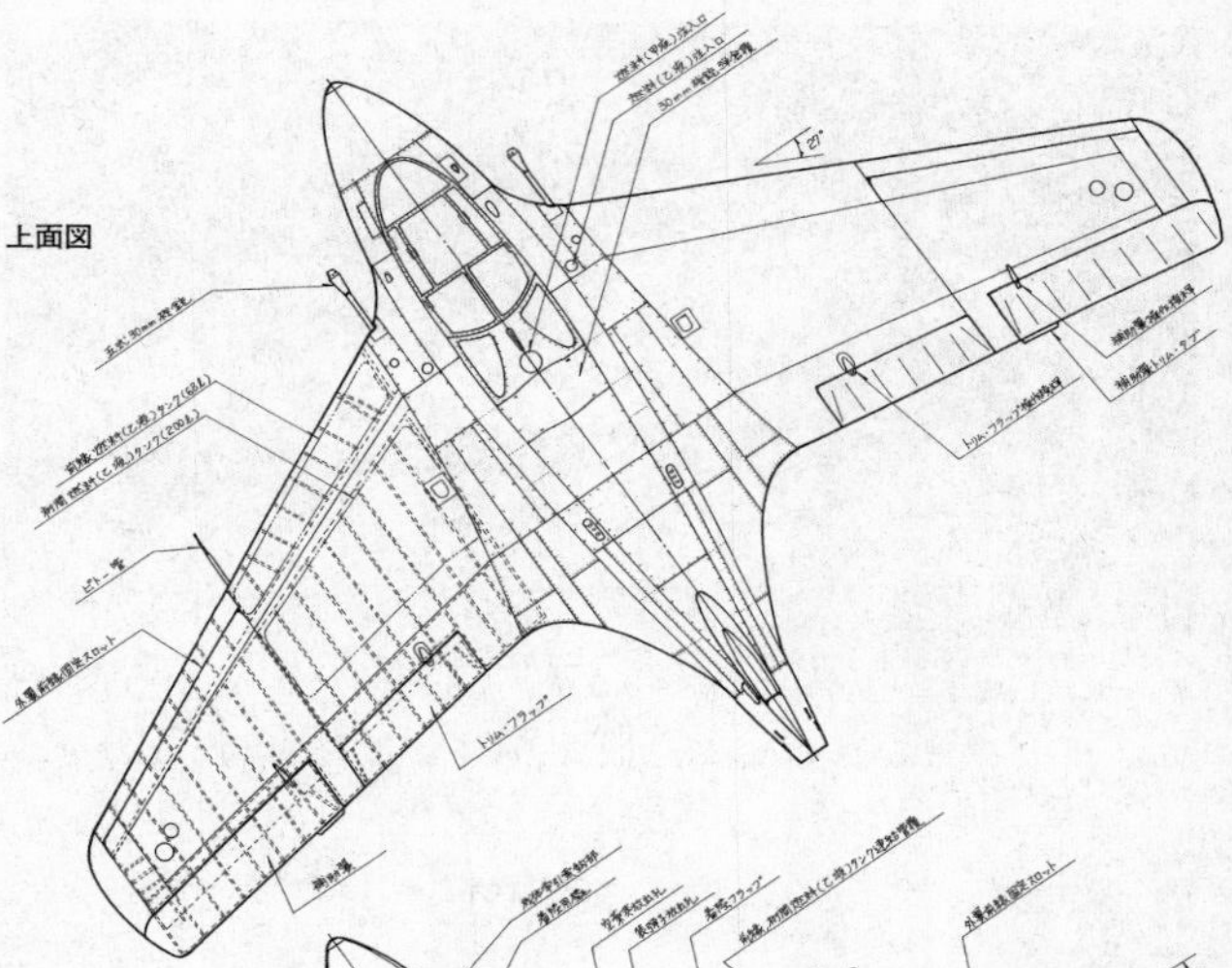

下面図

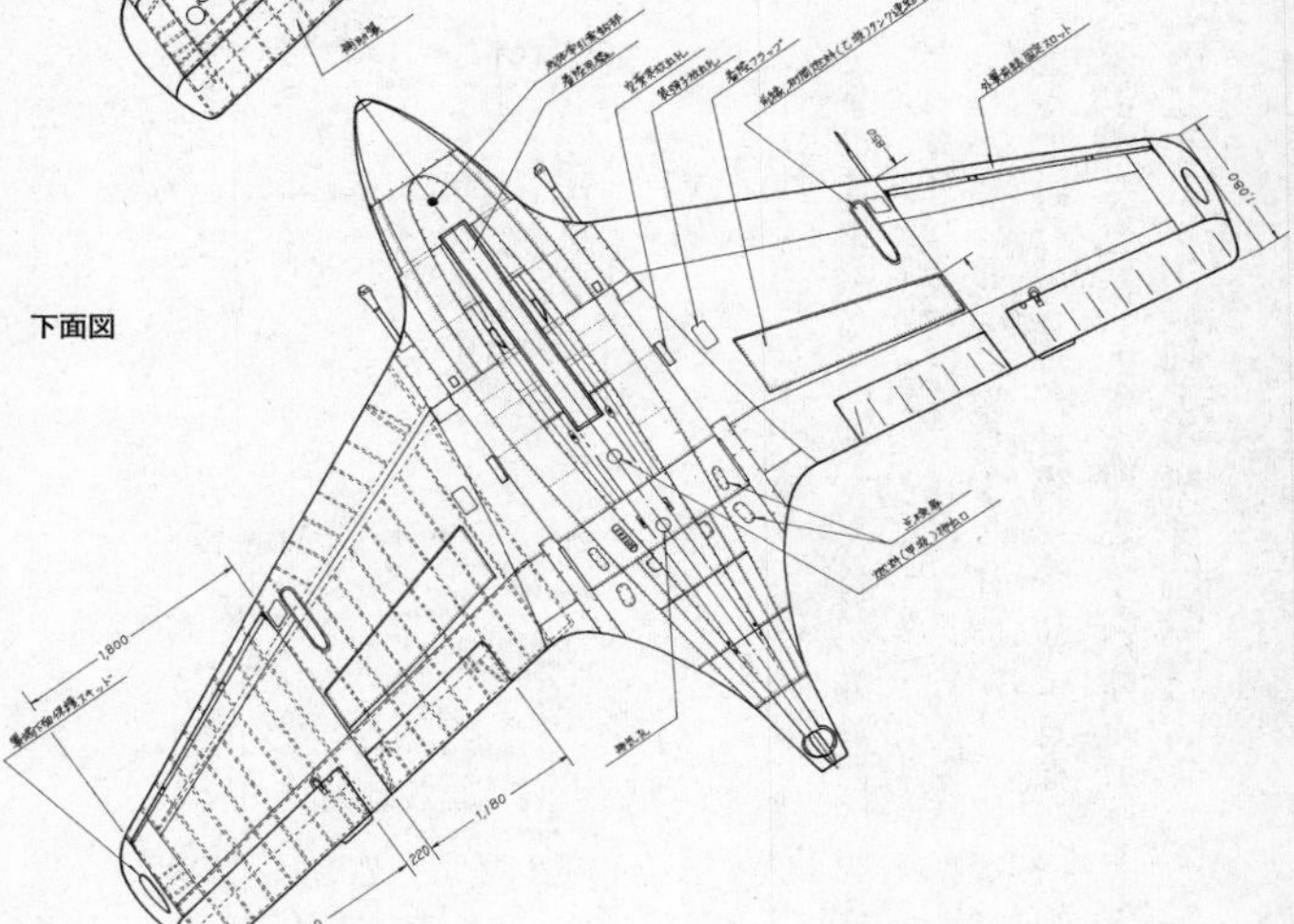

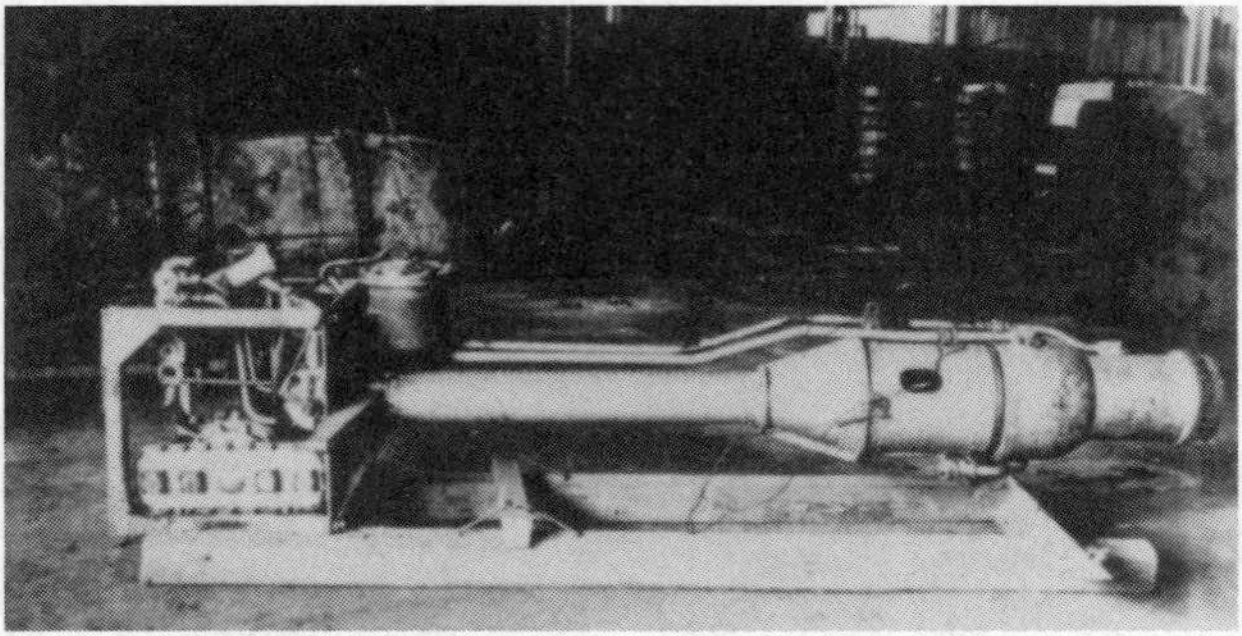

▲機体の製作は、設計着手後わずか４ヵ月という驚異的な短期間で試作１号機が完成したが、それに比べ難航したのが心臓たるべきエンジンの製作。写真が、その「特呂二号」（KR–10）ロケット・エンジンで、全長わずか2.48m、幅90cmというミニ・サイズながら、推力1500kgのパワーを出し、秋水に驚異的な速度と上昇力をもたらす。画面左が機首方向で、右に延びた筒の先端近くが燃焼室。

ンに関する簡単な説明書と、燃料の取り扱い法、および比重表、その他一般資料のみで、国産化するにはあまりに乏しい量だった。

しかし、B–29による本土空襲がすでにはじまっていた（6月15日夜の北九州を目標にした爆撃が最初）状況下、海軍および陸軍航空本部のＭｅ１６３に対する期待は過度に高まってお

「秋水」要目概説の原本表紙

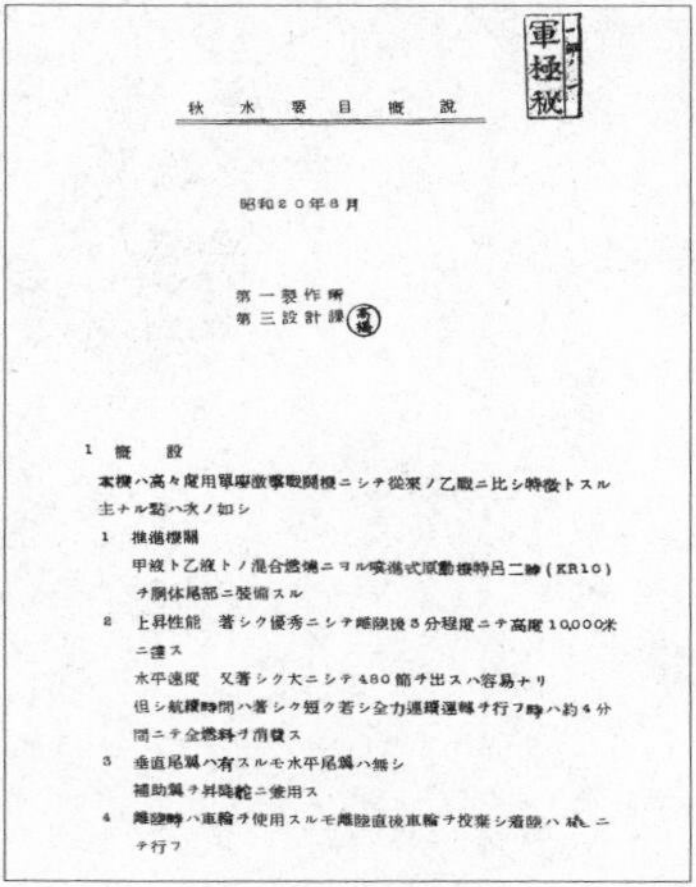

軍極秘

秋　水　要　目　概　説

昭和２０年８月

第一製作所
第三設計課

1　概　説

本機ハ高々度用單座邀撃戦闘機ニシテ従来ノ乙戦ニ比シ特徴トスル主ナル點ハ次ノ如シ

1　推進機關
甲液ト乙液トノ混合燃焼ニヨル噴進式原動機特呂二號（KR10）ヲ胴体尾部ニ装備スル

2　上昇性能　著シク優秀ニシテ離陸後３分程度ニテ高度10,000米ニ達ス
水平速度　又著シク大ニシテ480節ヲ出スハ容易ナリ
但シ航續時間ハ著シク短ク若シ全力連續運轉ヲ行フ時ハ約４分間ニテ全燃料ヲ消費ス

3　垂直尾翼ハ有スルモ水平尾翼ハ無シ
補助翼ヲ昇降舵ニ兼用ス

4　離陸時ハ車輪ヲ使用スルモ離陸直後車輪ヲ投棄シ着陸ハ橇ニテ行フ

り、7月に入ってからは、横須賀の海軍航空技術廠において、連日にわたり陸海軍、および主要なメーカーの関係者をまじえて討議が行なわれていた。

会議では、あまりに乏しい資料と、前例のない特殊な動力、燃料、機体に対する技術上の不安から、国産化に異議を唱える者も少なくなかった。しかし、海軍航空技術廠長和田操中将の〝鶴の一声〟で国産化が決定され、8月7日、三菱に対して試作発注が出されたのである。

機体名称は、陸海軍とも『秋水』を用い、海軍の略符号はJ8M1、陸軍の試作番号はキ200とした。協同開発の建前から、機体は海軍主導により、三菱重工名古屋航空機製作所（以下、名航と略記）が、エンジンは陸軍主導により三菱重工名古屋発動機研究所（以下、名研と略記）が、燃料の薬液は海軍第一燃料廠、および民間の各化学工場がそれぞれ研究、製造を担当することが決まった。

なにぶん急を要するため、機体設計図の提出期限は10月15日、エンジンは10月末までに2基、年末までに8基完成させるという、驚異的な短期開発で、三菱の設計陣は不眠不休に近い苛酷な作業を強いられた。

機体設計担当の名航は、高橋己治郎技師を設計主務者とし、主翼、尾翼関係は疋田徹郎、原田金次、胴体は楢原敏彦、兵装関係は土井定雄、兵装関係は蛯名勇、降着装置は今井功、中村武、計算は貞森俊一、動力（エンジン）関係は豊岡降憲、操縦装置は磯部保文、電装関係は小佐弘の各技師を配して作業にあたった。

わずか20ページ足らずのMe163機体説明書を頼りに、各技師たちは懸命に作業をすすめ、19年11月に設計を完了、12月には試作1号機の完成にこぎつけた。試作発注からわずか4ヵ月、非常時下とはいえ、驚異的な成果であった。

いっぽう、動力(エンジン)の開発にあたった名研では、持田勇吉技師を主務者とし、主要パーツごとに十数名の技師を配置して作業をすすめたが、ドイツからもたらされた資料が乏しく、タービン駆動ポンプの扇車(インペラ)などは、まったく独自の設計でまとめなければならなかった。

それでも、各技師たちの努力により、20日間で図面作成、9月下旬のポンプ装置を手始めに、動力、調圧、調量、燃焼、噴射の各装置、配管などの主要パーツ試作品が順次完成していった。

しかし、タービン駆動ポンプの扇車は外形わずか10cm、これを毎分15000回転の高回転で30kg/cm²の高圧を維持させるのは容易ではなく、実験は難航した。そこで、この分野の権威として知られた、九州大学工学部の葛西泰二郎教授の指導を仰ぎ、昭和20年1月に、ようやく計画値に近い能力を出すポンプの完成にこぎつけた。

なお、このエンジンは、陸軍側では『特呂二号』(特呂は特殊ロケットの略)、海軍側では『KR-10』(KRはくすりロケットの略)と命名した。

昭和19年12月7日、名古屋周辺は熊野灘を震源とするM8・0の大地震、いわゆる東海大地震に見舞われ、三菱、愛知などの航空機工場も大きな被害を受け、開発、生産などにも深刻な影響をおよぼした。

追い討ちをかけるように、6日後の13日には名古屋地区がB-29の空襲を受け、名研の所在する大幸工場も被爆、工員264名が死亡、生産設備の大半が破壊されて、事実上、その機能を失ってしまった。

そのため、秋水の動力設計班は、実験施設のととのった、横須賀の海軍追浜基地に移転することとなり、18日、機材を搭載したトラック8台で追浜に到着した。ところが、動力関係の開発は陸軍の担当なのに、海軍基地に移転するのはけしからんと、陸軍兵士が入門を阻止するハプニングが起こった。

幸い、持田技師が陸軍技術研究所長、絵野沢静一中将に陳情し、了解をとりつけて事なきを得たが、協同開発と言いつつ、このような下らない縄張り争いが、戦局重大なときに至ってもなお、根深くはびこっていたことに呆れるばかりだ。

地震と空襲により、開発作業に少なからぬ遅れを生じたが、昭和20年1月19日、追浜の実験場にて、完全装備状態のエンジンが、初めて燃焼テストに成功し、Me163と同じ、あの特徴ある縞模様のロケット噴出炎が日本で実現した。

しかし、その後の実験では各部に故障が頻発し、改修の繰り返しでなかなか実用段階に達しなかった。不完全な原資料を頼りにしての開発を思えば、それも当然だったが……。

20年4月、横須賀周辺もアメリカ海軍艦上機やP-51などに空襲されるようになったため、秋水動力班は、新たに神奈川県の山北に設けられた実験施設に移転したが、ほどなく長野県の松本飛行場に隣接した、陸軍管轄の実験施設が完成したため、再度移転した。

さまざまな悪条件下で難渋していたロケット・エンジンも、6月末になってどうにか連続運転可能に達した。手探りに近い設計作業開始から11ヵ月、これまた機体と同様、驚異的な出来事といってよい。

山北で完成したエンジン初号基は、7月4日に海軍用秋水1号機に、松本で完成した初号基は、7月3日に陸軍用秋水2号機にそれぞれ取り付けられ、初飛行に備えての準備が慌しく行なわれた。

そして、海軍用1号機の調子が良いことを受け、7月7日の午後2時に初飛行を行なうことが決まった。場所は、海軍追浜基地。前例のない特殊機を考慮すれば、狭い追浜より、広い厚木、木更津基地などで行なうのが理想であったが、万一の場合に海に近い基地のほうがよいとのことで、追浜に決まったと言われている。

7日は朝から快晴で、天候上は願ってもない条件だったが、秋水1号機はエンジン始動はスムーズにいくが、スロットルレバーを1段に入れると停止してしまうという具合で、なかなか飛行ＯＫが出なかった。

午後5時近くになってようやくエンジンがかかると、操縦者の犬塚豊彦大尉はそのままタキシングして離陸スタート地点に向かい、スロットルレバーを3段目に入れ、轟音を発して離陸した。

関係者一同が固唾をのんで見守るなか、秋水1号機は45度の急角度で高度４００ｍ付近に達したとき、突然、パーンという音を発してエンジンが停止してしまった。

機体は、余力でそのまま500m付近まで上昇したのち右に旋回し、胴体下面から白い煙状になった燃料（甲液）を放出しながら、さらにもう一度、右旋回した。犬塚大尉が、貴重な試作1号機を失いたくないという一心から、事前の打ち合わせ（万一の場合は、そのまま海に着水してよいと言われていた）に背き、なんとか飛行場に戻ろうと必死になっていることが察せられた。

しかし、秋水の翼面荷重は零戦の2倍もあり（218kg／㎡）、ベテランの犬塚大尉が予測したよりも沈下率が大きく、滑走エリアの手前にあった物置小屋の屋根に右主翼端が接触してしまった。

機体は、猛スピードで横すべりしながら激しく接地。2、3回転する間に両主翼が折れ、

▲敗戦当時、日本飛行機・山形工場で完成していた秋水、製造番号"第51号"機。全体に緑黒色の迷彩塗装を施し、主翼付け根に五式三十粍機銃も備えた、即部隊引き渡し可能な状態である。写真の機は製造番号からして日・飛製の第1号機ということになる。

①

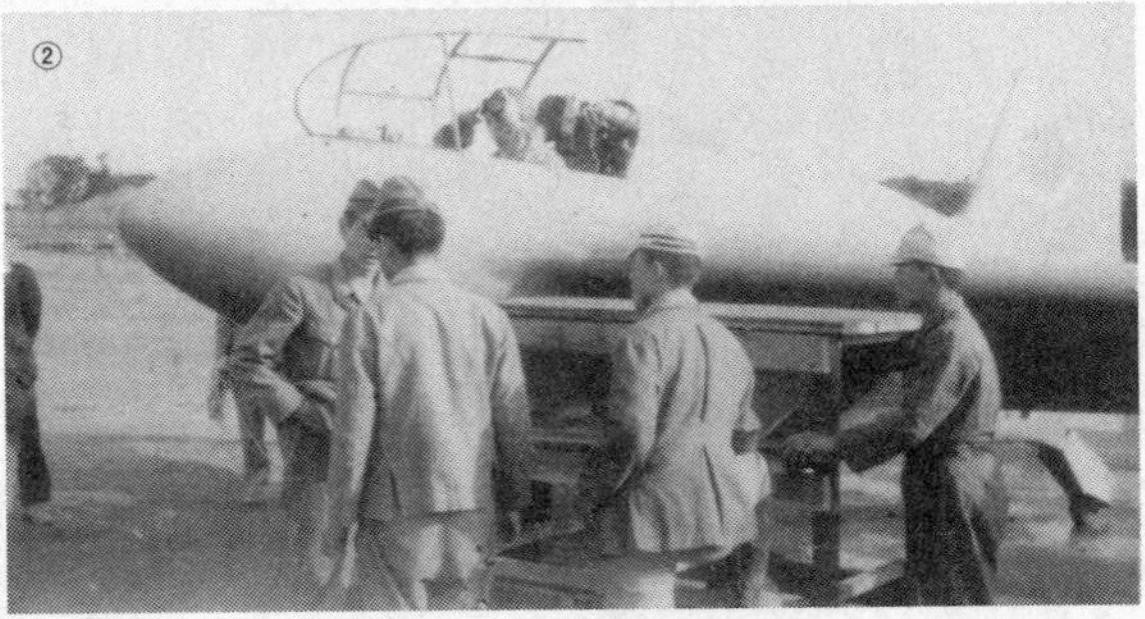
②

③

④

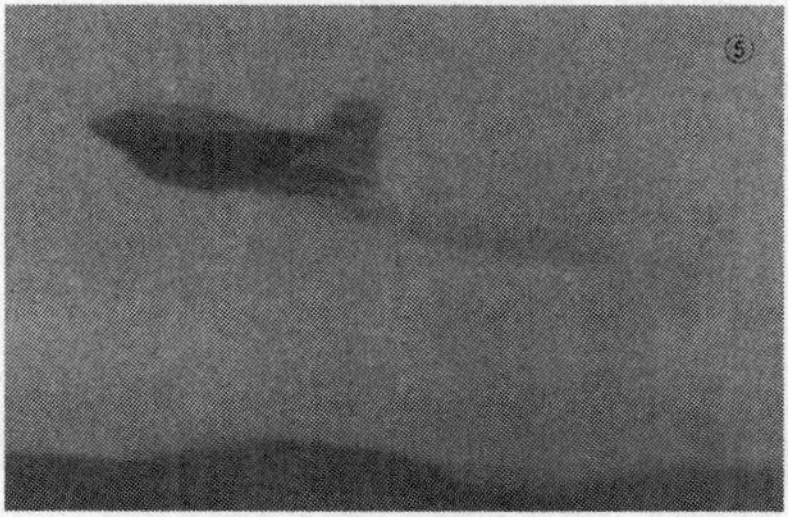
⑤

［見開き写真６枚］昭和20年７月７日夕刻、神奈川県・横須賀の追浜基地にて初飛行した、海軍向け『秋水』１号機の貴重な写真である。①は、初飛行前のエンジン試運転シーンで、胴体後半が取り外され、特呂二号エンジンが露出している。手前の太いパイプは水蒸気を逃がすためのもの。②は初飛行のため操縦席に座った、テスト・パイロットの犬塚豊彦大尉と、手前で最後の打ち合わせを行なう海軍側技術士官。③は滑走に移る直前の１号機で、手前では漏れた燃料に引火しないように、ホースで水をまいている。機体は、全面黄色の試作機塗装を施しており、垂直安定板に描かれた日の丸が、在来機との違いを際立たせている。④は、地上員の信号旗を合図に、猛然と滑走し、離陸した瞬間、⑤はその直後に急上昇に移らんとする１号機。しかし、高度約400mに上昇したところでエンジンが停止、パイロットの犬塚大尉は、滑空で基地に着陸しようと試みたが墜落、機体は⑥の如く大破し、日本最初のロケット機飛行はあっけなく終わった。重体の犬塚大尉は、翌日未明に絶命した。

⑥

▲▼これは三菱工場と思われる建物内で、完成直前に敗戦を迎えた秋水。本機の生産は、三菱名古屋工場のほか、小松、富士宮工場、日本飛行機の富岡、山形工場、富士飛行機の大船工場、日産輸送機の鳥取工場（主として陸軍向け）で行なわれることになっていたが、三菱の４機以外では、日本飛行機が１機完成（資料によっては２機）させただけに終わった。陸海軍が計画した、20年８月末時点で各社計306機完成という数字にはほど遠い。

胴体前部を潰してようやく停止した。

ただちに消防車が駆け付け、放水しながら操縦室の犬塚大尉を救出したが、大尉は全身を強打して意識もうろうの重体で、病院に運ばれたものの、翌8日未明に絶命した。こうして、日本最初のロケット機飛行は、わずか2〜3分間のうちに失敗して終わった。

翌日、事故調査委員会が発足し、エンジン停止の原因究明が行なわれたが、結論はすぐ出た。

特殊な機体の初飛行ということで、燃料はタンク内に⅓しか入れてなかったが、これが誤りだった。秋水の上昇角度は、従来のレシプロ・エンジン戦闘機と比較にならぬほど深い。そのため、タンク内に⅓しか入っていない燃料は、急角度上昇に入ったところで後方に移動してしまい、タンク前方に設けられた燃料吸い出し口が空気を吸い込んだために、

▲戦後、調査、研究対象機として、米本国に運ばれた３機の秋水のうちの１機、製造番号"三菱第403号"。胴体後部下面のみ無塗装ジュラルミン地肌で、他は全面黄色の試作機塗装。製造番号からして、本機は試作第３号機、すなわち海軍向けの２号機と思われる。

燃料供給が停止し、エンジンも止まってしまったのである。

犬塚大尉が、そのまま事前の打ち合わせどおり、海に着水していれば彼の命は助かったかもしれないのだが、根本的には、周囲に民家や軍関係の建物がある、狭い追浜基地を使用したことが災いした。海軍側の人為的ミスが原因といってもよかった。

それでも、三菱では陸海軍の関係者を交えた協議の結果、燃料吸い出し口の改修をすることとし、タンク後方最下部に小室を設け、燃料が一時的に固定するようにし、吸い出し口も上下左右に動く、フレキシブルなものに変更することに決まった。

海軍は、タンクの改修がすみしだい、2号機を使って8月2日に、陸軍は10日に1号機の初飛行を行なうことにしたが、エンジンの不調、燃料ポンプの爆発事故などがあって計画は遅れ、そうこうしているうちに8月15日の敗戦を迎え、狂気のごとき秋水計画は、あっけない幕切れとなった。

陸海軍は、20年3月までに155機、9月までに1300機、21年3月までに3600機という厖大な生産計画を立て、つぎつぎに秋水部隊を編制してB-29を迎え撃とうと目論んでいた。

しかし、現実にはエンジン開発の困難さなどもあり、20年8月15日の敗戦時点で、完成した機体はたったの5機、その他、完成に近い状態のもの10機にすぎず、エンジンは結局、陸海軍向け1号機に搭載した2基だけしか完成しなかった。当時の、絶望的な状況下の日本では、これが精一杯であり、たった1年間でここまでこぎつけたこと自体、きわめて驚くべきペースだった。

なお、秋水の量産は、その計画の規模からしてかなり大がかりなものとなり、主契約メーカーの三菱はもとより、日本飛行機・富岡、山形工場、日産輸送機・鳥取工場、富士飛行機などでも開始されていた。また、エンジンの生産も三菱の松本、および枇杷島工場、海軍広工廠、陸軍兵器本部、ワシノ精機、新潟鉄工所、京都機械製作所など、官民合同で開始されていたが、敗戦時までに完成したのは、三菱の2基だけであった。

とかく、秋水に関しては機体ばかりに興味がいってしまいがちだが、その特殊な燃料をどのように大量生産し、保管するかは、本機の運用の可否そのものに直結する重大な問題だったが、残念ながら、この件に関しては見通しが甘く、たとえ機体の生産があるていど進んだとしても、それに見合った燃料が確保できたかは大いに疑問。

単にドイツからもたらされたＭｅ１６３の速度、上昇性能にのみ目を奪われ、その裏に潜む大きな問題を真剣に考えなかった陸海軍だけに、これは当然の帰結だろう。

機体、エンジンの開発と併行し、陸海軍は秋水の運用に備え、一応の準備はしていた。まず海軍だが、昭和20年2月、横須賀空の人員、機材を抽出して最初の部隊、第三一二海軍航空隊を編制し、司令官には柴田武雄大佐が補され、霞ヶ浦基地にて訓練を行なった。

訓練は、零戦、および零式練習戦闘機と、秋水からエンジン、タンク、兵装を取り除いた1機の〝秋水重滑空機〟、および外形、寸度がほぼ同じで、全木製羽布張り構造の軽滑空機

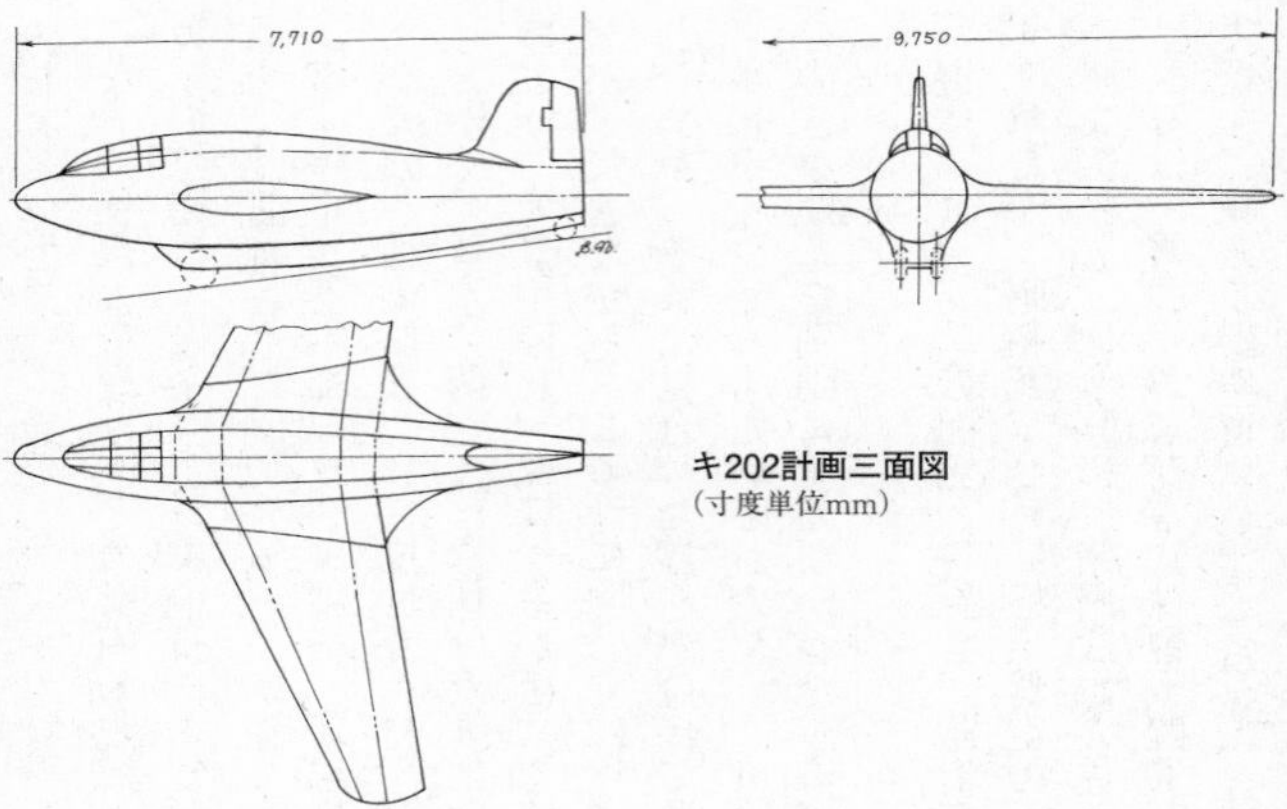

キ202計画三面図
（寸度単位mm）

『秋草』２機を使って行なった。

いっぽう、陸軍は、航空審査部内に秋水の実験、訓練担当部隊として『特兵隊』（特殊兵器の略）を編制（昭和19年12月）し、千葉県の柏飛行場で作業を行ない、20年７月ごろに二式戦「鍾馗」装備の飛行第七十戦隊を、最初の秋水部隊に改編する予定だった。

しかし、前述のごとく、海軍の試作１号機が初飛行しただけで敗戦となり、陸海軍の秋水部隊も実現しないまま終わってしまった。

なお、訓練に使われた秋水重滑空機は、陸軍と海軍に１機ずつ、軽滑空機『秋草』は海軍に２機、陸軍に１機が引き渡され、さらに九州、京都、奈良、富山、仙台など各地の木工場で一定数量産されることになっていたが、京都で１機完成、九州で１機が完成直前というところで敗戦となった。

また、Ｍｅ１６３と同様、ウィークポイント

▲秋水搭乗員の訓練用として造られた“軽滑空機”『秋草』。外形、寸度ともに秋水とほぼ同じだが、胴体も当然、木製であった。操縦、安定性ともに良好で、ただちに設計元の海軍第一技術廠で３機造られた（うち２機が海軍、１機が陸軍に引き渡し）ほか、横井航空・京都工場、松田航空・奈良工場、前田航研・周船工場、大日本滑空・仙台工場など、地方の木製機製作可能な中小メーカーで一斉に量産されることになった。しかし、敗戦までに完成したのは横井航空の１機のみ。前田航研の１号機が完成直前という状況だった。写真は陸軍向けの機体。

の短い航続時間（3分半）を少しでも増加させるため、陸軍航空工廠は、エンジンを少し大きい『特呂三号』に換装し、機体もひとまわり大きくしたキ202〝秋水改〟（P.286の三面図参照）を、海軍はカタパルト発進型、武装を三十粍機銃1挺に減じ、そのぶん燃料搭載量を増したJ8M2などの改良型を計画していたが、いずれもペーパープランの段階で終わった。

◀秋水のデータに関しては、これまでにも海軍航空本部などが作成したものをベースに、かなり正確な数値がわかっていたが、次ページに掲載したのは製作側の三菱により、敗戦直前に作られた要目概説の小冊子からとったもの（表紙はP.274に掲載）。おそらく、これが本機に関する最新、かつ、もっとも正確なデータといえるだろう。

『秋水』諸元、データ一覧

1．1一般要目

	項目	内容	備考
主要項目	全巾	9.500m	
	全長	6.050m	
	全高	2.700m	
	主翼面積	17.73m²	
	翼面荷重（離陸状態）	218kg/m²	
	翼面荷重（消費状態）	95.5kg/m²	
重量重心	正規状態（離陸状態）	3,870kg	バラスト60kgヲ含ム
	同上重心位置	18.5%（相当翼弦長ニ対シ）	同上
	消費状態	1,696.5kg	同上
	同上重心位置	15.58%（相当翼弦長ニ対シ）	同上
	自重	1,445.1kg	同上
	同上重心位置	24.65%（相当翼弦長ニ対シ）	同上
主翼空力関係	最大厚サ（1番肋材）	14.3%	
	最大厚サ位置（1番肋材）	前縁ヨリ翼弦ノ30%	
	最大厚サ（19番肋材）	8.7%	
	最大厚サ位置（19番肋材）	前縁ヨリ翼弦ノ20%	
	振リ下ゲ	6°（前縁）	
	後退角	27°（前縁）	
	上反角	0°	
	相当翼弦	1.985m	
	垂直安定板面積	1.03m²	
	方向舵面積	0.564m²	平衡部ヲ含ム
	補助翼（昇降舵）面積	0.65×2m²	平衡部ヲ含ム
	補助翼平衡部	26%	
	釣合修正舵面積	0.336×2m²	
	下ゲ翼面積	0.73×2m²	
	前縁スロット	0.28×2m²	
強度	引キ起シ	重量3,000kg（2,680kg）ニテ保安7G	D状態補強型ニナルマデハ（ ）内ノ数値ニヨル10項飛行制限参照ノコト
	背面引キ起シ	重量3,000kgニテ3.5G保安（2G）	
	制限速度	最大真速485節	
主要材料	主翼	木製	
	垂直安定板	木製	
	小翼類	ブリキ及デュラルミン混用	
	胴体	デュラルミン	
	薬液槽及配管	純アルミニューム	
性能	離陸滑走距離	812m	下ゲ翼30°使用
	離陸速度	134.5ノット（249km/h）	
	出発ヨリ10,000m迄ノ上昇時間	3分31.5秒	※筆者注。最大速度は888km/hと予測されていた。
	10,000mニ於ケル薬液残量	217kg	
	着陸速度	82.8ノット（153.3km/h）	下ゲ翼0°昇降舵＋15°使用
	着陸滑走距離	471m	
兵装	十七試三十粍機銃	2挺	
	同上用弾薬	100発	

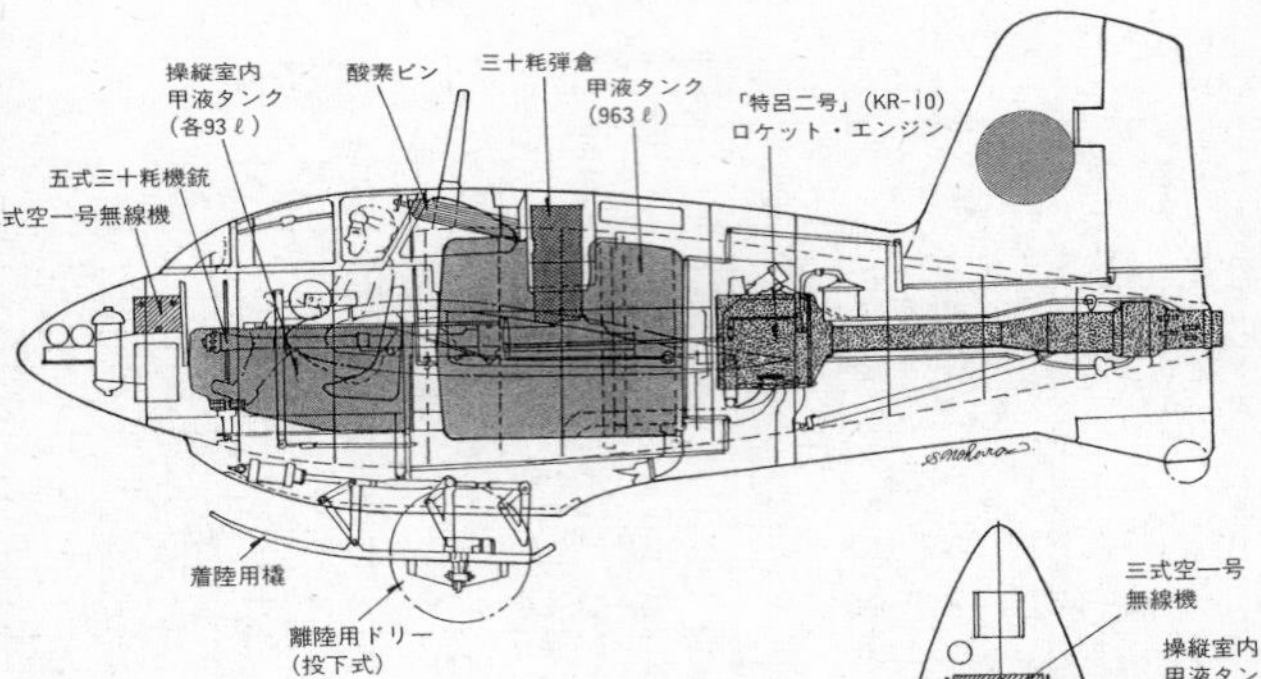
操縦室内
甲液タンク
（各93 ℓ）
酸素ビン
三十粍弾倉
甲液タンク
（963 ℓ）
「特呂二号」（KR-10）
ロケット・エンジン
五式三十粍機銃
三式空一号無線機
着陸用橇
離陸用ドリー
（投下式）

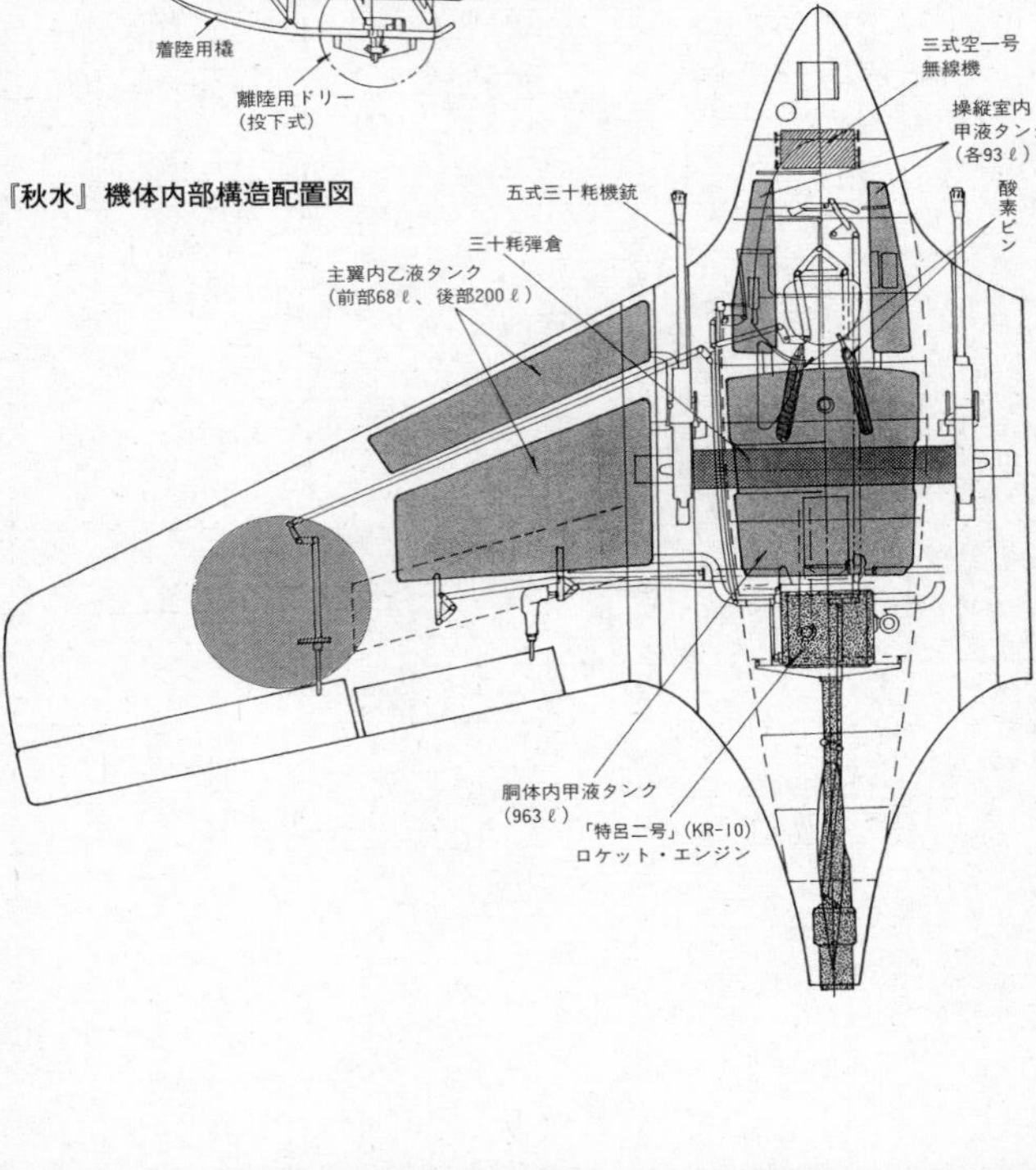
三式空一号
無線機
操縦室内
甲液タンク
（各93 ℓ）
五式三十粍機銃
酸素ビン
三十粍弾倉
主翼内乙液タンク
（前部68 ℓ、後部200 ℓ）
胴体内甲液タンク
（963 ℓ）
「特呂二号」（KR-10）
ロケット・エンジン

『秋水』機体内部構造配置図

第二節　秋水の機体構造

秋水（Ｍｅ１６３）の機体構造の基本は、当時のレシプロ・エンジン戦闘機のそれと、たいして変わらないが、ロケット・エンジンの特性を生かすために、外形は無尾翼型式、主翼は強い後退角を有し、在来型式とはまったく赴きを異にした。

全幅９・５ｍ、全長６ｍ、自重１５００kgの機体は、当時の単座戦闘機としては異例に小さく、軽いが、〝大メシ喰い〟のロケット・エンジンのための燃料を満載すると、全備重量は３８００〜３９００kgにハネ上がり、翼面荷重２１８kg／㎡という、恐ろしく沈下率の高い飛行機になる。

だから、秋水を乗りこなすには、同型の無動力滑空機（グライダー）『秋草』（軽滑空機）、および秋水

胴体部品構成

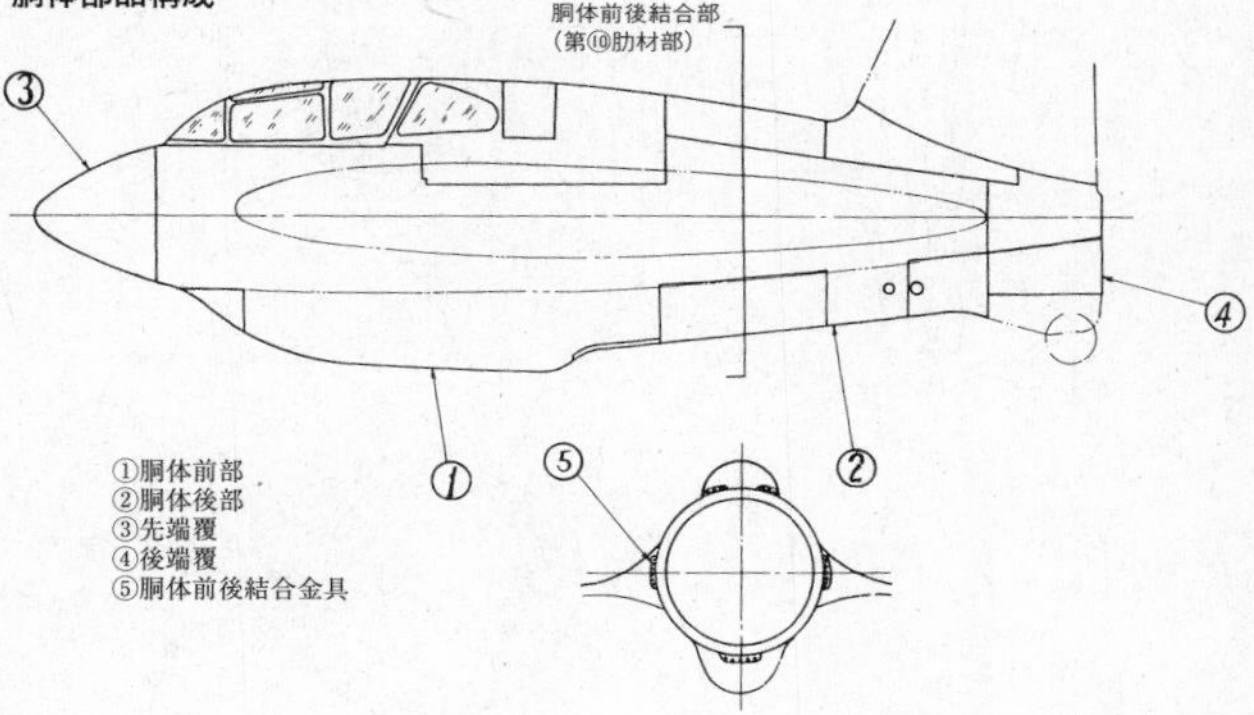

①胴体前部
②胴体後部
③先端覆
④後端覆
⑤胴体前後結合金具

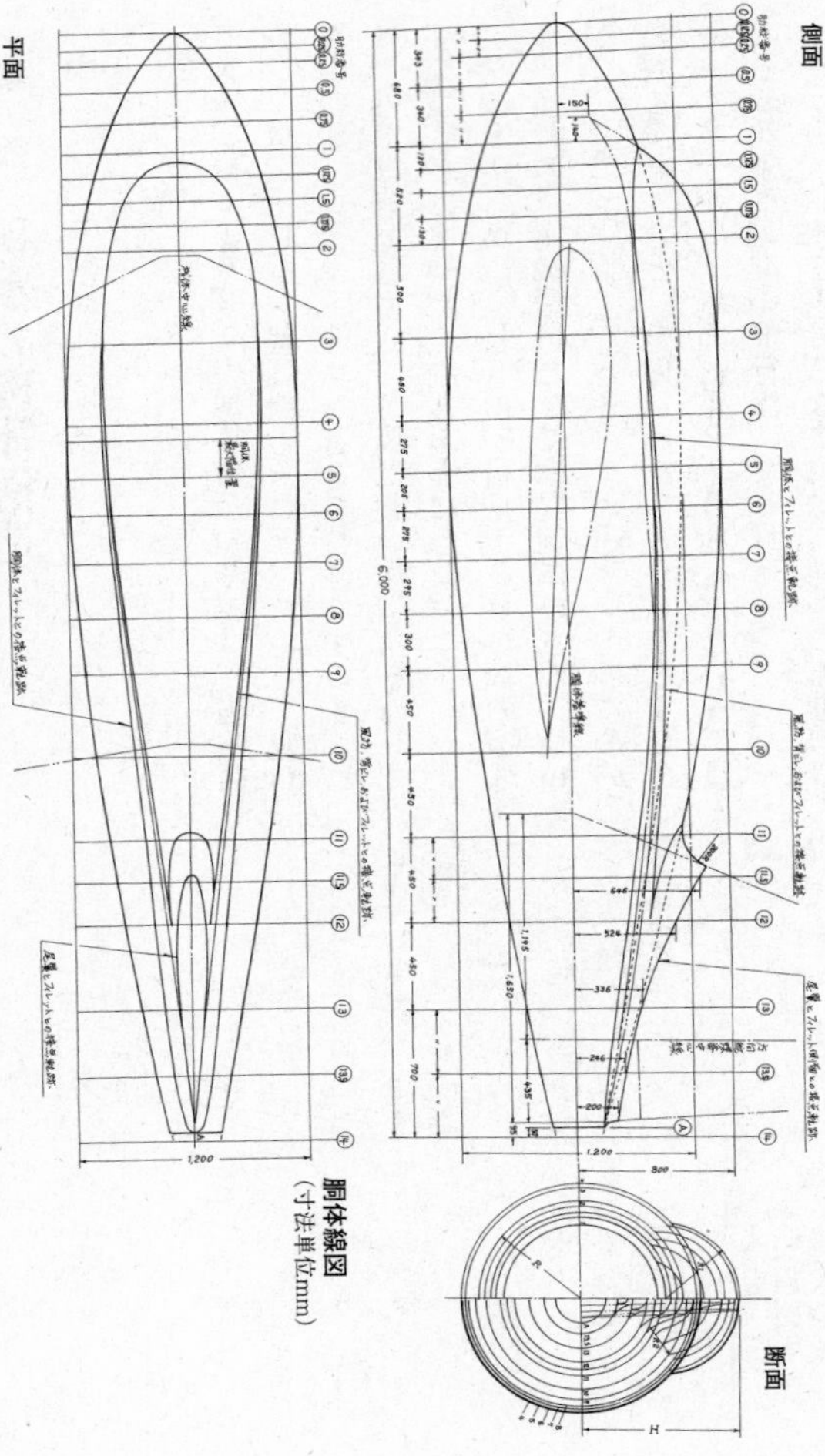

胴体線図
(寸法単位mm)

胴体下部覆線図（寸法単位mm）

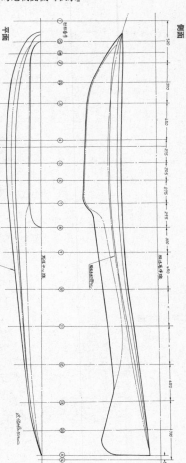

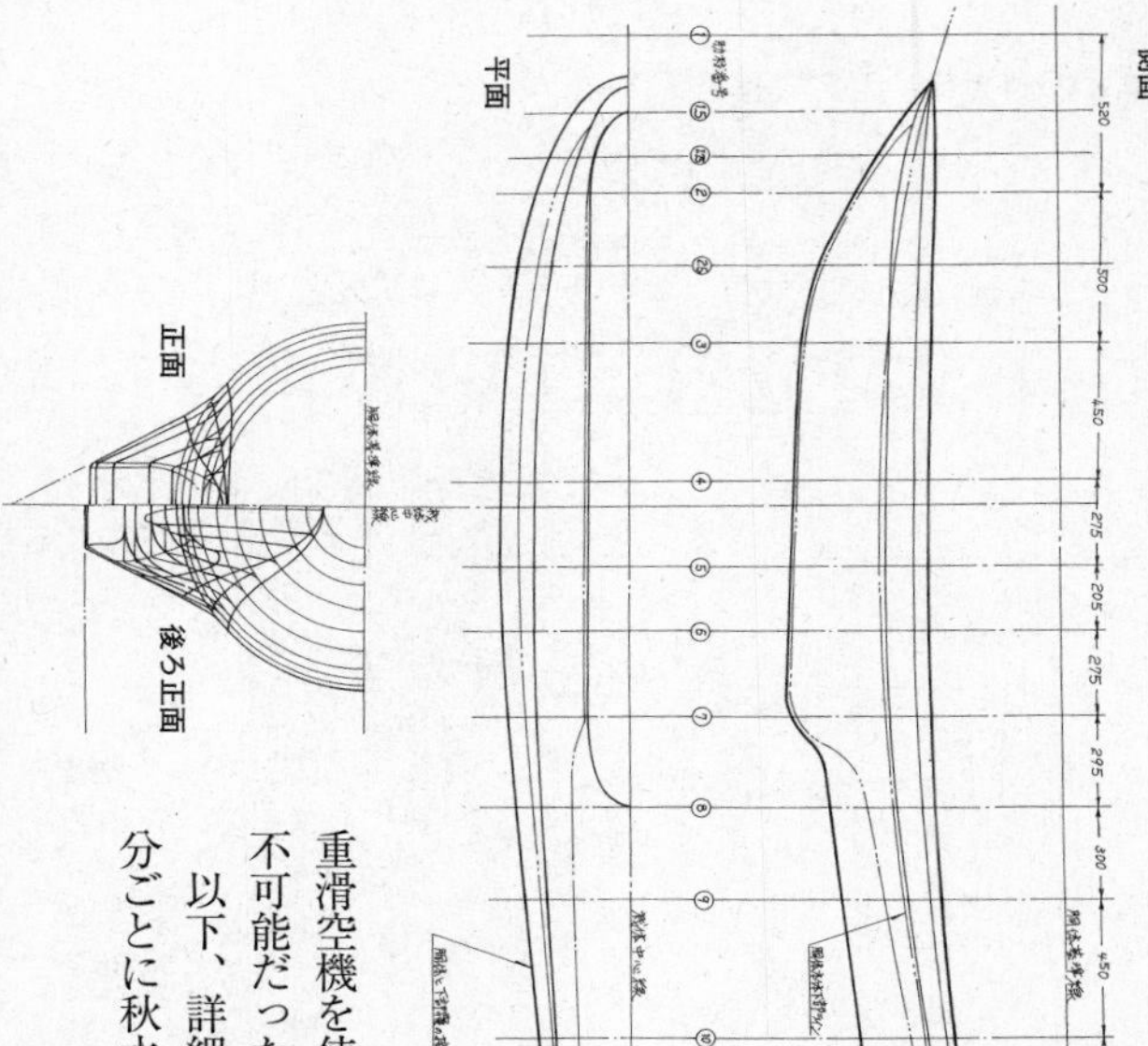

重滑空機を使っての訓練をみっちり受けないと不可能だった。

以下、詳細な組み立て図を交えながら、各部分ごとに秋水の機体構造をみていくことにする。

主翼フィレット線図

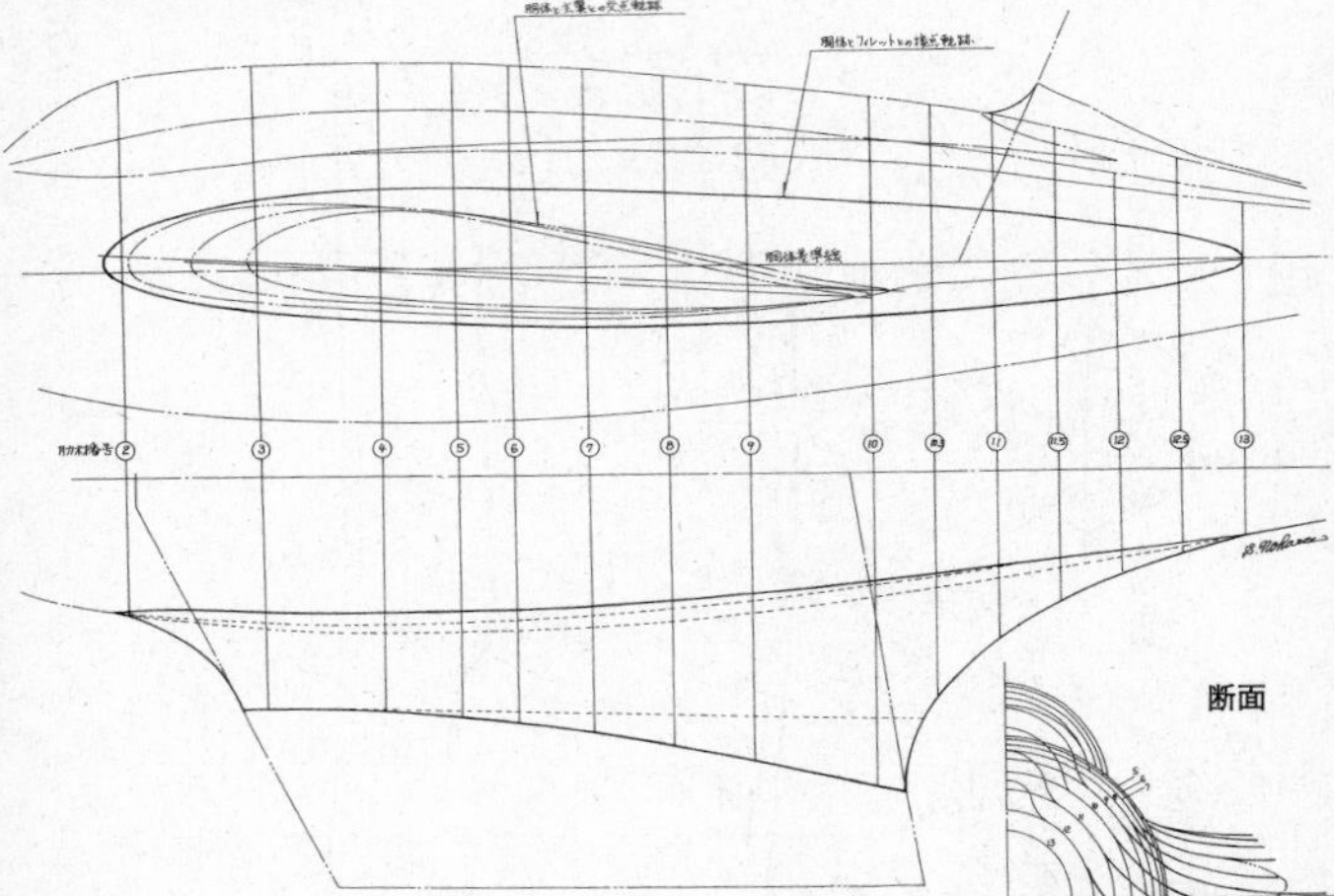

断面

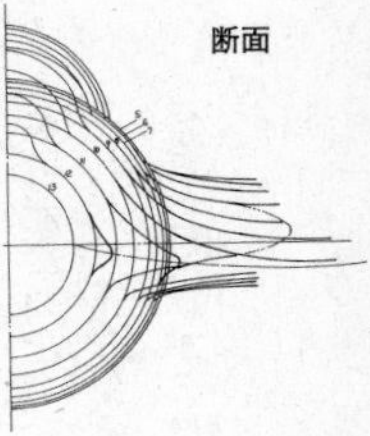

胴体組み立て図

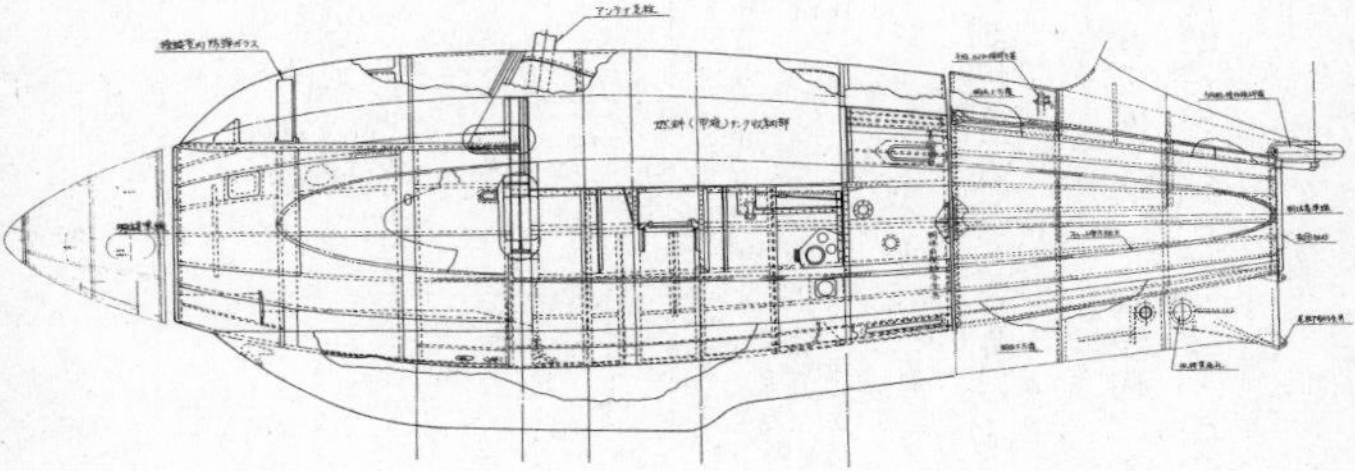

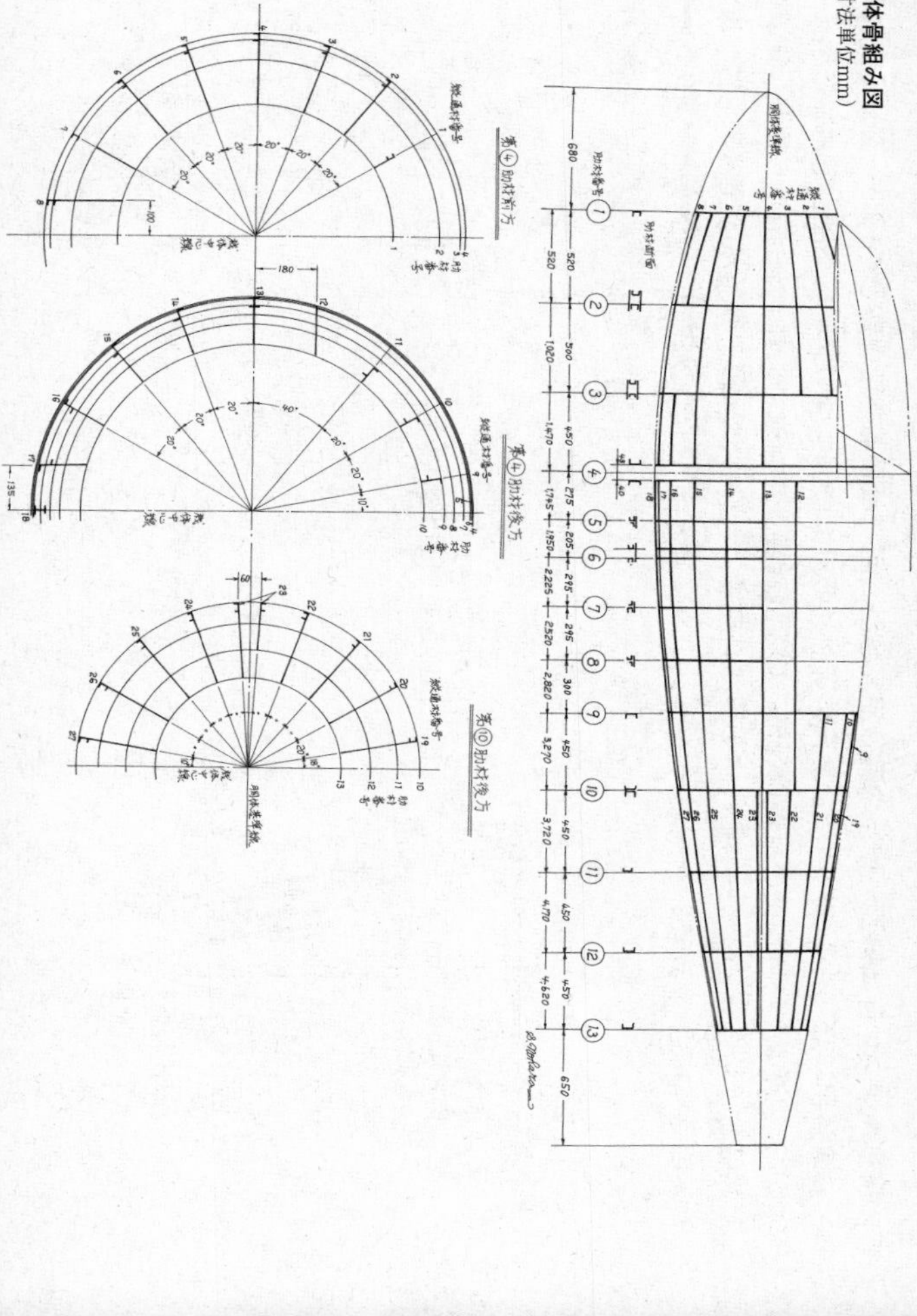

胴体骨組み図
（寸法単位mm）

胴体

全ジュラルミン製の半張殻（セミ・モノコック）式構造で、第1〜14までの肋材（断面は真円）に、最多部分で20本の縦通材を通した強固な骨組みに、厚さ1・2〜1・5㎜の厚めの外鈑（零戦などは0・5㎜）を張り、高速と高いGに耐える強度をもたせてあった。

内部の諸装備品配置は、P.290図を見ていただければおわかりと思うが、機首部は無線機などのスペース、その後ろが操縦室で、同室内の両側には各93ℓ、同後方は963ℓの燃

胴体燃料タンク部覆組み立て図

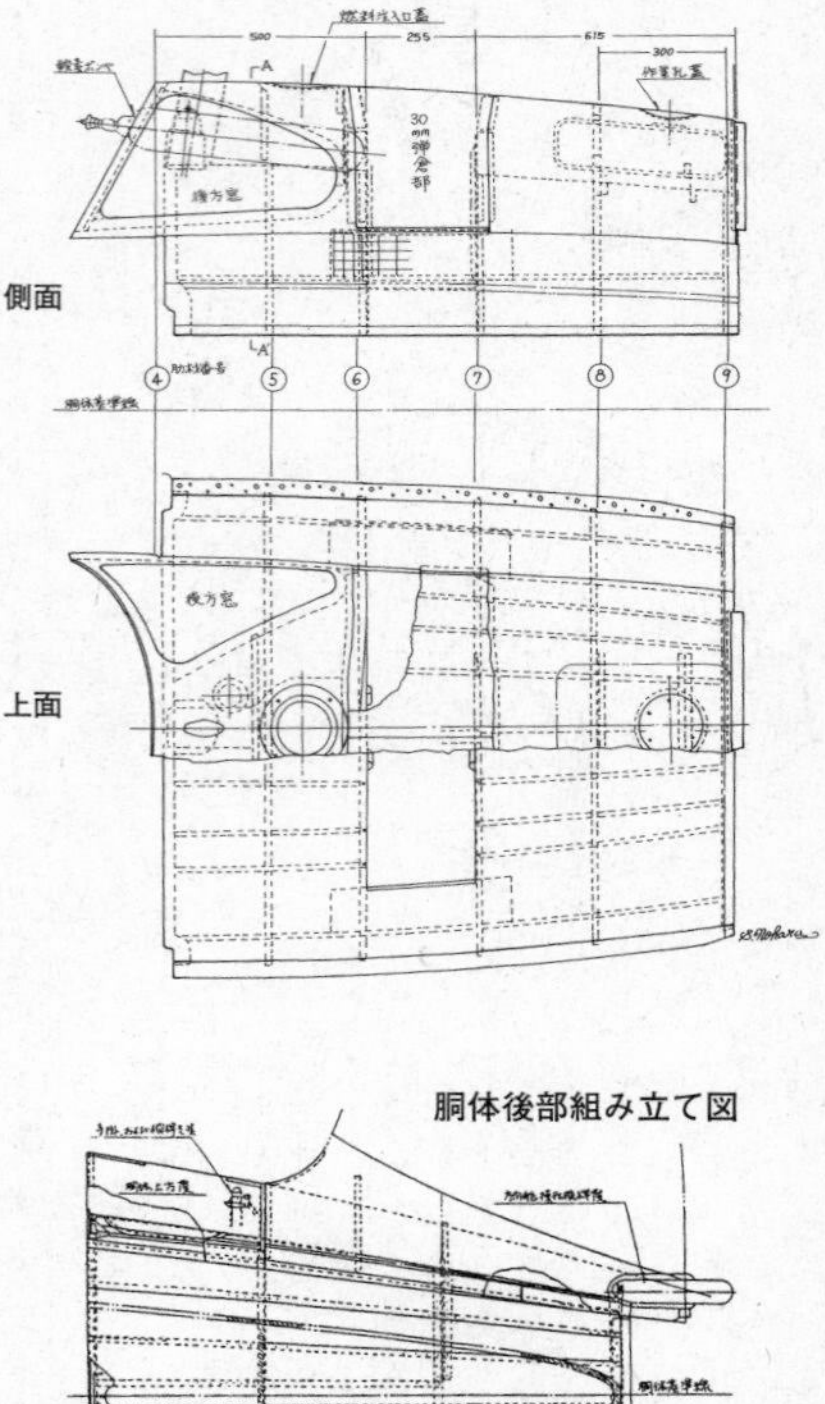

胴体後部組み立て図

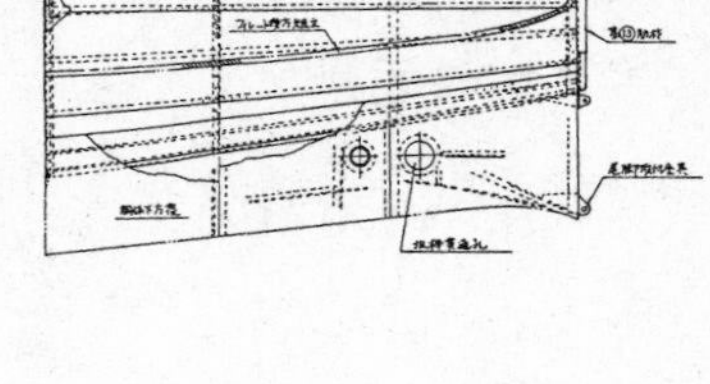

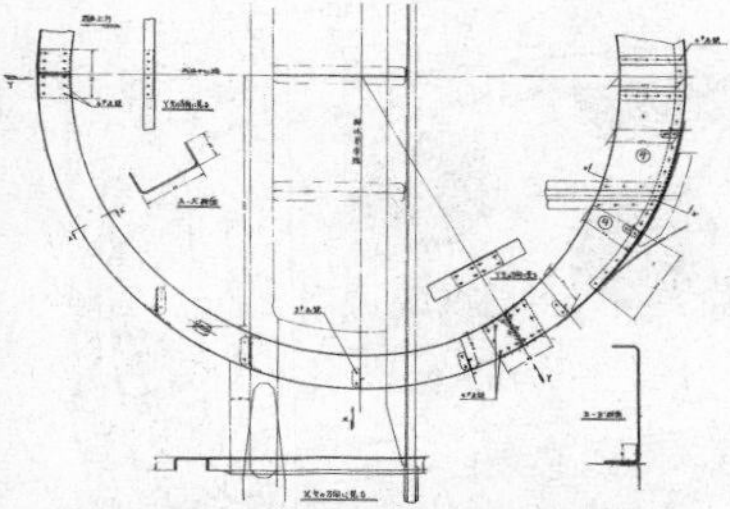

胴体第④番肋材（前方）断面図（寸法単位mm）

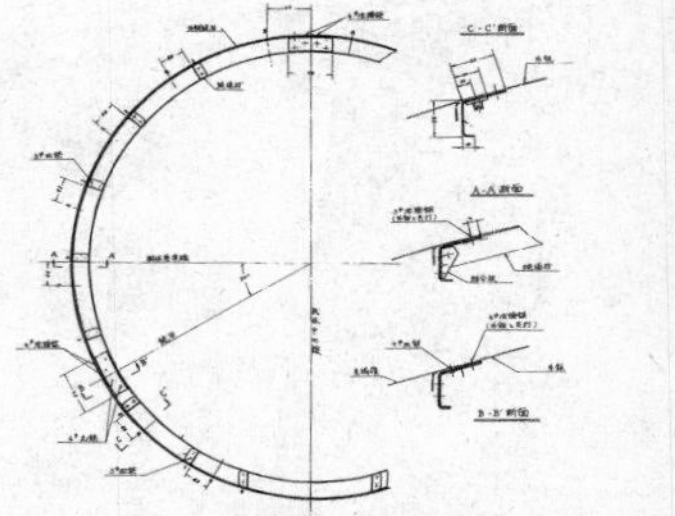

胴体第①番肋材断面図
（昭和20年７月12日製図）
※寸法単位mm

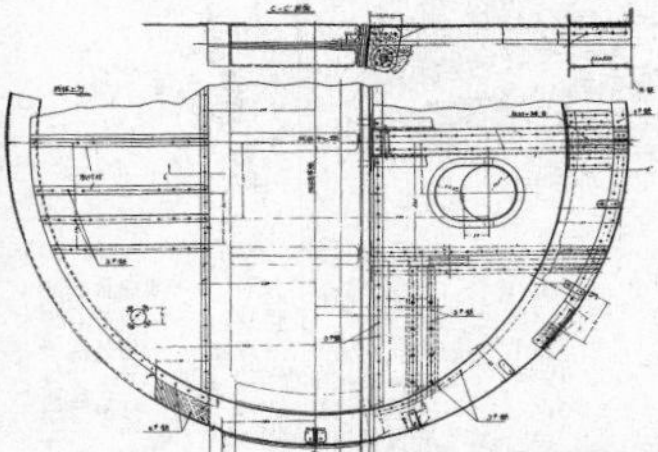

胴体第④番肋材
（後方）断面図
（寸法単位mm）

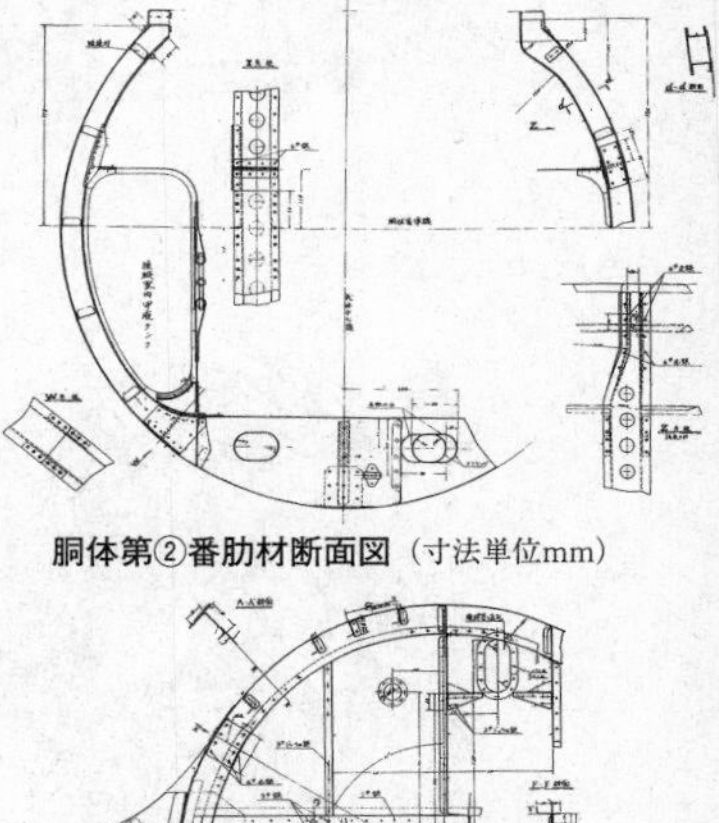

風防組み立て図
（寸法単位mm）

胴体第②番肋材断面図（寸法単位mm）

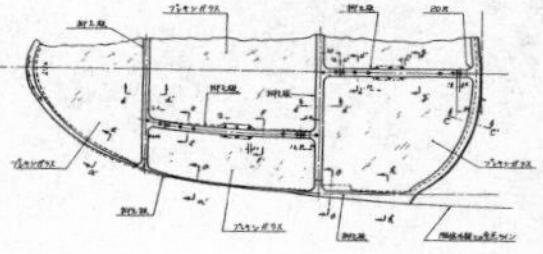

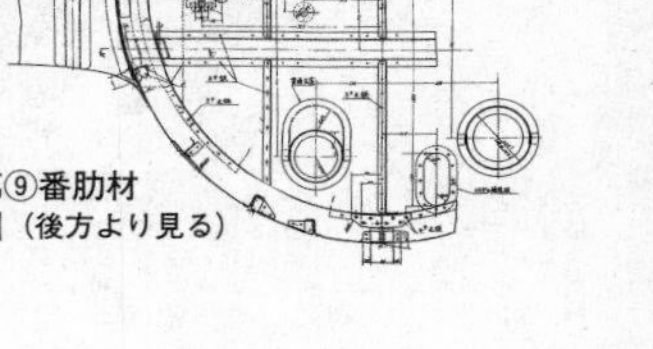

胴体第⑨番肋材
断面図（後方より見る）

操縦室 正面

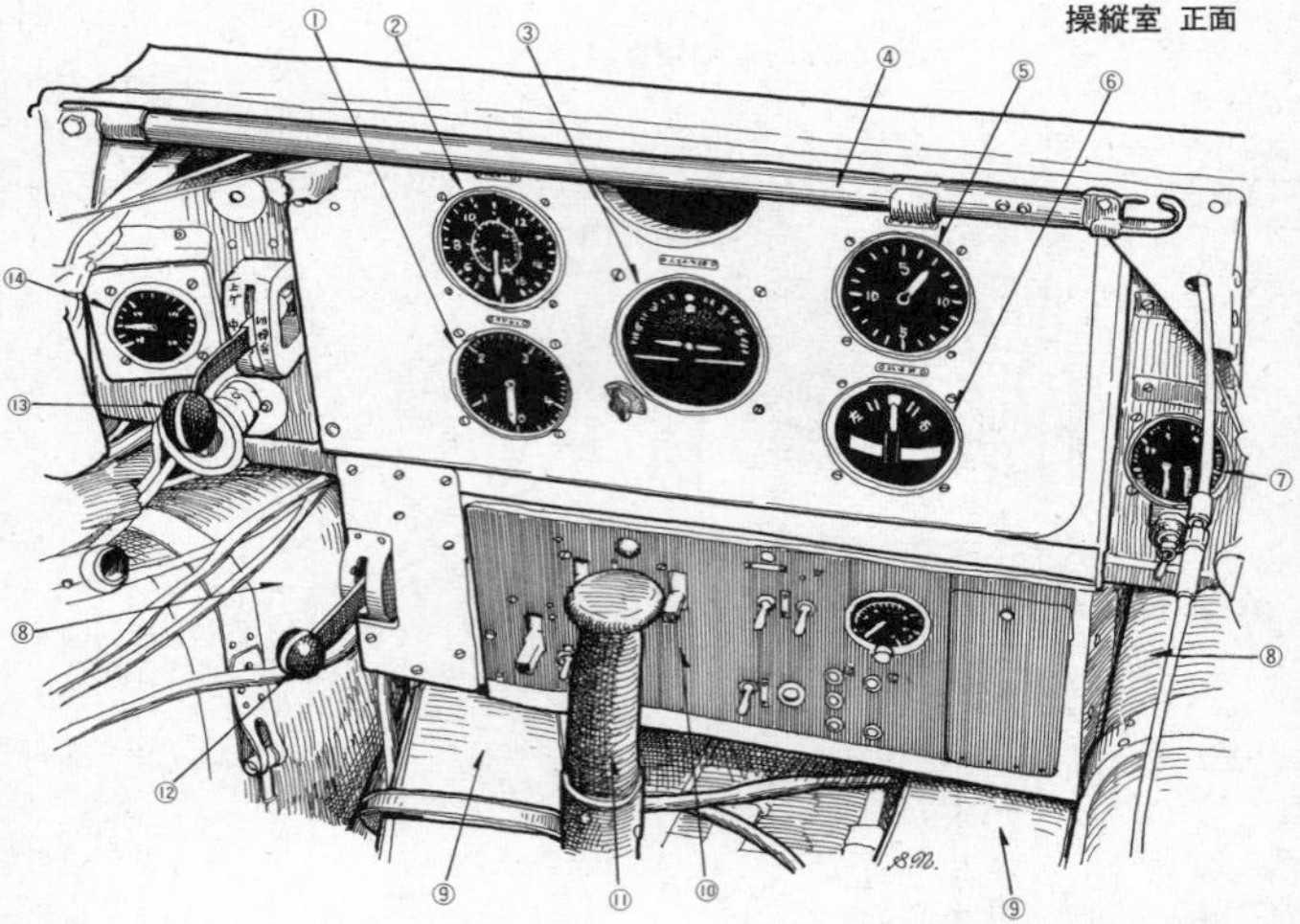

①高度計、②速度計、③水平儀、④風防開時支持桿、⑤昇降計、⑥旋回計、⑦酸素流量計、⑧甲液タンク、⑨方向舵踏板、⑩各種操作スイッチ盤、⑪操縦桿、⑫着陸フラップ操作レバー、⑬着陸用橇操作レバー、⑭離陸用ドリー非常時投棄用圧搾空気圧力計

左側、および後部

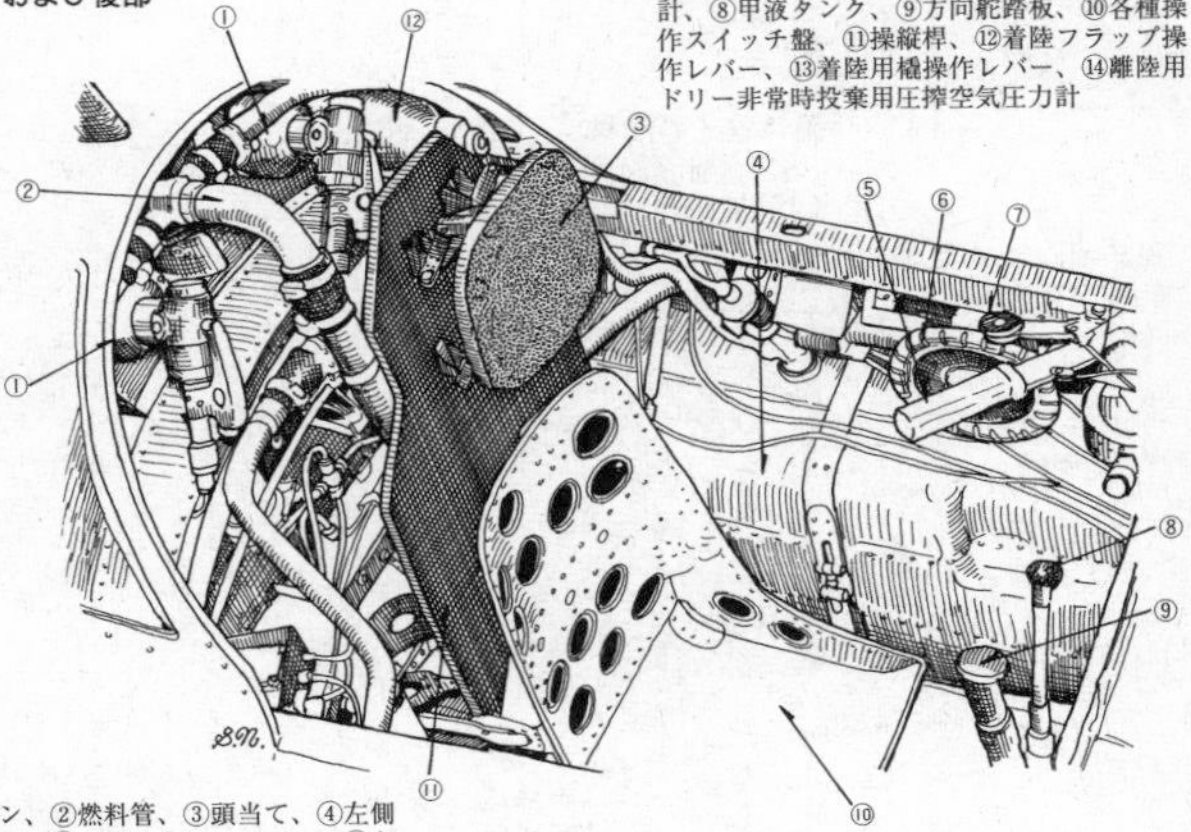

①酸素ビン、②燃料管、③頭当て、④左側甲液タンク、⑤スロットル・レバー、⑥トリム・フラップ操作輪、⑦風防ロック・レバー、⑧手動油圧ポンプ・レバー、⑨操縦桿、⑩座席、⑪防弾鋼板、⑫圧搾空気ビン

操縦室周囲

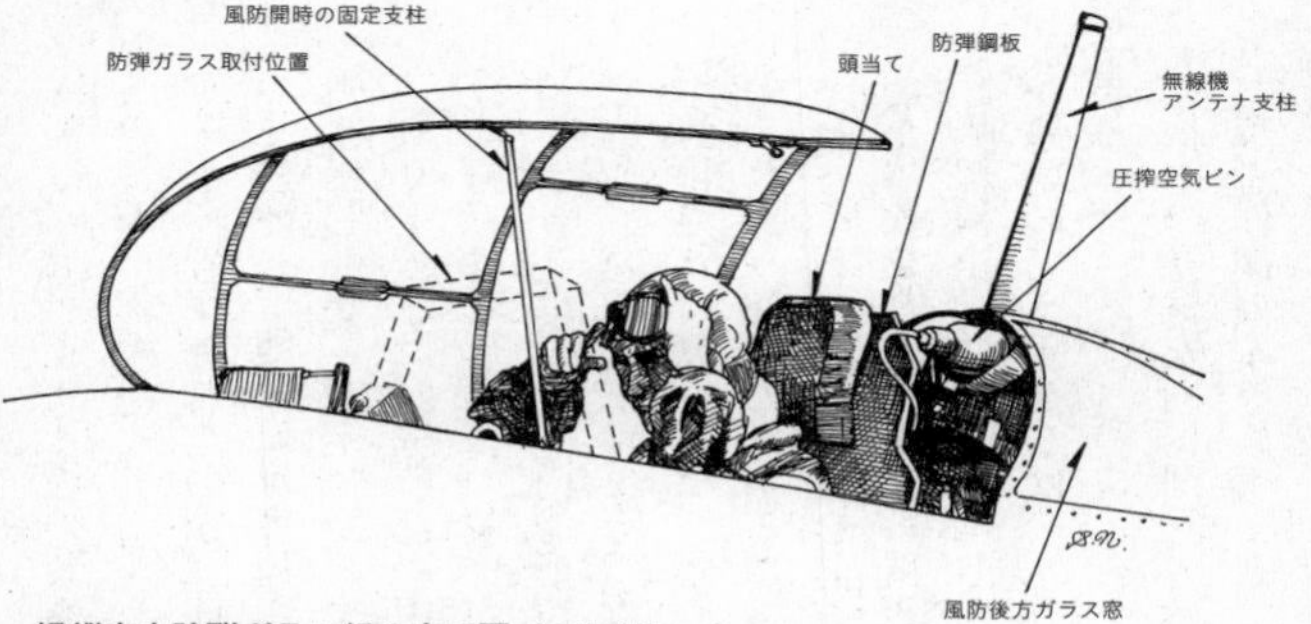

操縦室内防弾ガラス組み立て図（寸法単位mm）

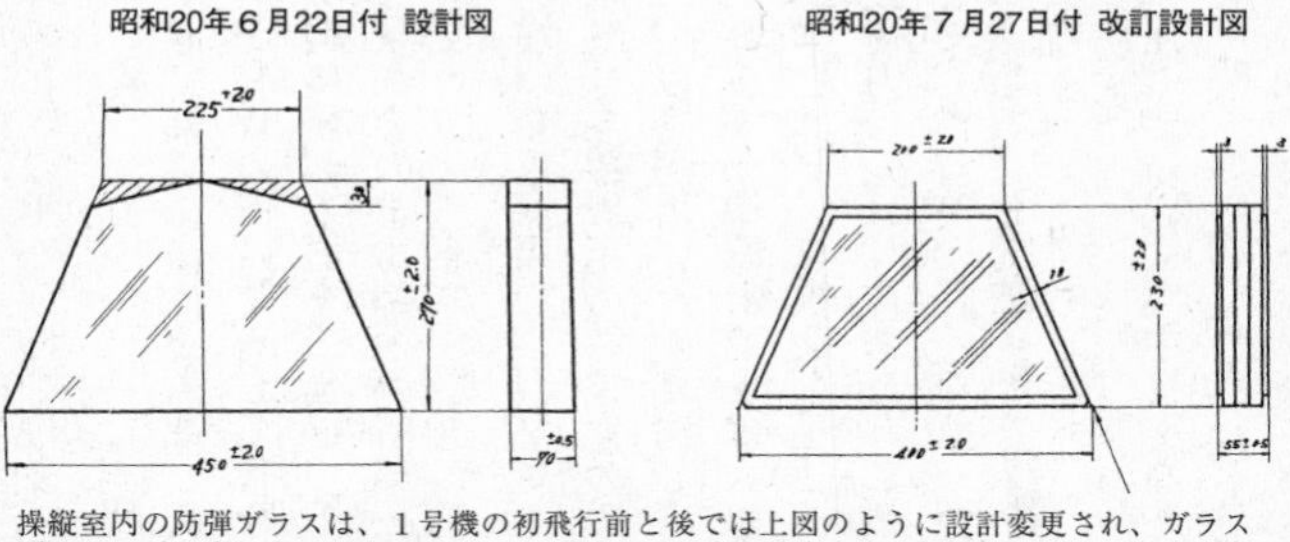

昭和20年６月22日付 設計図
昭和20年７月27日付 改訂設計図

操縦室内の防弾ガラスは、１号機の初飛行前と後では上図のように設計変更され、ガラス厚、サイズが少し小さめになっている。おそらく重量軽減のためと思われるが、今回の資料で新たに判明した事実である。

料（甲液）タンクで占められ、この963ℓ入りタンクの上部を凹ませて作ったスペースを、両主翼付け根に装備した三十粍機銃の弾倉（計100発収納）にするという、苦心の配置であった。

　胴体燃料タンクの後方がロケット・エンジン装備スペースで、エンジンは胴体第9番肋材に固定される。この後ろ、第10番肋材が前後胴体の結合部になっており、エンジンの着脱、点検はこの部分で切り離して行なう。

　全長6m足らずの胴体

内部は、上記主要4種の装備品スペースで埋められてしまい、通常の車輪式降着装置を収めるのは不可能だった。

そこで考案されたのが、胴体下面に油圧で操作する橇（スキッド）を取り付け、これを使って着陸し、離陸には専用のドリーを橇の下に装着して行なうこととした。この橇のための張り出し部が、安定ヒレのように胴体後部下面まで延び、その後端に尾脚が取り付けられた。

Ｍｅ１６３は、機首部の円錐形覆がそのまま鋼製の防弾板になっていたが、我が国の工業技術力では成形鋼板の製作が不可能なため、通常のジュラルミン製にせざるを得なかった。

Ｍｅ１６３は、この円錐形覆の先端に発電機用の小型プロペラを付けていたが、秋水はこれを造っている余裕がなく、電気系統は無線機用の蓄電池のみでまかなった。

装備された無線機は、零戦五二型以降が用いたのと同じ、三式空一号型だが、Ｍｅ１６３のそれより性能的に劣るにもかかわらず、機器セットは大きく、そのままでは収めきれなかった。そこで円錐形覆を前方に20㎝延ばし、無線機も受話機だけ搭載することにして、なんとか体裁をととのえた。彼我の技術力の差は、こんなところにも表われている。

無線機を受話機だけにしたことで、機首部が軽くなり、重心位置が後退してしまって具合が悪いので、１２０kgのバラスト（錘）を積むという、技術屋として最も心苦しい処置も必要とした。

秋水の操縦室内に関しては、一連の組み立て図中にもなく、アメリカの現存機を参考にした筆者作図のイラスト（P.２９８）で了承いただきたい。計器類もドイツのそれとはかなり異なるので、正面計器板配置などはMe163とは当然異なっている。射撃照準器は、おそらく四式射爆照準器が装備されたに違いない。

Me163は、操縦室を覆うキャノピーが、一体成形のプレキシガラスであったが、我が国にはその製造技術がなく、曲面ガラス5枚をフレームで止める、従来機と同じ手法で造ったため、外観上の目立つ相違点になった。

主翼、垂直尾翼

Me163は、レシプロ・エンジン機と隔絶する高速、上昇性能をもちながら、なぜ

主翼線図（左主翼を示す。右主翼も対称）（寸法単位mm）

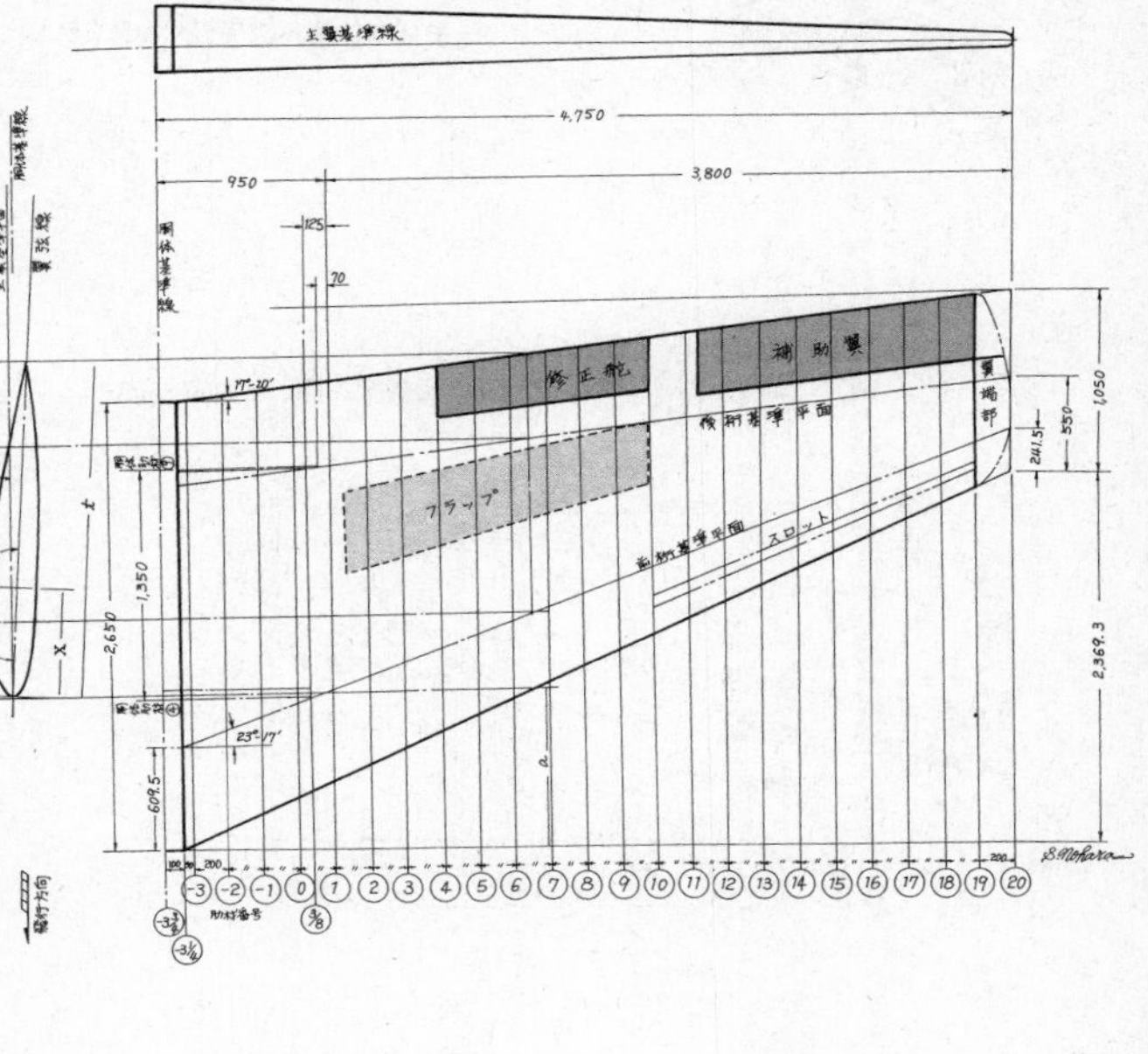

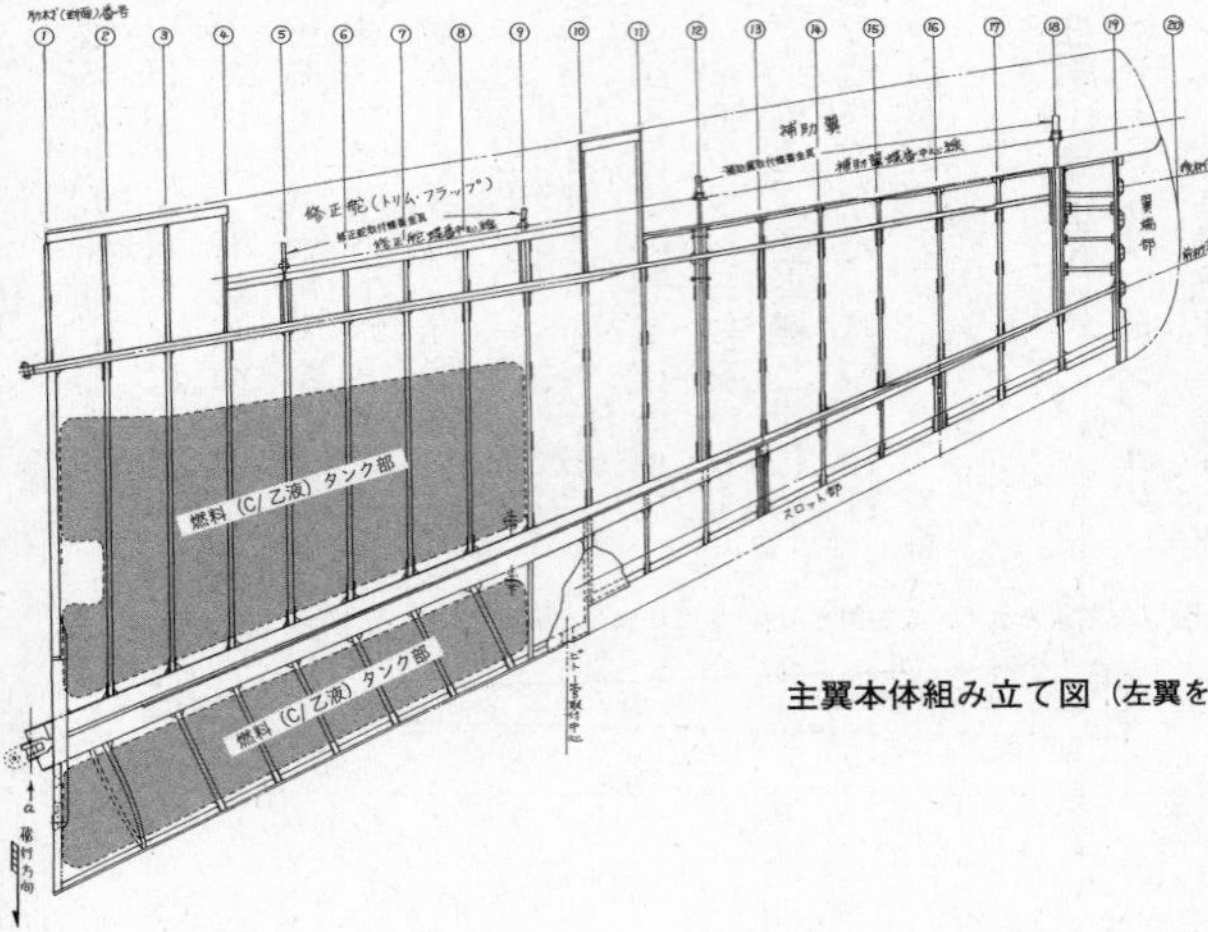

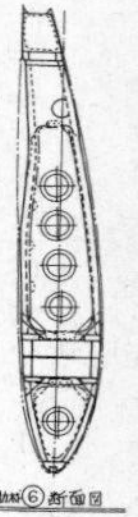

主翼本体組み立て図（左翼を示す）

補助翼骨組み図（寸法単位mm）

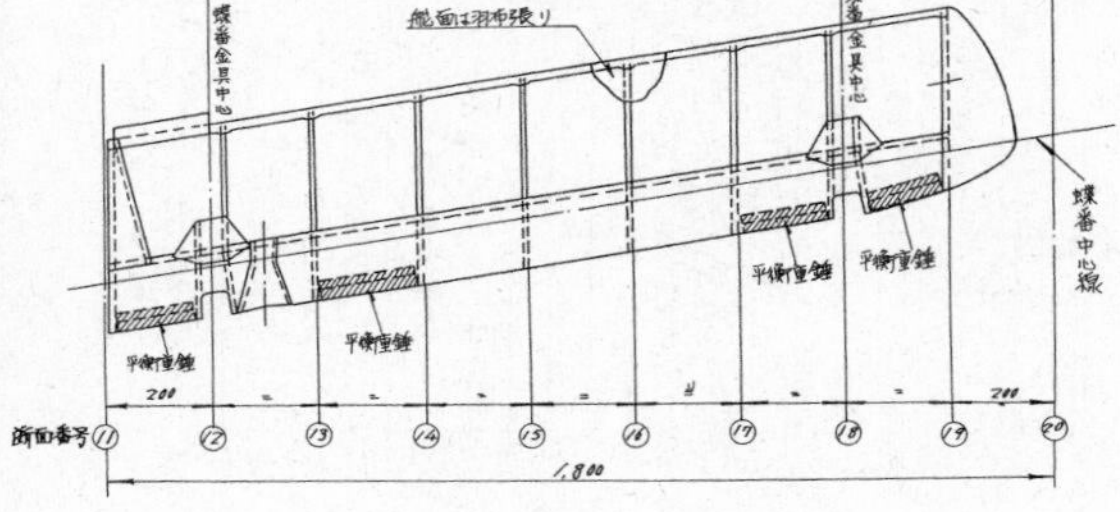

か、最初から主翼、垂直尾翼は木製だった。ジュラルミンより木材のほうが強度的に優れているわけではなく、その開発優先度からして、将来のジュラルミン不足を考慮していたとも考えられない。つまるところ、工作が容易で、量産向きということで採られた処置かとも思える。いずれにせよ、ロケット・エンジン機という進歩的な機種には、不似合いな材料ではある。

主翼平面形は、23度の後退角（主桁位置で）をもつ直線テーパー形で、翼弦長の約25％位置に主桁、各動翼の前方に補助桁を配し、19本のリブを通した骨組みになっている。これら骨組みは、強化木、積層材などから成り、外皮は合板で、その上に羽布を張って表面を平滑にした。翼厚比は第1リブで14％、第19リブで8・7％、失速防止のため、前縁は翼端に向かって5・7度の強めの捩り下げ角がつけられ、外翼前縁には固定スロットを設けている。

水平尾翼がないので、補助翼が昇降舵の働きを兼ね、上方に22度、下方に27度の作動角をもつ。この補助翼の内側にあるフラップは、通常の離着陸用ではなく、その前方の翼下面に設けた離着陸用フラップを下げた時、機体が縦揺れをおこさぬようにするために使う、いわゆるトリム・フラップである。作動角度は上下10度。離着陸フラップの下げ角度は、最大45度である。

これら動翼も木製骨組みで、補助翼とトリム・フラップの外皮は羽布張り、離着陸フラップのみ外皮がジュラルミン張りだった。

Ｍｅ１６３は、主翼の内側端に20㎜機銃を装備していたが、秋水はB-29が迎撃目標とい

修正舵（トリム・フラップ）骨組み図（寸法単位mm）

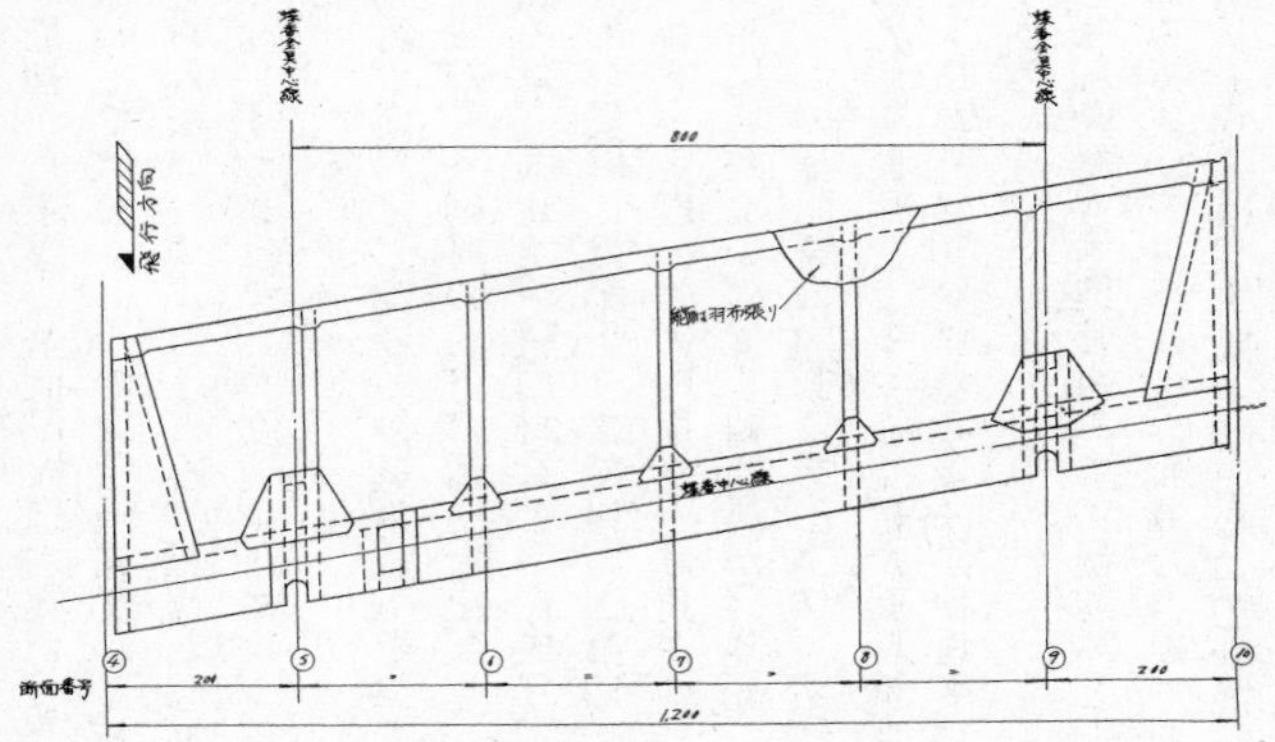

離着陸フラップ骨組み図（寸法単位mm）

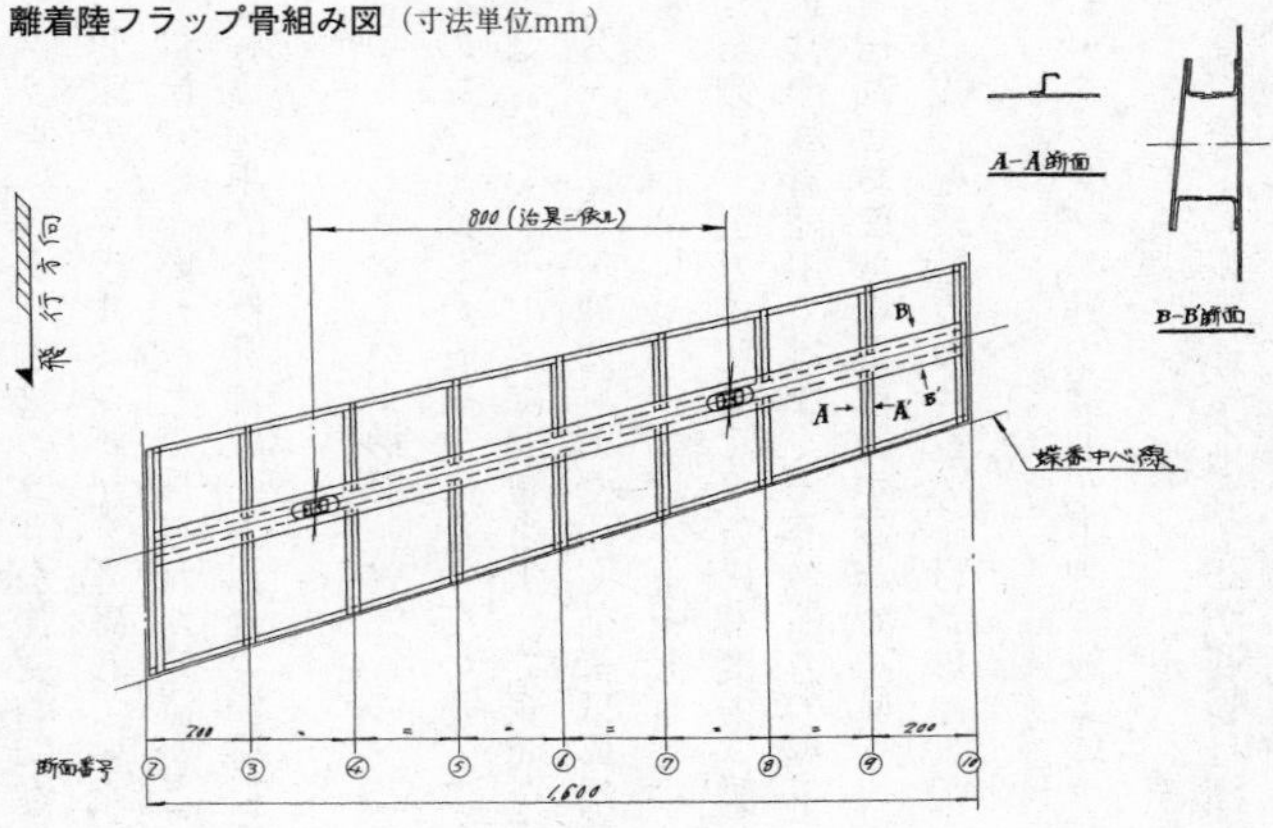

主翼スロット線図

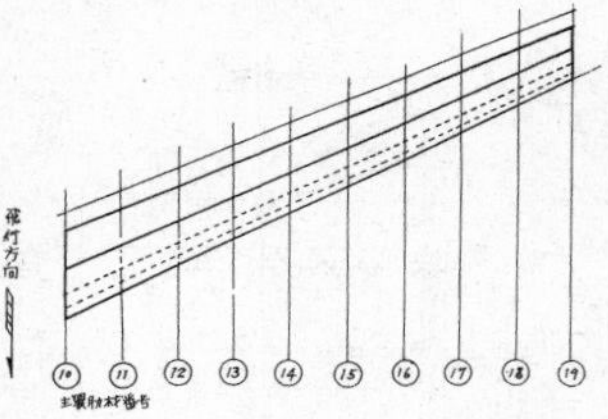

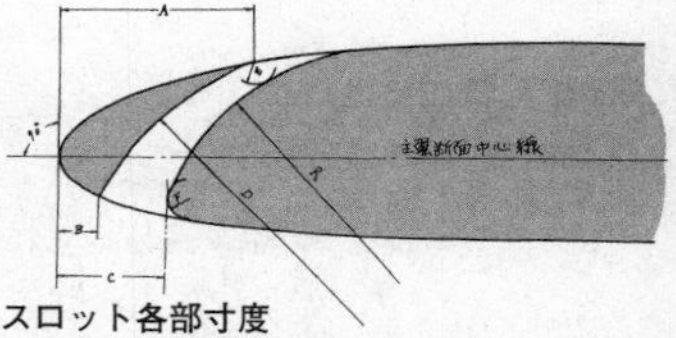

スロット各部寸度

肋材番号	⑩	⑪	⑫	⑬	⑭	⑮	⑯	⑰	⑱	⑲
A	173.8	166.9	160.1	153.2	146.3	139.4	132.5	125.7	118.8	111.9
B	34.8	33.4	32.0	30.6	29.3	27.9	26.5	25.1	23.8	22.4
C	95.6	91.8	88.0	84.2	80.5	76.7	72.9	69.1	65.3	61.5
D	260.7	250.4	240.1	229.8	219.4	209.1	198.8	188.5	178.1	167.8
E	26.1	25.0	24.0	23.0	21.9	20.9	19.9	18.8	17.8	16.8
F	33.5	31.5	29.4	27.3	25.2	23.1	21.0	18.9	16.8	14.8

（表組み寸度単位mm）

スロット断面図（寸法単位mm）

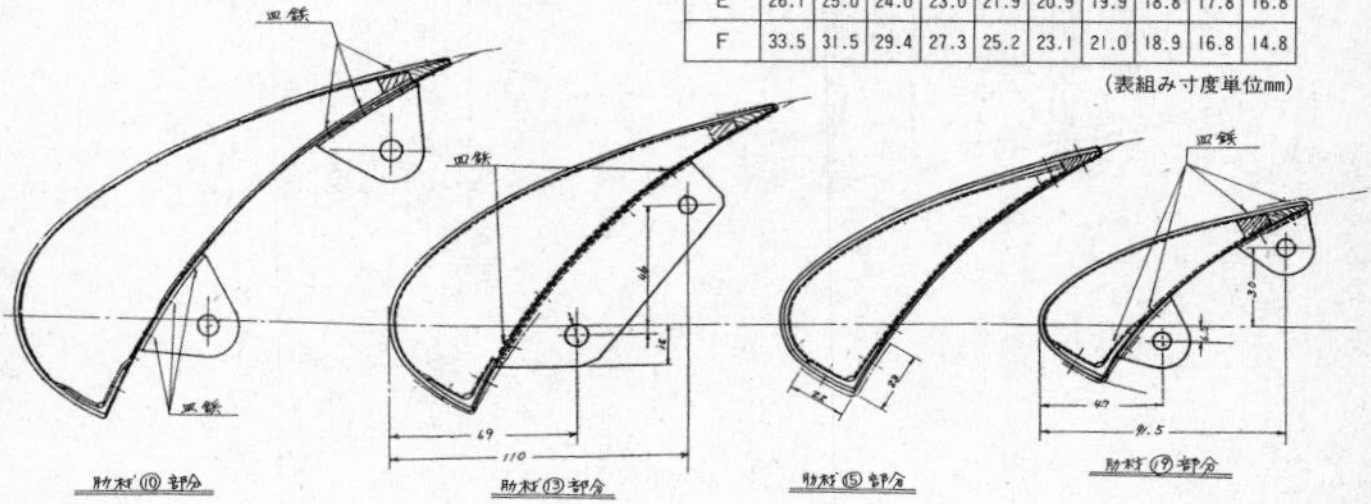

うことで、より破壊力の大きい三十粍機銃（十七試）を装備予定とした。そのため、Ｍｅ１６３と同じスペースでは収めきれず、少し幅を広くとったため、主翼幅はＭｅ１６３より約１８０㎜増しの９・５ｍになった。

　主翼の内側半分の内部は燃料（乙液）タンクのスペースになっており、主桁の前方に68ℓ、同後方に２００ℓのジュラルミン製タンクを備えた。

　垂直尾翼の骨組みも全木製で、安定板の外皮は合板、方向舵のそれは羽布張りである。

動力装置

秋水（Ｍｅ１６３）の機体特

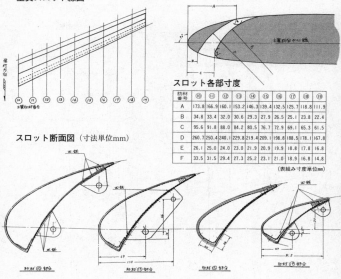

垂直安定板構造、方向舵骨組み図（寸法単位mm）

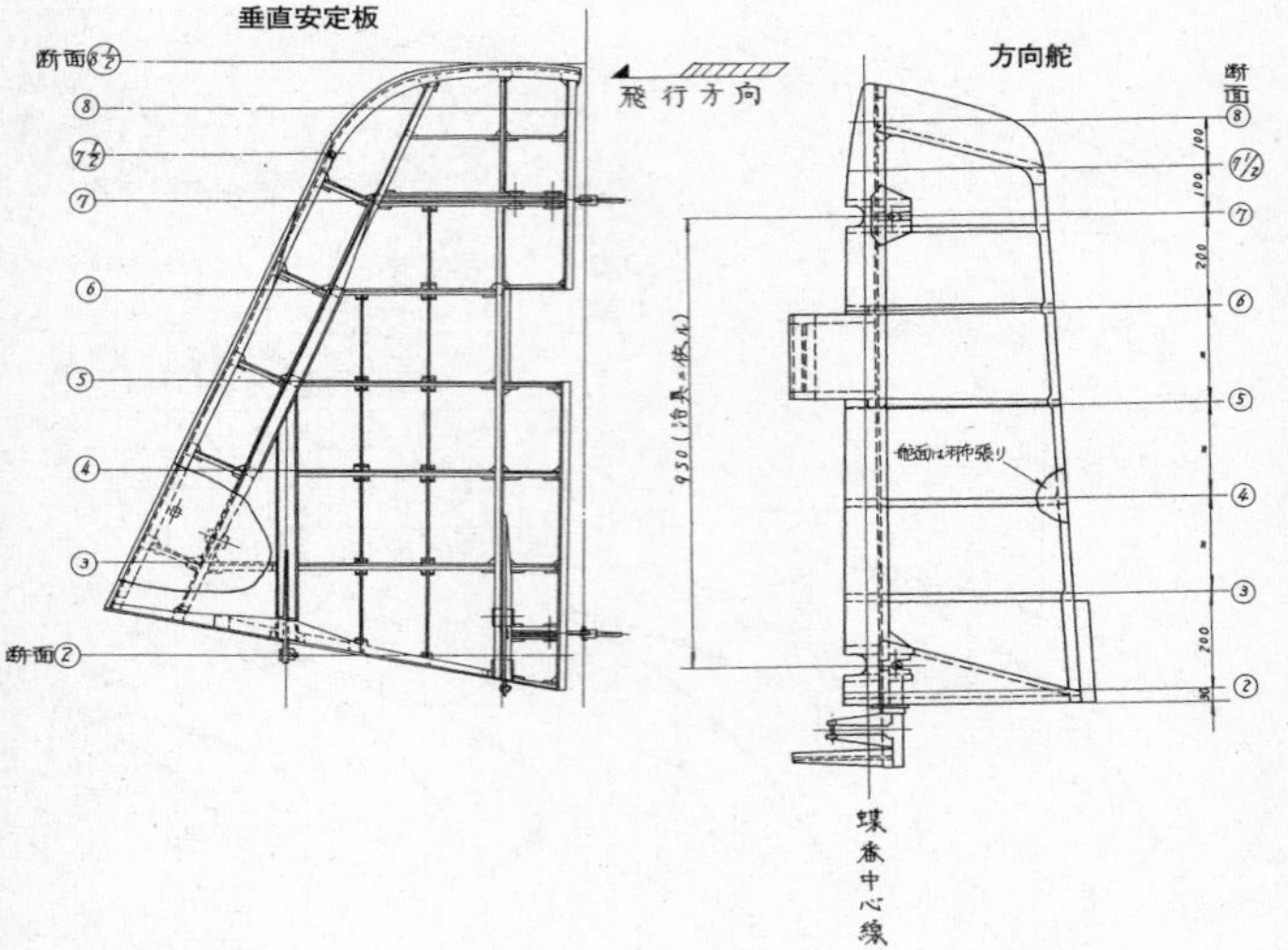

性を象徴しているのは、なんといってもその動力装置、ロケット・エンジンである。複雑、精巧なレシプロ、ジェット・エンジンに比べれば、はるかに簡易、小型で、なおかつ大きな推力を生む。ドイツ、日本が、そのデメリットの大きさに目をつぶり、しゃにむに実用化をめざしたことも、あるていどはうなずける。

　原型となった、ドイツのヴァルターＨＷＫ－１０９／５０９Ａロケット・エンジンの燃料は、Ｔ液と呼ばれた過酸化水素80％、これに安定剤としてオキシキノリン20％を混合したものと、Ｃ液と呼ばれたメタノール57％、水化ヒドラジン30％、水13％を混合したもの

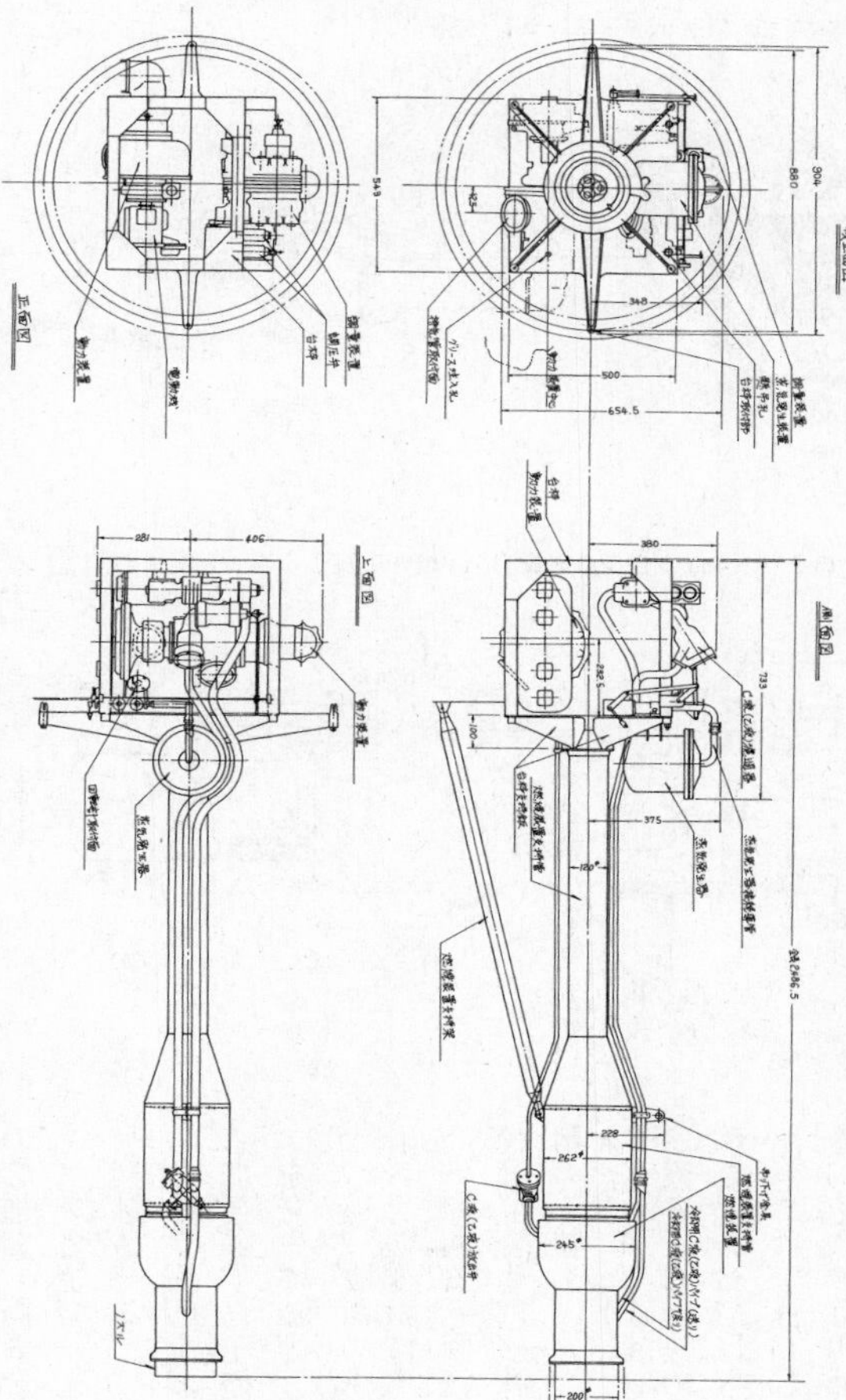

「特呂二号」(KR-10) ロケット・エンジン四面図（寸法単位mm）

「特呂二号」（KR-10）ロケット・エンジン外観図

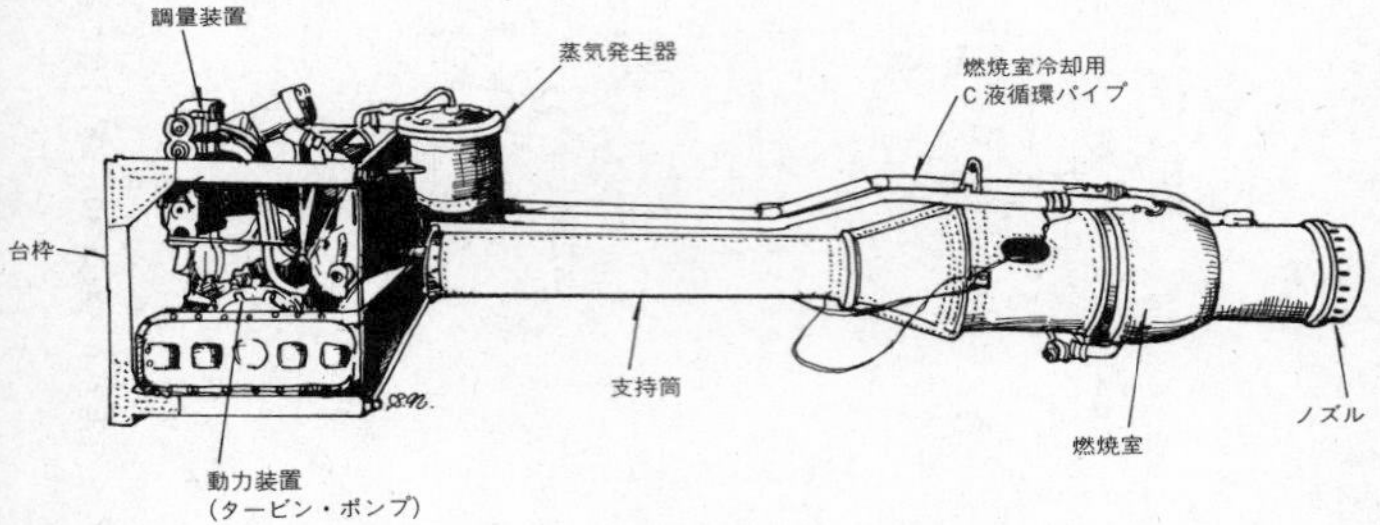

「特呂二号」ロケット・エンジン作動概念図（燃料の流れ）

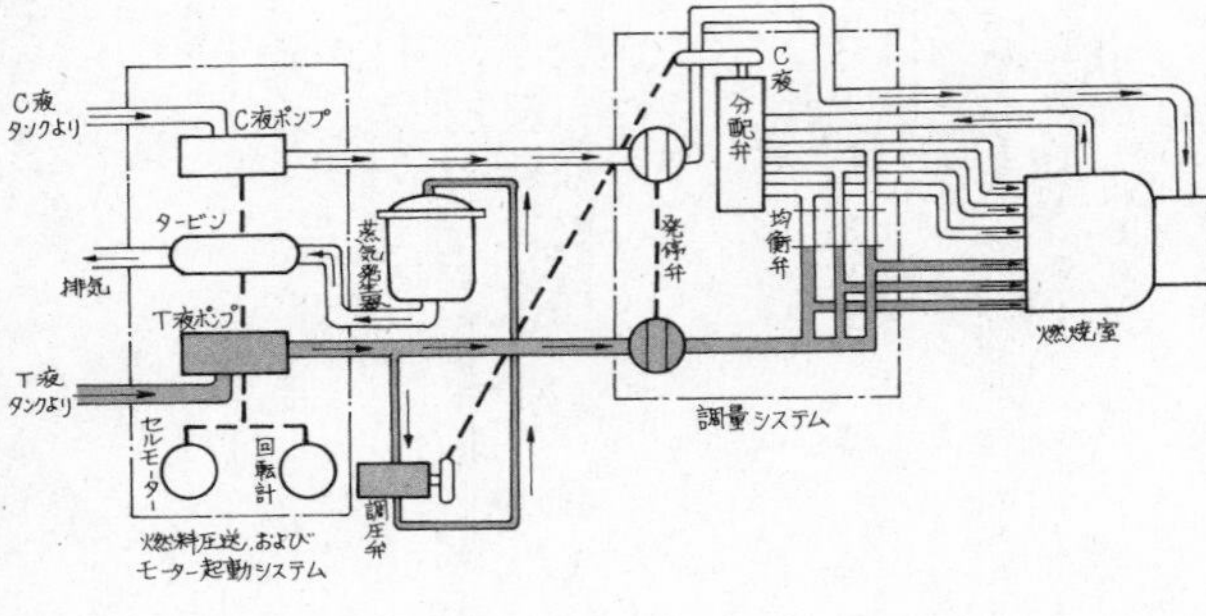

の2種で、両液をポンプで燃焼室に圧送し接触させると、激しい化学反応をおこして高温、高圧のガスを発生する。このガスをノズルから噴出させて推力にするわけである。両液の最適混合比は、秋水用の「特呂二号」の場合、T液10に対しC液3・6と決められた。なお、日本陸海軍ではT液、C液を、それぞれ甲液、乙液と称していた。

　甲液は無色透明で、

図Ⅱ-1　※オリジナル資料をそのまま掲載

特呂二號

構造概略説明書

昭和20年2月

三菱重工業株式会社
第二製作所

第　編　構造及作動

第1章　概説

本装置ハ次ノ8部分ヨリ成ル

1. 動力装置
2. 歯車装置
3. 調量装置
4. 調圧装置
5. 燃焼室
6. 燃料噴射器
7. 蒸汽発生器
8. 台枠並ニ管系統

動力装置ハ歯車装置ト結合セラレテ台枠ノ下方中央部ニ位置ス. 調量及調圧装置ハ台枠ノ上方ニ位置ス.

燃焼室ハ台枠ノ後部中央ニ取付ケラレタル長キ支持筒ノ後端ニ位置ス. 燃料噴射器ハ總数12個アリコレハ燃焼室底鈑ニ取付ケラル

蒸汽発生器ハ台枠ノ後上方ニ位置ス

図Ⅱ-3

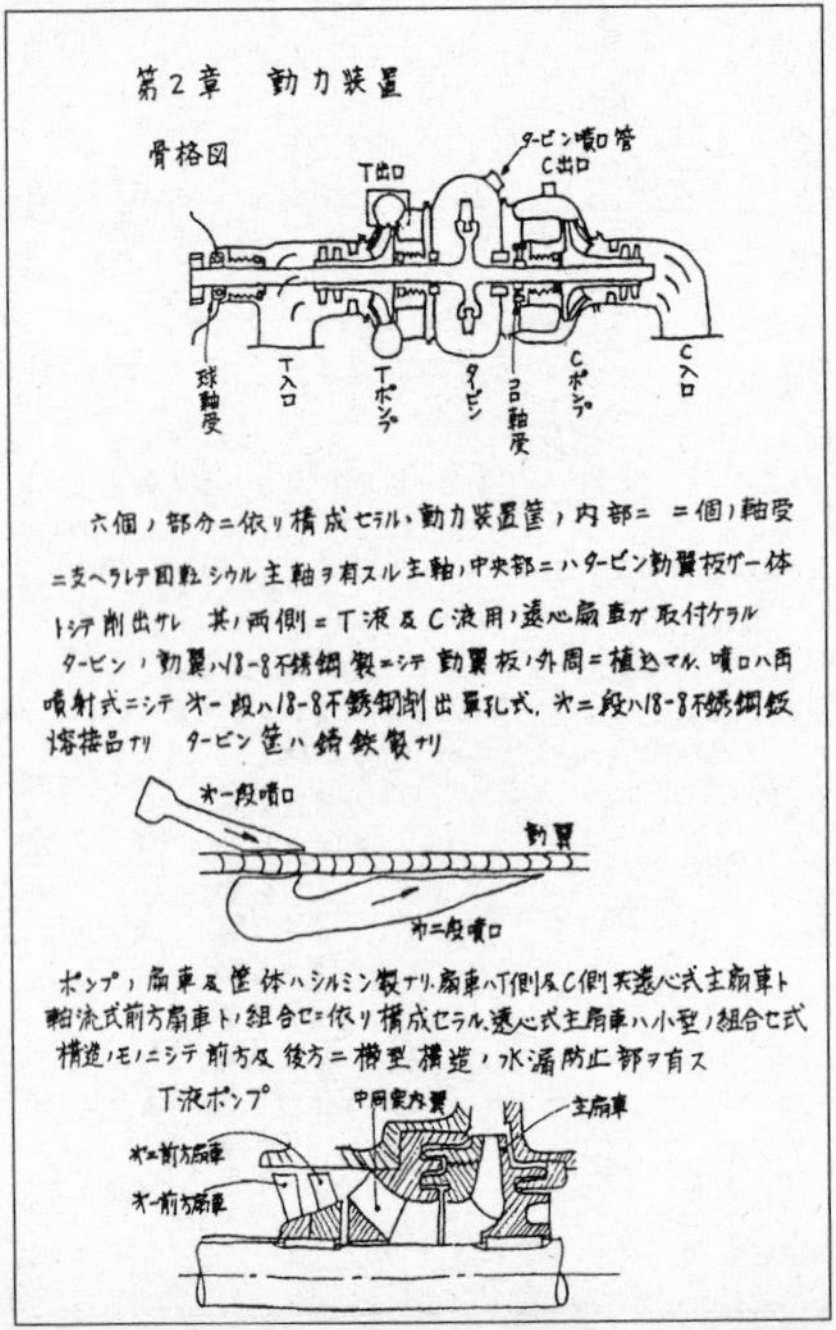

第2章　動力装置
骨格図
タービン噴口管
T出口
C出口
球軸受
T入口
Tポンプ
タービン
コロ軸受
Cポンプ
C入口
六個ノ部分ニ依リ構成セラル、動力装置筐ノ内部ニ　ニ個ノ軸受ニ支ヘラレテ回転シウル主軸ヲ有スル主軸ノ中央部ニハタービン動翼板ガ一体トシテ削出サレ　其ノ両側ニT液及C液用ノ遠心扇車ガ取付ケラル
タービンノ動翼ハ18-8不銹鋼製ニシテ動翼板ノ外周ニ植込マル、噴口ハ両噴射式ニシテ第一段ハ18-8不銹鋼削出單孔式，第二段ハ18-8不銹鋼鈑熔接品ナリ　タービン筐ハ鋳鉄製ナリ
第一段噴口
動翼
第二段噴口
ポンプノ扇車及筐体ハシルミン製ナリ、扇車ハT側及C側共遠心式主扇車ト軸流式前方扇車トノ組合セニ依リ構成セラル、遠心式主扇車ハ小型ノ組合セ式構造ノモノニシテ前方及後方ニ櫛型構造ノ水漏防止部ヲ有ス
T液ポンプ
中間案内翼
主扇車
第二前方扇車
第一前方扇車

図Ⅱ-2

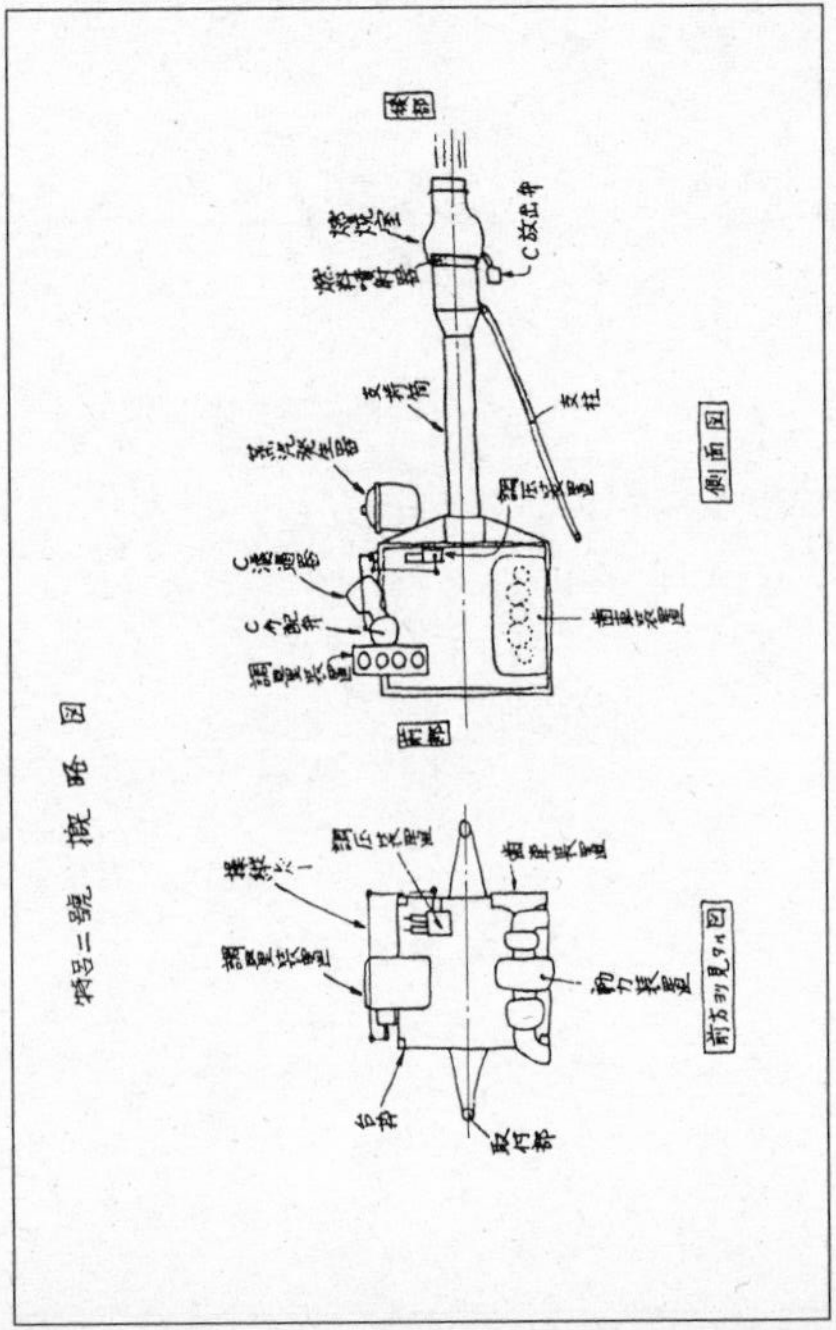

特呂二號　概略図
後部
燃焼室
燃料噴射器
C放出弁
支持筒
支柱
蒸気発生器
調圧装置
C分配弁
調量装置
歯車装置
前部
側面図
操縦レバー
動力装置
取付部
前方ヨリ見タル図

図Ⅱ-5

第３章　歯車装置

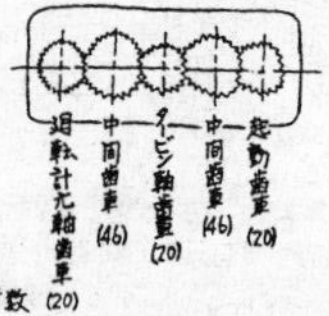

起動軸ハ爪形クラッチニ依リ起動電動機トツナガル
廻転計元軸ハ減速比 1/10 ノウオーム歯車ニ依リ廻転計取付軸ヲ駆動ス

図Ⅱ-4

本扇車ノ外径、翼ノ出口端ノ角度形状、翼入口端ノ形状並ニ水通路ノ内壁ノ仕上程度ハ本ポンプノ性能ニ大ナル影響ヲ及ボスモノナルニツキ充分入念ニ製作セラレアルヲ要ス.
軸流式前方扇車ハT側C側トモ夫々二組ノプロペラ式形状ノモノ(大一及大二)ノヲ並用スルモノニシテ、コレラノ仕上程度特ニ翼前縁ノ形状ハ本ポンプノ高空性能ニ影響スル処極メテ大ナル故充分入念ニ仕上ゲラレルコトヲ要ス
前方扇車ト主扇車トノ間ニハ固定ノ中間案内翼アリ.
回転軸ト筐体トノ間ハ液ノ洩レ止メ構造ハ下図ノ如クニシテ.即チベローズ及発條ニ依リ特殊カーボン製ノ環ヲ押シ環ト回転軸ニ固定セラレタル鍔トノ摺動面ニ依リ「パッキング」ヲ行フモノナリ、本構造ハ三個所ニ存ス。

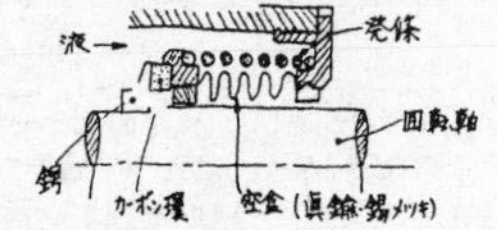

主軸ノ歯車装置側端部ニハT液ノドレントト球軸受潤滑油トノ混合ヲサケル為「クロ・プレン」製環ヲ設ク

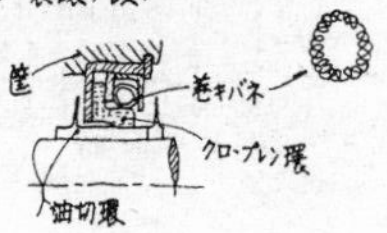

図Ⅱ-6

第4章　調量装置

本装置ハ機能上開閉弁, C沪過器, C分配弁, 圧力均衡弁(三聯)ノ四部分ヨリナル、構造上ハC側本体, T側本体, 中間筐並ニC沪過器ノ四個ノ大物シルミン鋳造品ト, 是等ニ附属スル部品トヨリナル、C側本体トT側本体トノ中間ニ空間ヲ有スル中間筐ヲ設ケ両液ノ不時ノ混合ニ依ル危険ヲ防止シアリ.

① 開閉弁

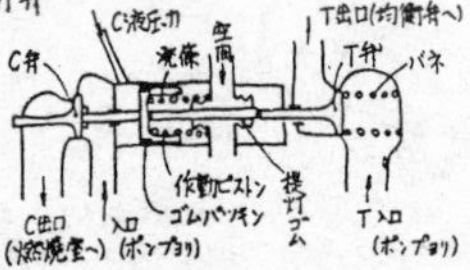

停止時ニハT弁及作動ピストン部ニアル2ケノ発條力ニヨリT.C.両弁ハ完全ニ閉塞セラル、発動時ニハC分配弁ノ廻転ニ依リC液圧力ガ作動ピストン上面ニカヽリ, T.C両弁ヲ同時ニ開ク.停止時ニハC分配弁ノ廻転ニ依リ.ピストン上面ニカヽリオレル圧力ハ零トナリ, T.C両弁ハ発條力ニ依リ閉塞ス

② C沪過器

開閉弁ヨリ出タルC液ハ燃焼室冷却套ニ入リソレヨリC沪過器ニ導カル、本沪過器ハ真鍮金鋼ニ錫メツキヲ施セルモノニシテ適時取出シテ掃除シ得.

③ C分配弁

本分配弁ハCポンプ吐出圧ヲ開閉弁作動ピストン上面及ビC放出弁ニ通ゼシメタリ或ハコレラニ作動セル圧力ヲ逃ガシタリスル部分トC沪過器ヨリ導カル、C液ヲ大中小三本ノC噴射管ニ適宜分配スル部分トヨリナル.分配弁ハ18-8不銹鋼製丸棒ノ外周ヲ「クロム」メツキセルモノニシテ,コレハ同上材質製分配弁案内ノ中ニテ廻転ス

図Ⅱ-7

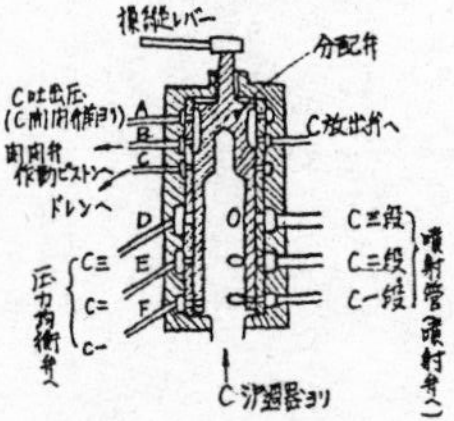

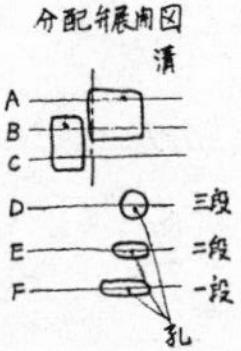

作動状況次ノ如シ

停止時	BCツナガル、DEFハ勿論閉
開閉弁開時	BAツナガル、従ツテC液圧力ハ作動ピストン上面並ニC放出弁ニ導カル
一段発動	F孔ガ通ズ
二段発動	E孔ガ通ズ
三段発動	D孔ガ通ズ
停止	分配弁ヲモトヘ戻シBCツナガレバ作動ピストン並ニC放出弁ニ存セルC圧力ガ逃ゲル

④ 圧力均衡弁

圧力均衡弁ハ噴射管1.2.3.段各々1組ヅヽアリ,コレラハ一体ノ鋳物ノ内ニ構成サレテヰル.1組ノ構造ハ次ノ通リデアル.

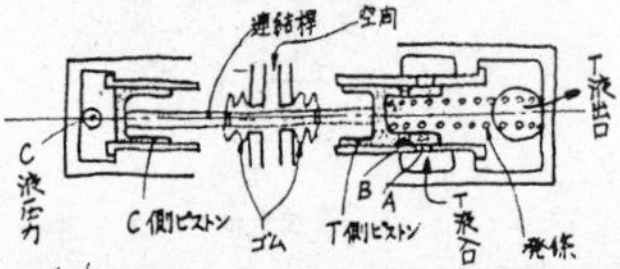

図II-9

第5章　調圧装置

本装置ハTポンプ吐出口ト蒸汽発生器トノ間ニ挟マルモノニシテ、操縦レバーニ依リ蒸汽発生器ヘ行クT液ノ量ヲ加減シタービンノ回転数ヲ変化セシメ、従ッテT.C液吐出圧ヲ変化セシムルモノナリ

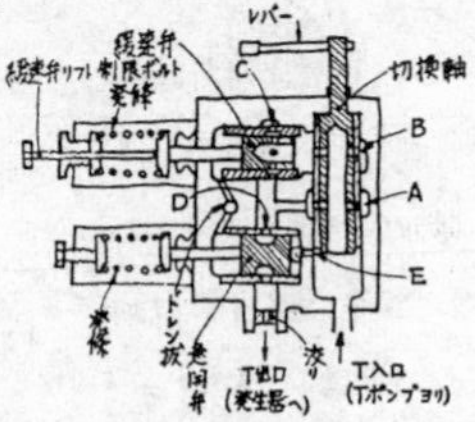

本装置ハ機能上　切換軸、緩速弁及急閉弁ノ三ツヨリナルコレラノ軸並ニ弁ハ何レモ18-8不銹鋼クロムメッキノ軸ノ同上材質製案内トノ組合セナリ。

切換軸ノ作動次ノ如シ

停止時　A.B共ニ閉

起動並ニ緩速時　B→C→Dノ通路ツナガル、Aハ閉

発動時　A→Dノ通路ツナガル、切換軸レバーヲ廻転セシムルニ伴ヒA孔ノ開口面積増大シ従ッテT流量増大シ、タービンノ回転数増大スコノ間Bハ閉ノママナリ

緩速弁ハ始メモーター起動ノ際ニハ発條力ニヨリ上図ノ右方ニ押サレ緩速弁孔ハ全開トナリオル。起動後　動力装置ノ回転上昇シT吐出圧増大スルニ伴ヒ緩速弁ハ発條力ニ抗シテ左方ヘ移動シ

図II-8

本装置ノ目的ハ、操縦者ノレバー作動ニヨリ直接C液ノ噴射管内圧力丈ガ制禦サレルノデアルガ、コレト同時ニT液ノ噴射管内圧力ヲ常ニ自動的ニC液側ノ圧力トヲ一定ノ関係ニ保タシメントスル所謂天秤作用ヲナサシメントスルモノデアル。C側ピストン上面ニC液圧力ガカケラレルト同ピストンハ上図ニ於テ右方ヘ移動シ、コノ運動ハ連結桿ヲ通シテT側ピストンヲモ同時ニ右方ヘ移動セシメ、T側ピストンノ円周上ニ設ケラレタル溝(B)ト同ピストン案内ニ設ケラレタ孔(A)トガ相通ズルニ至ル、一方T液ハポンプノ吐出圧力ニ依リT側ピストン案内ノ外周部ニ来テオル故孔Aト溝BトガズルヤT液ハT側ピストンノ内部ニ流入スル、而シテT側ノ圧力ガC側ノ圧力ニ対シ一定ノ関係ニ来リテ始メテピストンハ移動ヲ停止スル、即チC側ノ種々ノ圧力ニ伴ヒ　T側ピストンノ開孔面積ハ種々ノ大キサノ位置ニテ止マリ、T側圧力ヲC側圧力ニ対シ一定ノ関係ニ保タシメルコトガ出来ル、T側ピストンニハ発條ガ取付ケラレオリ停止時ニハ完全ニ同ピストンノ溝ト案内ノ孔トガ絶縁セラル・様ニシテアル、以上述ベタル如クニシテコノ均衡弁装置ニ依リT側及C側ノ噴射弁直前ニ於ケル圧力ガ一定ノ関係ニ保タルル故、噴射弁ノ開口面積ヲ予メ一定ノ関係ニ調整シオクコトニヨリTC両液ノ噴射量ノ割合ヲ常ニ一定ニ維持セシムルコトヲ得、良好ナ燃焼ヲ期待スルコトガ出来ル。

図Ⅱ-10

孔ノ開口面積縮少ス。発條力調整ボルト並ニ弁揚程制限ボルトヲ調整スルコトニ依リ緩速回転数ヲ制定スルコトヲ得

急閉弁ハ、不時ニ動力装置過回転トナリタルトキノ安全装置ノ作用ヲナスモノニシテ、即過回転ニヨリ、T口エ出圧過昇シ、コノ圧力ハE孔ヲ通リテ急閉弁ニ作動シ、コレヲ図ノ左方ヘ急ニ移動セシメ通路Dヲ全閉トシ蒸汽発生器ヘノT液ノ供給ヲ止メル。

図Ⅱ-11

第6章　燃焼室

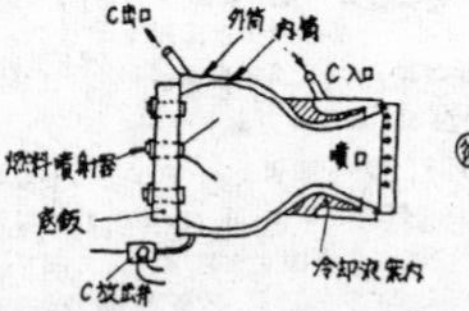

燃焼室内筒ハCr半硬鋼一体削出シノ花瓶形ノモノニシテ、球形燃焼室及捩リ噴口部ヨリナル。外周ニハ軟硬鋼板製ノ外筒アリ。ソノ間ニC液ヲ流ス事ニ依リ内筒ノ冷却ヲ行フ。

C液ハ外筒ノ後方ヨリ入リ、冷却液案内ニヨリ、内筒ノ壁面ニ沿ッテC液ヲ一様ニ且急速度ヲ以テ螺線状ニ流過セシムル如クセラル。内筒ヨリ熱ヲ奪ヒテ加熱セルC液ハ外筒上部前端ヨリ出ル。

燃焼室ノ底ニハ半硬鋼削出製ノ底鈑ガ取ケラレ、本底鈑ニハ12ケノ噴射器ガ取ツケラル

噴射器ノ作動ハ三段ニ分レオリ、各段群ノ配置ハ次通リナリ。

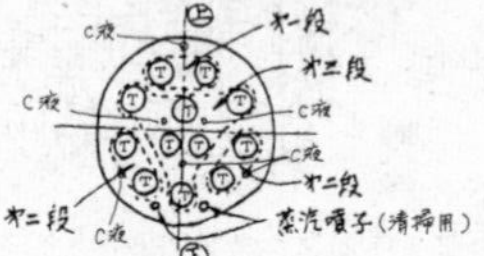

即チ　一速時　一段ノミ作動　作動噴射器　2ケ
二速時　一.二段作動　〃　6ケ
三速時　一.二.三.段作動　〃　12ケ

図Ⅱ−13

第7章　燃料噴射器

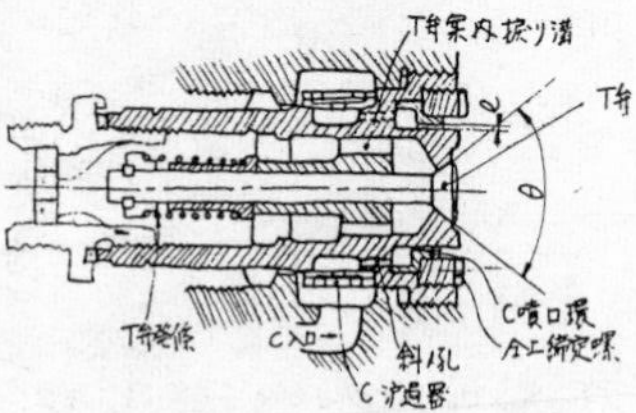

構造ハ上図ノ通リニシテ、T液ハ中央部ニ位置スルT弁ニ導ビカレ、円錐形ニ噴射セラル、T弁ノ揚程ハ1.8粍ニ規正セラル、C液ハT弁弁座部ノ外周ニ設ケラレタル円筒形スリットヨリ噴射セラレ、T液円錐ニ衝突シ、T液ト共ニ円錐形ニ抗ゲラル、斯ノ如両液ハ膜ト膜トノ衝突ニ依リ混合セラル、モノナルニツキ、両液ノ膜ハ破レ合トナラザル様ニスル要アリ、T液円錐ノ角度θ及ビC液スリットノ巾ハ一、二三段ニ対シテ夫々異ナリ次ノ値ヲトル

	一段	二段	三段
T液円錐ノ角度	100°	80°	80°
C液スリットノ巾	0.2mm	0.2mm	0.3mm

尚T弁ハ発條力ニ依リT液圧力が所定圧力ニ到着スル迄ハ閉塞セラレオリ、所定圧力ニ於テ、突然ニ噴射ヲ開始スル如クセラル。

図Ⅱ−12

燃焼室ニハ蒸汽噴子及C放出弁カ附属ス。

蒸汽噴子ハ底鈑ノ下方ニ取ツケラレ、発動ニ至ル迄ノ若干時ノ間蒸汽発生器ヨリノ管ヲ通ジテ導カレタル蒸汽ヲ、燃焼室ノ内部ニ噴出シ燃焼室ノ予熱ト掃除トヲ司ラシムルモノナリ

C放出弁ハ停止ト同時ニ開キテ燃焼室ノ冷却液套内ノC液ヲ外部ヘ放出スルモノナリ。

図II-14

第8章　蒸汽発生器

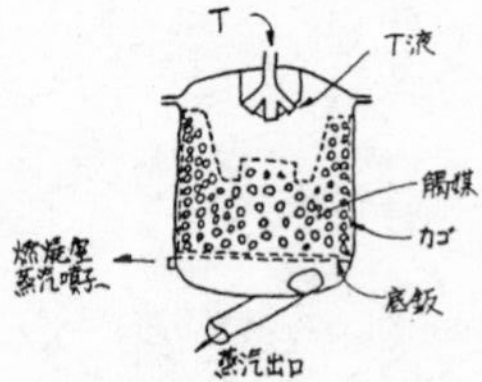

調圧装置ヨリ出タT液ハ蒸汽発生器ノ頂部ノT液噴射器ニ導カル。

蒸汽発生器ハ図示ノ如キ形状ノ圧力槽ニシテ、中央部ニ觸媒入篭ヲ装備ス、本觸媒ノ作用ニ依リ発生セル蒸汽ハ圧力槽底部ニ取付ケラレタル管ヲ経テ動力装置ノタービン噴口管ニ導カル。尚蒸汽ハ小孔ヲ通ジテ燃焼室ノ蒸汽噴子ヘモ導カル

図II-15

第9章　台枠並ニ操縦装置

台枠ノ構造概略次ノ如シ

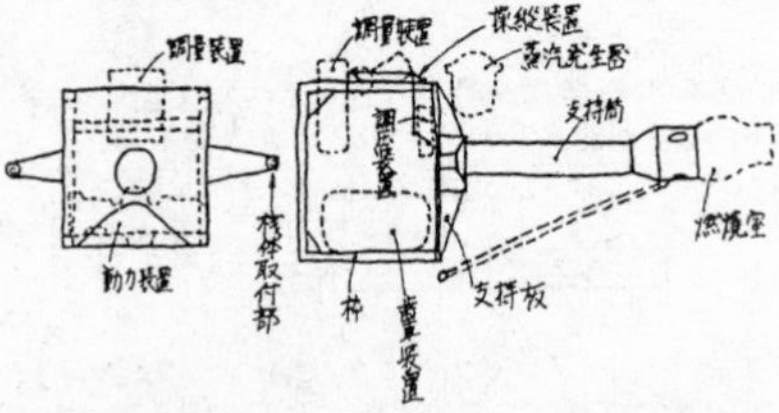

支持板ハMg－鋳物製ニシテ、コレノ前方超ヂュラルミン製冂型材ヲ以テ構成セラレタル枠ガ取付ケラレ、後部中央ニ超ヂュラルミン製円筒状ノ支持筒ガ取付ケラル。コレラノ台枠ニ上図ノ如ク各部品ガ装着セラル。

操縦装置ハ調量装置ノC分配弁作動腕ト調圧装置ノ切換軸作動腕トヲ一ツノ系統ニ連結スル如キ構造ヲ有ス。

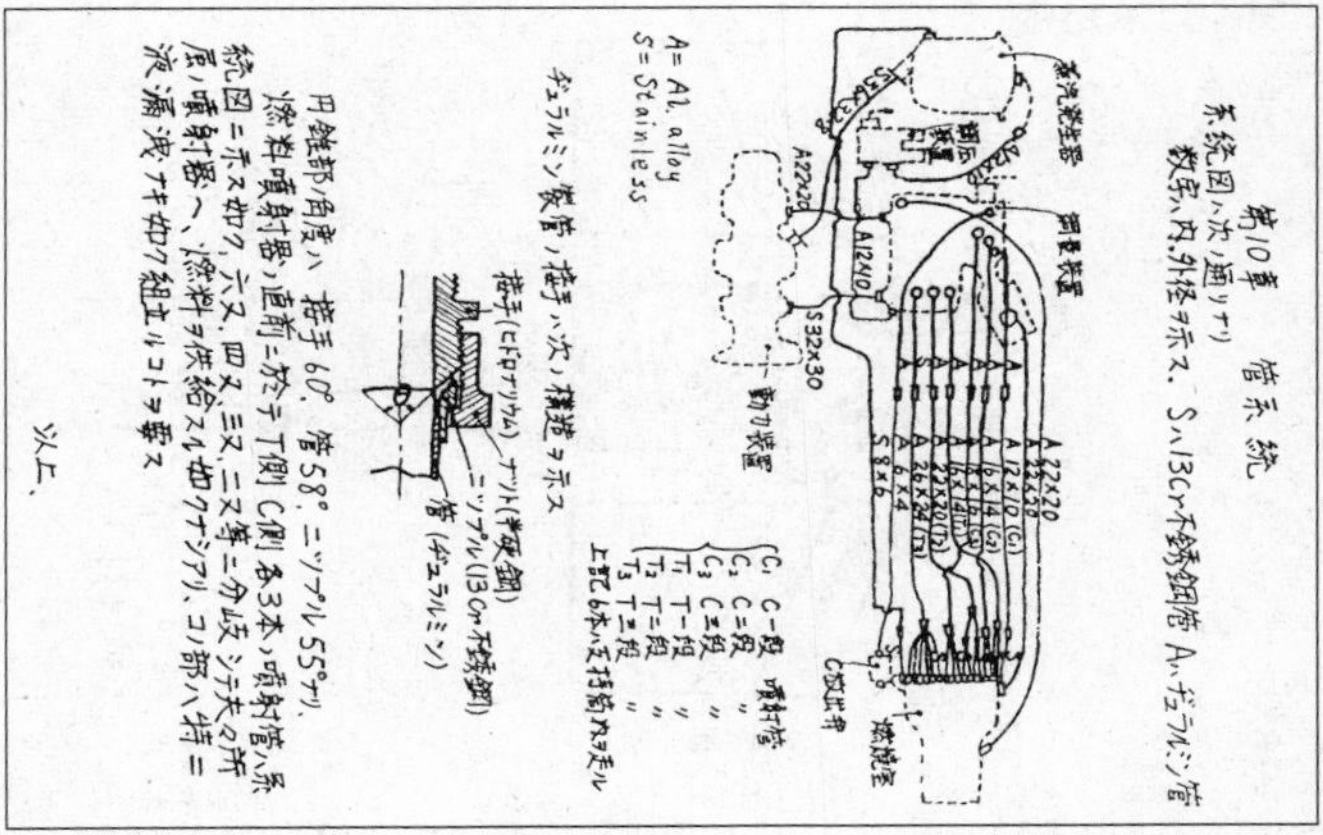

図Ⅱ-16

有機物に触れただけでも激しく反応し、もちろん人体にも有毒だった。ごく少量なら皮膚を火傷するていどですむが、多量に浴びると、文字どおり肉体が〝溶解〟してしまう恐ろしい液体だった。貯蔵法も難しく、ガラス、または錫張りの容器以外は不適で、なるべく冷暗場所に置くのが望ましい。不注意で、小さな虫、ゴミが入っただけでも、たちまち爆発する。

乙液は、わずかに黄濁色を帯び、やはり人体には有毒で、保存容器は内側にガラスかエナメル、もしくは電解皮膜処理したもの以外は使えなかった。

余談だが、甲液の製造には電解用の電力と、その電極用の白金を大量に必要とする。しかし、当時の日本はどちらも不足しており、とくに白金は広く国民に呼びかけ、献納運動をしてまで集めなければならない状況だった。

陸海軍は、月に3000tの甲液を調達する

燃料タンク系統図

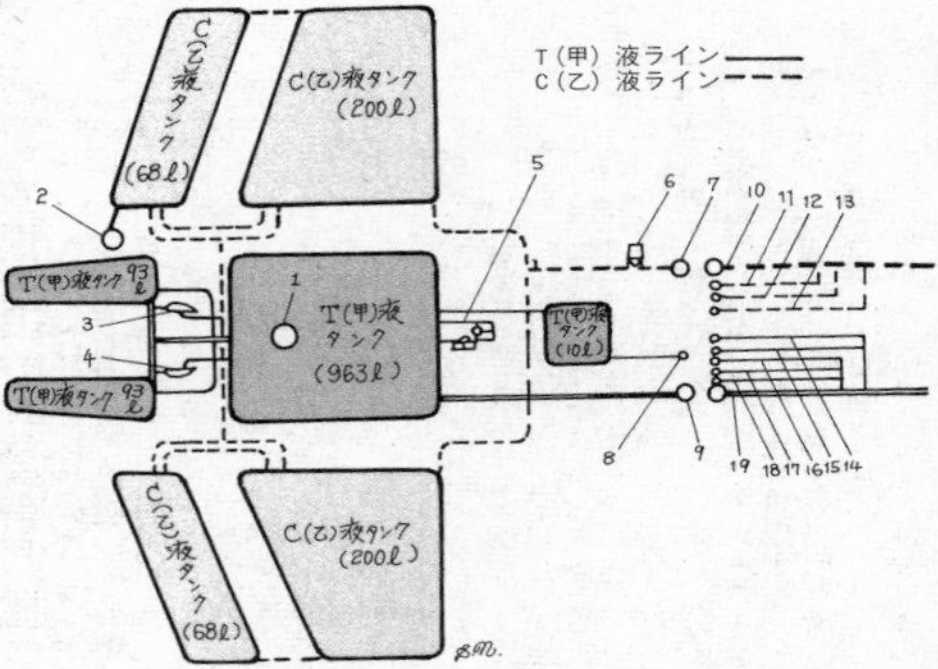

①T (甲) 液注入口
②C (乙) 液注入口
③T (甲) 液タンク空気抜き口
④T (甲) 液タンク空気抜き口
⑤T (甲) 液不時ドレン抜き
⑥C (乙) 液ドレン抜き
⑦C (乙) 液ポンプ吸入管
⑧調圧弁漏洩管
⑨T (甲) 液ポンプ吸入管
⑩C (乙) 液放出弁
⑪C (乙) 液漏洩管
⑫C (乙) 液漏洩管
⑬調量装置C (乙) 液漏洩管
⑭調量装置T (甲) 液漏洩管
⑮T (甲) 液漏洩管
⑯蒸気漏洩管
⑰T (甲) 液漏洩管
⑱蒸気T (甲) 液漏洩管
⑲排気管

胴体内T (甲) 液燃料タンク注入口詳細図 (寸法単位mm)

側面

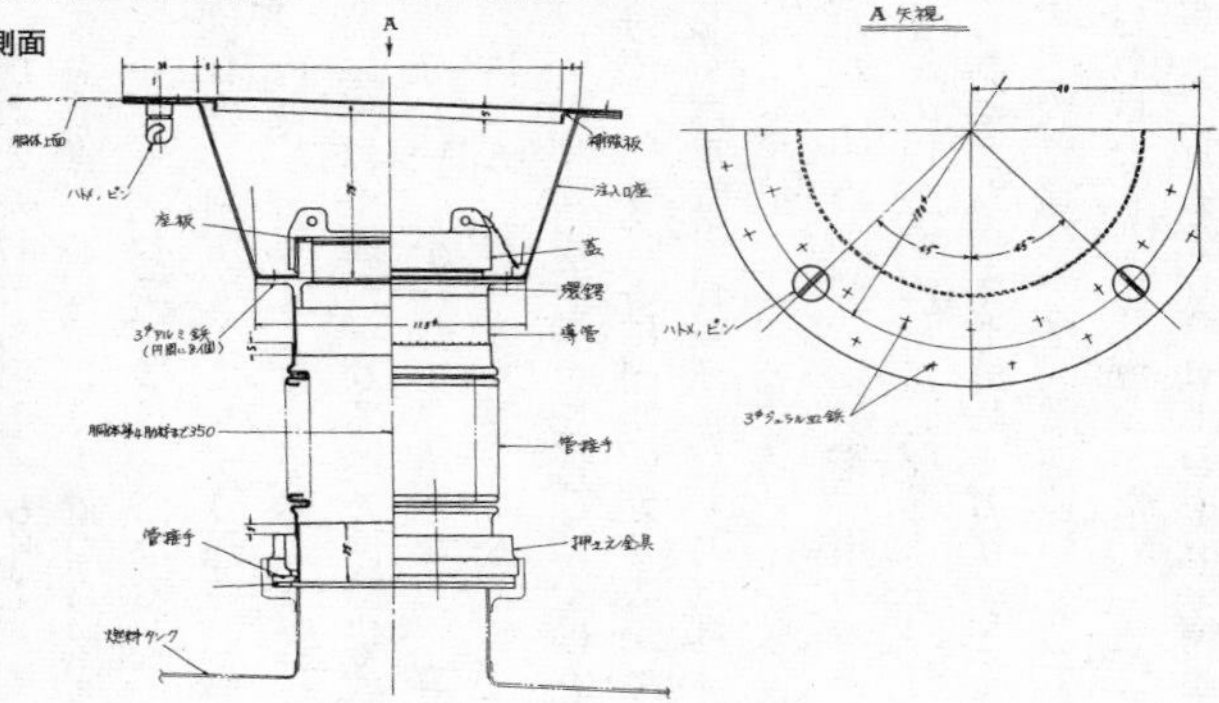

燃料系統組み立て図

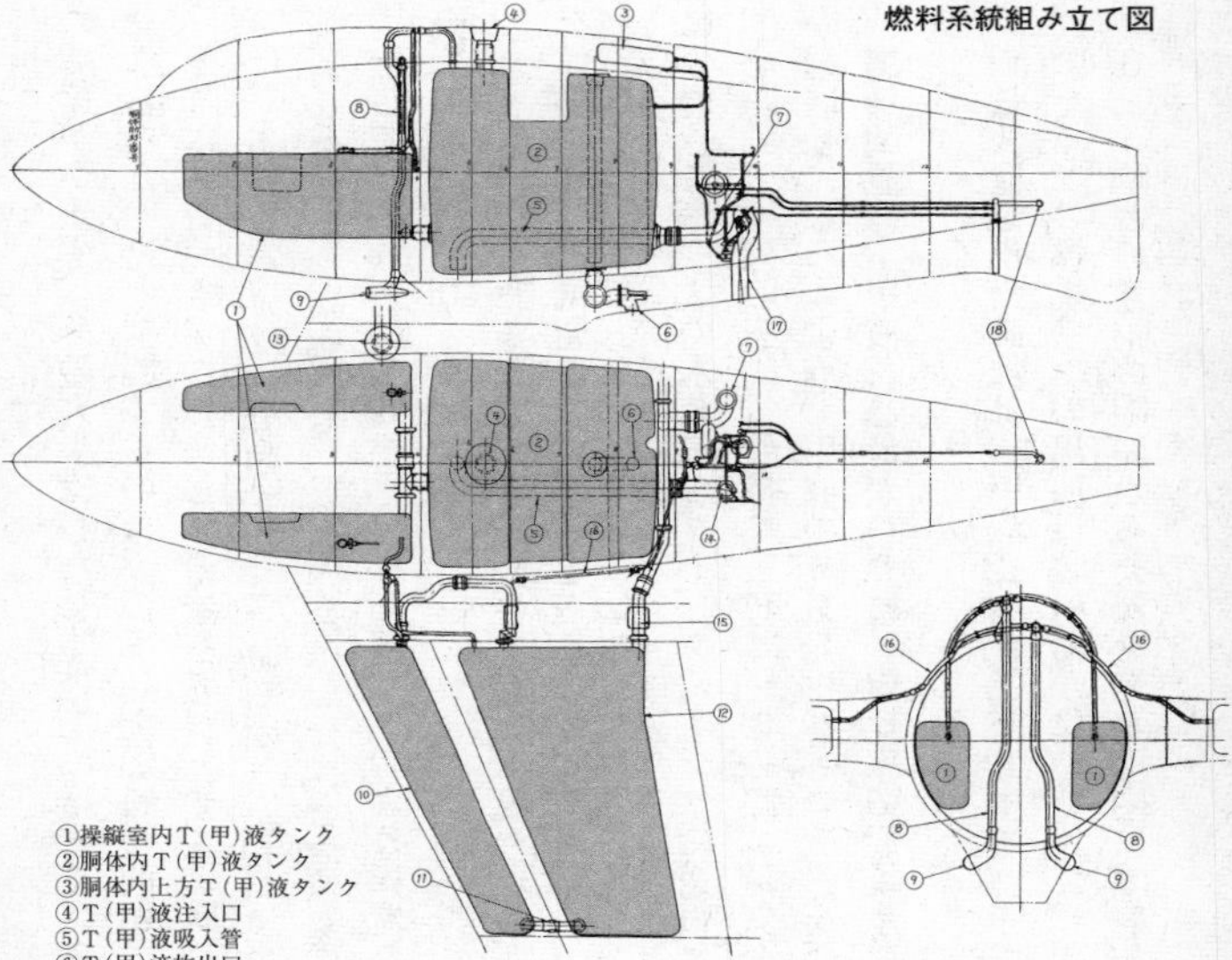

①操縦室内T(甲)液タンク
②胴体内T(甲)液タンク
③胴体内上方T(甲)液タンク
④T(甲)液注入口
⑤T(甲)液吸入管
⑥T(甲)液放出口
⑦エンジンへのC(乙)液入口
⑧T(甲)液タンク空気抜き導管
⑨空気抜き口(右側：T液、左側：C液)
⑩主翼内前縁C(乙)液タンク
⑪タンク接合管
⑫主翼内桁間C(乙)液タンク
⑬主翼内C(乙)液タンク注入口
⑭エンジンへのT(甲)液入口
⑮C(乙)液導管
⑯C(乙)液導管
⑰排気管
⑱C(乙)液放出口

計画だったが、前記のような現状では、実際には100tていどが精一杯だった。1機の秋水が、1回の飛行に要する甲液は約1・5tだから、単純計算しても、1ヵ月間の飛行回数はのべ60～70回ていどにすぎない。つまり、わずか10機ていどの秋水が、1ヵ月間に6～7回ずつ飛ぶと、燃料がなくなってしまうわけである。

陸海軍は、昭和21年3月までに3000機の秋水をそろえる計画を立てていたが、現実には燃料の調達がつかず、その大半はむなしく地上に留まらざるを得ないわけだ。筆者が秋水は戦力にならなかったと推論するのは、こうした燃料の問題も無視できなかったからである。

それはさておき、この難しい薬液を燃料とする「特呂二号」（KR―10）ロケット・エンジンは、主要なパーツに分類すると、概略図に示したように、薬液圧送用タービン・ポンプ（動力装置）、薬液調量装置、調圧装置、蒸気発生器、燃焼室の5部から成る。

そして、これらの主要パーツに薬液がどのように流れてエンジンが作動するのかを示した概念図が、P.308下図である。

スイッチを入れると、まず起動モーター（24V、1KW）が回転して、タービン・ポンプを作動させ、蒸気発生器に甲液を送る（毎分7ℓ）。

蒸気発生器に送られた甲液は、触媒に接触すると、化学反応をおこして水蒸気と酸素ガスに分解される。この水蒸気がタービン・ポンプに送られてタービンを回し、甲液、乙液ポンプを駆動し、両液を調量装置へと導く。この際、蒸気発生量が多くなり、タービン・ポンプが過回転にならぬよう、甲液の蒸気発生器への流量を調整するのが調圧装置。

調量装置は、甲液、乙液がつねに一定比率で燃焼室に送られるよう、圧力と流量を制御する装置。

調量装置を出た両液は、甲液12本、乙液6本のパイプを通って燃焼室へ送られる。それぞれのパイプの燃焼室への出口は噴射器が付いていて、甲液はラッパ状ノズル、乙液は0・2～0・3㎜という細い隙間から薬液を燃焼室内に噴射する。

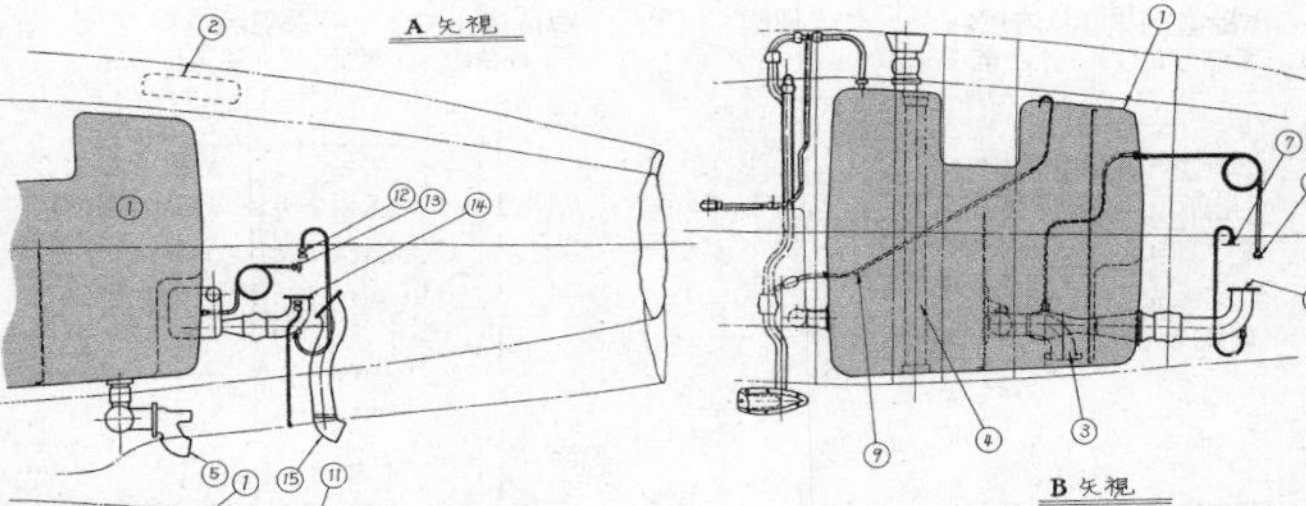

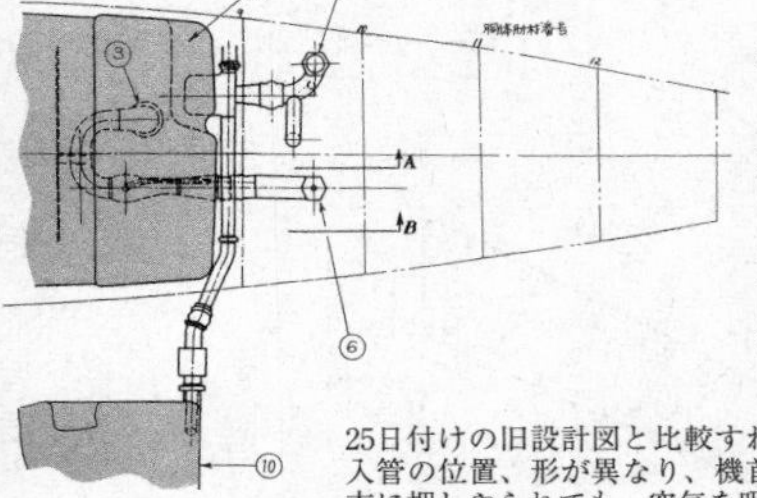

燃料系統組み立て図（改修後）

１号機の初飛行時におけるエンジン停止事故が、燃料の過少積載と吸入管の設計の不手際にあったことから、ただちに胴体内T（甲）液燃料タンク、および配管系統に改修が加えられ、２号機以降はこれに順ずることになった。その改修要領を示したのが上の図で、本設計図の日付けは昭和20年８月８日になっている。敗戦のちょうど１週間前ということになる。前掲した20年４月25日付けの旧設計図と比較すれば明らかなように、タンク内の燃料吸入管の位置、形が異なり、機首上げ姿勢と加速により燃料がタンク後方に押しやられても、空気を吸い込まぬよう工夫されている。

①胴体内T（甲）液燃料タンク
②胴体内上方T（甲）液燃料タンク廃止
③T（甲）液吸入口
④燃料計管
⑤T（甲）液放出口
⑥T（甲）液のエンジンへの入口
⑦T（甲）液漏洩管取り出し口
⑧T（甲）液噴射管出口
⑨空気抜き導管追加
⑩主翼内桁間C（乙）液燃料タンク
⑪C（乙）液エンジンへの入口
⑫C（乙）液戻り管取り出し口
⑬C（乙）液噴射管取り出し口
⑭C（乙）液タービンドレーン取り出し口
⑮排出管

噴出口をこのように細分したのは、出力を3段階に分けるためで、スロットルレバーを1段目に入れた場合は甲液2個、乙液1個、2段目では甲液6個、乙液2個、3段目ではすべての噴射口から噴き出すようになっていた。その噴射口の配置と、噴出順をP.314のⅡ-11図に示した。

燃焼室の断面は花瓶状で、球状部分で発生した高温、高圧ガスは、くびれた部分で圧力が高められ、その後方のラッパ状になったノズルから勢いよく噴き出し、秋水に約900km／hの高

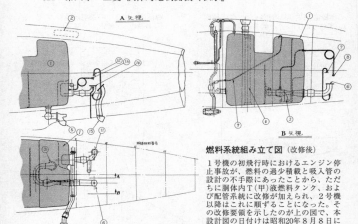

操縦室内T(甲)液燃料タンク詳細図
(左側を示す)(寸法単位mm)

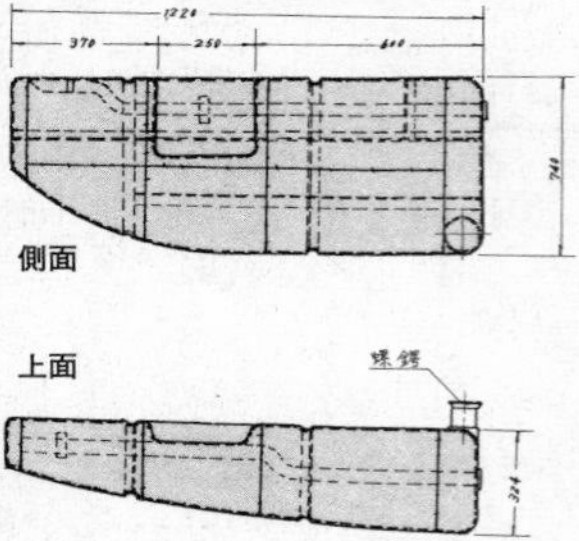

胴体内上方T(甲)液燃料タンク
(1号機のみで廃止)(寸法単位mm)

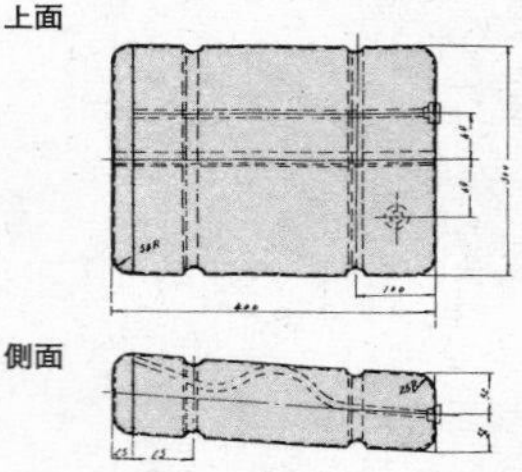

主翼内C(乙)液燃料タンク詳細図
(寸法単位mm)

前縁タンク

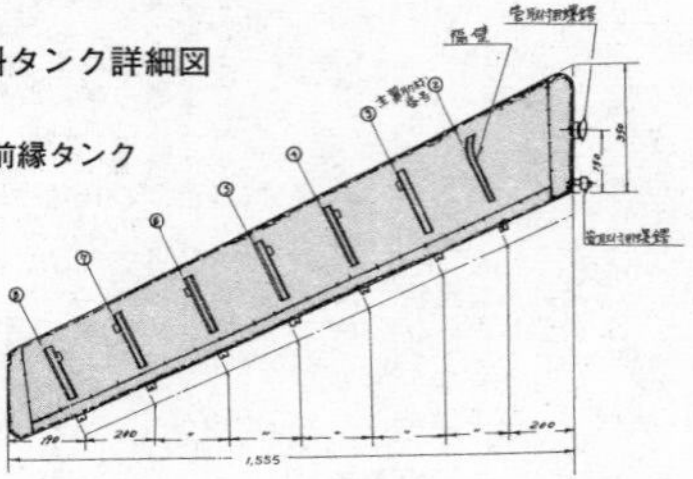

桁間タンク

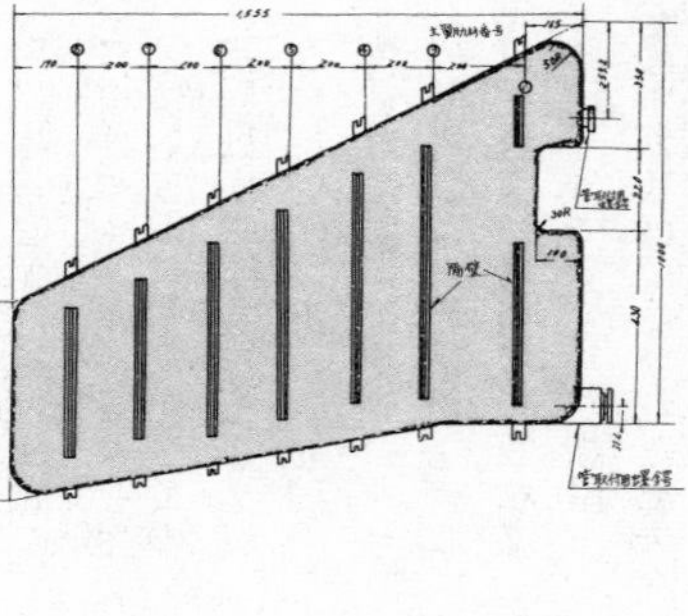

「特呂二号」（KR-10）ロケット・エンジン要目

全長	約2,500mm
全幅	約900mm
全高	約600mm
重量	180kg
最大推力	1,500kg
最小推力	100kg
比推力	180kg/薬液1kg/sec
タービン・ポンプ回転数	14,500r.p.m.
起動電動機	24V1KW
使用燃料	甲液——比重1.36（15℃にて） 成分：過酸化水素〔H_2O_2〕80%にオキシキノリン、およびピロ燐酸ソーダなどを安定剤として加える。 乙液——比重0.90（15℃にて） 成分：水化ヒドラジン〔$N_2H_4H_2O$〕30% メタノール〔CH_3OH〕 57% 水〔H_2O〕 13% 銅シアン化カリ〔$KCu(CN)_3$〕2.5g/1ℓ 乙液（反応促進剤）
燃料混合比	甲液10：乙液3.6
蒸気発生用触媒	二酸化マンガン〔MNO_2〕、過マンガン酸カリ〔KM_nO_4〕、苛性ソーダ〔NaOH〕などを、セメントで約8 mm 角の六面体に練り固めたもの。

速と、高度1万mまで3分半という驚異的な上昇力をもたらすのである。

燃焼室部は、非常な高温となるため二重壁になっており、内筒、外筒の間には常に乙液の一部が循環して流れ、これを冷却するようになっていた。

これら、エンジンの構造を、当時の三菱のオリジナル資料で解説したのが、P.309からP.317の17枚の資料。当時の逼迫した状況を反映して文章は手書き、図版もラフ・スケッチに近いものだが、一次資料としてきわめて貴重なものといえる。

降着装置

胴体の項で述べたように、秋水（Me163）はスペースの関係で、

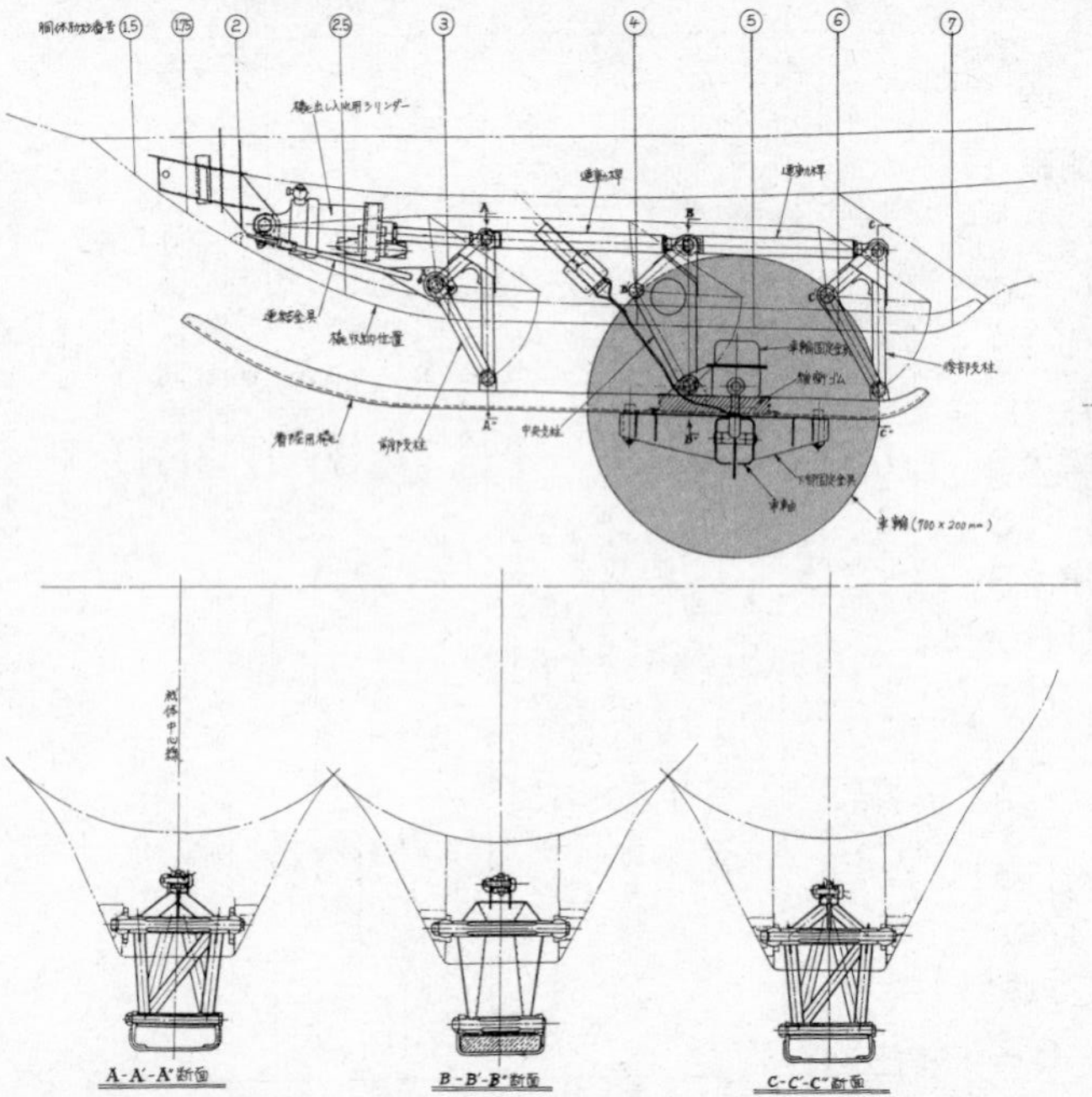

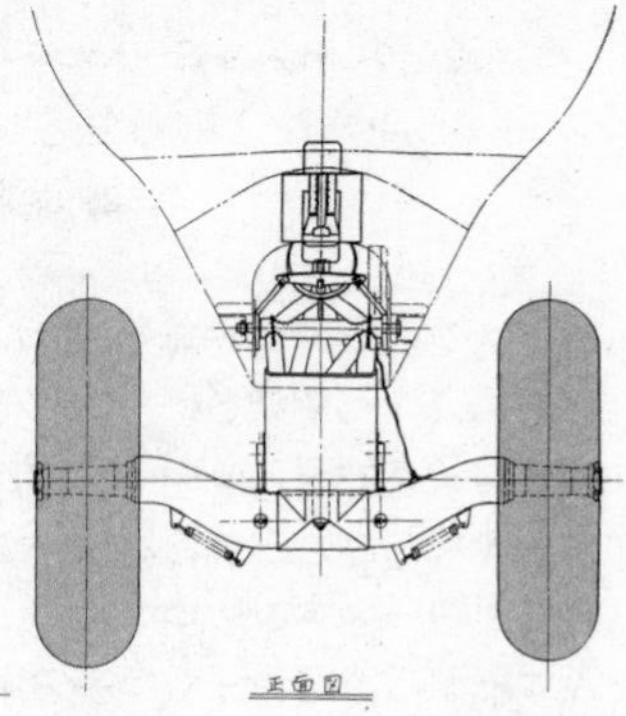

降着装置（離陸用ドリー、着陸用橇）
組立図

通常の車輪式降着装置を持たず、離陸時は車輪2個から成るドリーを用い、離陸直後にこれを投下して回収し、着陸は胴体下面に備えた橇で行なうという、先進的なロケット・エンジン機に不釣合な、不便な降着装置だった。

ドリーの車輪は700×200㎜サイズ、アームの2個のピンにより、橇の後方下面に装着され、操縦室のレバー操作により、ピンが外れて落下するようになっていた。緩衝装置はない。

着陸用橇は油圧によって上げ下げされ、ドリー装着時は下げ、着陸時は上げ位置にセットした。

尾脚も、着陸用橇と同じ系統の油圧により、連動して上げ下げされた。尾輪サイズは260×85㎜。

この不便な降着装置により、秋水（Me163）は、離陸時はよく整備されたコンクリート製滑走路、着陸時は平坦な草地を有する飛行場しか使えず、当時の日本では、コンクリート製滑走路を持つ飛行場は数えるほどしかなかった。

着陸後は、自力で動くことができない秋水は、専用の回収車を使い、格納庫、エプロン地区へ運んでこなければならない。わずか数分間で1回の出撃が終わってしまうので、B-29迎撃には反復出撃が必須となる。その場合、この回収作業にもたつくと、つぎの迎撃チャンス自体を失ってしまう。

日本陸海軍が、この回収設備をどのていど考えて準備していたか、よくわからないが、ど

油圧装置系統組み立て図

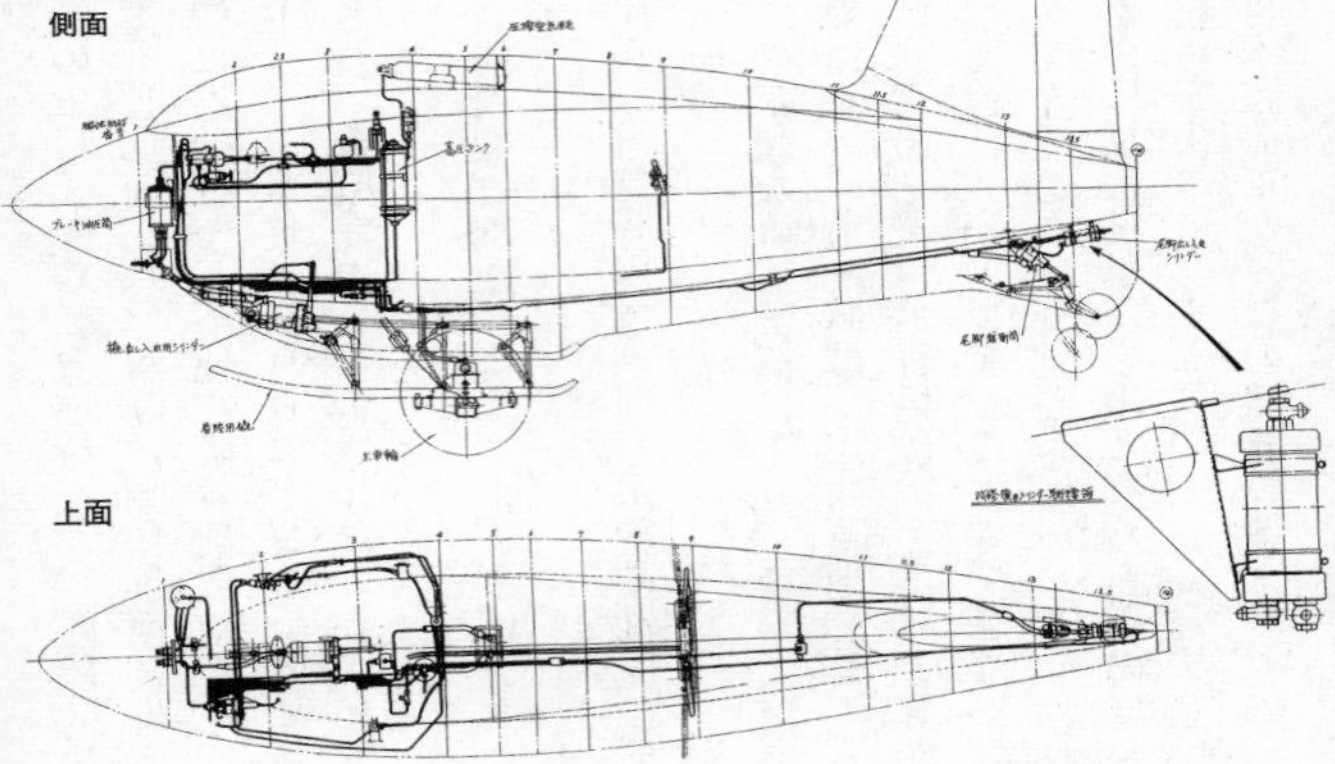

うあってもドイツのＭｅ１６３ほどのレベルはとても望めず、運用上のネックになったことは容易に察せられる。このあたりの実状も、筆者が秋水戦力化を悲観する理由のひとつ。

射撃兵装

その飛行特性からして、Ｍｅ１６３は敵機に対し、一度の出撃で射撃できるチャンスは1回しかないと想定されたため、射撃兵装は20㎜機銃2挺（弾数各１００発）と少なかった。

秋水も、同様に機銃2挺とされたが、Ｍｅ１６３が主に迎撃目標としたB-17、B-24に比べ、格段に高性能、重防御のB-29を相手にすることもあり、五式三十粍機銃――日本海軍は口径30㎜までを機銃、それ以上を機関砲と呼称した――を装備した。弾丸も当然、大きくなるので、Ｍｅ１６３と同じ弾倉スペースでは携行弾数が半分以下に減ってしまうため、胴体燃料タンク

五式三十粍機銃貫通部詳細（寸法単位mm）

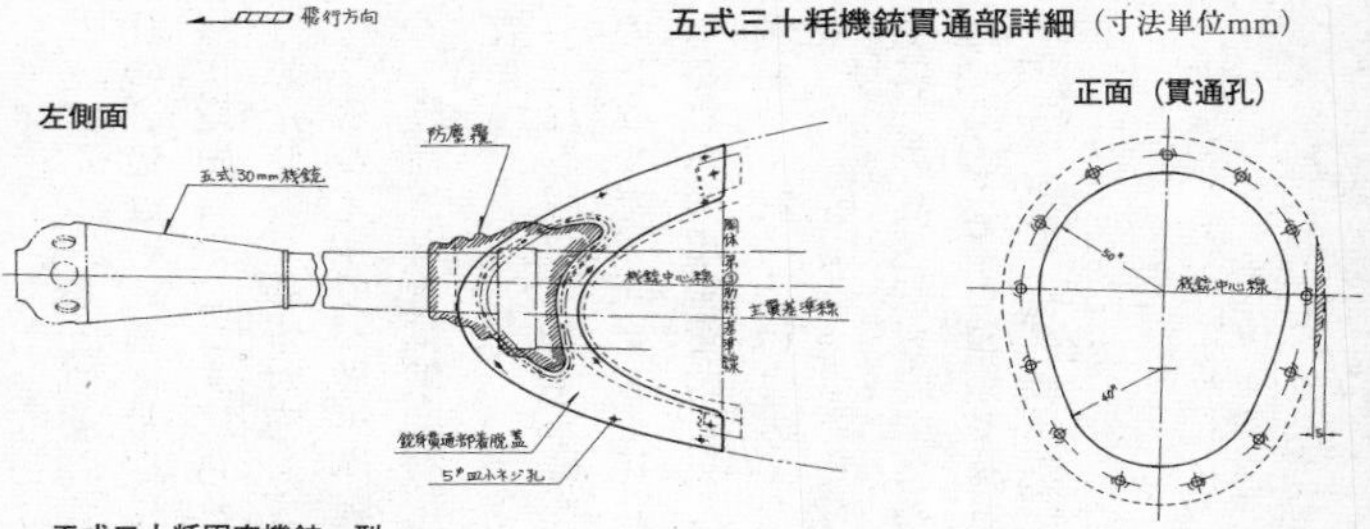

五式三十粍固定機銃一型

（甲液）の上方を凹ませてスペースを確保し、各銃50発の携行弾数を確保した。

五式三十粍機銃は、昭和17年に十七試三十粍機銃の試作名称で開発に着手され、3年後の昭和20年5月にようやく制式兵器採用にこぎつけた、数少ない日本独自開発の機銃だった。

全長2218mm、重量80kg、弾丸重量350g、炸薬量37gで、初速は750m／秒、発射速度は350発／分、装填操作は発射ガス方式である。

発射速度がやや低く、給弾機構に無理があるなど、欠点もあったが、口径が大きいので破壊力はあり、B-29相手には有効な兵装にはなったであろう。

ただし、Me163もそうだったが、この射撃兵装に組み合わせる照準器が問題である。というのも、Me163が戦力化された1944年当時、ドイツ戦闘機の射撃照準器は、レシプロ・エンジン機を前提に造られた、光像式のＲｅｖｉ16Ｂが主力で、Ｂｆ１０９やＦｗ１９０の2倍近い高速で敵機に接近して照準するＭｅ１６３には、ちょっと対応できなかった。微々たる戦果しかあげられなかったＭｅ１６３の戦績は、機体の問題もさることながら、こうした装備品の未対応も大きく影響していた。

ひるがえって、太平洋戦争中の日本は、独自に光像式照準器さえ開発、設計する技術がなく、陸海軍ともに戦闘機用のそれは、すべてドイツのＲｅｖｉのコピーを造って間に合わせていた。

それも、昭和19年末になってようやく旧型ＲｅｖｉＣ12のコピーが出まわりはじめた程度のレベルで、Ｒｅｖｉ16Ｂレベルのものを造るところまで辿り着けなかった。

これらの事実を踏まえると、たとえ秋水が一定数そろったとしても、戦闘機にとってその価値を左右するほど大事な備品である照準器は、零戦の後期生産機、紫電改の一部と同じ、ＲｅｖｉＣ12のコピーである四式射爆照準器になった可能性が大。とすると、Ｍｅ１６３以上にその高速に対応できなかったことになり、Ｂ-29相手にまともな射撃照準ができなかったであろうことは察せられる。まことに淋しい話であるが……。

《主要参考文献》

十四試局地戦闘機（J2M2）仮取扱説明書、J2資料／J2M3仮取扱説明書、十四試局地戦闘機（J2M2）強度計算書——三菱重工業株式会社名古屋航空機製作所、十四試局地戦闘機（J2M1 8号機、J2M2 2031号機、2028号機、2023号機、J2M3 3003号機、2005号機）各種振動試験報告書——海軍航空技術廠、第三〇二、三五二海軍航空隊各戦闘詳報、戦時日誌、行動調書、雷電部隊戦闘詳報、戦史叢書／本土方面海軍作戦——防衛庁防衛研修所戦史室、航空技術の全貌（上、下）——原書房、日本軍用機航空戦全史・第三巻『紫電改帰投せず大空の攻防』——グリーンアロー出版社、零戦開発物語・日本海軍戦闘機全機種の生涯、軍用機メカ・シリーズ4 雷電／烈風／100式司偵——光人社、みつびし航空エンジン物語——アテネ書房、日本航空機総集第一巻・三菱編——出版協同社、零戦——朝日ソノラマ、太平洋戦争／日本海軍機、日本海軍戦闘機隊——酣燈社、旧版世界の傑作機7集雷電、航空ファン各号——文林堂、雑誌『丸』各号——潮書房、日本海軍機写真集——エアワールド、Monogram Close Up 15 Japanese Cockpit Interiors——Monogram Aviation Publications、「雷電」局地戦闘機——堀越二郎技師の設計回想記、元雷電搭乗員、宮脇長三郎、後藤喜八郎、市村吾郎、小福田晧文、寺村純郎、周防元哉、他各氏の回想記。

N1K1‐J、N1K2‐J取扱説明書、試製紫電改操縦参考書——海軍航空本部（川西航空機）。日本航空機総集（第三巻）川西・広廠篇、海軍航空隊年誌——出版協同社、航空技術の全貌（上、下巻）——原書房。続・日本傑作機物語、『航空情報』各号、中島飛行機エンジン史——酣燈社、戦史叢書各巻——朝雲新聞社。紫電、紫電改——モデルアート社、日本海軍航空教範、軍用機メカシリーズNo.1紫電／紫電改／九四水偵、紫電改の六機、最後の戦闘機紫電改、最後の撃墜王、零戦開発物語——光人社、局地戦闘機紫電改——学習研究所、エアロ・ディテールNo.26川西 局地戦闘機『紫電改』——大日本絵画、海軍航空隊始末記——文藝春秋。三四三空隊史——三四三空剣会、太平洋戦

争・日本海軍機、旧版、新版『世界の傑作機』No.2、No.53——文林堂、Pacific Air Combat W. W. II——PHALANX Publiscing Co. BROKEN WINGS of the SAMURAI——Airlife Publiscing Ltd. Japanese Naval Air Force Camouflage And Markings World War II——Aero Publishers, Inc.
三菱重工業株式会社製作飛行機歴史——三菱重工業（株）、局戦『天雷』要目、三面図——中島飛行機・小泉製作所、『世界の航空機』１９５６年３月号——鳳文書林、旧版『世界の傑作機』No.１０２九州飛行機試作局地戦闘機『震電』——文林堂、『試製震電』計画説明書、Ｊ７Ｗ１強度計算書各編——九州飛行機株式会社。
秋水組立図、動力関係参考資料、各種Ｊ８資料、各強度計算書、秋水要目概説、ＫＲ-10組立図綴、特呂二號構造概略説明書、秋水ロケット原動機——三菱重工業名古屋航空機製作所／発動機研究所／扶桑第一〇一工場、日本唯一のロケット戦闘機『秋水』始末記：牧野育雄——内燃機関１９９５年５月号No.４２８、『秋水』の生い立ち：横山孝男・廣田光弘——『金属』Vol.65No.８、機密兵器の全貌——原書房。みつびし航空エンジン物語：松岡久光——アテネ書房。世界の航空機各号——鳳文書林。
『往事茫茫』——菱光会。

《協力者》
Mr. Robert C. Mikesh, Mr. James F. Lansdale 秋水会・松本俊三郎氏

単行本　平成十六年九月　光人社刊

NF文庫

海軍局地戦闘機

二〇二二年四月二十一日　第一刷発行

著　者　野原　茂

発行者　皆川豪志

発行所　株式会社　潮書房光人新社

〒100-8077　東京都千代田区大手町一-七-二

電話／〇三-六二八一-九八九一代

印刷・製本　凸版印刷株式会社

定価はカバーに表示してあります

乱丁・落丁のものはお取りかえ致します。本文は中性紙を使用

ISBN978-4-7698-3257-7　C0195

http://www.kojinsha.co.jp

NF文庫

刊行のことば

第二次世界大戦の戦火が熄《や》んで五〇年——その間、小社は夥しい数の戦争の記録を渉猟し、発掘し、常に公正なる立場を貫いて書誌とし、大方の絶讃を博して今日に及ぶが、その源は、散華された世代への熱き思い入れであり、同時に、その記録を誌して平和の礎とし、後世に伝えんとするにある。

小社の出版物は、戦記、伝記、文学、エッセイ、写真集、その他、すでに一、〇〇〇点を越え、加えて戦後五〇年になんなんとするを契機として、「光人社NF（ノンフィクション）文庫」を創刊して、読者諸賢の熱烈要望におこたえする次第である。人生のバイブルとして、心弱きときの活性の糧《かて》として、散華の世代からの感動の肉声に、あなたもぜひ、耳を傾けて下さい。